U0331894

"十一五"国家重点图书出版规划项目

铅锌及其共伴生元素和化合物物理化学性质手册

中国有色金属工业协会组织编写

赵中伟　任鸿九　主编

内容提要

本数据手册是为提取冶金工作者选编的。全书共10部分，分别收集了包括全部重有色金属、贵金属、稀散金属以及铁、锰、铝、钙、镁、硅、砷，及与能源有关的碳、氢、氧等元素和无机化合物的性质数据。书中前7部分属化学冶金基础，包括有关物理化学性质、热力学数据、水溶液中的热力学数据、氧化还原电势数据、元素的氧化态与氧化还原电势的关系以及电位-pH图；第8部分为物理冶金基础——状态图。最后两部分则为与新能源有关的超导和半导体的特性数据，和太阳能电池材料的光学性能。

全书内容丰富，取材有一定的新颖性和实用性。本书可作为大、中、职业院校冶金工程专业与环境工程专业师生的工具书，也可供相关专业的科技人员和管理人员参考。

图书在版编目(CIP)数据

铅锌及其共伴生元素和化合物物理化学性质手册/赵中伟，任鸿九主编.—长沙：中南大学出版社，2011.12

ISBN 978-7-5487-443-0

Ⅰ.铅...　Ⅱ.①赵...②任...　Ⅲ.①铅—物理化学性质—手册②锌—物理化学性质—手册　Ⅳ.TG146.1-62

中国版本图书馆CIP数据核字(2011)第252977号

铅锌及其共伴生元素和化合物物理化学性质手册

赵中伟　任鸿九　主编

□责任编辑　史海燕
□责任印制　文桂武
□出版发行　中南大学出版社
　　社址：长沙市麓山南路　　邮编：410083
　　发行科电话：0731-88876770　　传真：0731-88710482
□印　　装　长沙市宏发印刷有限公司

□开　　本　787×1092　1/16　□印张22　□字数546千字
□版　　次　2012年11月第1版　□2012年11月第1次印刷
□书　　号　ISBN 978-7-5487-0443-0
□定　　价　88.00元

图书出现印装问题，请与经销商调换

主任：

康　义　　中国有色金属工业协会

常务副主任：

黄伯云　　中南大学

副主任：

熊维平　　中国铝业公司
罗　涛　　中国有色矿业集团有限公司
李福利　　中国五矿集团公司
李贻煌　　江西铜业集团公司
杨志强　　金川集团有限公司
韦江宏　　铜陵有色金属集团控股有限公司
何仁春　　湖南有色金属控股集团有限公司
董　英　　云南冶金集团总公司
孙永贵　　西部矿业股份有限公司
余德辉　　中国电力投资集团公司
屠海令　　北京有色金属研究总院
张水鉴　　中金岭南有色金属股份有限公司
张学信　　信发集团有限公司
宋作文　　南山集团有限公司
雷　毅　　云南锡业集团有限公司
黄晓平　　陕西有色金属控股集团有限公司
王京彬　　有色金属矿产地质调查中心
尚福山　　中国有色金属工业协会
文献军　　中国有色金属工业协会

委员（以姓氏笔划排序）：

马世光　　中国有色金属工业协会加工工业分会
马宝平　　中国有色金属工业协会钼业分会
王再云　　中铝山东分公司
王吉位　　中国有色金属工业协会再生金属分会
王华俊　　中国有色金属工业协会
王向东　　中国有色金属工业协会钛锆铪分会
王树琪　　中条山有色金属集团有限公司

王海东　中南大学出版社
乐维宁　中铝国际沈阳铝镁设计研究院
许　健　中冶葫芦岛有色金属集团有限公司
刘同高　厦门钨业集团有限公司
刘良先　中国钨业协会
刘柏禄　赣州有色冶金研究所
刘继军　茌平华信铝业有限公司
李　宁　兰州铝业股份有限公司
李凤轶　西南铝业(集团)有限责任公司
李阳通　柳州华锡集团有限责任公司
李沛兴　白银有色金属股份有限公司
李旺兴　中铝郑州研究院
杨　超　云南铜业(集团)有限公司
杨文浩　甘肃稀土集团有限责任公司
杨安国　河南豫光金铅集团有限责任公司
杨龄益　锡矿山闪星锑业有限责任公司
吴跃武　洛阳有色金属加工设计研究院
吴锈铭　中国有色金属工业协会镁业分会
邱冠周　中南大学
冷正旭　中铝山西分公司
汪汉臣　宝钛集团有限公司
宋玉芳　江西钨业集团有限公司
张　麟　大冶有色金属有限公司
张创奇　宁夏东方有色金属集团有限公司
张洪国　中国有色金属工业协会
张洪恩　河南中孚实业股份有限公司
张培良　山东丛林集团有限公司
陆志方　中国有色工程有限公司
陈成秀　厦门厦顺铝箔有限公司
武建强　中铝广西分公司
周　江　东北轻合金有限责任公司
赵　波　中国有色金属工业协会
赵翠青　中国有色金属工业协会
胡长平　中国有色金属工业协会
钟卫佳　中铝洛阳铜业有限公司
钟晓云　江西稀有稀土金属钨业集团公司
段玉贤　洛阳栾川钼业集团有限责任公司
胥　力　遵义钛厂
黄　河　中电投宁夏青铜峡能源铝业集团有限公司
黄粮成　中铝国际贵阳铝镁设计研究院
蒋开喜　北京矿冶研究总院
傅少武　株洲冶炼集团有限责任公司
瞿向东　中铝广西分公司

主任：

王淀佐　院士　　北京有色金属研究总院

常务副主任：

黄伯云　院士　　中南大学

副主任（按姓氏笔划排序）：

于润沧　院士　　中国有色工程有限公司
古德生　院士　　中南大学
左铁镛　院士　　北京工业大学
刘业翔　院士　　中南大学
孙传尧　院士　　北京矿冶研究院
李东英　院士　　北京有色金属研究总院
邱定蕃　院士　　北京矿冶研究院
何季麟　院士　　宁夏东方有色金属集团有限公司
何继善　院士　　中南大学
汪旭光　院士　　北京矿冶研究院
张文海　院士　　南昌有色冶金设计研究院
张国成　院士　　北京有色金属研究总院
陈　景　院士　　昆明贵金属研究所
金展鹏　院士　　中南大学
周　廉　院士　　西北有色金属研究院
钟　掘　院士　　中南大学
黄培云　院士　　中南大学
曾苏民　院士　　西南铝加工厂
戴永年　院士　　昆明理工大学

委员（按姓氏笔划排序）：

卜长海　　厦门厦顺铝箔有限公司
于家华　　遵义钛厂
马保平　　金堆城钼业集团有限公司
王　辉　　株洲冶炼集团有限责任公司
王　斌　　洛阳栾川钼业集团有限责任公司

王林生	赣州有色冶金研究所
尹晓辉	西南铝业(集团)有限责任公司
邓吉牛	西部矿业股份有限公司
吕新宇	东北轻合金有限责任公司
任必军	伊川电力集团
刘江浩	江西铜业集团公司
刘劲波	洛阳有色金属加工设计研究院
刘昌俊	中铝山东分公司
刘侦德	中金岭南有色金属股份有限公司
刘保伟	中铝广西分公司
刘海石	山东南山集团有限公司
刘祥民	中铝股份有限公司
许新强	中条山有色金属集团有限公司
苏家宏	柳州华锡集团有限责任公司
李宏磊	中铝洛阳铜业有限公司
李尚勇	金川集团有限公司
李金鹏	中铝国际沈阳铝镁设计研究院
李桂生	江西稀有稀土金属钨业集团公司
吴连成	青铜峡铝业集团有限公司
沈南山	云南铜业(集团)公司
张一宪	湖南有色金属控股集团有限公司
张占明	中铝山西分公司
张晓国	河南豫光金铅集团有限责任公司
邵　武	铜陵有色金属(集团)公司
苗广礼	甘肃稀土集团有限责任公司
周基校	江西钨业集团有限公司
郑　莆	中铝国际贵阳铝镁设计研究院
赵庆云	中铝郑州研究院
战　凯	北京矿冶研究总院
钟景明	宁夏东方有色金属集团有限公司
俞德庆	云南冶金集团总公司
钱文连	厦门钨业集团有限公司
高　顺	宝钛集团有限公司
高文翔	云南锡业集团有限责任公司
郭天立	中冶葫芦岛有色金属集团有限公司
梁学民	河南中孚实业股份有限公司
廖　明	白银有色金属股份有限公司
翟保金	大冶有色金属有限公司
熊柏青	北京有色金属研究总院
颜学柏	陕西有色金属控股集团有限责任公司
戴云俊	锡矿山闪星锑业有限责任公司
黎　云	中铝贵州分公司

总序

中国有色金属丛书 CNMS

有色金属是重要的基础原材料，广泛应用于电力、交通、建筑、机械、电子信息、航空航天和国防军工等领域，在保障国民经济建设和社会发展等方面发挥了不可或缺的作用。

改革开放以来，特别是新世纪以来，我国有色金属工业持续快速发展，已成为世界最大的有色金属生产国和消费国，产业整体实力显著增强，在国际同行业中的影响力日益提高。主要表现在：总产量和消费量持续快速增长，2008 年，十种有色金属总产量 2 520 万吨，连续七年居世界第一，其中铜产量和消费量分别占世界的 20% 和 24%；电解铝、铅、锌产量和消费量均占世界总量的 30% 以上。经济效益大幅提高，2008 年，规模以上企业实现销售收入预计 2.1 万亿以上，实现利润预计 800 亿元以上。产业结构优化升级步伐加快，2005 年已全部淘汰了落后的自焙铝电解槽；目前，铜、铅、锌先进冶炼技术产能占总产能的 85% 以上；铜、铝加工能力有较大改善。自主创新能力显著增强，自主研发的具有自主知识产权的 350 kA、400 kA 大型预焙电解槽技术处于世界铝工业先进水平，并已输出到国外；高精度内螺纹铜管、高档铝合金建筑型材及时速 350 km 高速列车用铝材不仅满足了国内需求，已大量出口到发达国家和地区。国内矿山新一轮找矿和境外矿产资源开发取得了突破性进展，现有 9 大矿区的边部和深部找矿成效显著，一批有实力的大型企业集团在海外资源开发和收购重组境外矿山企业方面迈出了实质性步伐，有效增强了矿产资源的保障能力。

2008 年 9 月份以来，我国有色金属工业受到了国际金融危机的严重冲击，产品价格暴跌，市场需求萎缩，生产增幅大幅回落，企业利润急剧下降，部分行业已出现亏损。纵观整体形势，我国有色金属工业仍处在重要机遇期，挑战和机遇并存，长期发展向好的趋势没有改变。今后一个时期，我国有色金属工业发展以控制总量、淘汰落后、技术改造、企业重组、充分利用境内外两种资源，提高资源保障能力为重点，推动产业结构调整和优化升级，促进有色金属工业可持续发展。

实现有色金属工业持续发展，必须依靠科技进步，关键在人才。为了全面提高劳动者素质，培养一大批高水平的科技创新人才和高技能的技术工人，由中国有色金属工业协会牵头，组织中南大学出版社及有关企业、科研院校数百名有经验的专家学者、工程技术人员，编写了《中国有色金属丛书》。《丛书》内容丰富，专业齐全，科学系统，实用性强，是一套好教材，也可作为企业管理人员和相关专业大学生的参考书。经过编写、编辑、出版人员的艰辛努力，《丛书》即将陆续与广大读者见面。相信它一定会为培养我国有色金属行业高素质人才，提高科技水平，实现产业振兴发挥积极作用。

2009 年 3 月

前言

本书是在2003年出版的《铅锌冶金学》第二章(铅锌及其主要伴生元素和化合物的性质)的基础上，由9个主要共、伴生元素扩展到35个相关的伴生元素及其无机化合物编写而成的。

2009年喜逢国家发改委批准在中南大学建立"难冶有色金属资源高效利用国家工程实验室"，这就更加激励我们为促进清洁生产、大力发展循环经济、实现资源高效利用而努力。由于对各相关物质物性本质的认识，可以加深对铅锌联合企业生产过程的认识，从而加速对原有生产工艺的技术改造，促进新工艺、短流程的开发应用。

由于这本数据手册是按教学工具书的要求设计编纂，是为提取冶金工作者选编的，因而倾向于他们的需要和习惯，将收集的数据资料选编为10部分。前8部分属于化学冶金基础和物理冶金基础：第1部分为相关元素的性质导论；第2部分为相关元素的无机化合物性质简表；第3部分为相关元素和无机化合物的标准热力学数据；第4部分为不同体系的化学势图和不同温度(298～1500 K)下热化学数据；第5、6、7部分分别是水溶液中的热力学数据、氧化还原电势数据、元素的氧化态与$E^{\ominus}$关系图及二元系、三元系的E－pH图；第8部分是物理冶金基础——状态图。

面对中国的太阳能热水器集热面积和光伏发电容量居世界第一，中国政府2009年投资100亿元在内蒙古沙漠地区、占地64平方公里建设世界最大的碲化镉薄膜太阳能电站(晴天、雨天均可发电)的现实，为引起读者的关注，我们增补了第9部分——超导和半导体的特性数据以及第10部分——太阳能电池的光学性能。让我们迎接新能源引导的能源革命的世界第四次产业革命的到来。

本书取材覆盖面较宽，涉及的元素包括10种有色重金属(铜、镍、钴、铅、锌、铋、镉、锡、锑、汞)；8种贵金属(金、银、铂、钯、铑、铱、锇、钌)；7种稀散金属(镓、铟、铊、锗、硒、碲、铼)；有色轻金属的铝、镁、钙；属于黑色金属的铁和锰；还有和太阳能电池有关的硅、砷以及和能源有关的碳、氢、氧。

全书内容丰富，数据较新，例如收集了国内手册不常见的某些化合物可能爆炸的发生条件，挑选了99种美国科学技术数据委员会公布的有关元素和化合物的标准热力学数据。

此外，本书还用较大篇幅收集了107幅状态图，建议读者重视和利用这一物理冶金基础，充分利用状态图特点开发出新的短流程。

在组织编写本书过程中，得到了中南大学冶金科学与工程学院和中南大学出版社的大力支持。李洪桂、赵秦生及冶金原理教研室的各位老师对该书的总体结构提出了很好的意见。在编写过程中编者参考了大量的国内外文献，感谢他们字斟句酌、精益求精的作品(尤其有的问世已经10年、甚至10年以上)给了我们和广大读者这些非化学专业科班出身的人，温习和再学习化学冶金基础知识和物理冶金基础知识以及新能源知识的机会，他们的学术见解和风格有益于教学和人才培养。

本书第1及9、10部分由任鸿九选编，第2、3、5、6及7部分由赵中伟选编，第4部分由陈爱良选编，第8部分由滕明珺选编。全书由冶金专业的赵中伟及任鸿九进行修改及总纂定稿，化学专业的刘常青对样书初稿提出了许多中肯的修改意见，从而使数据手册中一些化学学科的概念、术语更确切，更加与时俱进。由于参编人员水平有限，书中难免有很多不足及错漏之处，恳请读者批评指正。

限于选编者水平，错误与不足之处在所难免，恳请读者批评指正。

编 者

2011年11月

目 录

CNMS

1 **铅锌及其共伴生元素的物理化学性质导论** 1
1.1 铅锌及其共伴生元素在元素周期表中的位置 1
1.1.1 铅锌及其共伴生元素在元素周期表中的位置 1
1.1.2 铅锌及其共伴生元素的丰度和克拉克值 3
1.2 铅锌及其共伴生元素的主要物理化学性质简表 3
1.3 铅锌及其共伴生元素的物理性质 13
1.3.1 电子层结构 13
1.3.2 极化率 14
1.3.3 熔点、熔化焓、沸点、汽化焓 16
1.3.4 磁化率 16
1.3.5 不同温度下的蒸气压 19
1.3.6 不同温度下的密度、表面张力、黏度 19
1.3.7 铅锌的放射性同位素 20
1.4 铅锌及其共伴生元素的化学性质 22
1.4.1 电离能 22
1.4.2 粒子半径 25
1.4.3 电子亲和能 30
1.4.4 离子势 31
1.4.5 元素电负性 32
1.4.6 标准氧化还原电势 35
2 **铅锌及其共伴生元素无机化合物的物理性质** 38
2.1 无机化合物的物理性质简表 38
2.2 熔化焓、汽化焓 80
2.3 黏度 85
2.4 介电常数 86

2.5 不同温度下无机化合物在纯水中的溶解度 92
2.6 溶度积 97
2.7 热导率 99
2.8 水的各种数据 100
2.9 空气的热力学数据 105
2.10 氮的热物理数据 107
2.11 某些电解质的溶解热焓 109
2.12 HF、HCl、HBr、HI 溶液的摩尔电导率 110
2.13 酸、碱、盐溶液的活度系数 111
2.14 部分纯金属和合金的电阻率 113
2.15 离子晶体的晶格焓和多原子离子的热化学半径 119
2.16 元素和无机化合物的磁化率 124
2.17 无机液体的折射率 129

3 铅锌及其共伴生元素和化合物的标准热力学数据 130

3.1 美国科学技术数据委员会有关铅锌及其共伴生元素和化合物的部分热力学数据 131
3.2 有关元素和无机化合物的部分标准热力学数据 134

4 化学势图及不同温度下的部分热化学数据 152

4.1 化学势图 152
4.1.1 氧势图 152
4.1.2 硫势图 152
4.1.3 氯化物的 $\Delta G^{\ominus}-T$ 图和氧化物的氯化反应 $\Delta G^{\ominus}-T$ 图 152
4.1.4 硫化物焙烧反应过程的氧势 - 硫势图 155
4.1.5 硫化矿熔炼过程的 M - S - O 系氧势 - 硫势图 158
4.2 不同温度下部分物质的热化学数据 160

5 水溶液体系的热力学数据 194

6 水溶液中有关电极反应的标准氧化还原电势 202

6.1 标准氧化还原电势 202
6.2 元素的氧化状态与氧化还原电势的关系 215

7 *E* - pH 图(普巴图) 222

7.1 铅锌及其共伴生元素与 H_2O 的二元系 E - pH 图 223
7.2 某些伴生元素的三元系 E - pH 图(25℃) 245

8 状态图 250

8.1 水的状态图 250
8.2 碳的状态图 250
8.3 纯金属的晶体结构 251
8.4 同素异构转变 253
8.5 纯金属的状态图 255
8.6 二元系状态图概况 258
8.7 铜合金的状态图(二元系、三元系及四元系) 260
8.8 铅合金的状态图(二元系) 266
8.9 锌合金、铁合金以及镍合金等的状态图 278
8.10 锍系和渣系的状态图 283
8.11 碱法炼铅系统的状态图($PbS-Na_2S-Na_2SO_4-NaOH$ 系) 298

9 超导和半导体的特性数据 301

9.1 超导(Superconductivity) 301
9.1.1 超导体的基本性质 301
9.1.2 BCS 理论 302
9.1.3 部分元素和超导体的超导特性和 T_c 值 303
9.2 半导体(Semiconductor) 307
9.2.1 材料的电学性能 307
9.2.2 原子在半导体中的扩散数据 309

10 太阳能电池材料的光学性能 321

10.1 新能源和太阳能的直接应用 321
10.2 光电转换材料的工作原理 321
10.3 太阳能电池发展的三次技术革新浪潮 322
10.4 单晶硅电池的光学性能 323
10.5 太阳能薄膜电池的光学性能 325

主要参考文献 335

1 铅锌及其共伴生元素的物理化学性质导论

铅锌及其共伴生元素和化合物的物理性质和化学性质，可以相应地称为宏观性质和微观性质。固体的结晶形状、硬度、密度、膨胀系数、弹性模数等力学性质，晶格能、热容、热导率、转变点、熔点、升华点、熔化焓、升华焓等热学性质，光吸收(色)、电离能、电导率、磁化率等电(学)性质，液体的密度，黏度、热容、膨胀系数、蒸气压、沸点、溶解焓、混合焓、平衡常数、分配系数、扩散系数、沸点上升(熔点下降)等性质，通常视为物质的宏观性质，统称为“物性”，而反应性或其他表现原子与分子特性的结构性质则用“结构”的术语来表示其为物质的微观性质。

金属的性质和用途是相关的。为了合理利用铅锌及伴生金属，改进和开发新的生产工艺、研制新材料，需要加深对宏观世界观性质变化规律的认识，需要尽可能利用微观测试手段进行研究和分析。

考虑铅锌及其共伴生元素在元素周期表中分别属 8，9，10；11；12；13；14；15 及 16 族，为比较其元素性质，本书利用了相关的其他元素数据和前人整理的图表来显示其相应的规律。

1.1 铅锌及其共伴生元素在元素周期表中的位置

铅锌冶金过程所用的原料一般含有铅、锌、镉、铋、砷、锑、锡、汞等主要伴生元素。在铅锌主金属生产过程，需要深度净化分离除去对生产有害的伴生元素，这样也使伴生的少量金属得到富集，为综合回收原料中的有价金属(或半金属)创造了条件。国内外生产实践证明，现代的铅锌联合企业不仅生产了大量的主金属(铅锌)和副产品硫酸，还综合回收了镉、铋、铜、镍、钴、锡、锑、汞等重金属，金银及铂金属和稀散金属镓、铟、铊、锗、硒、碲。此外，产出相当数量的冶金炉渣和浸出渣中常常含有相当多的铁氧化物及含钙、铝的硅酸盐。

特别值得指出的是伴生金属中有的已成金属生产的主要来源，例如从铜铅阳极泥及炼锌浸出渣等冶金副产物中提取银，据统计 1989 年中国从伴生银矿中产出的银占银总量的 70%。90% 的铟是从铅锌工业的副产物中提取。绝大多数的镉来自锌冶炼的中间产物铜镉渣和镉灰。

1.1.1 铅锌及其共伴生元素在元素周期表中的位置

本书所圈定的 30 个共生伴生元素恰如图 1－1 元素周期表中用粗黑线框住的 9 族 30 个元素，分别是：

8 族　Fe，Ru，Os；9 族　Co，Rh，Ir；10 族　Ni，Pd，Pt；

11 族　Cu，Ag，Au；12 族　Zn，Cd，Hg；13 族　Al，Ga，In，Tl；

14 族　Si，Ge，Sn，Pb；15 族　As，Sb，Bi；16 族　O，S，Se，Te。

此外，还考虑收集与铅锌冶金过程的能源与造渣等相关的 C、H、Ca、Mg 与 Mn 5 个元素

族 周期	1	2	3	4	5	6	7	8	9	10	11	12	13	14	15	16	17	18
1	1 H																	2 He
2	3 Li	4 Be											5 B	6 C	7 N	8 O	9 F	10 Ne
3	11 Na	12 Mg											13 Al	14 Si	15 P	16 S	17 Cl	18 Ar
4	19 K	20 Ca	21 Sc	22 Ti	23 V	24 Cr	25 Mn	26 Fe	27 Co	28 Ni	29 Cu	30 Zn	31 Ga	32 Ge	33 As	34 Se	35 Br	36 Kr
5	37 Rb	38 Sr	39 Y	40 Zr	41 Nb	42 Mo	43 Tc	44 Ru	45 Rh	46 Pd	47 Ag	48 Cd	49 In	50 Sn	51 Sb	52 Te	53 I	54 Xe
6	55 Cs	56 Ba	57-71 La-Lu	72 Hf	73 Ta	74 W	75 Re	76 Os	77 Ir	78 Pt	79 Au	80 Hg	81 Tl	82 Pb	83 Bi	84 Po	85 At	86 Rn
7	87 Fr	88 Ra	89-103 Ac-Lr	104 Rf	105 Db	106 Sg	107 Bh	108 Hs	109 Mt	110 Ds	111 Rg	112 Uub	113 Uut	114 Uuq	115 Uup	116 Uuh		118 UuO

镧系	57 La	58 Ce	59 Pr	60 Nd	61 Pm	62 Sm	63 Eu	64 Gd	65 Tb	66 Dy	67 Ho	68 Er	69 Tm	70 Yb	71 Lu
锕系	89 Ac	90 Th	91 Pa	92 U	93 Np	94 Pu	95 Am	96 Cm	97 Bk	98 Cf	99 Es	100 Fm	101 Md	102 No	103 Lr

图 1－1　元素周期表中铅锌及其共伴生元素的位置

的资料。

铅锌和伴生元素连同附加的 5 种共计 35 种元素，其中属于半金属(Semimetals)的有 Si、Ge、As、Sb、Te 5 个(框外还有 B、Po、At 3 个)；属于非金属(Nonmetals)的有 O、S、Se 及补加的 C 4 个(框外还有 N、P、F、Cl、Br、I 和惰性元素 He、Ne、Ar、Kr、Xe、Rn 共 12 个)；属于金属的有 Fe、Ru、Os、Co、Rh、Ir、Ni、Pd、Pt；Cu、Ag、Au；Zn、Cd、Hg；Al、Ga、In、Tl；Sn、Pb、Bi 及 H、Ca、Mg、Mn 26 个。

从冶金工程角度看这 35 个元素包括了属于黑色金属的铁锰；属于有色重金属的铜、铅、锌、镍、钴、铋、镉、锡、锑、汞；属于有色轻金属的铝、镁、钙；全部贵金属——金、银、铂、钯、铑、铱、锇、钌和除铼①外的其余全部稀散金属——镓、铟、铊、锗 、硒、碲；还有和太阳能电池有关的硅、砷；以及与能源有关的碳、氢、氧。可以看出本书选定的框图的覆盖面恰与铅锌资源高效利用的目标相符。按照元素周期表的排列规律来认识各相关物性，可以加深对铅锌生产过程的认识，从而加速对原有工艺的技术改造，促进新工艺的开发。

由于不同国家或地区、不同时代对元素周期表的分族命名形式采用了不同的习惯表示，给非化学专业出身的冶金工程专业的读者带来一些“不同符号”的麻烦，在此作一归纳对比说明，并建议读者尽可能采用新的形式表示。

注：①后面有关部分，实际上添加了铼的内容。

对元素周期表中分族命名的新老形式如下：

(4)	ⅠA	ⅡA	ⅢB	ⅣB	ⅤB	ⅥB	ⅦB	Ⅷ或ⅧB			ⅠB	ⅡB	ⅢA	ⅣA	ⅤA	ⅥA	ⅦA	O或ⅧA
(3)	ⅠA	ⅡA	ⅢA	ⅣA	ⅤA	ⅥA	ⅦA	Ⅷ或ⅧA			ⅠB	ⅡB	ⅢB	ⅣB	ⅤB	ⅥB	ⅦB	O或ⅧB
(2)	Ⅰ	Ⅱ	←—— 过渡元素 ——→										Ⅲ	Ⅳ	Ⅴ	Ⅵ	Ⅶ	Ⅷ
(1) 族/周期	1	2	3	4	5	6	7	8	9	10	11	12	13	14	15	16	17	18

表示分族命名的新老形式：(1)为推荐的现代形式；(2)另一种更新的形式(近年来出版的化学书中常见)；(3)欧洲习惯的形式(英国出版的书中常见，中译本书中也常见)；(4)北美习惯的形式(美国出版的书中常见)。

1.1.2 铅锌及其共伴生元素的丰度和克拉克值

《现代化学原理》将元素表中元素在地壳中丰度(Abundances by mass)分为6个层次，本书中涉及的元素在6个范围内分别属于：

(1) >0.1% 有O、Si、Al、Ca、Mg、Fe、Mn和H；

(2)0.01% ~0.1% 有C、S、Zn；

(3)0.001% ~0.01% 有Co、Ni、Cu、Ga、Pb；

(4)0.0001% ~0.001% 有Tl、Ge、Sn、As、Sb；

(5)10^{-6}% ~10^{-4}% 有In、Bi、Se、Pd、Pt、Au、Ag、Cd、Hg；

(6) <10^{-6}% 有Te及Ru、Os、Rh、Ir及新补加的Re。

《元素》将这些元素的克拉克值(Earth's crust)以ppm表示(即10^{-6})。上述元素的克拉克值分别为：

O 474000；Si 277100；Al 82000；Ca 41000；Fe 41000；Mg 23000；H 1520；Mn 950；C 480；S 260；Ni 80；Zn 75；Cu 50；Co 20；Ga 18；Pb 14；Sn 2.2；Ge 1.8；As 1.5；Sb 0.2；Cd 0.11；Ag 0.07；Hg 0.05；Se 0.05；Bi 0.048；Te 0.005；In 0.0049；Au 0.0011；Ru 0.001；Pt 0.001；Re 4×10^{-4}；Pd 6×10^{-4}；Rh 2×10^{-4}；Os 1×10^{-4}；Ir 3×10^{-6}。

据国内外有色金属与煤资源的储量基础数据，中国在世界的排名顺序，铅、锌分别居第一位，铜居第三位，煤居第三位，铝居第五位。稀散金属与铅锌矿量的比值关系中，$m(Ge)/m(Pb, Zn)=1/29858$及$m(In)/m(Pb, Zn)=1/7362$，即铅锌矿量新增30000 t约可新增1 t Ge和4 t In。另据Se、Te/Cu的数据，西方国家每产10000 t铜即可回收2.6~5.8 t Se和0.6 t Te；我国相应为2.15 t Se和0.6 t Te。依此可预测稀散金属潜在储量，可见铅锌矿源的增加将增加铟、锗储量，铜矿源的增加，硒碲储量也将增加。

1.2 铅锌及其共伴生元素的主要物理化学性质简表

为方便查找有关主要物理化学性质数据，分别整理归纳为8，9，10族元素(或老Ⅷ族元素)(Fe、Co、Ni、Ru、Rh、Pd、Os、Ir、Pt)为表1-1，11族元素(或老IB族元素)(Cu、Ag、Au)为表1-2；12族元素(或老ⅡB族元素)(Zn、Cd、Hg)为表1-3；13族(或老ⅢA族)元素(Al、Ga、In、Tl)为表1-4；14族(或老ⅣA族)元素(Si、Ge、Sn、Pb)为表1-5；15族(或老ⅤA族)元素(As、Sb、Bi)为表1-6；16族(或老ⅥA族)元素(O、S、Se、Te)为表1-7，此外，考虑与铅锌冶金过程的能源和造渣等相关的C、H、Ca、Mg和Mn等元素纳为表1-8。

表1-1 8，9，10族(或老Ⅷ族)元素主要物理与化学性质简表

性 质	Fe	Co	Ni	Ru	Rh
原子序数	26	27	28	44	45
相对原子量	55.845	58.933195	58.6934	101.07	102.905 50
电子层结构	$[Ar]3d^64s^2$	$[Ar]3d^74s^2$	$[Ar]3d^84s^2$	$[Kr]4d^75s^1$	$[Kr]4d^85s^1$
原子半径/Å	1.24	1.25	1.25	1.34	1.34
离子半径/Å	0.67(+3) 0.82(+2) 共价1.16	0.64(+3) 0.82(+2) 共价1.16	0.62(+3) 0.78(+2) 共价1.15	0.54(+5) 0.65(+4) 0.77(+3)	0.67(+4) 0.75(+3) 0.86(+2) 共价1.25
熔点/K	1808	1768	1726	2583	2239
熔化焓/$(kJ\cdot mol^{-1})$	14.9	15.2	17.6	23.7	21.55
沸点/K	3023	3143	3005	4173	4000
汽化焓/$(kJ\cdot mol^{-1})$	351.0	382.4	371.8	567.8	495.4
密度/$(g\cdot cm^{-3})$	7.874 (293 K) 7.035(l)	8.9 (293 K) 7.67(l)	8.902 (298 K) 7.780(l)	12.370 (293 K) 10.900(l)	12.41 (293 K) 10.65(l)
摩尔体积/cm^{-3}	7.09	6.62	6.59	8.14	8.29
颜色	灰白色	银灰色	银白色	白色	银白色
热导率$\lambda/(W\cdot m^{-1}\cdot K^{-1})$	80.2(300 K)	100(300 K)	90.7(300 K)	117(300 K)	150(300 K)
电阻率$\rho/(\Omega\cdot m)$	9.71×10^{-8} (293 K)	6.24×10^{-8} (293 K)	6.84×10^{-8}	7.6×10^{-8} (273 K)	4.51×10^{-8} (293 K)
磁化率$\chi/(m^3\cdot kg^{-1})$	铁磁体	铁磁体	铁磁体	5.37×10^{-9} (s)	13.6×10^{-9} (s)
线胀系数α_L/K^{-1}	12.3×10^{-6}	13.36×10^{-6}	13.3×10^{-6}	9.1×10^{-6}	8.40×10^{-6}
电子亲和能$(Me\rightarrow Me^-)$ $A/(kJ\cdot mol^{-1})$	15.7	63.8	156	101	109.7
元素电负性 (Pauling) (Allred) (Absolute)	 1.83 1.64 4.06 eV	 1.88 1.70 4.3 eV	 1.91 1.75 4.40 eV	 2.2 1.42 4.5 eV	 2.28 1.45 4.30 eV
有效核电荷 (Slater) (Clementi) (Froese-Fircher)	 3.75 5.43 7.40	 3.90 5.58 7.63	 4.05 5.71 7.86	 3.75 7.45 10.57	 3.90 7.64 10.85

续表 1-1

性　质	Pd	Os	Ir	Pt
原子序数	46	76	77	78
相对原子量	106.42	190.23	192.217	195.08
电子层结构	$[Kr]4d^{10}$	$[Xe]4f^{14}5d^{6}6s^{2}$	$[Xe]4f^{14}5d^{7}6s^{2}$	$[Xe]4f^{14}5d^{9}6s^{1}$
原子半径/Å	1.38	1.35	1.36	1.38
离子半径/Å	0.64(+4) 0.86(+2) 共价 1.28	0.89(+2) 0.81(+3) 0.67(+4) 共价 1.26	0.66(+4) 0.89(+2) 0.75(+3) 共价 1.26	0.70(+4) 0.85(+2) 共价 1.29
熔点/K	1825	3327	2683	2045
熔化焓/$(kJ\cdot mol^{-1})$	17.2	29.3	26.4	19.7
沸点/K	3413	5300	4403	4100 ± 100
汽化焓/$(kJ\cdot mol^{-1})$	393.3	627.6	563.6	510.5
密度/$(g\cdot cm^{-3})$	12.02(293 K) 10.379(1)	22.59(293 K) 22.160(1)	22.560(293 K) 20.000(1)	21.450(293 K)
摩尔体积/cm^{-3}	8.85	8.43	8.57	9.10
颜色	钢白色	蓝灰色	灰白色	银白色
热导率 λ/$(W\cdot m^{-1}\cdot K^{-1})$	71.8(300 K)	87.6(300 K)	147(300 K)	71.6(300 K)
电阻率 ρ/$(\Omega\cdot m)$	10.8×10^{-8} (293 K)	8.12×10^{-8} (273 K)	5.3×10^{-8} (s)	10.6×10^{-8} (293 K)
磁化率 χ/$(m^{3}\cdot kg^{-1})$	$+6.702\times10^{-8}$ (s)	$+6.5\times10^{-10}$ (s)	$+1.67\times10^{-9}$ (s)	$+1.301\times10^{-8}$
线胀系数 α_L/K^{-1}	11.2×10^{-6}	4.3×10^{-6} (α axis)	6.4×10^{-6}	9.0×10^{-6}
电子亲和能($Me\rightarrow Me^{-}$) A/$(kJ\cdot mol^{-1})$	53.7	106	151	205.3
元素电负性 (Pauling) (Allred) (Absolute)	 2.20 1.35 4.45 eV	 2.2 1.52 4.9 eV	 2.20 1.55 5.4 eV	 2.28 1.44 5.6 eV
有效核电荷 (Slater) (Clementi) (Froese-Fircher)	 4.05 7.84 11.11	 3.75 10.32 14.90	 3.90 10.57 15.33	 4.05 10.75 15.65

表 1-2 11 族(或老 I B 族)元素主要物理与化学性质简表

性 质	Cu	Ag	Au
原子序数	29	47	79
相对原子量	63.546	107.8682	196.966569
电子层结构	$[Ar]3d^{10}4s^1$	$[Kr]4d^{10}5s^1$	$[Xe]4f^{14}3d^{10}6s^1$
原子半径/Å	1.28	1.44	1.44
离子半径/Å	0.72(+2) 0.96(+1) 共价 1.17	0.89(+2) 1.13(+1) 共价 1.34	0.91(+3) 1.37(+1) 共价 1.34
熔点/K	1356.6	1235.08	1337.58
熔化焓/$(kJ \cdot mol^{-1})$	13.0	11.3	12.7
沸点/K	2840	2485	3080
汽化焓/$(kJ \cdot mol^{-1})$	304.6	255.1	324.4
密度/$(g \cdot cm^{-3})$	8.96(293 K) 7.90(1)	10.500(293 K) 9.345(1)	19.32(293 K)
摩尔体积/cm^{-3}	7.09	10.27	10.19
颜色	紫红色	银白色	黄色
热导率 λ/$(W \cdot m^{-1} \cdot K^{-1})$	401(300 K)	429(300 K)	317(300 K)
电阻率 ρ/$(\Omega \cdot m)$	1.6730×10^{-8} (293 K)	1.59×10^{-8}	2.35×10^{-8} (293 K)
磁化率 χ/$(m^3 \cdot kg^{-1})$	-1.081×10^{-9}(s)	-2.27×10^{-9}(s)	-1.78×10^{-9}(s)
线胀系数 α_L/K^{-1}	16.5×10^{-6}	19.2×10^{-6}	14.16×10^{-6}
电子亲和能($Me \rightarrow Me^-$) A/$(kJ \cdot mol^{-1})$	118.5	125.7	222.8
元素电负性 (Pauling) (Allred) (Absolute)	 1.90 1.75 4.48 eV	 1.93 1.42 4.44 eV	 2.54 1.42 5.77 eV
有效核电荷 (Slater) (Clementi) (Froese-Fircher)	 4.20 5.84 8.07	 4.20 8.03 11.35	 4.20 10.94 15.94

表 1-3 12 族(或老ⅡB 族)元素主要物理与化学性质简表

性 质	Zn	Cd	Hg
原子序数	30	48	80
相对原子量	65.409	112.411	200.59
电子层结构	$[Ar]3d^{10}4s^2$	$[Kr]4d^{10}5s^2$	$[Xe]4f^{14}5d^{10}6s^2$
原子半径/Å	1.33	1.49	1.60
离子半径/Å	0.83(+2) 1.25(共价)	1.03(+2) 1.14(+1)	1.12(+2) 1.27(+1)
熔点/K	692.73	594.1	234.38
熔化焓/($kJ \cdot mol^{-1}$)	6.67	6.11	2.331
沸点/K	1180	1083	629.73
汽化焓/($kJ \cdot mol^{-1}$)	115.3	99.87	59.15
密度/($g \cdot cm^{-3}$)	7.133(293 K) 6.577(l)	8.650(293 K) 7.996(l)	13.546(293 K)
摩尔体积/cm^{-3}	9.17	13.00	14.81
颜色	蓝白色	蓝白色	银白色
热导率 λ/($W \cdot m^{-1} \cdot K^{-1}$)	116(300 K)	96.8(300 K)	8.34(300 K)
电阻率 ρ/($\Omega \cdot m$)	5.916×10^{-8}(293 K)	6.83×10^{-8}(273 K)	94.1×10^{-8}(273 K) 95.8×10^{-3}(293 K)
磁化率 χ/($m^3 \cdot kg^{-1}$)	-2.20×10^{-9}(s)	-2.21×10^{-9}(s)	-2.95×10^{-9}(l)
线胀系数 α_L/K^{-1}	25.0×10^{-6}	29.8×10^{-6}	18.1×10^{-5}(立方体)
电子亲和能($Me \rightarrow Me^-$) A/($kJ \cdot mol^{-1}$)	9	-26	-18
元素电负性 (Pauling) (Allred) (Absolute)	 1.65 1.66 4.45 eV	 1.69 1.46 4.33 eV	 2.00 1.44 4.91 eV
有效核电荷 (Slater) (Clementi) (Froese-Fircher)	 4.35 5.97 8.28	 4.35 8.19 11.58	 4.35 11.15 16.22

表1-4 13族(或老ⅢA族)元素主要物理与化学性质简表

性 质	Al	Ga	In	Tl
原子序数	13	31	49	81
相对原子量	26.98153	69.723	114.818	204.3833
电子层结构	[Ne]$3s^2 3p^1$	[Ar]$3d^{10} 4s^2 4p^1$	[Kr]$4d^{10} 5s^2 5p^1$	[Xe]$4f^{14} 5d^{10} 6s^2 6p^1$
原子半径/Å	1.43	1.22	1.626	1.70 共价 1.55
离子半径/Å	0.57(+3) 共价 1.25 范德华 2.05	0.62(+3) 共价 1.25 0.81(+1)	共价 1.50 0.92(+3) 1.32(+1)	1.05(+3) 1.49(+1)
熔点/K	933.52	302.93	429.32	576.7
熔化焓/($kJ \cdot mol^{-1}$)	10.67	5.59	3.27	4.31
沸点/K	2740	2676	2353	1730
汽化焓/($kJ \cdot mol^{-1}$)	290.72	256.1	226.4	162.1
密度/($g \cdot cm^{-3}$)	2.698(293 K) 2.390(l)	5.907(293 K) 6.1136(l)	7.032(l)	11.29(l)
摩尔体积/cm^{-3}	10.00	11.81	15.71	17.24
颜色	银白色	银白色	银白色	银白色
热导率 λ/($W \cdot m^{-1} \cdot K^{-1}$)	237(300 K)	40.6(300 K)	81.6(300 K)	46.1(300 K)
电阻率 ρ/($\Omega \cdot m$)	2.6548×10^{-8} (293 K)	27×10^{-8} (273 K)	8.37×10^{-8} (293 K)	18.0×10^{-8} (273 K)
磁化率 χ/($m^3 \cdot kg^{-1}$)	$+7.7 \times 10^{-9}$(s)	-3.9×10^{-8}(s)	-7.0×10^{-8}(s)	-3.13×10^{-9}(s)
线胀系数 α_L/K^{-1}	23.03×10^{-6}	31.5×10^{-6}	33×10^{-6}	28×10^{-6}
电子亲和能($Me \rightarrow Me^-$) A/($kJ \cdot mol^{-1}$)	44	30	30	20
元素电负性 (Pauling) (Allred) (Absolute)	 1.61 1.47 3.23 eV	 1.84 1.82 3.2 eV	 1.78 1.49 3.1 eV	 1.62(Tl^+); 2.04(Tl^{3+}) 1.44 3.2 eV
有效核电荷 (Slater) (Clementi) (Froese-Fircher)	 3.50 4.07 3.64	 5.00 6.22 6.72	 5.00 8.47 9.66	 5.00 12.25 13.50

表1－5　14族(或老ⅣA族)元素主要物理与化学性质简表

性　质	Si	Ge	Sn	Pb
原子序数	14	32	50	82
相对原子量	28.0855	72.64	118.710	207.2
电子层结构	[Ne]$3s^2 3p^2$	[Ar]$3d^{10} 4s^2 4p^2$	[Kr]$4d^{10} 5s^2 5p^2$	[Xe]$4f^{14} 5d^{10} 6s^2 6p^2$
原子半径/Å	1.17	1.23	1.41	1.75
离子半径/Å	0.26(+4) 2.71(−4) 共价1.17 范德华2.00	0.90(+2) 2.72(−4) 共价1.22	0.74(+4) 0.93(+2) 共价1.40 范德华2.00	0.84(+4) 1.32(+2) 共价1.54
熔点/K	1683	1210.6	505.118	600.65
熔化焓/($kJ \cdot mol^{-1}$)	39.6	34.7	7.20	5.121
沸点/K	2628	3103	2543	2013
汽化焓/($kJ \cdot mol^{-1}$)	383.3	334.3	290.4	179.4
密度/($g \cdot cm^{-3}$)	2.329(293 K) 2.525(l)	5.323(293 K) 5.490(l)	5.750(灰)(293 K) 7.310(白)(293 K)	11.35(293 K) 10.678(l)
摩尔体积/cm^{-3}	12.06	13.64	16.24(β)	18.26
颜色	灰色(金属光泽)	银灰色	银白色	银白色
热导率 λ/($W \cdot m^{-1} \cdot K^{-1}$)	148(300 K)	59.9(300 K)	66.6(α)(300 K)	35.3(300 K)
电阻率 ρ/($\Omega \cdot m$)	0.001(273 K)	0.46(295 K)	11.0×10^{-8} (α, 273 K)	20.648×10^{-8} (293 K)
磁化率 χ/($m^3 \cdot kg^{-1}$)	-1.8×10^{-9}(s)	-1.328×10^{-9}(s)	(α) -4.0×10^{-9} (β) $+3.3 \times 10^{-10}$	-1.39×10^{-9}(s)
线胀系数 α_L/K^{-1}	4.2×10^{-6}	5.57×10^{-6}	(α) -5.3×10^{-6} (β)21.2×10^{-6}	29.1×10^{-6}
电子亲和能($Me \rightarrow Me^-$) A/($kJ \cdot mol^{-1}$)	133.6	116	116	35.1
元素电负性 (Pauling) (Allred) (Absolute)	 1.90 1.74 4.77 eV	 2.10 2.02 4.6 eV	 1.96 1.72 4.30 eV	 2.33 1.55 3.90 eV
有效核电荷 (Slater) (Clementi) (Froese-Fircher)	 4.15 4.29 4.48	 5.65 6.78 7.92	 5.65 9.10 11.11	 5.65 12.39 15.33

表1-6 15族(或老VA族)元素主要物理与化学性质简表

性 质	As	Sb	Bi
原子序数	33	51	83
相对原子量	74.9216	121.760	208.98040
电子层结构	$[Ar]3d^{10}4s^2 4p^3$	$[Kr]4d^{10}5s^2 5p^3$	$[Xe]4f^{14}5d^{10}6s^2 6p^3$
原子半径/Å	1.25	1.82	1.55
离子半径/Å	0.46(+5) 0.69(+3) 共价 1.21 范德华 2.00	0.62(+5) 0.89(+3) 2.45(-3)	0.74(+5) 0.96(+3) 共价 1.52 范德华 2.40
熔点/K	1090(α)	903.89	544.5
熔化焓/($kJ \cdot mol^{-1}$)	27.7	20.90	10.48
沸点/K	889(升华)	1908	1883 ±5
汽化焓/($kJ \cdot mol^{-1}$)	31.9	62.91	179.1
密度/($g \cdot cm^{-3}$)	5.78(α)(293 K) 4.70(β)(293 K)	6.691(293 K) 6.483(1)	9.747(293 K)
摩尔体积/cm^{-3}	12.92(α) 15.9(β)	18.20	21.44
颜色	灰白色	银白色	银白色(金属光泽)
热导率 λ/($W \cdot m^{-1} \cdot K^{-1}$)	50.0(α)(300 K)	24.3(300 K)	7.87(300 K)
电阻率 ρ/($\Omega \cdot m$)	26×10^{-8}(273 K)	39.0×10^{-8}(273 K)	106.8×10^{-8}(273 K)
磁化率 χ/($m^3 \cdot kg^{-1}$)	-9.17×10^{-10}(α) -9.97×10^{-9}(β)	-1.0×10^{-8}	-1.684×10^{-8}(s)
线胀系数 α_L/K^{-1}	4.7×10^{-6}	8.5×10^{-6}	13.4×10^{-6}
电子亲和能($Me \rightarrow Me^-$) A/($kJ \cdot mol^{-1}$)	78	101	91.3
元素电负性 (Pauling) (Allred) (Absolute)	 2.18 2.20 5.3 eV	 2.05 1.82 4.85 eV	 2.02 1.67 4.69 eV
有效核电荷 (Slater) (Clementi) (Froese-Fircher)	 6.30 7.45 8.98	 6.30 9.99 12.37	 6.3 13.34 16.90

表 1－7 16 族(或老Ⅵ族)元素主要物理与化学性质简表

性　质	O	S	Se	Te
原子序数	8	16	34	52
相对原子量	15.9994	32.065	78.96	127.60
电子层结构	[He]$2s^22p^4$	[Ne]$3s^23p^4$	[Ar]$3d^{10}4s^24p^4$	[Kr]$4d^{10}5s^25p^4$
原子半径/Å	0.66	1.04	2.15	1.43
离子半径/Å	1.32(－2) 0.22(＋1) 共价 0.66 (单键) 范德华 1.42	0.29(＋6) 0.37(＋4) 1.82(－2) 共价 1.04 范德华 1.85	0.69(＋4) 1.91(－2) 共价 1.17 范德华 2.00	0.56(＋6) 0.97(＋4) 2.11(－2) 共价 1.37
熔点/K	54.8	386.0(α) 392.2(β) 380.0(γ)	490	722.7
熔化焓/($kJ \cdot mol^{-1}$)	0.444	1.23	5.1	13.5
沸点/K	90.188	717.824	958.1	1263.0
汽化焓/($kJ \cdot mol^{-1}$)	6.82	9.62	26.32	50.63
密度/($g \cdot cm^{-3}$)	2.000(s. m. p) 1.14(l) (气体,273 K) 1.429	1.957(β)(293 K) 2.07(α) 1.819(1393 K)	4.79(灰色) (293 K) 3.987(l)	6.24(293 K) 5.797(l)
摩尔体积/cm^{-3}	8.00(54 K)	15.49	16.48	20.45
颜色	淡蓝色(l)	黄色	灰白色	银白色
热导率 λ/($W \cdot m^{-1} \cdot K^{-1}$)	0.2674(300 K)	0.269(α) (300 K)	α 76 (293 K) γ 24(293 K) 无定形 14～52 (293 K)	2.35(293 K)
电阻率 ρ/($\Omega \cdot m$)		2×10^{15}(293 K)	1.2×10^{-4}(293 K)	4.36×10^{-3} (298 K)
磁化率 χ/($m^3 \cdot kg^{-1}$)	$+1.355 \times 10^{-6}$(g)	-6.09×10^{-8}(α) -5.83×10^{-9}(β)	-4.0×10^{-9}(s)	-3.9×10^{-9}(s)
线胀系数 α_L/K^{-1}		74.33×10^{-6}	(32.4～75.0) $\times 10^{-6}$(293 K)	16.75×10^{-6}
电子亲和能($Me \to Me^-$) A/($kJ \cdot mol^{-1}$)	141	200.4	195.0	190.2
元素电负性 (Pauling) (Allred) (Absolute)	 3.44 3.50 7.54 eV	 2.58 2.44 6.22 eV	 2.55 2.48 5.89 eV	 2.1 2.01 5.49 eV
有效核电荷 (Slater) (Clementi) (Froese-Fircher)	 4.55 4.45 4.04	 5.45 5.48 6.04	 6.95 8.29 9.96	 6.95 10.81 13.51

表 1-8 C、H、Ca、Mg、Mn 元素主要物理与化学性质简表

性 质	C	H	Ca	Mg	Mn
原子序数	6	1	20	12	25
相对原子量	12.0107	1.00794	40.078	24.3050	54.938045
电子层结构	$[He]2s^2 2p^2$	$1s^1$	$[Ar]4s^2$	$[Ne]3s^2$	$[Ar]3d^5 4s^2$
原子半径/Å	0.77	0.78	1.97(α)	1.60	1.24
离子半径/Å	C^+ 2.60 C-C 0.77 C=C 0.67 C≡C 0.6 范德华 1.85	H^+ 0.00066 pm H^- 1.54 共价 0.30 范德华 1.20	Ca^{2+} 1.06 共价 1.74	Mg^{2+} 0.79 共价 1.36	0.52(+4) 0.70(+3) 0.91(+2) 共价 1.17
熔点/K	3820(金刚石); 3800(石墨)	14.01	1112	922.0	1517
熔化焓($kJ \cdot mol^{-1}$)	105.1	0.12	9.33	9.04	14.4
沸点/K	5100(升华)	20.28	1757	1363	2235
汽化焓($kJ \cdot mol^{-1}$)	710.9	0.46	149.95	128.7	219.7
密度/($g \cdot cm^{-3}$)	3.513(金刚石) 2.260(石墨)	0.076(11 K) 0.0708(l)	1.550(293 K) 1.365(l)	1.738(293 K) 1.585(l)	7.440(α) (293 K) 6.430(l)
摩尔体积/cm^{-3}	3.42(金刚石)	0.08988 kg/m^3 (气体)(273 K) 13.26(11 K)	25.86	13.98	7.38
颜色	无色	无色(半透明)	银白色	银白色	银灰色
热导率 ($\lambda/W \cdot m^{-1} \cdot K^{-1}$)	990~2320(金刚石) 5.7 I; 1960 II (298 K)(石墨)	0.1815(g) (300 K)	200(300 K)	156(300 K)	7.82(300 K)
电阻率 $\rho/(\Omega \cdot m)$	1×10^{11}(金刚石)(273 K) 1.375×10^{-5}(石墨)		3.43×10^{-8}(g) (293 K)	4.38×10^{-8} (293 K)	185.0×10^{-8} (298 K)
磁化率 $\chi/(m^3 \cdot kg^{-1})$	-6.3×10^{-9}(石墨) -6.2×10^{-9}(金刚石)	-2.50×10^{-8} (g)	$+1.4 \times 10^{-8}$ (s)	$+6.8 \times 10^{-9}$ (s)	$+1.21 \times 10^{-7}$ (s)
线胀系数 α_L/K^{-1}	1.19×10^{-6}(金刚石)		22×10^{-6}	26.1×10^{-6}	22×10^{-6}
电子亲和能 ($Me \rightarrow Me^-$) $A/(kJ \cdot mol^{-1})$	121.9	72.8	-186	-21	<0
元素电负性 (Pauling) (Allred) (Absolute)	 2.55 2.50 6.27 eV	 2.20 2.20 7.18 eV	 1.00 1.04 2.2 eV	 1.31 1.23 3.75 eV	 1.55 1.60 3.72 eV
有效核电荷 (slater) (clementi) (Froese-Fircher)	 3.25 3.14 3.87	 1.00 1.00 1.00	 2.85 4.40 5.69	 2.85 3.31 4.15	 3.60 5.23 7.17

其中 C、O、S、Se 为非金属；Si、Ge、As、Sb、Te 为半金属；余为金属，这是化学类文献中常见的分类。而我国有色金属冶金则常将 Se、Te、Ge 归为稀散金属；Si、As 为半金属；Sb 归为重有色金属。

简表中相关性质参数，将在 1.3 及 1.4 节中说明。

简表中数据基本选自剑桥大学化学系埃默斯莉(John Emsley)教授所著的 *The Elements* (Third Edition)(1998)数据，其中元素的相对原子量数据则用文献所推荐的2006 年的数据。

1.3　铅锌及其共伴生元素的物理性质

以玻尔(N. Bohr)模型为基础的原子中的核外电子排布是按量子数适当地顺次充填的。原子的基态可以从光谱学的观察结果加以推断，以它为基础所得到的核外电子层结构表，是讨论化学键的重要资料。

1.3.1　电子层结构

锌、铜、汞和锗、锡、铅以及砷、锑、铋分别是元素周期表中 12 族和 14 族以及 15 族元素，其电子层结构如表 1－9 所示。

表 1－9　铅、锌、铋等 12、14、15 族元素的电子层结构

原子序数	元素	K	L		M			N				O			P	
		1s	2s	2p	3s	3p	3d	4s	4p	4d	4f	5s	5p	5d	6s	6p
30	锌	2	2	6	2	6	10	2								
48	镉	2	2	6	2	6	10	2	6	10	2					
80	汞	2	2	6	2	6	10	2	6	10	14	2	6	10	2	
32	锗	2	2	6	2	6	10	2	2							
50	锡	2	2	6	2	6	10	2	6	10	2	2				
82	铅	2	2	6	2	6	10	2	6	10	14	2	6	10	2	2
33	砷	2	2	6	2	6	10	2	3							
51	锑	2	2	6	2	6	10	2	6	10	2	3				
83	铋	2	2	6	2	6	10	2	6	10	14	2	6	10	2	3

不同族是由性质类似的元素群所组成，如 15 族的砷、锑、铋的晶体是同晶形的，每个原子以 3 个键相互连接，是“折叠”式排列的层状结构晶体，在层内原子间的距离是相等的，形成了二维高聚物。比较每个原子和层内 3 个相邻原子间距和层间 3 个邻近原子的距离(如表 1－10 中数据)可看出，在 Bi 中原子间远近不同的各向异性最小。层内 3 个键之间的键角按 As→Sb→Bi 的顺序逐步挨近 90°。15 族砷、锑、铋是同晶形的，但在带有金属性的锑和铋的结构中也可以看到键的各向异性。铋在熔点时，液态的体积比晶体的要小(液态铋凝固时体积膨胀)，与此相反，铅和同类金属晶体在熔化时体积膨胀。这一现象可以解释为在铋(硅、锗等)的晶体内，键有方向性，是有“空隙”的结构，一旦切断了键，反而成为排列紧密

的液体结构。而铅是面心立方晶格，锌、镉则是六方最密堆积的晶格结构的金属。锡（白锡）在常温下是属于正方晶系的金属。

图1－2示出元素周期表中有关元素的电子层结构。图中数字，例如：－8－18－2是Zn的电子层结构，－32－18－4是Pb的电子层结构。

表1－10 在15族中键的各向异性

元素	较近原子间距 L_1/nm	较远原子间距 L_2/nm	L_2/L_1	键角/(°)
砷	0.251	0.315	1.25	97.0
锑	0.290	0.336	1.16	95.6
铋	0.307	0.353	1.15	95.5

1.3.2 极化率

原子核外电子的波动模型是电子云，它有扩展性，因外加电场而有一定程度的变形。电子云变形难易的量度称为极化率。能借以计算摩尔折射率 R 的方程式（1－1）是表示宏观实测量与微观结构间关系的方程式之一，由它可以了解折射率和极化率的关系：

$$R=\frac{n^2-M}{n^2+2\rho}=\frac{4}{3}\pi N_A\alpha \tag{1-1}$$

式中：n 为折射率；M 为分子量；ρ 为密度；N_A 为阿伏伽德罗常数，$N_A=6.023\times10^{23}\ mol^{-1}$；$\alpha$ 为极化率（见表1－11）。

表1－11 离子的极化率/10^{-24} cm^3 = Å^3

离子	极化率	离子	极化率	离子	极化率	离子	极化率	离子	极化率	离子	极化率
Li^+	0.03	Be^{2+}	0.01					F^-	0.81	O^{2-}	3.0
Na^+	0.24	Mg^{2+}	0.10	Al^{3+}	0.07	Si^{4+}	0.04	Cl^-	2.98	S^{2-}	8.9
K^+	1.00	Ca^{2+}	0.60	Se^{3+}	0.4	Ti^{4+}	0.3	Br^-	4.42	Se^{2-}	11.4
Rb^+	1.50	Sr^{2+}	0.90					I^-	6.45	Te^{2-}	16.1
Cs^+	2.40	Ba^{2+}	1.69	La^{3+}	1.3			OH^-	1.80		
Ag^+	1.9	Pb^{2+}	3.6								
Tl^+	5.9	Zn^{2+}	0.5								
NH_4^+	1.65	Cd^{2+}	1.15								
		Hg^{2+}	2.4								

电子云易于变形的粒子所构成的物质其折射率较大，如铅玻璃中的铅因极化率大，故表现出的折射率也大。

族的新标志

1 族	2											13	14	15	16	17	18	壳层
H 1																	He 2	K
Li 2–1	Be 2–2											B 2–3	C 2–4	N 2–5	O 2–6	F 2–7	Ne 2–8	K–L
Na 2–8–1	Mg 2–8–2	3	4	5	6	7	8	9	10	11	12	Al 2–8–3	Si 2–8–4	P 2–8–5	S 2–8–6	Cl 2–8–7	Al 2–8–8	K–L–M
K –8–8–1	Ca –8–8–2	Sc –8–9–2	Ti –8–10–2	V –8–11–2	Cr –8–12–2	Mn –8–13–2	Fe –8–14–2	Co –8–15–2	Ni –8–16–2	Cu –8–18–1	Zn –8–18–2	Ga –8–18–3	Ge –8–18–4	As –8–18–5	Se –8–18–6	Br –8–18–7	Kr –8–18–8	–L–M–N
Rb –18–8–1	Sr –18–8–2	Y –18–9–2	Zr –18–10–2	Nb –18–12–1	Mo –18–13–1	Tc –18–13–2	Ru –18–15–1	Rh –18–16–1	Pd –18–18–0	Ag –18–18–1	Cd –18–18–2	In –18–18–3	Sn –18–18–4	Sb –18–18–5	Te –18–18–6	I –18–18–7	Xe –18–18–8	–M–N–O
Cs –18–8–1	Ba –18–8–2	La –18–9–2	Hf –32–10–2	Ta –32–11–2	W –32–12–2	Re –32–13–2	Os –32–14–2	Ir –32–15–2	Pt –32–17–1	Au –32–18–1	Hg –32–18–2	Tl –32–18–3	Pb –32–18–4	Bi –32–18–5	Po –32–18–6	At –32–18–7	Rn –32–18–8	–N–O–P

图1–2　元素周期表中有关元素的电子层结构

1.3.3 熔点、熔化焓、沸点、汽化焓

铅锌及其主要伴生元素的熔点、熔化焓、沸点和汽化焓数据见表1-12。金属元素的熔点与原子序数有一定的周期性关系，金属元素的熔点与熔化焓、金属元素的沸点与汽化焓呈一定的递增趋势关系(图1-3及图1-4)。

表1-12 铅锌及其主要伴生元素的熔点、熔化焓、沸点和汽化焓

原子序数	元素	熔点/K	熔化焓/($kJ \cdot mol^{-1}$)	沸点/K	汽化焓/($kJ \cdot mol^{-1}$)
30	锌	692.73	6.67	1180	115.3
48	镉	594.1	6.11	1038	99.87
80	汞	234.28	2.331	629.73	59.15
32	锗	1210.6	34.7	3103	334.3
50	锡	505.118	7.20	2543	290.4
82	铅	600.65	5.121	2013	179.4
33	砷	1090(α-As)	27.7	889 升华	31.9
51	锑	903.89	20.90	1908	62.91
83	铋	544.5	10.48	1883±5	179.1

注：锡α、β相变点(286.35±0.3) K的相变焓为(2.24±0.35) kJ/mol。

1.3.4 磁化率

物质的磁化率χ_m由下式定义：

$$\chi_m = \mu_r - 1 \quad (1-2)$$

式中：μ_r为该物质的相对磁导率，$\mu_r = \mu/\mu_0$，μ是该物质的磁导率，μ_0为其在真空中的磁导率。表1-13为铅锌及其主要伴生元素的磁化率。图1-5为元素的摩尔磁化率与原子序数的关系。

表1-13 铅锌及其主要伴生元素的摩尔磁化率/($10^{-6}\ cm^3 \cdot mol^{-1}$)

原子序数	元素	磁化率χ	原子序数	元素	磁化率χ
30	锌	-0.157	33	砷	-0.31
48	镉	-0.18	51	锑	-0.87
80	汞	-0.188	83	铋	-1.35
32	锗	-0.12			
50	锡	-0.25			
82	铅	-0.12			

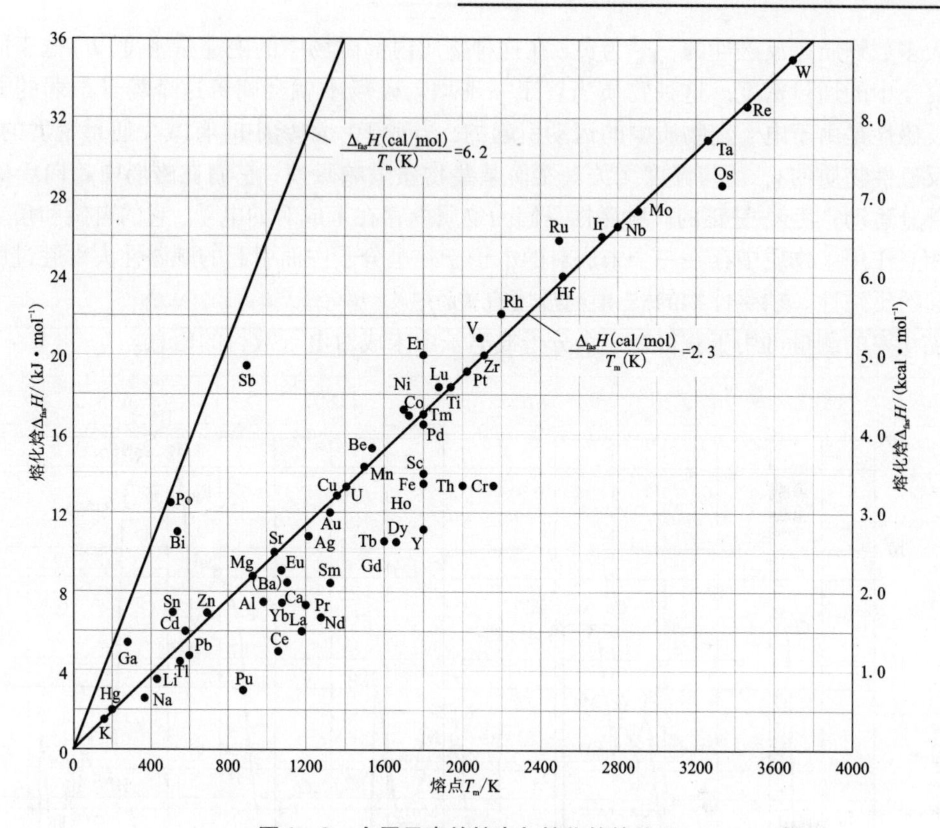

图1－3　金属元素的熔点与熔化焓的关系

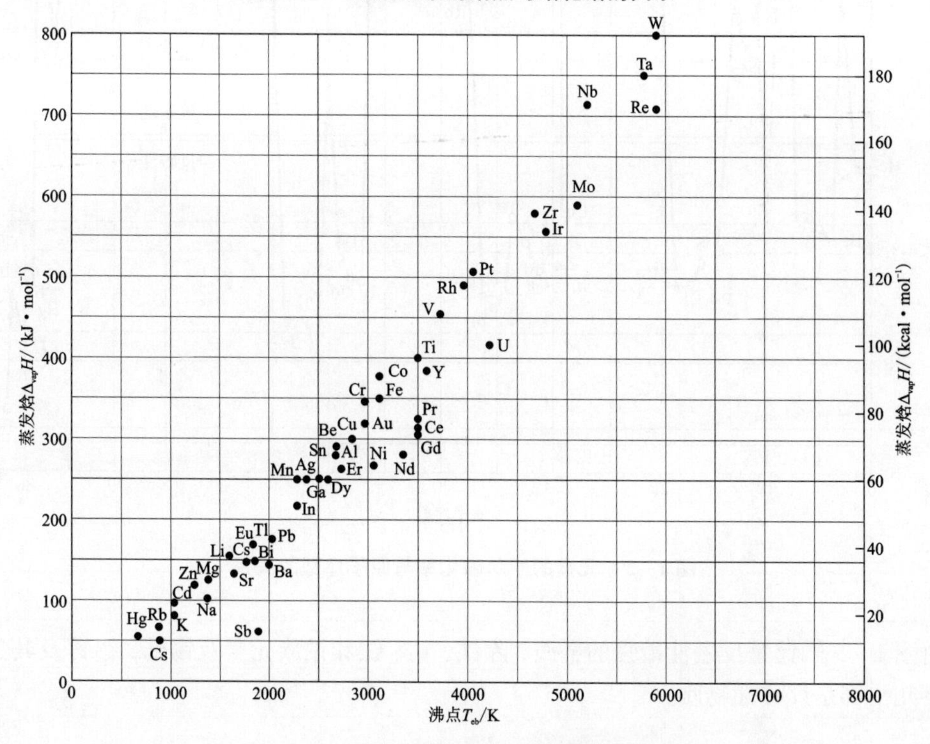

图1－4　金属元素的沸点与蒸发焓的关系

大多数物质是反磁性的，χ_m 为负，在这种物质内部磁场中的磁通量密度(B)低于同样磁场在真空中的通量密度。这种物质当置于一不均匀磁场中就会朝着这个场景最弱的方向运动。反磁性是由于电子在物质中的运动引起的，当置于一磁场中时有减少通量密度的效应。对于反磁性物质的χ_m 值与温度无关。然而某些物质呈顺磁性；它们在磁场中趋向于磁场最强的部分运动；其χ_m 是正的。顺磁性是因为物质内存在未成对的电子，它的自旋和角动量和磁场相互作用。物质中存在一个未成对的电子于一个分子中而引起的顺磁性大大胜过所有电子引起的反磁性。顺磁性物的χ_m 值与温度有关。

磁化率的测量可用于获得在一个分子或离子中未成对电子数目的信息。

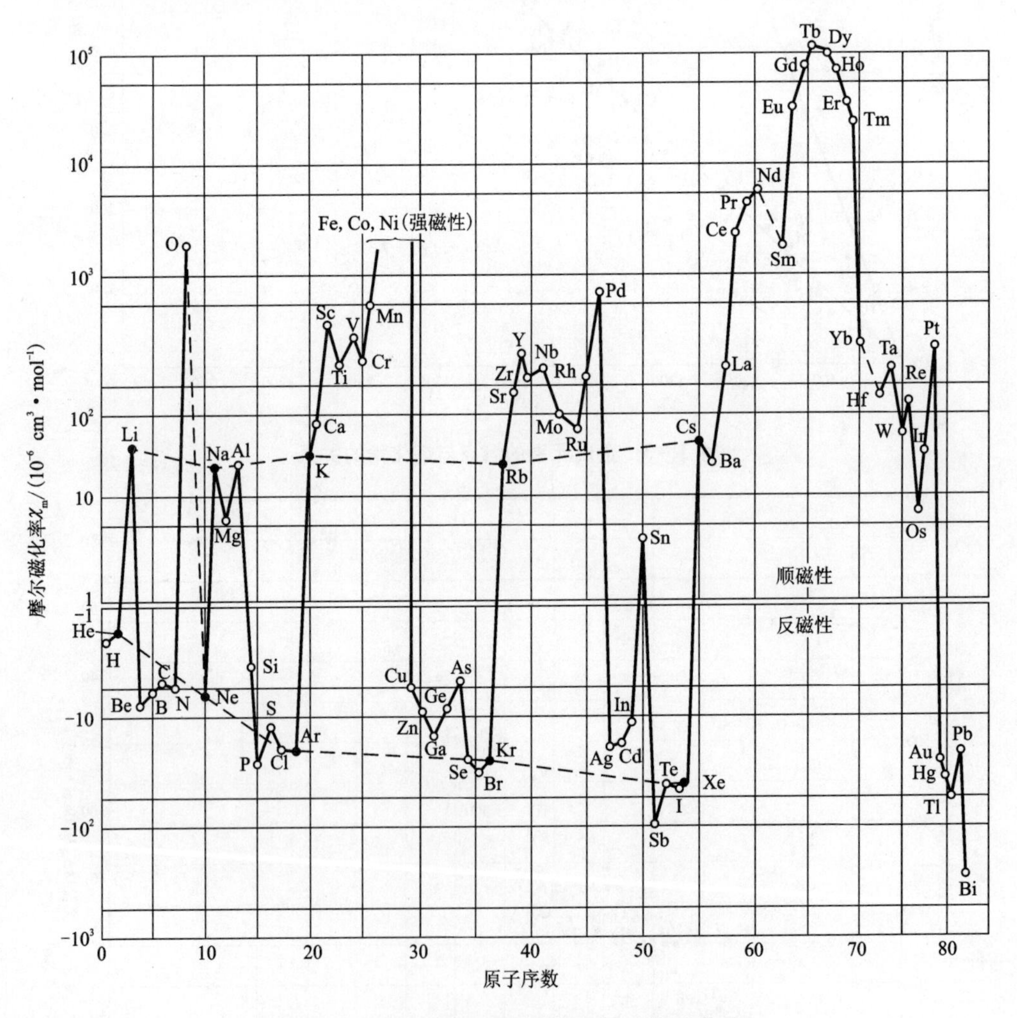

图1-5　元素的摩尔磁化率与原子序数的关系

由图1-5知铋是反磁性最强的金属，除铁、钴、镍和铂族元素及锡外，铅锌及其主要伴生元素几乎都是反磁性物质。

1.3.5　不同温度下的蒸气压

铅锌及其主要伴生元素中 Hg 的沸点最低，依次按 As、Cd、Zn、Bi、Sb、Pb、Sn 增大，不同温度下的蒸气压数值可从表 1－14 的方程求得。金属锌的蒸气压数据见表 1－15。

表 1－14　铅锌等元素的 $\lg p = -AT^{-1} + B - C\lg T - DT$ 方程(133.3 Pa)

元素	状态	A	B	C	$D\cdot10^{-3}$	温度范围/K
Zn	固	6910	10.084	－0.192	－0.524	298～692.7
	液	6294	8.242	0.015	—	692.7～1164
Cd	固	5924	10.049	－0.172	－0.642	298～594.3
	液	5406	11.35	－0.975	—	594.3～1040
Hg	固	$\lg p = 0.08240815 - 24552.22/T - 0.060859T - 1.5563\times10^{-4}\lg T$				
	液	$\lg p = 0.1020303 - 24559.3/T + 4.5188\times10^{-2}T - 2.2782\times10^{-5}T^2 + 5.725\times10^{-9}T^3$				
Ge	固	20282	12.345	－0.510	－0.179	298～1210
	液	17900	8.371	0.071	—	1210～3120
Sn	固(白锡)	15879	9.881	－0.097	－0.948	298～505.1
	液	15339	7.689	0.141	—	505.1～2896
Pb	固	10261	9.930	－0.333	0.509	298～600.6
	液	9829	9.185	－0.434	—	600.6～2018
As	固	11645	40.614	－8.028	－1.941	298～1090
Sb	固	13570	40.916	－8.592	－1.521	298～903.6
	液	6007	3.442	0.789	—	903.6～1907
Bi	固	9725	9.160	0.240	－1.180	298～544.5
	液	8929	7.391	0.117	—	544.5～1825

表 1－15　金属锌的蒸气压与温度的关系

温度/K	298	573	692.5	773	1178.4	1723
蒸气压/kPa	0.15×10^{-14}	0.17×10^{-3}	0.185×10^{-2}	0.169	101.3	4750

1.3.6　不同温度下的密度、表面张力、黏度

铅锌等元素在不同温度下的密度、表面张力、黏度及黏性流动活化能数值，可利用表 1－16 数据及相应的计算式求得。

表1－16 不同温度下的铅锌及伴生元素的密度①、表面张力②和黏度③

金属	温度 t_m/℃	密度 D_0 /(g·cm^{-3})	dD/dt /(mg·cm^{-3}·K^{-1})	表面张力 r_0 /(mN·m^{-1}·K^{-1})	dr/dt /(mN·m^{-1}·K^{-1})	黏度 η_{mp} /(mN·s·m^{-2})	η_0 /(mN·s·m^{-2})	E_ν /(kJ·mol^{-1})
Zn	419	6.575	－1.10	782	－0.17	3.85	0.4131	12.7
Cd	321	8.02	－1.16	570	－0.26	2.28	0.3001	10.9
Hg	－38.87	13.691	－2.436	498	－0.20	2.10	0.5565	2.51
	0	13.5951						
	20	13.5459						
	100	13.3515						
Ge	934	5.60	－0.625	621	－0.26	0.73	—	—
Sn	232	7.000	－0.6127	544	－0.07	1.85	0.5382	—
Pb	327	10.678	－1.3174	468	－0.13	2.65	0.4636	8.61
As	817	5.22	－0.535	—	—	—	—	—
Sb	630.5	6.483	－0.565④	367	－0.05	1.22	0.0812	22.0
Bi	271	10.068	－1.33	378	－0.07	1.80	0.4458	6.45

注：除Hg在0，20，100℃外，其余 t_m 为熔点温度。

任意温度下：

①密度 $D = D_0 + (t - t_0)(\mathrm{d}D/\mathrm{d}t)$。

②表面张力 $r = r_0 + (t - t_0)(\mathrm{d}r/\mathrm{d}t)$。

③黏度 $\eta = \eta_0 \exp(E_\nu/RT)$ [R 为气体常数，8.3144 J/(K·mol)]。

④适用范围为0～1000℃。

1.3.7 铅锌的放射性同位素

有些原子的核不稳定，会发生自然的放射性衰变，经过一步或几步生成稳定的核素。放射性核素的一个有用的常数是它的半衰期 $t_{1/2}$，即样品中的原子数经过放射性衰变减少到原始数目的一半所需的时间。β^-－粒子、β^+－粒子和 α－粒子(核来源的氦核)的自发射都是核反应，它们都包含核内的变化。诱导核反应是原子核通过俘获一个粒子或 γ 射线而改变它的特性。表1－17示出铅锌的同位素性质。

表 1-17 铅锌的同位素性质

元素	质量数	占自然界该元素的含量/%	相对原子质量	半衰期	衰变形式	释放能量/MeV
$_{30}$Zn	64	48.89	63.9291	—	—	—
	66	27.81	65.9260	—	—	—
	68	18.57	67.9249	—	—	—
	62	—	61.9394	9.2 h	俘获电子，β^+	β^+0.66
	65	—	64.9292	243.9 d	俘获电子，β^+	β^+0.33
	67	4.11	66.9271	—	—	—
	69	—	68.9266	56 min	β^-	β^-0.9，γ0.318
	69*m*①	—	—	14.0 h	同分异构体转变，β^-	γ0.439
	70	—	69.9253	—	—	—
	71	—	70.9277	2.4 min	β^-	β^-2.1；2.6
	71*m*①	—	—	3.9 h	β^-	β^-1.45
	72	—	71.9269	46.5 h	β^-	β^-0.3，γ0.145；0.192
$_{82}$Pb	206	23.6	205.9745	—	—	—
	207	22.6	206.9759	—	—	—
	208	52.3	207.9766	—	—	—
	198	—	197.9722	2.4 h	俘获电子	γ0.173；0.290
	199	—	198.9729	1.5 h	俘获电子，β^+	β^+2.8 γ0.3534；0.3669
	200	—	199.9719	21.5 h	俘获电子	γ0.1476；0.236；0.2572；0.2684
	201	—	200.9728	9.4 h	俘获电子，β^+	β^+0.6；2.5
	202	—	201.9722	3×10^5a	俘获电子	X0.0708；0.0729
	203	—	202.9734	52.0 h	俘获电子	γ0.2792
	204	1.48	203.9730	—	—	—
	205	—	204.9745	1.5×10^7a	俘获电子	X0.0708；0.0729
	209	—	208.9811	3.25 h	β^-	β^-0.64
	210	—	209.9842	27.1 a	β^-，α	β^-0.02；0.06… γ0.0465
	212	—	211.9919	10.64 h	β^-	β^-0.33；0.57 γ0.2386；0.3000…

注：①*m* 为指数，表示准稳态同位素同分异构体。

1.4 铅锌及其共伴生元素的化学性质

埃默斯莉(Emsley)在《元素》中对化学数据精心选列了半径、电负性、有效核电荷、标准还原电势、氧化态以及共价键等项，启示读者如何从众多的化学数据中选择元素的最重要的化学数据。在本节中我们重点讨论了：电离能、粒子半径、电子亲和能、电负性、离子势和标准还原电势。其中粒子半径涵盖了电离能、有效主量子数和有效核电荷等概念，以及原子半径、共价半径、原子的单键共价半径、范德华半径、金属半径和离子半径等。电负性包括了键焓以及有效核电荷等。标准还原电势应包括氧化态、离子种类、酸性及碱性溶液中的氧化还原电势，考虑篇幅较大，另编为一部分详细介绍；本节仅就标准氢电极、氧化还原电势以及拉提默图(说明氧化态、离子种类和 $E^{\ominus}$)、埃布斯沃斯图(说明元素的不同氧化态与过程 $\Delta G^{\ominus}$ 的关系)作入门介绍。

1.4.1 电离能

氢的电离能 在氢原子中，一个电荷为 e^- 的电子和一个电荷为 e^+ 的质子都绕其重心运动。这个体系相对于孤立质子和静态电子的总能量 E，是静电相互作用的势能和电子与质子绕其重心运动的动能两者的总和。对基态的氢原子(即它的最低能态)：

$$E = -\frac{me^4}{8\varepsilon_0^2 h^2} \tag{1-3}$$

式中：m = 原子的折合质量 $= \frac{m_H \times m_e}{m_H + m_e}$，$m_e$ 为电子的质量，$m_e = 9.109 \times 10^{-31}$ kg；e = 电子电荷，$e = 1.602 \times 10^{-19}$ C；h = 普朗克常数，$h = 6.6256 \times 10^{-34}$ J·s；ε_0 = 自由空间的电容率(真空中的电容率)，$\varepsilon_0 = 8.854 \times 10^{-12}$ kg^{-1}·m^{-3}·s^4·A^2。

这个式子是运用量子力学而得来的，E 的值是负的，说明电子是束缚的。把电子从质子移至无限远所需要的能量是 $-E$：

$$-E = \frac{me^4}{8\varepsilon_0^2 h^2} = \frac{9.1091 \times 10^{-31}\ \text{kg} \times (1.602 \times 10^{-19})^4\ \text{C}^4}{8 \times (8.854 \times 10^{-12}\ \text{kg}^{-2} \cdot \text{m}^{-6} \cdot \text{s}^8 \cdot \text{A}^4 \times (6.6256 \times 10^{-34})^2\ \text{J}^2 \cdot \text{s}^2}$$

$$= 2.18 \times 10^{-18} \frac{\text{kg} \cdot \text{A}^4 \cdot \text{s}^4}{\text{kg}^{-2} \cdot \text{m}^{-6} \cdot \text{s}^8 \cdot \text{A}^4 \cdot \text{kg}^2 \cdot \text{m}^4 \cdot \text{s}^{-2}}$$

$$= 2.18 \times 10^{-18}\ \text{kg} \cdot \text{m}^2 \cdot \text{s}^{-2} = 2.18 \times 10^{-18}\ \text{J}$$

电子的电荷是 1.602×10^{-19}C。1 eV 因而就等于 1.602×10^{-19} C · V $= 1.602 \times 10^{-19}$ J。

$$-E = \frac{2.18 \times 10^{-18}}{1.602 \times 10^{-19}}\ \text{eV} = 13.6\ \text{eV}$$

这就是氢原子的电离能，即完成 $H \rightarrow H^+ + e$ 过程需要的能量。也就是把质子和电子相互分离至无穷远所需要的能量。符号 I 用于代表这个量。

对一个氢原子提供少于 13.6 eV 的能量，不能使之发生电离，但可使这个原子达到一个激发态中，电子和质子平均要比它们在基态时分离得远一些。氢原子的能量只能具有某些确定的(量子化的)值，即：

$$E_n = \frac{-me^4}{8n^2\varepsilon_0^2 h^2} \tag{1-4}$$

此处 $n=2, 3, 4\cdots$ 表示所含电子轨道的主量子数。如

$n=1$　　能量为 -13.6 eV

$n=2$　　能量为 $-13.6/4$ eV

$n=3$　　能量为 $-13.6/9$ eV

$n=4$　　能量为 $-13.6/16$ eV

$n=5$　　能量为 $-13.6/25$ eV

$n=\infty$　　能量为 0

因为能量与 $-1/n^2$ 成比例。

只含一个电子的离子的电离能　和氢原子类似，He^+ 也只有一个电子，然而核上的电荷是 $+2e$ 而非氢原子中的 $+e$。He^+ 的电离能大约是氢原子电离能的 4 倍。一般说来，对于类似于 He^+、Li^{2+} 或 Be^{3+} 的，只含有一个电子的体系，其电离能等于：

$$I=\frac{Z^2me^4}{8\varepsilon_0^2h^2} \tag{1-5}$$

此处 Z 是核上正电荷的电子单位数目。因此这些“类氢”离子的 m 几乎是常数，故其电离能是正比于 Z^2。

表 1-18 中列出了许多与氢原子同电子结构的离子的电离能实验值。He^+ 的值为 54.4 eV，即 $He^+ \rightarrow He^{2+} + e$ 过程所需的能量，也就是氦的第二电离能。同样，122.4 eV 表示 Li^{2+} 的电离能或锂的第三电离能。

可以看到，第一行的数值是按照比率 $1^2:2^2:3^2:4^2:5^2\cdots$ 增加的。

表 1-18　氢原子积只有一个电子的离子的电离能

电离能	I/eV	$\Delta I[\frac{dI}{dZ}]$/eV	$\Delta(\Delta I)[\frac{d^2I}{dZ^2}]$/eV
H	13.6		
He^+	54.4	40.8	27.2
Li^{2+}	122.4	68.0	27.3
Be^{3+}	217.7	95.3	27.1
B^{4+}	340.1	122.4	27.3
C^{5+}	489.8	149.7	27.3
N^{6+}	666.8	177.0	27.3
O^{2+}	871.1	204.3	

第三列数据显示了同电子构型系列电离能之间的“第二级差”，它是一个常数值 27.2 eV（即 2×13.6 eV），这是可以预期的，因为从公式(1-5)得：

$$\frac{d^2I}{dZ^2}=\frac{me^4}{4\varepsilon_0^2h^2}$$

它是一个与 Z 无关的常数，等于氢原子 2 倍的 I。这个“第二级差定律”能够用于其他同电子构型系列，并可作为一个有用的方法来预计电离能和电子亲和能。

含有多电子的原子 与氢原子不同的其他不带电的原子都含有一个以上的电子；在这样一个原子中任何单个电子应该被认为是在一个由于(正电的)核和所有其他(负电的)电子的电场中运动。这样一种体系的能量要从量子力学计算，即使是对于只有2个电子的氦原子也是非常麻烦的。但是某一范围的原子电离能已能由经验规则来计算了。这套规则是斯莱脱提出的。

斯莱脱规则 可用于计算含有多电子的原子体系的总能量，使用了两个概念：有效主量子数 n^* 和有效核电荷 Z^*。

(1) n^* 的值列于下表：

n	1	2	3	4	5	6
n^*	1.0	2.0	3.0	3.7	4.0	4.2

(2) 对于 Z^* 的计算，把原子中的电子分成下列各组：

1s,

2s 和 2p,

3s 和 3p,

3d,

4s 和 4p,

4d,

4f,

5s 和 5p,

5d, 余类推。

这些层被认为是从核向外依次排列的。故 $Z^* = Z - S$，此处，Z 是原子序数(即核上的正电荷 Ze)，S 是屏蔽常数，其值如下：

(a) 在所考虑的轨道外面的轨道组 s 为零。

(b) 与所考虑的同一轨道组的电子之间的屏蔽常数为0.35(1s 组除外，它是0.30)。

(c) 如果考虑的层是 s 或 p，低一主量子数的每个电子的屏蔽为0.85，而离核更近的层上的电子屏蔽则为1.00；如果考虑的层是 d 或 f，较低轨道层上的每个电子的屏蔽为1.00。

为了知道怎样应用屏蔽常数，我们以基态中的铁原子($1s^2 2s^2 2p^6 3s^2 3d^6 4s^2$)(铁的 $Z = 26$)为例。

对于1s层上的一个电子：

$$Z^* = 26.0 - 0.30 = 25.7$$

因为电子从核上的 $+26e$ 电荷只为另一个1s电子所屏蔽。对于2s或2p层上的一个电子：

$$Z^* = 26.0 - 7 \times 0.35 - 2 \times 0.85 = 21.85$$

对于3s或3p电子：

$$Z^* = 26.0 - 7 \times 0.35 - 8 \times 0.85 - 2 \times 1.0 = 14.75$$

对于一个3d电子：

$$Z^* = 26.0 - 5 \times 0.35 - 18 \times 1.0 = 6.25$$

对于一个4s电子：

$$Z^* = 26.0 - 1 \times 0.35 - 14 \times 0.85 - 10 \times 1.0 = 3.75$$

任何特定电子的能量可由经验公式求得：

$$E = -\frac{me^4}{8\varepsilon_0^2 h^2}\left(\frac{Z^*}{n^*}\right)^2 \tag{1-6}$$

从原子把所有电子移至无穷远所需的能量就等于：

$$E = -\frac{me^4}{8\varepsilon_0^2 h^2}\sum\left(\frac{Z^*}{n^*}\right)^2 \tag{1-7}$$

就铁原子来说，它等于

$$2.18 \times 10^{-18} \times \left[2 \times \left(\frac{25.7}{1}\right)^2 + 8 \times \left(\frac{21.85}{2}\right)^2 + 8 \times \left(\frac{14.75}{3}\right)^2 + 6 \times \left(\frac{6.25}{3}\right)^2 + 2 \times \left(\frac{3.75}{3.7}\right)^2\right]$$
$$= 5.45 \times 10^{-15}\ \text{J} = 3.40 \times 10^4\ \text{eV}$$

原子和离子的电离能 电离能 I 是把质子和电子相互分离至无穷远所需要的能量，可用每原子的能量（eV）或每摩尔的能量（kJ）表达（其转换因子 1 eV = 96.4862 kJ/mol）。表 1－19 示出铅锌及其主要伴生元素的原子和离子的电离能。

表 1－19 铅锌及其主要伴生元素的原子和离子的电离能

原子序数	元素	电离能/eV				
		I_{I}	I_{II}	I_{III}	I_{IV}	I_{V}
30	锌	9.394	17.964	39.722	61.6	86.3
48	镉	8.994	16.908	37.48	—	—
80	汞	10.438	18.756	34.2	—	—
32	锗	7.899	15.934	34.2	45.141	93
50	锡	7.344	14.632	30.502	40.73	72.3
82	铅	7.417	15.032	31.981	42.32	68.8
33	砷	9.82	18.62	28.35	50.1	62.6
51	锑	8.64	16.5	25.3	44.1	60
83	铋	7.289	16.74	25.57	45.3	56.0

1.4.2 粒子半径

原子半径 原子的大小是难于定义的，因为电子云是扩散的，自由原子的半径被认为是由核到占据最高能量的原子轨道中最大径向电子密度的那点的距离。这个原子半径 r 可由如下经验公式来估计：

$$r = \frac{(n^*)^2}{Z^*} \times a_0 \tag{1-8}$$

式中：n^* 为有效主量子数；Z^* 为有效核电荷数，$Z^* = Z - S$（Z 为原子序数，S 为屏蔽常数）；a_0 为玻尔半径，$a_0 = 5.3 \times 10^{-11}$ m = 53 pm。它是基态氢原子中最大径向密度的半径，已被用作长度的原子单位。

n^* 和 S 按斯莱脱(J. C. Slater)提出的规则取值。

对于氢以外的原子，在原子内电子层的径向电荷密度在 $(n^*)^2/Z^*$ 乘以玻尔半径的距离

上最大。所以铁的4s层的半径(自由原子的原子半径)应为:

$$\frac{(3.7)^2}{3.75}\times 53\ \text{pm} = 193\ \text{pm}$$

原子半径和单键共价半径或金属键半径(简称金属半径)是不同的,后两者分别是从量度分子和金属固体中的核间距离而得来的。金属元素的原子半径(或者原子的摩尔体积)(图1-6和图1-7)存在周期性规律。最外层电子数较多的金属晶体中的键较强的,结果形成了摩尔体积小而密度大的晶体,摩尔体积小的金属是高密度的金属。

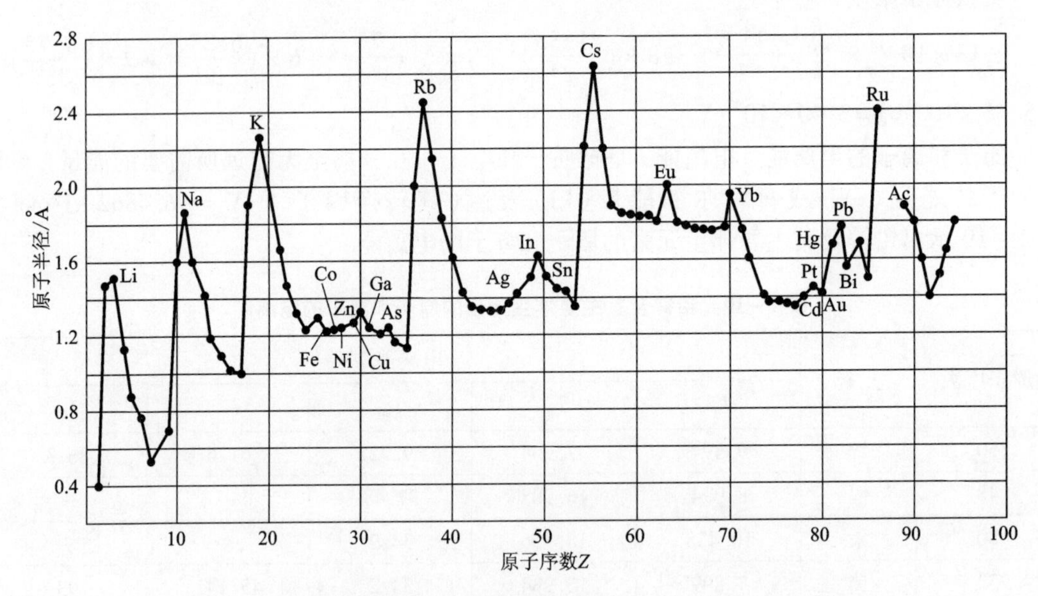

图1-6 金属元素的原子半径的周期性($0.1\ \text{nm}=10^{-8}\ \text{cm}=1$ Å)

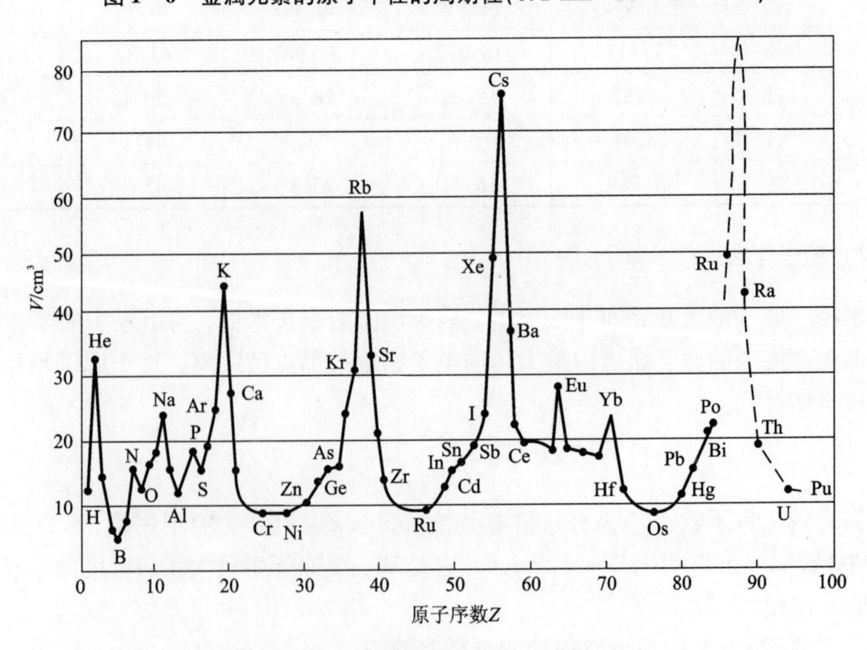

图1-7 原子的摩尔体积(克原子量/密度)

共价半径 共价键是作用于同种原子间的结合力较强的键，以分子内原子间距离的一半作为共价半径，分子内金属原子间的键是同种原子间的键，所以可归为共价键(如表1-20中的金属原子的共价半径)。

表1-20 四面体共价半径/nm

	Be	B	C	N	O	F
	0.106	0.088	0.077	0.070	0.066	0.064
	Mg	Al	Si	P	S	Cl
	0.140	0.126	0.117	0.110	0.104	0.099
Cu	Zn	Ga	Ge	As	Se	Br
0.135	0.131	0.126	0.122	0.118	0.114	0.111
Ag	Cd	In	Sn	Sb	Te	I
0.152	0.148	0.144	0.140	0.136	0.132	0.128
	Hg					
	0.148					

由大量分子中核间距离的比较，可指定原子的单键共价半径。把半径加起来，就能预计共价单键的长度。例如饱和烃中碳原子间的距离是154 pm，因而单键共价半径 r_c 就是77 pm。在硅烷中Si—Si键是234 pm，表明 r_{Si} 等于117 pm。故Si—C键长应为：

$$77 + 117\ \text{pm} = 194\ \text{pm} = 0.194\ \text{nm} = 1.94\ \text{Å}$$

这就是在四甲基硅烷中Si—C键的实际长度。某些单键共价半径列于表1-21中。

表1-21 某些单键共价半径

元素	Br	B	C	N	O	F	Al	Si	P	S	Cl	Ga	Ge	As	Se
r/Å	1.14	0.82	0.77	0.75	0.73	0.72	1.18	1.17	1.06	1.02	0.99	1.26	1.22	1.19	1.16

共价半径随着元素周期的变化，沿着一个族向下时，共价半径值增加了，而作用于价电子的有效核电荷保持大致相同，这些电子的量子能量增加了。

然而化合物具有的键，很难说是单键、双键或叁键。键级大约为1.5(性质介于单键和双键之间)的键也为数不少。此外，键具有极性，强的极化效应是使键缩短。斯丘梅克(Schomaker)和斯蒂文孙(Stevenson)提出一个经验公式，试图把键长和极性联系起来：

$$r_{A-B} = r_A + r_B - 9|X_A - X_B|\ \text{pm} \tag{1-9}$$

对于Cl—F键：

$$r_{Cl} = 99\ \text{pm},\ X_{Cl} = 2.83$$
$$r_F = 72\ \text{pm},\ X_F = 4.10$$

根据式(1-9)有

$$r_{Cl-F} = \{99 + 72 - (4.10 - 2.83)\}\ \text{pm} = 170\ \text{pm} = 1.70\ \text{Å}$$

实验测定值是163 pm(1.63 Å)。

原子的范德华半径 这是在固体元素的晶体中球形未键合原子的半径。能够直接测定的只有惰性气体。然而可以从研究分子中的位阻现象来估计范德华(Van der Waals')半径。分子的构象可由一个原子的电子与另一个不与其直接相连的原子的电子相互作用来控制。鲍林(Pauling)曾假设，在非共价键方向上一个原子周围的电子类似于相应的阴离子，如像K^+和Cl^-(都是$3s^23p^6$)离子半径，求得KCl中邻近核间的距离为314 pm，按照作用于各个离子最外电子壳的有效核电荷Z^*的反比来分，上述两离子按斯莱脱规则求得屏蔽常数$S=11.6$。

对于K^+求得$Z^*=19-11.6=7.4$

而对于Cl^-求得$Z^*=17-11.6=5.4$

$$r_{Cl^-}=\frac{7.4}{7.4+5.4}\times 314\ \text{pm}=181\ \text{pm}\qquad r_{K^+}=133\ \text{pm}$$

所以氯原子的范德华半径大约为181 pm；当然单键共价半径是比较小(99 pm)，故氯分子可以看作是熔合在一起的一对球形原子：

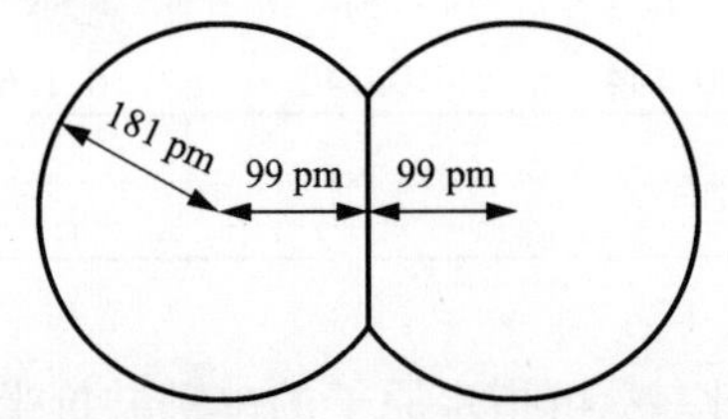

虽然这个图像不表示分子中现实的电子密度分布，但它足可以说明分子的全面大小。

金属键半径(简称金属半径)　金属键半径是金属单质晶格在等距离配位的排布中原子间距离的一半，是各金属元素原子的特征值(表1-22)。金属半径随配位数而变大，例如

配位数	12	8	6	4
金属半径	1.00	0.98	0.96	0.88

表1-22　金属键半径(12配位)①/nm

Li	Be													
0.157	0.112													
Na	Mg	Al												
0.191	0.160	0.143												
K	Ca	Sc	Ti	V	Cr	Mn	Fe	Co	Ni	Cu	Zn	Ga		
0.235	0.197	0.164	0.147	0.135	0.129	0.137	0.126	0.125	0.125	0.128	0.137	0.153		
Rb	Sr	Y	Zr	Nb	Mo	Tc	Ru	Rh	Pd	Ag	Cd	In	Sn	Sb
0.250	0.215	0.182	0.160	0.147	0.140	0.135	0.134	0.134	0.137	0.144	0.152	0.167	0.158	0.161
Cs	Ba	La	Hf	Ta	W	Re	Os	Ir	Pt	Au	Hg	Tl	Pb	Bi
0.272	0.224	0.188	0.159	0.147	0.141	0.137	0.135	0.136	0.139	0.144	0.155	0.171	0.175	0.182
镧系														
La	Ce	Pr	Nd	Pm	Sm	Eu	Gd	Tb	Dy	Ho	Er	Tm	Yb	Lu
0.188	0.183	0.183	0.182	0.180	0.180	0.204	0.180	0.178	0.177	0.176	0.174	0.175	0.194	0.174
锕系														
Ac	Th	Pa	U	Np	Pu									
0.188	0.180	0.163	0.156	0.156	0.163									

注：①面心立方晶格、六方最密堆积以外的金属是作为12配位的修正推算值。

离子半径 离子半径是化学计量的基准，表1－23为有关的某些元素的离子半径。离子半径值与金属半径值同样因配位数而异，配位数越多，半径值越大。对同一金属元素的阳离子来说，其离子价（即氧化数）越高，其半径值越小。表1－24包括有关元素不同价态的离子，另列入了阿伦斯（L. H. Allrens）半径以使数据比较完整。各栏自左向右的顺序是原子序数（Z）、元素符号、鲍林（L. C. Pauling）单价半径（P单价半径）、离子电价、鲍林离子半径（P）、结晶化学的离子半径（K）和阿伦斯离子半径（A）。表中数据以6配位为基准，对其他配位数CN的校正量为：CN＝4为－6%；CN＝8为＋3%；CN＝12为＋12%。

表1－23 与铅锌有关的元素的离子半径/Å

Z	元素	P单价半径	电价	P	K	A
30	Zn	0.88	2＋	0.74	0.83	0.74
48	Cd	1.14	2＋	0.97	0.99	0.97
80	Hg	1.25	1＋	1.25	—	—
		1.25	2＋	1.10	1.12	1.10
32	Ge	0.76	2＋		0.65	0.73
		0.76	4＋	0.53	0.44	0.53
		3.71	4－	2.08	—	—
50	Sn	0.96	2＋		1.02	0.93
		0.96	4＋	0.71	0.67	0.71
		3.70	4－	2.94		—
82	Pb	1.06	2＋	1.21	1.26	1.20
		1.06	4＋	0.84	0.76	0.84
		—	4－	—	—	—
33	As	0.71	3＋		0.69	0.58
		0.71	5＋	0.47	—	0.046
		2.85	3－	2.2	1.91	—
51	Sb	0.89	3＋		0.90	0.76
		0.89	5＋	0.62	0.62	0.62
		2.95	3－	2.45	2.08	—
83	Bi	0.98	3＋		1.20	0.96
		0.98	5＋	0.74	—	0.74

注：表中数据以6配位数作为基准值。

1.4.3 电子亲和能

电子亲和能(Electron affinity，简称 EA)是当一个电子被添加到一个原子时释放的能量。例如 $Cl_{(g)} + e \rightarrow Cl^{-}_{(g)}$，其 EA 值为 349 kJ/mol 或 3.617 eV。图 1-8 为主要元素按元素周期表排列形式的 EA 值(kJ/mol)。图 1-9 为主要元素的电子亲和能(eV)与原子序数的关系图。由图可知，F、Cl、Br、I 及 At 具有 EA 图线的峰值，在过渡金属中金是最优秀的，其 EA 值高于银和铜，也高于贵金属中铂，是抗氧化侵蚀最突出的金属。

H 73																	He *
Li 60	Be *											B 27	C 122	N *	O 141	F 328	Ne *
Na 53	Mg *											Al 43	Si 134	P 72	S 200	Cl 349	Ar *
K 48	Ca 2	Sc 18	Ti 8	V 51	Cr 64	Mn *	Fe 16	Co 64	Ni 111	Cu 118	Zn *	Ga 29	Ge 116	As 78	Se 195	Br 325	Kr *
Rb 47	Sr 5	Y 30	Zr 41	Nb 86	Mo 72	Tc 53	Ru 99	Rh 110	Pd 52	Ag 126	Cd *	In 29	Sn 116	Sb 103	Te 190	I 295	Xe *
Cs 46	Ba 14	La 50	Hf *	Ta 31	W 79	Re 14	Os 106	Ir 151	Pt 214	Au 223	Hg *	Tl 19	Pb 35	Bi 91	Po 183	At 270	Rn *

图 1-8 主要元素的电子亲和能值(kJ/mol)

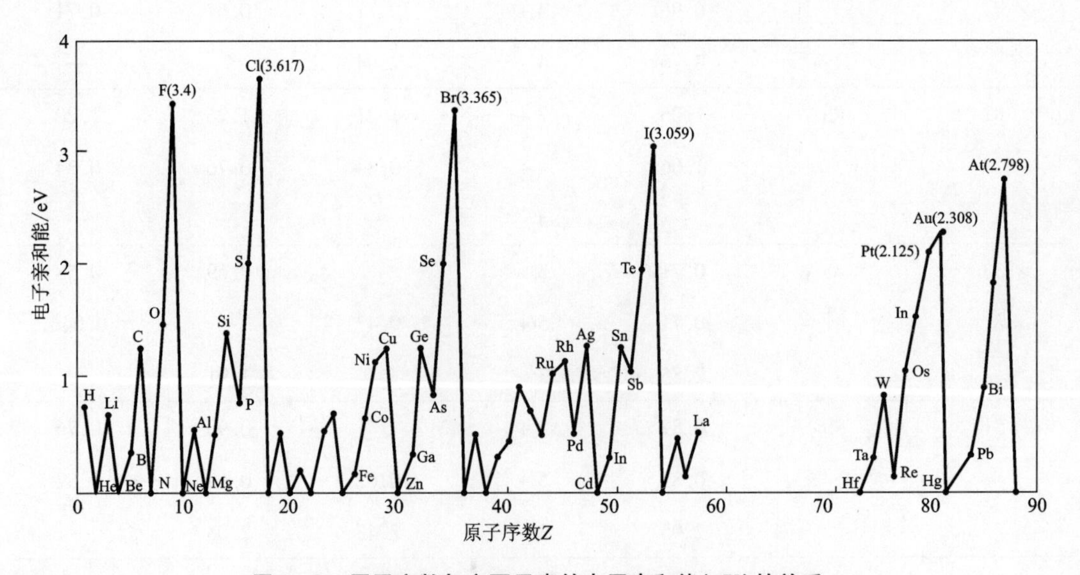

图 1-9 原子序数与主要元素的电子亲和能(eV)的关系

1.4.4 离子势

把阳离子电荷 Z 除以它的离子半径 r 所得数值 $\phi(Z/r)$ 定义为离子势，这一数值用于对晶态固体进行酸碱分类是方便的(图 1－10)。由于图 1－10 中的Ⅰ区是碱金属和 Sr、Ba 等电荷少而体积大的阳离子组，它们的水溶液离解$[OH]^-$而呈碱性。Ⅱ区是非金属元素最高氧化状态的氢氧化物，它们的水溶液离解或含氧酸离子和$[H_3O]^+$离子而呈酸性。中间的Ⅱ区元素，在它的水溶性盐的水溶液中加入 NaOH 等强碱时，就生成氢氧化物沉淀，它们的氢氧化物如 $Zn(OH)_2$ 多数是两性氢氧化物，在强酸中或强碱中都能溶解。

离子势越大，极化率越高，表示极化力越大。不同或变形性不同的阳离子所形成的化合物，其阳离子的极化力越大，则化合物越易显色，具有 18 和 18＋2 电子构型的阳离子，有更强的极化力和容易的变形性，但它们的变形性是主要的。随着其变形性的增大，颜色也依次加深。例如 18 电子构型的 Zn^{2+}、Cd^{2+}、Hg^{2+}，其氧化物、硫化物、碘化物等都具有颜色，而且随核电荷数的增加，其离子半径增大，变形性的能力也依次增大，所以形成化合物的颜色也依次加深。ZnS、ZnO 都为白色，CdS、CdO 为黄色，而 α'－HgS 为黑色(其密度为 7.7 g/cm^3)，α－HgS(密度为 8.8 g/cm^3)为红色，HgO 为黄色或红色晶体。如果离子的高价态不稳定时，则发生反常现象。因为价态不稳定，说明其易接受可见光能量，进行电子跃迁，所以一般都有颜色。例如 $PbCl_4$ 为淡黄色，而稳定的 $PbCl_2$ 为白色。

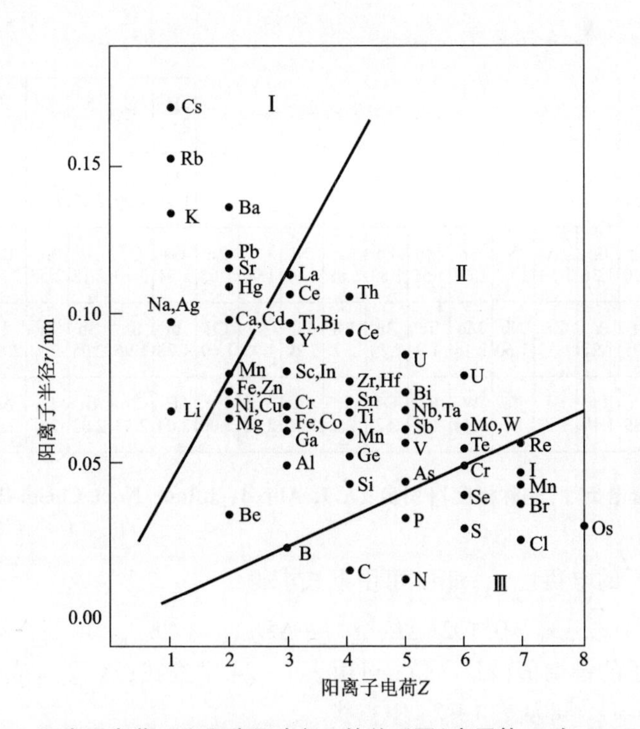

图 1－10 阳离子电荷 Z 和阳离子半径 r 的关系图(离子势 Φ 为 $\Phi=Z/r$ 的值)

在化合物的组成中，若同时存在着同一元素的两种价态，即混合价态时，则此化合物的颜色比一种价态的化合物的颜色要深些。例如 $SbCl_3$、$SbCl_5$ 都是无色的，两者混合后却为深棕色。这种现象产生的原因，是由于电子从低氧化态的离子转移到同晶体的高氧化态离子上时所需的激发能通常比较小，它们能吸收可见光中的部分能量进行这种电子的转移，所以大多呈现较深的颜色。

1.4.5 元素电负性

分子具有偶极矩，所以分子内的电荷分布有偏移。产生这种偏移的原因是由于两种原子核吸引电子或形成阴离子倾向的相对大小不同。这种表示形成阴离子倾向大小的量度叫做电负性。鲍林(L. C. Pauling)把一个原子的电负性定义为分子内原子把电子吸引向自己的能力。整理化合物的键能数据，可给出各元素的电负性数据，从而得电负性表(图 1 – 11)。元素的电负性值越大则越易得到电子，即越易于成为阴离子。为了比较元素的电负性，设立了各种标度。常用的有鲍林标度和阿耳雷德 – 罗丘伍(A. L. Allred – E. G. Rochow)标度。前者是基于键能和成键原子电负性之间的一个经验关系；后者是基于原子核对于与之键合的相邻原子的电子之间的静电相互作用。阿耳雷德和罗丘伍用 Z^*/r 对鲍林的电负性数值作图，得到的点皆聚集在一条直线的附近。此处 Z^* 是根据斯莱脱规则计算的有效核电荷，r 是原子的单键共价半径。由于 Z^* 能计算，r 可由实验测定，故这一标度已广泛使用。图 1 – 11 为鲍林早期提出的数据，以后许多键能数据已经更新，电负性鲍林标度也相应更新。例如2008 年出版物中 H 的电负性(鲍林标度)更新为 2.20；Mo 为 2.24；Fe 为 1.90；Sn 为 1.88；Pb 为 2.10。

H 2.18																	He –
Li 0.98	Be 1.57											B 2.04	C 2.55	N 3.04	O 3.44	F 3.98	Ne –
Na 0.93	Mg 1.31											Al 1.61	Si 1.90	P 2.19	S 2.58	Cl 3.16	Ar –
K 0.82	Ca 1.00	Sc 1.36	Ti 1.54	V 1.63	Cr 1.66	Mn 1.55	Fe 1.83	Co 1.88	Ni 1.91	Cu 1.90	Zn 1.65	Ga 1.84	Ge 2.10	As 2.18	Se 2.55	Br 2.96	Kr –
Rb 0.82	Sr 0.95	Y 1.22	Zr 1.33	Nb 1.60	Mo 2.16	Tc 1.9	Ru 2.20	Rh 2.2	Pd 2.20	Ag 1.93	Cd 1.69	In 1.78	Sn 1.96	Sb 2.05	Te 2.1	I 2.66	Xe 2.6
Cs 0.79	Ba 0.89	La 1.10	Hf 1.3	Ta 1.5	W 2.36	Re 1.9	Os 2.2	Ir 2.2	Pt 2.28	Au 2.54	Hg 2.00	Tl 2.04	Pb 2.33	Bi 2.02	Po 2.0	At 2.2	Rn –

图 1 – 11 元素电负性(鲍林标度)(引自：A. L. Allred, J. Inor. Nucl. Chem. 1961, 17, 215)

鲍林定义的原子的电负性 x_A 和 x_B 可由下式求得：

$$x_A - x_B = 0.102\left[\Delta E_{d(AB)} - (\Delta E_{d(AA)} \times \Delta E_{d(BB)})^{\frac{1}{2}}\right]^{\frac{1}{2}}$$

式中：$\Delta E_{d(AB)}$ 为分子的键焓值(kJ/mol)，可由表 1 – 24 中查找；$\Delta E_{d(AA)}$ 或 $\Delta E_{d(BB)}$ 为双原子的分子的键焓值(kJ/mol)，可从表 1 – 24 中查找。

例 用氢的电负性数据($x_H = 2.18$)(见图 1 – 11)和表 1 – 24 中的键焓数据可估算出氯的电负性数据 x_{Cl}。通常假定键的离解能近似于键焓，于是可估算出氯的电负性数据 x_{Cl}：

$$\begin{aligned} x_{Cl} - x_H &= 0.102\left[\Delta E_{d(HCl)} - (\Delta E_{d(H_2)} \times E_{d(Cl_2)})^{\frac{1}{2}}\right]^{\frac{1}{2}} \\ &= 0.102 \times \left[432 - (436 \times 243)^{\frac{1}{2}}\right]^{\frac{1}{2}} = 1.05 \end{aligned}$$

$$x_{Cl} = x_H + 1.05 = 2.18 + 1.05 = 3.23$$

估算出的3.23，接近鲍林标度数据的3.16(约高出2%)。

元素的电负性阿耳雷德－罗丘伍标度数据见图1－12所示。皮尔森(R. G. Pearson)等曾建议一个表示绝对的电负性标度。它被定义与第一电离能的平均值和原子的电子亲和能有关，皮尔森用电子伏特eV表示其数量单位，给出的绝对的电负性的比值见图1－13所示。由于1 eV＝96.486 kJ/mol，可将eV转换成kJ/mol。我们将原子序数与元素电负性(皮尔森标度)的关系表示于图1－14中，可看出除惰性气体He(12.3 eV)、Ne(10.6 eV)和F(10.41 eV)、Cl(8.30 eV)外，铅锌及其主要伴生金属一般在3～6 eV，伴生金属中In、Ga、Tl、Al较低，Se、Te、Au、As、Sb、Os、Ir、Pt等较高。氟、氯形成阴离子倾向相对要大得多。

H 2.20																	He 5.50
Li 0.97	Be 1.47											B 2.01	C 2.50	N 3.07	O 3.50	F 4.10	Ne 4.84
Na 1.01	Mg 1.23											Al 1.47	Si 1.74	P 2.06	S 2.44	Cl 2.83	Ar 3.20
K 0.91	Ca 1.04	Sc 1.20	Ti 1.32	V 1.45	Cr 1.56	Mn 1.60	Fe 1.64	Co 1.70	Ni 1.75	Cu 1.75	Zn 1.66	Ga 1.82	Ge 2.02	As 2.20	Se 2.48	Br 2.74	Kr 2.94
Rb 0.89	Sr 0.99	Y 1.11	Zr 1.22	Nb 1.23	Mo 1.30	Tc 1.36	Ru 1.42	Rh 1.45	Pd 1.35	Ag 1.42	Cd 1.46	In 1.49	Sn 1.72	Sb 1.82	Te 2.01	I 2.21	Xe 2.40
Cs 0.86	Ba 0.97	La 1.08	Hf 1.23	Ta 1.33	W 1.40	Re 1.46	Os 1.52	Ir 1.55	Pt 1.44	Au 1.42	Hg 1.44	Tl 1.44	Pb 1.55	Bi 1.67	Po 1.76	At 1.96	Rn 2.06

图1－12　元素电负性(阿耳雷德－罗丘伍标度)

H 7.18																	He 12.3
Li 3.01	Be 4.9											B 4.29	C 6.27	N 7.30	O 7.54	F 10.41	Ne 10.6
Na 2.85	Mg 3.75											Al 3.23	Si 4.77	P 5.62	S 6.22	Cl 8.30	Ar 7.70
K 2.42	Ca 2.2	Sc 3.34	Ti 3.45	V 3.6	Cr 3.72	Mn 3.72	Fe 4.06	Co 4.3	Ni 4.40	Cu 4.48	Zn 4.45	Ga 3.2	Ge 4.6	As 5.3	Se 5.89	Br 7.59	Kr 6.8
Rb 2.34	Sr 2.0	Y 3.19	Zr 3.64	Nb 4.0	Mo 3.9	Tc 3.91	Ru 4.5	Rh 4.30	Pd 4.45	Ag 4.44	Cd 4.33	In 3.1	Sn 4.30	Sb 4.85	Te 5.49	I 6.76	Xe 5.85
Cs 2.18	Ba 2.4	La 3.1	Hf 3.8	Ta 4.11	W 4.40	Re 4.02	Os 4.9	Ir 5.4	Pt 5.6	Au 5.77	Hg 4.91	Tl 3.2	Pb 3.90	Bi 4.69	Po 5.16	At 6.2	Rn 5.1

图1－13　元素电负性(皮尔森标度)(单位/eV)

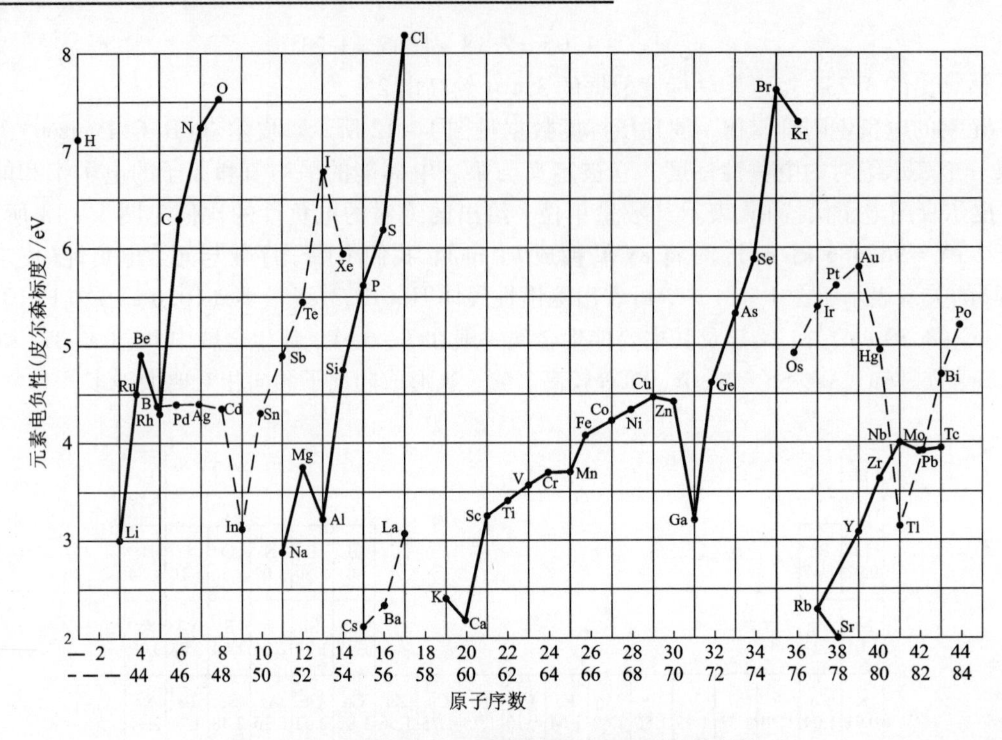

图 1-14　元素电负性(皮尔森标度)与原子序数的关系

表 1-24　双原子的分子的性质

双原子	平均键长/Å	键焓/($kJ \cdot mol^{-1}$)
H_2	0.751	436
N_2	1.100	945
O_2	1.211	498
F_2	1.417	158
Cl_2	1.991	243
Br_2	2.286	193
I_2	2.669	151
HF	0.926	568
HCl	1.284	432
HBr	1.424	366
HI	1.620	298
ClF	1.632	255
BrF	1.759	285
BrCl	2.139	219
ICl	2.324	211
NO	1.154	632
CO	1.131	1076

注：引自 Principles of Modern Chemistry，D. W. Oxtoby，CBS College Publishing，1986：448。

1.4.6 标准氧化还原电势

标准氢电极 可逆电池电动势的测量提供了一个方法来比较水溶液中氧化剂和还原剂的强度，这里需要某种特定的电极，用作一个参照标准；我们采用标准氢电极，在其中氢气的压力为101325 Pa，纯氢通过浸在含有单位活度 H^+(水)的溶液中镀铂黑的铂上，在实践中是含有1.18 kmol/m^3 HCl 的水溶液。这个电极是一种可逆于 H^+(水)的阳离子电极：

$$H_2 \rightleftharpoons 2H^+_{(水)} + 2e$$

$H^+_{(水)}/H_2$ 体系是氧化还原偶或半电池的另一例子。

氧化还原电势(或称氧化还原电位)① 电池 Pt，$H_2(a=1)|H^+_{(水)}(a=1)\|Cu^{2+}_{(水)}|Cu$ 其中，左边的半电池是标准的氢电极，它的电动势称为 Cu^{2+}/Cu 偶的氧化还原电势，写成 $E_{Cu^{2+}/Cu}$。这是正的，其自发电池反应为：

$$H_2 + Cu^{2+}_{(水)} = 2H^+_{(水)} + Cu$$

对于 Cu^{2+} 的相对活度为单位活度时，这个电池的电动势就称为 Cu^{2+}/Cu 偶的标准氧化还原电势，写成 $E^{\ominus}_{Cu^{2+}/Cu}$，其值为 +0.34 V。

类似地 $E^{\ominus}_{Zn^{2+}/Zn}$ 在符号和量值上等于下列电池的电动势：

$$Pt, H_2|H^+_{(水)}(a=1)\|Zn^{2+}(a=1)|Zn$$

$E^{\ominus} = -0.76$ V，其自发电池反应为：

$$Zn + 2H^+_{(水)} = Zn^{2+}_{(水)} + H_2$$

任何氧化还原偶的标准氧化还原电势，都是它与标准氢电极结合的电池的电动势，其中，它的偶的氧化形式和还原形式都是在标准状态。氢电极放在电池图的左边以决定 $E^{\ominus}$ 的符号。

例如，Fe^{3+}/Fe^{2+} 的氧化还原偶，标准电极电势 $E^{\ominus}_{Fe^{3+}/Fe^{2+}}$ 就是下列电池的电动势：

$$Pt, H_2(a=1)|H^+(a=1)\|Fe^{2+}(a=1), Fe^{3+}(a=1)\|Pt$$

它的值为 +0.77 V，自发电池反应为：

$$H_2 + 2Fe^{3+}_{(水)} = 2H^+_{(水)} + 2Fe^{2+}_{(水)}$$

任何电池的标准电动势 $E^{\ominus}$ 可从右边电极的 $E^{\ominus}$ 减去左边电极的 $E^{\ominus}$ 而得。所以下列电池

$$Zn|Zn^{2+}(a=1)\|Cu^{2+}(a=1)|Cu$$

的电动势为：

$$E^{\ominus}_{Cu^{2+}/Cu} - E^{\ominus}_{Zn^{2+}/Zn} = +0.34\text{ V} - (-0.76\text{ V}) = +1.10\text{ V}$$

(注意，如果半电池写的次序相反，把 Zn 放在右边，电动势就须写成 -1.10 V，即 $E^{\ominus}_{Zn^{2+}/Zn} - E^{\ominus}_{Cu^{2+}/Cu}$)

不管电池图怎样写，自发电池反应都是：

$$Zn + Cu^{2+}_{(水)} = Zn^{2+}_{(水)} + Cu$$

意思是 $Cu^{2+}_{(水)}$ 是比 Zn^{2+} 强的氧化剂，锌是比铜强的还原剂。

上述的三个 $E^{\ominus}$ 数值说明，以氧化剂的强度次序排列，

注：英文名词 Electric Potential 的中文译名可以是电势或电位(见科学出版社的《英汉化学化工词汇》第三版，1984年和商务印书馆的《汉英词典》1986年第7次印刷版)。

$$Fe^{3+} > Cu^{2+} > Zn^{2+}$$

以还原能力的次序排列，

$$Zn > Cu > Fe^{2+}$$

拉提默(Latimer)图和埃布斯沃斯(Ebsworth)图 有许多氧化态元素的各种氧化还原偶之间的关系，可以用拉提默图说明，图1－15是锰的拉提默图。

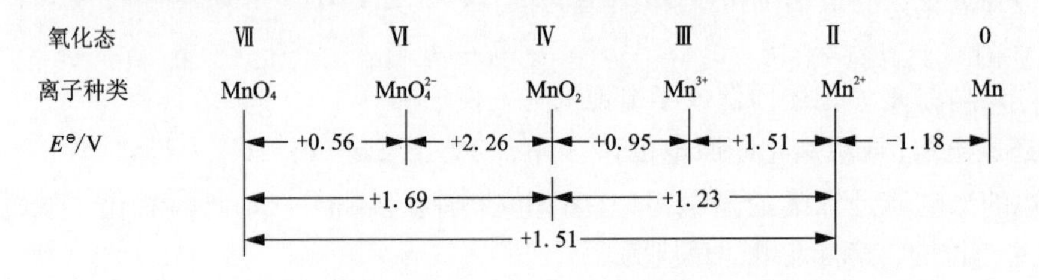

图1－15 298K时酸性溶液($a_{H^+}=1$)中锰的各种氧化态的氧化还原偶

例如，它表明：

$$E^{\ominus}_{MnO_4^-/MnO_4^{2-}} = +0.56\ V$$
$$E^{\ominus}_{MnO_4^-/MnO_2} = +1.69\ V$$
$$E^{\ominus}_{MnO_4^-/Mn^{2+}} = +1.51\ V$$

在第一行$E^{\ominus}$值以及下面的$E^{\ominus}$值的量之间存在简单的相互关系。MnO_4^-逐渐通过MnO_4^{2-}，MnO_2和Mn^{3+}转化为Mn^{2+}伴随着一个自由能变化，每摩尔$\sum -zFE^{\ominus}$，即

$$-F\{+0.56\ V+2\times(2.26\ V)+0.95\ V+1.51\ V\} = -7.54F\ V$$

它必定等于直接变化的

$$-5F\times E^{\ominus}_{MnO_4^-/Mn^{2+}}$$

所以

$$E^{\ominus}_{MnO_4^-/Mn^{2+}} = \frac{-7.54F\ V}{-5F} = +1.508\ V = +1.51\ V$$

同样地，对于MnO_2/Mn^{2+}偶

$$-2F\times E^{\ominus}_{MnO_2/Mn^{2+}} = -F(+0.95\ V+1.51\ V)$$

$$E^{\ominus}_{MnO_2/Mn^{2+}} = \frac{(+0.95+1.51)\ V}{2} = 1.23\ V$$

另一个说明元素不同氧化态之间氧化还原关系的方法是各个过程的自由能对z作图，是埃布斯沃斯建议的，故称埃布斯沃斯图。

$$M^{\ominus} \longrightarrow M^{(z)} + ze$$

此处$M^{(z)}$是指元素M的氧化态为$+z$，图1－16是锰的埃布斯沃斯图。

对于

$$Mn^{2+} + 2e \longrightarrow Mn$$

$$\Delta G^{\ominus} = -zFE^{\ominus}_{Mn^{2+}/Mn} = -F\{2\times(-1.18\ V)\}$$

故对于$Mn \longrightarrow Mn^{2+} + 2e$，$\Delta G^{\ominus} = -2.36\ V$

所以Mn^{2+}点是在$+2$，-2.36。

同样，Mn^{3+}点是在 +3(−2.36 +1.51)，即 +3，−0.85；

因为 $E^{\ominus}_{Mn^{3+}/Mn^{2+}}$ = 1.51 V，MnO_2 的点在 +4(−0.85 +0.95)，即 +4，+0.10。因为 $E^{\ominus}_{MnO_2/Mn^{3+}}$是 +0.95 V。

同理，MnO_4^{2-} 点是在 +6，+4.52；MnO_4^- 点是在 +7，+5.27。

在图 1 − 15 中虽然存在氧化态越低氧化能力越低的趋势，但有两个情况即 $E^{\ominus}_{MnO_4^{2-}/MnO_2}$ 和 $E^{\ominus}_{Mn^{3+}/Mn^{2+}}$其氧化还原电势高于其相连的较高氧化态。但在图 1 − 16 中可以清楚看出，在酸性溶液中 MnO_4^{2-} 歧化成 MnO_4^- 和 MnO_2，Mn^{3+}歧化成 Mn^{2+}和 MnO_2，但 Mn^{2+}、MnO_2 和 MnO_4^- 不发生这样的歧化。

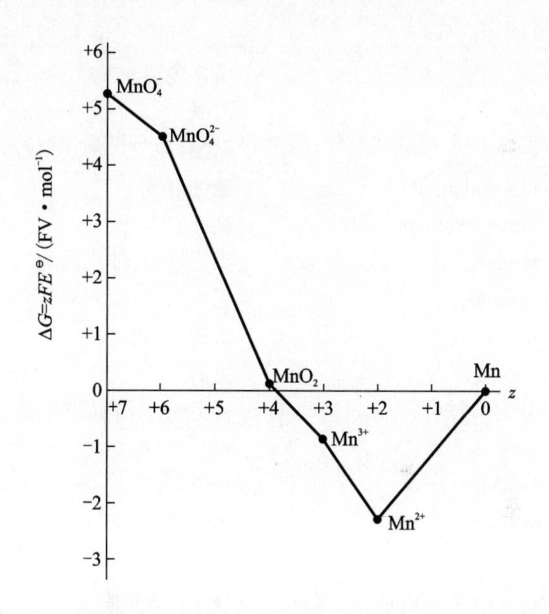

图 1 − 16　298 K 时酸性溶液(a_{H^+} =1)中锰的不同氧化态之间的氧化还原关系图

2 铅锌及其共伴生元素无机化合物的物理性质

2.1 无机化合物的物理性质简表

表2-1中部分缩略语含义如下：

缩略语	英文名称	中文名称
Ac	acetyl	乙酰
ace	acetone	丙酮
acid	acid solutions	酸性溶液
alk	alkaline solutions	碱性溶液
amorp	amorphous	无定形的(非结晶的)
anh	anhydrous	无水的
aq	aqueous	水的(水溶液)
blk	black	黑的
brn	brown	褐色的，棕色的
bz	benzene	苯
chl	chloroform	三氯甲烷
col	colorless	无色的
conc	concentrated	浓缩(精矿)
cry	crystals, crystalline	晶体，结晶体
cub	cubic	立方的
dec	decomposes	分解(可分解的)
dil	dilute	稀释的，淡的
diox	dioxane	二恶烷；二氧杂环已烷$(CH_2)_4O_2$
eth	ethyl ether	乙基乙醚
EtOH	ethanol	乙醇
exp	explodes, explosive	爆炸
flam	flammable	易燃的
gl	glass, glassy	玻璃
grn	green	绿的，青的
hc	hydrocarbon solvents	烃溶剂；碳氢化合物溶剂
hex	hexagonal, hexane	六角形的，己烷
hp	heptane	庚烷
hyd	hydate, hydrate	水化，水合物
hyg	hygroscopic	吸湿的
i	insoluble in	不可溶解的
liq	liquid	液态，液体

缩略语	英文名称	中文名称
MeOH	methanal	甲醛
mono	monoclinic	单斜晶的
octahed	octahedral	八面体的
oran	orange	橙色(赤黄色)
orth	orthorhombic	斜方晶的
os	organic solvents	有机溶剂
peth	petroleum ether	石油醚
pow	powder	粉末
prec	precipitate	沉淀，析出
pur	purple	紫色
py	pyridine	吡啶
reac	reacts with	和……一起反应
refrac	refractory	耐熔的，耐火的
rhom	rhombohedral	菱形的
s	soluble in	可溶入
silv	silvery	银白色
sl	slightly soluble in	轻微地溶入
solu	solution	溶液，溶解
sp	sublimation point	升华点
stab	stable	稳定的
subl	sublimes	升华
temp	temperature	温度
tetr	tetragonal	四方晶的，正方的
thf	tetrahydrofuran	四氢呋喃
tol	toluene	甲苯
tp	triple point	三相点
trans	transition, transformation	转变，过度；转变，变化
tricl	triclinic	三斜(晶系)的
trig	trigonal	三角晶系
unstab	unstable	不稳定的
viol	violet	紫色
visc	viscous	黏性的
v. s.	very soluble in	很易溶入
wh	white	白色
xyl	xylene	二甲苯
yel	yellow	黄色

此外还有 mp 系指以℃表示的标准熔点，“tp”表示在大于 1 大气压条件下气、液、固三相平衡温度。bp 系指以℃表示的标准沸点(101.325 kPa)，“sp”指在 101.325 kPa 条件下气相压力与固体平衡时的温度。

表 2-1 物理性质简表

分子式	分子量	物理形貌	熔点 /℃	沸点(t_b) /℃	密度 /($g \cdot cm^{-3}$)	溶解度 /($g \cdot (100g)^{-1}$ H_2O)	可溶性的描述
NH_3	17.031	col gas	-77.73	-33.33	0.696 g/L		v. s. H_2O, s EtOH, eth
NH_4Cl	53.492	col cub cry	520[①] 分解	338 升华点	1.519	39.5^{25}[②]	
$CuCl_2 \cdot 2NH_4Cl$	241.434	yel hyg orth cry					s H_2O
$CuCl_2 \cdot 2NH_4Cl \cdot 2H_2O$	277.464	blue - grn tetr cry	110 分解		1.993		s H_2O, EtOH
$(NH_4)_2IrCl_6$	441.010	blk, cry powder	分解		2.856	143^{20}	s EtOH
$(NH_4)_2OsCl_6$	439.02	red cry or powder		升华	2.93		s H_2O, EtOH
$(NH_4)_2PdCl_6$	355.21	red - brn hyg cry	分解		2.418		
$(NH_4)_2PtCl_6$	710.58	powder	380 分解		3.065	0.5^{20}	i EtOH
$(NH_4)_3GaF_6$	237.828	col cub cry	>200 分解		2.10		
$(NH_4)_2GeF_6$	222.68	wh cry	380	升华	2.564		s H_2O, i EtOH
NH_4HCO_3	79.056	col or wh prisms	107 分解		1.586	24.8^{25}	i EtOH, bz
$NH_4HC_2O_4 \cdot H_2O$	125.081	col rhomb cry	分解		1.56		sl H_2O, EtOH
NH_4HSO_4	115.111	wh hyg cry	147		1.78	100^{20}	i EtOH, ace, py
NH_4HSO_3	99.111	col cry	分解		2.03	71.8^{0}	
NH_4OH	35.046	exists only in soln					
$NH_4NiCl_3 \cdot 6H_2O$	291.181	grn hyg cry			1.65		s H_2O
$(NH_4)_2Ni(SO_4)_2 \cdot 6H_2O$	394.989	blue - grn cry	分解		1.923		sl H_2O, i EtOH
NH_4NO_3	80.043	wh hyg cry; orth	169.7	200 ~ 260 分解	1.72	213^{25}	sl MeOH
NH_4NO_2	64.044	wh - yel cry	60 爆炸		1.69	221^{25}	ieth

注：①指温度转变点；②溶解度上标指温度(℃)。

续表 2-1

分子式	分子量	物理形貌	熔点 /℃	沸点(t_b) /℃	密度 /(g·cm^{-3})	溶解度 /(g·(100g)$^{-1}$ H_2O)	可溶性的描述
$(NH_4)_2ZnCl_5$	296.77	hyg orth cry			1.81		v. s. H_2O
NH_4MnO_4	136.905	purp cry rhomb	70 分解		2.22	79^{15}	
$(NH_4)_2SO_4$	132.141	wh or brn orth cry	280 分解		1.77	76.4^{25}	i EtOH, ace
$(NH_4)_2S$	68.143	yel – oran cry	≈0 分解				s H_2O, EtOH, alk
$(NH_4)_2SO_3$	116.141	wh hyg cry				64.2^{25}	i EtOH, ace
$(NH_4)_2ZnCl_4$	243.28	wh orth plates; hyg	150 分解		1.879		v. s. H_2O
SbH_3	124.784	col gas flam	–88	–17	5.100 g/L		sl H_2O, s EtOH
SbAs	196.682	hex cry	≈680		6.0		
$SbCl_3$	228.118	col orth cry hyg	73.4	220.3	3.14	987^{25}	s acid, EtOH bz chl
Sb_2O_3(方锑矿)	291.518	col cub cry	570 转变	1425	5.58		sl H_2O, ios
Sb_2O_3(锑华)	291.518	wh orth cry	655	1425	5.7		sl H_2O, ios
SbOCl	173.212	wh mono cry	170 分解				reac H_2O, i EtOH, eth
$Sb_2(SO_4)_3$	531.71	wh, cry powder	分解		3.62		sl H_2O
Sb_2S_3	339.718	gray – blk orth cry	550		4.562		l H_2O, s conc HCl
Sb_2O_4	307.518	yel orth cry			6.64		
$SbCl_5$	299.024	col or yel liq	4	140 分解	2.34		reac H_2O, schl, CTC
Sb_2O_5	323.517	yel powder cub	分解		3.78	0.3^{20}	
Sb_2S_5	403.850	oran – yel powder	75 分解		4.120		i H_2O, s acid, alk
AsH_3	77.946	col gas	–116	–62.5	3.186 g/L		sl H_2O

续表 2－1

分子式	分子量	物理形貌	熔点 /℃	沸点(t_b) /℃	密度 /($g·cm^{-3}$)	溶解度 /($g·(100g)^{-1}$ H_2O)	可溶性的描述
As_2H_4	153.875	unstable liq		≈100			
H_3AsO_4	141.944	exists only in soln					
$H_3AsO_4·0.5H_2O$	150.951	wh hyg cry	35.5		≈2		v. s. H_2O, EtOH
H_3AsO_3	125.944	exists only in soln					
As_4S_4	427.950	red monocl cry	320	565	3.5		i H_2O, sl bz, s alk
$AsCl_3$	181.280	col liq	-16	130	2.150		reac H_2O, v. s. chl, CTC, eth
As_2O_3(砷华)	197.841	wh, cub cry	274	460	3.86	2.05^{25}	
As_2O_3(白砷石)	197.841	wh monocl cry	313	460	3.74	2.05^{25}	s dil acid alk i EtOH
As_2S_3	246.041	yel - oran monocl cry	310	707	3.46		i H_2O, s alk
$AsCl_5$	252.186	stable at low temp	≈50 分解				
As_2O_5	229.840	wh amorp powder	315		4.32	65.8^{20}	v. s. EtOH
As_2S_5	310.173	brn - yel amorp solid	分解				i H_2O, s alk
SbH_3	124.784	col gas flam	-88	-17	5.100 g/L		sl H_2O, s EtOH
$BiAsO_4$	347.900	wh mono cry			7.14		i H_2O, sl conc HNO_3
$(BiO)_2CO_3$	509.969	wh powder			6.86		i H_2O, s acid
$BiCl_3$	315.338	yel - wh cub cry, hyg	230	447	4.75		reac H_2O, s acid EtOH ace
BiH_3	212.004	col gas, unstable	-67	≈17	8.665 g/L		
$Bi(OH)_3$	260.002	wh - yel amorp powder			4.962		i H_2O, s acid

续表 2-1

分子式	分子量	物理形貌	熔点 /℃	沸点(t_b) /℃	密度 /$(g\cdot cm^{-3})$	溶解度 /$(g\cdot(100g)^{-1}\ H_2O)$	可溶性的描述
Bi_2O_3	465.959	yel monocl cry or powder	817	1890	8.9		i H_2O, s acid
BiOCl	260.432	wh tetr cry			7.72		i H_2O
$BiONO_3$	286.985	wh powder	260 分解		4.93		i H_2O, EtOH, s acid
Bi_2Se_3	654.84	blk hex cry	710 分解		7.5		i H_2O
$Bi_2(SnO_3)_3\cdot 5H_2O$	1008.162	wh cry					i H_2O
$Bi_2(SO_4)_3$	706.152	wh needles or powder	405 分解		5.08		reac H_2O, EtOH
Bi_2S_3	514.159	blk - brn orth cry	850		6.78		i H_2O, s acid
Bi_2O_4	481.959	red - oran powder	305		5.6		reac H_2O
CdSb	234.171	orth cry	456		6.91		
Cd_3As_2	487.076	gray tetr cry	721		6.25		
$CdCO_3$	172.420	wh hex cry	500 分解		4.258		i H_2O, s acid
$CdCl_2$	183.316	rhomb cry hyg	564	960	4.08	120^{25}	s ace, sl EtOH, i eth
$CdCl_2\cdot 2.5H_2O$	228.354	wh rhomb leaflets			3.327	120^{25}	s ace
$CdCl_2\cdot H_2O$	201.331	wh cry				120^{25}	
$Cd(OH)_2$	146.426	wh trig or hex cry	130 分解		4.79	0.00015^{20}	s dil acid
$Cd(NO_3)_2$	236.420	wh cub cry hyg	350		3.6	156^{25}	s EtOH
$Cd(NO_3)_2\cdot 4H_2O$	308.482	col orth or hyg	59.5		2.45	156^{25}	s EtOH, ace
CdC_2O_4	200.430	wh solid			3.32	0.0060^{25}	
$CdC_2O_4\cdot 3H_2O$	254.476	wh amorp powder	340 分解			0.0060^{25}	i EtOH, s dil acid

续表 2－1

分子式	分子量	物理形貌	熔点 /℃	沸点(t_b) /℃	密度 /($g·cm^{-3}$)	溶解度 /($g·(100g)^{-1}$ H_2O)	可溶性的描述
CdO	128.410	brn cub cry		1559 升华点	8.15		i H_2O, s dil acid
CdSe	191.37	wh cub cry	1240		5.81		i H_2O
$CdSO_4$	208.475	col orth cry	1000		4.69	76.7^{25}	i EtOH
$CdSO_4·H_2O$	226.490	monocl cry	105		3.79	76.7^{25}	
$CdSO_4·8H_2O$	352.597	col monocl cry	40 分解		3.08	76.7^{25}	
CdS	144.477	yel-oran cub cry	1750		4.83		i H_2O, s acid
CdTe	240.01	brn－bik cub cry	1042		6.2		i H_2O, dil acid
$CaAsO_3$	162.998	wh pow					sl H_2O, s acid
$Ca_3(AsO_4)_2$	398.072	wh powder	分解		3.6	0.0036^{20}	s dil acid
CaC_2	64.099	gray－blk orth cry	2300		2.22		reac H_2O
$CaCO_3$(文石)	100.087	wh orth cry or powder	825 分解		2.83	0.00066^{20}	s dil acid
$CaCO_3$(方解石)	100.087	wh hex cry or powder	1330		2.71	0.00066^{20}	s dil acid
$CaCl_2$	110.983	wh cub cry or powder, hyg	775	1935.5	2.15	81.3^{25}	v. s. EtOH
$CaCl_2·2H_2O$	147.014	hyg flakes or powder	175 分解		1.85	81.3^{25}	v. s. EtOH
$CaCl_2·6H_2O$	219.074	wh hex cry hyg	30 分解		1.71	81.3^{25}	
$CaCl_2·H_2O$	128.998	wh hyg cry	260 分解		2.24	81.3^{25}	s EtOH
CaF_2	78.075	wh cub cry or powder	1418	2533.4	3.18	0.0016^{25}	sl acid
$Ca(OH)_2$	74.093	soft hex cry			≈2.2	0.160^{20}	s acid
CaC_2O_4	128.097	wh cry powder			2.2	0.00061^{20}	

续表 2－1

分子式	分子量	物理形貌	熔点 /℃	沸点(t_b) /℃	密度 /($g \cdot cm^{-3}$)	溶解度 /($g \cdot (100g)^{-1} H_2O$)	可溶性的描述
$CaC_2O_4 \cdot H_2O$	146.112	cub cry	200 分解		2.2	0.00061^{20}	s dil acid
CaO	56.077	gray－wh cub cry	2898		3.34		reac H_2O, s acid
Ca_3OSiO_4	228.317	refrac solid	2150				
$CaSiO_3$	116.162	wh monocl cry	1540		2.92		i H_2O
$Ca_3(PO_4)_2$	310.177	wh amorp powder	1670		3.14	0.00012^{20}	i EtOH, s dil acid
$Ca_3(PO_4)_2 \cdot H_2O$	252.068	col tricl plates	100 分解		2.220		sl H_2O, s dil acid
$CaSi_2$	96.249	gray hex cry	1040		2.50		i cold H_2O, reac hot H_2O s acid
$CaSO_4$	136.142	orth cry	1460		2.96	0.205^{25}	
$CaSO_4 \cdot 2H_2O$	172.172	monocl cry or powder	150 分解		2.32	0.205^{25}	i OS
$CaSO_4 \cdot 0.5H_2O$	145.149	wh powder				0.205^{25}	
CaS	72.144	wh－yel cub cry, hyg	2524		2.59		sl H_2O, i EtOH
$CaSO_3 \cdot 2H_2O$	156.173	wh powder				0.0070^{25}	sl EtOH, s acid
$CaTe$	167.68	wh cub cry	1600 分解		4.87		
$CaWO_4$	287.92	wh tetr cry	1620		6.06	0.2^{18}	s hot acid
C(金刚石)	12.011	col cub cry	4440 (12.4 GPa)		3.513		i H_2O
C(石墨)	12.011	soft blk hex cry	4489 (10.3 MPa)	3825 升华点	2.2		i H_2O
CO	28.010	col gas	－205.02	－191.5	1.145 g/L		sl H_2O, s chl, EtOH

续表 2-1

分子式	分子量	物理形貌	熔点 /℃	沸点(t_b) /℃	密度 /($g \cdot cm^{-3}$)	溶解度 /($g \cdot (100g)^{-1}$ H_2O)	可溶性的描述
CO_2	44.010	col gas	-56.56 三相点	-784 升华点	1.799 g/L		s H_2O
CS_2	76.143	col or yel liq	-112.1	46	1.2555		i H_2O, v. s. EtOH, bz, os
$COCl_2$	98.915	col gas	-127.78	8	4.043 g/L		sl H_2O, s bz, tol
Cl_2	70.905	grn - yel gas	-101.5	-34.04	2.898 g/L		sl H_2O
$HClO_4$	100.459	col hyg liq	-112	≈90 分解	1.77		s H_2O
Cl_2O	86.904	yel - brn gas	-120.6	22	3.552 g/L		v. s. H_2O
ClO_2	67.452	oran - grn gas	-59	11	2.757 g/L		sl H_2O
Cl_2O_3	118.903	dark brn solid	爆炸 <25				
Cl_2O_6	166.901	red liq	3.5	≈200			reac H_2O
Cl_2O_7	182.901	col oily liq; exp (爆炸)	-91.5	82	1.9		reac H_2O
CoSb	180.693	hex cry	1202		8.8		
CoAsS	165.921	silv - wh solid			≈6.1		
CoAs	133.855	orth cry	1180		8.22		
$CoAs_2$	208.776	monocl cry			7.2		
$CoAs_3$	283.698	cub cry	942		6.84		
CoS_2	123.066	cub cry			4.3		
$Co_4(CO)_{12}$	571.854	blk cry	60 分解		2.09		
$CoCO_3$	118.942	pink rhomb cry			4.2	0.00014^{20}	i EtOH

续表 2-1

分子式	分子量	物理形貌	熔点/℃	沸点(t_b)/℃	密度/($g·cm^{-3}$)	溶解度/($g·(100g)^{-1}$ H_2O)	可溶性的描述
$CoCl_2$	129.838	blue hyg leaflets	740	1049	3.36	56.2^{25}	s EtOH, eth, ace, py
$CoCl_2·2H_2O$	165.869	viol - blue cry			2.477	56.2^{25}	
$CoCl_2·6H_2O$	237.927	pink - red monocl cry	87 分解		1.924	56.2^{25}	s EtOH, ace, eth
$Co(OH)_2$	92.948	blue - grn cry	≈160 分解		3.60		sl H_2O, s acid
$Co(NO_3)_2$	182.942	pale red powder	100 分解		2.49	103^{25}	
$Co(NO_3)_2·6H_2O$	291.034	red monocl cry, hyg	≈55		1.88	103^{25}	s EtOH
CoC_2O_4	146.952	pink powder	250 分解		3.02	0.0037^{20}	s acid, NH_4OH
$CoC_2O_4·2H_2O$	182.982	pink needles	分解			0.0037^{20}	sl acid, s NH_4OH
CoO	74.932	gray cub cry	1830		6.44		i H_2O, s acid
$CoK_2(SO_4)_2·6H_2O$	437.349	red monocl cry	75 分解		2.22		v. s. H_2O
$CaSeO_4·5H_2O$	291.97	red tricl cry	分解		2.51	55^{15}	
CoSe	137.89	yel hex cry	1055		7.65		i H_2O, alk, s aque regia
$CoSeO_3·2H_2O$	221.92	blue - red powder					i H_2O
Co_2SiO_4	209.950	red - viol orth cry			4.63		i H_2O, s dil HCl
Co_2SnO_4	300.574	red blue cry cub			6.30		i H_2O, s alk
$CoSO_4$	154.997	red orth cry	>700		3.71	38.3^{25}	
$CoSO_4·7H_2O$	281.103	pink monocl cry	41 分解		2.03	38.3^{25}	sl EtOH, MeOH
$CoSO_4·H_2O$	173.012	red monocl cry			3.08	38.3^{25}	
CoS	90.999	blk amorp powder	1182		5.45		i H_2O, s acid

续表 2-1

分子式	分子量	物理形貌	熔点 /℃	沸点(t_b) /℃	密度 /(g·cm^{-3})	溶解度 /(g·(100g)$^{-1}$ H_2O)	可溶性的描述
CoTe	186.53	hex cry			≈8.8		
$CoWO_4$	306.77	blue monocl cry			≈7.8		i H_2O, s hot conc acid
Co_2O_4	240.798	blk cub cry	900 分解		6.11		i H_2O, s acid alk
$Co(OH)_3$	109.955	grn cub cry hyg	分解		≈4.0		i H_2O, s acid
$Co(NO_3)_3$	244.948	grn cub cry hyg			≈3.0		s H_2O, reac os
Co_2O_3	165.854	gray - blk powder	895 分解		5.18		i H_2O, s conc acid
$Co_2O_3 \cdot H_2O$	183.880	brn - blk hex cry	150 分解				i H_2O, s acid
Co_2S_3	214.064	blk cub cry			4.8		reac acid
CuP_2	125.494	monocl cry	≈900		4.20		
Cu_3Si	345.816	solid	825				
Cu_2C_2	151.113	red amorp powder exp(爆炸)					
CuN_3	105.566	tetr cry, exp(爆炸)					
CuCl	98.999	wh cub cry	430	≈1400	4.14	0.0047[20]	i EtOH, ace
CuH	64.554	red - brn solid	60 分解				
Cu_2O	143.091	red - brn cub cry	1235	1800 分解	6.0		i H_2O
Cu_2Se	206.05	blue - blk tetr cry	1113		6.84		i H_2O, s acid
Cu_2S	159.158	blue - blk orth cry	≈1100		5.6		i H_2O, s acid
$Cu_2SO_3 \cdot H_2O$	225.172	cry			3.83		sl H_2O, s HCl

续表 2-1

分子式	分子量	物理形貌	熔点 /℃	沸点(t_b) /℃	密度 /(g·cm^{-3})	溶解度 /(g·(100g)$^{-1}$ H_2O)	可溶性的描述
$Cu_2SO_3·0.5H_2O$	216.164	wh-yel hex cry					sl H_2O, s acid, alk, i EtOH eth
Cu_2Te	254.69	blue hex cry	1127		4.6		
$Cu_2SO_3·CuSO_3·2H_2O$	386.797	red prisms or powder					i H_2O, EtOH, s HCl
CuC_2	87.567	brn-blk solid, exp	爆炸 100				
$CuCO_3·Cu(OH)_2$	221.116	grn monocl crg	200 分解		4.1		i H_2O, EtOH, s dil acid
$CuCl_2$	134.451	yel-brn, hyg monocl cry	630 分解		3.4	75.7^{25}	s EtOH, ace
$CuCl_2·2H_2O$	170.482	grn-blue orth cry, hyg	100 分解		2.51	75.7^{25}	v. s. EtOH, MeOH, s acid ieth
$Cu_2(OH)_3Cl$	213.567	pale grn cry					i H_2O, s acid
$CuFeS_2$	183.523	yel tetr cry	950		4.2		i H_2O, HCl, s HNO_3
$Cu(OH)_2$	97.561	blue-grn powder			3.37		i H_2O, s acid conc alk
$Cu(NO_3)_2$	187.555	blue-grn orth cry hyg	255	升华		145^{25}	s diox, reac eth
$Cu(NO_3)_2·6H_2O$	295.647	blue rhomb cry hyg			2.07	145^{25}	s EtOH
$Cu(NO_3)_2·3H_2O$	241.602	blue rhomb cry	114	170 分解	2.32	145^{25}	v. s. EtOH
CuC_2O_4	151.565	blue-wh powder	310 分解			0.0026^{20}	i EtOH, eth, s NH_4OH
$CuC_2O_4·0.5H_2O$	144.573	blue-wh cry	200 分解			0.0026^{20}	s NH_4OH
CuO	79.545	blk powder or monocl cry	1446		6.31		i H_2O, EtOH, s dil acid

续表 2-1

分子式	分子量	物理形貌	熔点 /℃	沸点(t_b) /℃	密度 /(g·cm^{-3})	溶解度 /(g·(100g)$^{-1}$ H_2O)	可溶性的描述
$CuSeO_4 \cdot 5H_2O$	296.58	blue tricl cry	80 分解		2.56	27.4^{25}	s acid, NH_4OH, sl ace i EtOH
CuSe	142.51	blue - blk needles or plates	550 分解		5.99		reac acid
$CuSeO_3 \cdot 2H_2O$	226.54	blue orth cry			3.31		i H_2O, s acid NH_4OH
$CuSO_4$	159.610	wh - grn amorp powder or rhomb cry	560 分解		3.60	22.0^{25}	i EtOH
$CuSO_4 \cdot 5H_2O$	249.686	blue tricl cry	110 分解		2.286	22.0^{25}	s MeOH, sl EtOH
$Cu_3(OH)_4SO_4$	354.731	grn rhomb cry			3.88		i H_2O
CuS	95.612	blk, hex cry	转变 507		4.76		i H_2O, EtOH, dil acid, alk
CuTe	191.15	yel orth cry	转变≈400		7.09		
GaSb	191.483	cub cry	712		5.6137		
GaAs	144.645	gray cub cry	1238		5.3176		
GaN	83.730	gray hex cry	>2500		6.1		
GaP	100.697	yel cub cry	1457		4.138		
Ga_2O	155.445	brn powder	>600	>800 分解	4.77		
$GaCl_2$	140.628	wh orth cry	172.4	535	2.74		
GaSe	148.68	hex cry	960		5.03		
GaS	101.789	hex cry	965		3.86		
GaTe	197.32	monocl cry	824		5.44		

续表 2－1

分子式	分子量	物理形貌	熔点 /℃	沸点(t_b) /℃	密度 /($g \cdot cm^{-3}$)	溶解度 /($g \cdot (100g)^{-1}$ H_2O)	可溶性的描述
$GaCl_3$	176.061	col needles or gl solid	77.9	201	2.47		
GaH_3	72.747	visc liq	−15	≈0 分解			
$Ga(OH)_3$	120.745	unstable prec					
Ga_2O_3	187.444	wh cry	1806		≈6.0		s hot acid
GaOOH	102.730	orth cry			5.23		
Ga_2Se_3	376.33	cub cry	937		4.92		
$Ga_2(SO_4)_3$	427.637	hex cry					
Ga_2S_3	235.644	monocl cry	1090		3.7		
Ga_2Te_3	522.25	cub cry	790		5.57		
GeH_4	76.64	col gas, flam	−165	−88.1	3.133 g/L		i H_2O
Ge_2H_6	151.27	col liq, flam	−109	29	1.98^{-109}①		
Ge_3H_8	225.89	col liq	−105.6	110.5	2.20^{-105}		i H_2O
Ge_4H_{10}	300.52	col liq		176.9			i H_2O
Ge_5H_{12}	375.15	col liq		234			i H_2O
GeH_3Cl	111.09	col liq	−52	28	1.75		reac H_2O
GeH_2Cl_2	145.53	col liq	−68	69.5	1.90		reac H_2O
$GeHCl_3$	179.78	liq	−71	75.3	1.93		reac H_2O
$GeCl_2$	143.51	wh − yel hyg powder	分解				reac H_2O, s eth, bz
GeO	88.61	blk solid	700 分解				

注：①密度的上标指温度(℃)，即表示该温度下的密度。

续表 2－1

分子式	分子量	物理形貌	熔点 /℃	沸点(t_b) /℃	密度 /($g \cdot cm^{-3}$)	溶解度 /($g \cdot (100g)^{-1}$ H_2O)	可溶性的描述
GeSe	151.57	gray orth cry or brn powder	667		5.6		
GeS	104.68	gray orth cry	615		4.1		
GeTe	200.21	cub cry	725		6.16		i H_2O, s conc HNO_3
$GeCl_4$	214.42	col liq	−51.50	86.55	1.88		reac H_2O, s bz, eth, EtOH, CTC
GeO_2	104.61	wh hex cry	1115		4.25		i H_2O
$GeSe_2$	230.53	yel – oran orth cry	707 分解		4.56		
GeS_2	136.74	blk orth cry	530		3.01		
$HAuCl_4 \cdot 4H_2O$	411.847	yel monocl cry, hyg			≈3.9		v. s. H_2O, EtOH, s eth
$HAuBr_4 \cdot 5H_2O$	607.667	red – brn hyg cry	27				s H_2O, EtOH
AuBr	276.871	yel – gray tetr cry	165 分解		8.20		i H_2O
AuCl	232.420	yel orth cry	289 分解		7.6	0.000031^{20}	
AuCN	222.985	yel hex cry	分解		7.2		i H_2O, EtOH, eth dil acid
AuI	323.871	yel – grn powder tetr	120 分解		8.25		i H_2O, s CN soln
Au_2S	425.999	brn – blk cub cry unstable	240 分解		≈11		i H_2O acid s aqua regia
$AuBr_3$	436.679	red – br monocl cry	≈160 分解				i H_2O, EtOH
$AuCl_3$	303.325	red – monocl cry	>160 分解		4.7	68^{20}	
$Au(CN)_3 \cdot 3H_2O$	329.065	wh hyg cry	50 分解				v. s. H_2O, sl EtOH

续表 2－1

分子式	分子量	物理形貌	熔点 /℃	沸点(t_b) /℃	密度 /(g·cm^{-3})	溶解度 /(g·(100g)$^{-1}$ H_2O)	可溶性的描述
AuF_3	253.962	oran－yel hex cry	>300	升华	6.75		
$Au(OH)_3$	247.989	brn powder	≈100 分解				i H_2O s acid
AuI_3	577.680	unstable grn powder	20 分解				
Au_2O_3	441.931	brn powder	≈150 分解				i H_2O, s acid
$Au_2(SeO_4)_3$	822.81	yel cry					i H_2O, s acid
Au_2Se_3	630.81	blk amorp solid	分解		4.65		s aqua regia
Au_2S_3	490.131	gray metal, hex	200 分解				
HBr	80.912	col gas	－86.86	－66.38	3.307 g/L		v. s. H_2O, s EtOH
HCl	36.461	col gas	－114.17	－85	1.490 g/L		v. s. H_2O
$HCl·2H_2O$	72.492	col liq	－17.7		1.46		
HCN	27.026	col liq	－13.29	26	0.684		v. s. H_2O, EtOH, sl eth
H_2O_2	34.015	col liq	－0.43	150.2	1.44		v. s. H_2O
H_2S	34.082	col gas, flam	－85.5	－59.55	1.393 g/L		s H_2O
InSb	236.578	blk cub cry	525		5.7747		
InAs	189.740	gray cub cry	942		5.67		i acid
InP	145.792	blk cub cry	1062		4.81		sl acid
InN	128.825	hex cry	1100		6.88		
InBr	194.722	oran－red orth cry	290	656	4.96		reac H_2O
InCl	150.271	yel cub cry	211	608	4.19		reac H_2O

续表 2-1

分子式	分子量	物理形貌	熔点 /℃	沸点(t_b) /℃	密度 /(g·cm^{-3})	溶解度 /(g·(100g)$^{-1}$ H_2O)	可溶性的描述
InI	241.722	orth cry	364.4	712	5.32		
$InBr_2$	274.626	orth cry			4.22		reac H_2O
$InCl_2$	185.723	col orth cry	235		3.64		reac H_2O
InS	146.884	red - brn orth cry	692		5.2		
$InBr_3$	354.530	hyg yel - wh monocl cry	420		4.74	414^{20}	
$InCl_3$	221.176	yel monocl cry, hyg	583		4.0	195.1^{22}	s EtOH
$In(OH)_3$	165.840	cub cry			4.4		
InI_3	495.531	yel - red, hyg monocl cry	207		4.69	1308^{22}	s EtOH
In_2O_3	277.634	yel cub cry	1912		7.18		i H_2O, s hot acid
$In_2(SO_4)_3$	517.827	hyg wh powder			3.44	117^{20}	
In_2S_3	325.834	oran cub cry	1050		4.45		
In_2Te_3	612.44	blk cub cry	667		5.75		
Ir_2S_3	480.632	orth cry			10.2		
$IrBr_3$	431.929	red - brn monocl cry			6.82		i H_2O, acid, alk
$IrBr_3 \cdot 4H_2O$	503.991	grn - brn cry					s H_2O, i EtOH
$IrCl_3$	298.575	brn monocl cry	763 分解		5.30		i H_2O, acid alk
IrF_3	249.212	blk hex cry	250 分解		≈8.0		i H_2O, dil acid
IrI_3	572.930	dark brn monocl cry			≈7.4		i H_2O, acid, bz chl, s alk

续表 2－1

分子式	分子量	物理形貌	熔点 /℃	沸点(t_b) /℃	密度 /(g·cm^{-3})	溶解度 /(g·(100g)$^{-1}$ H_2O)	可溶性的描述
Ir_2O_3	432.432	blue－blk cry	1000 分解				i H_2O, sl hot HCl
$IrCl_4$	334.028	brn hyg solid	≈700 分解				s H_2O, EtOH
IrO_2	224.216	brn tetr cry	1100 分解		11.7		
IrS_2	256.349	orth cry			9.3		
IrS_2	256.349	orth cry			9.3		
$Fe(CO)_5$	195.896	yel oily liq flam	－20	103	1.490		i H_2O, s eth, bz, ace
$Fe_2(CO)_9$	363.761	oran－yel cry	100 分解		2.85		
$Fe_3(CO)_{12}$	503.656	blk cry	140		2.00		
$FeH_2(CO)_4$	169.902	col liq unstable	－70	分解			s alk
FeAs	130.767	gray orth cry	1030		7.85		
FeB	66.656	refr solid orth	1650		≈7		
Fe_2B	122.501	refr solid tetr	1389		7.3		
Fe_3C	179.546	gray cub cry	1227		7.694		
FeP	86.819	rhom cry			6.07		
Fe_2P	142.664	gray hex needles	1370		6.8		i H_2O, dil acid, alk
Fe_3P	198.509	gray solid	1100		6.74		i H_2O
FeS_2	119.977	blk cub cry	＞600 分解		5.02		i H_2O
FeSi	83.931	gray cub cry	1410		6.1		
$FeSi_2$	112.016	gray tetr cry	1220		4.74		

续表 2-1

分子式	分子量	物理形貌	熔点 /℃	沸点(t_b) /℃	密度 /($g \cdot cm^{-3}$)	溶解度 /($g \cdot (100g)^{-1}$ H_2O)	可溶性的描述
$FeBr_2$	215.653	yel - brn hex cry, byg	691	分解	4.636	120^{25}	v. s. EtOH
$FeBr_2 \cdot 6H_2O$	323.744	grn, hyg cry	27 分解		4.64	120^{25}	s EtOH
$FeCO_3$	115.854	gray - brn hex cry			3.9	0.000062^{20}	
$FeCl_2$	126.750	wh hex cry hyg	677	1023	3.16	65.0^{25}	v. s. EtOH ace sl bz
$FeCl_2 \cdot 2H_2O$	162.781	wh - grn monocl cry	120 分解		2.39	65.0^{25}	
$FeCl_2 \cdot 4H_2O$	198.812	grn monocl cry	105 分解		1.93	65.0^{25}	s EtOH
$Fe(OH)_2$	89.860	wh - grn hex cry			3.4	0.000052^{20}	
$Fe(NO_3)_2$	179.854	grn solid				87.5^{25}	
$Fe(NO_3)_2 \cdot 6H_2O$	287.946	grn solid	60 分解			87.5^{25}	
$FeC_2O_4 \cdot 2H_2O$	179.894	yel cry	150 分解		2.28	0.078^{25}	s acid
$FeMoO_4$	215.78	brn - yel monocl cry	1115		5.6		i H_2O
FeO	71.844	blk cub cry	1377		6.0		i H_2O alk s acid
$Fe(ClO_4)_2$	254.745	grn - wh hyg needles	>100 分解			210^{25}	
$FeSe$	134.81	blk hex cry			6.7		i H_2O
Fe_2SiO_4	203.774	brn orth cry			4.30		
$FeSO_4$	151.909	wh orth cry hyg			3.65	29.5^{25}	
$FeSO_4 \cdot H_2O$	169.924	wh - yel monocl cry	300 分解		3.0	29.5^{25}	
$FeSO_4 \cdot 7H_2O$	278.015	blue - grn monocl cry	≈60 分解		1.895	29.5^{25}	i EtOH
FeS	87.911	col hex or tetr cry, hyg	1188	分解	4.7		i H_2O, reac acid

续表 2-1

分子式	分子量	物理形貌	熔点 /℃	沸点(t_b) /℃	密度 /(g·cm^{-3})	溶解度 /(g·(100g)$^{-1}$ H_2O)	可溶性的描述
FeTe	183.45	tetr cry	914		6.8		
Fe_3O_4	231.533	blk cub cry or amorp powder	1597		5.17		i H_2O, s acid
$FeCl_3$	162.203	grn hex cry hyg	304	≈314	2.90	91.2^{25}	s EtOH eth, ace
$FeCl_3·6H_2O$	270.294	yel – orth, monocl cry hyg	37 分解		1.82	91.2^{25}	s EtOH eth ace
$Fe(OH)_3$	106.867	yel monocl cry			3.12		
FeO(OH)	88.852	red – brn orth cry			4.26		i H_2O s acid
$Fe(NO_3)_3$	241.860	cry				82.5^{20}	
$Fe(NO_3)_3·6H_2O$	349.951	viol cub cry	35 分解			82.5^{20}	
$Fe(NO_3)_3·9H_2O$	403.997	viol – gray hyg cry	47 分解		1.68	82.5^{20}	v. s. EtOH ace
$Fe_2(C_2O_4)_3$	375.747	yel amorp powder	100 分解				s H_2O, acid alk
Fe_2O_3	159.688	red – brn hex cry	1565		5.25		i H_2O, s acid
$Fe_2(SO_4)_3$	399.881	gray – wh rhomb cry, hyg			3.10	440^{20}	sl EtOH, i ace
$Fe_2(SO_4)_3·9H_2O$	562.018	yel hex cry	400 分解		2.1	440^{20}	
$Pb_3(SbO_4)_2$	993.1	oran – yel powder			6.58		i H_2O, dil acid
$Pb_3(AsO_4)_2$	899.4	wh cry	1042 分解		5.8		i H_2O, s HNO_3
$PbCO_3$	267.2	col orth cry	≈315 分解		6.6		i H_2O
$Pb(OH)_2·2PbCO_3$	775.6	wh hex cry	400 分解		≈6.5		i H_2O EtOH, s acid
$PbCl_2$	278.1	wh orth needles or powder	501	951	5.98	1.08^{25}	s alk

续表 2-1

分子式	分子量	物理形貌	熔点 /℃	沸点(t_b) /℃	密度 /(g·cm^{-3})	溶解度 /(g·(100g)$^{-1}$ H_2O)	可溶性的描述
$Pb(OH)_2$	241.2	wh powder	145 分解		7.59	0.00012^{20}	s acid
PbC_2O_4	295.2	wh powder	300 分解		5.28	0.00025^{20}	s dil HNO_3
PbO(密陀僧)	223.2	red tetr cry	转变为铅黄 489		9.35		i H_2O, EtOH, s dit HNO_3
PbO(铅黄)	223.2	yel orth ony	897		9.64		i H_2O, EtOH, s dil HNO_3
$3PbO \cdot H_2O$	687.6	wh powder			7.41		i H_2O, s dil acid
$PbSiO_3$	283.3	wh monocl cry powder	764		6.49		i H_2O, os
Pb_2SiO_4	506.5	monocl cry	743		7.60		
$PbSO_4$	303.3	orth cry	1087		6.29	0.0044^{25}	i acid, sl alk
PbS	239.3	blk powder or silv cub cry	1113		7.60		i H_2O, s acid
$PbSO_3$	287.3	wh powder	分解				i H_2O, s HNO_3
Pb_2O_3	462.4	blk monocl cry red omorp powder	530 分解		10.05		i H_2O s alk reac conc HCl
Pb_3O_4	685.6	red tetr cry	830		8.92		i H_2O EtOH s hot HCl
$PbCl_4$	349.0	yel oily liq	-15	≈50 分解			
PbO_2	239.2	red tetr cry or brn powder	290 分解		9.64		
$MgCO_3$	84.314	wh hex cry	990		3.05	0.18^{20}	i EtOH, s acid
$MgCl_2$	95.210	wh hex leaflets hyg	714	1412	2.325	56.0^{25}	
$MgCl_2 \cdot 6H_2O$	203.301	wh hyg cry	≈100 分解		1.56	56.0^{25}	

续表 2-1

分子式	分子量	物理形貌	熔点 /℃	沸点(t_b) /℃	密度 /(g·cm^{-3})	溶解度 /(g·(100g)$^{-1}$ H_2O)	可溶性的描述
Mg_2Ge	121.22	cub cry	1117		3.09		
MgH_2	26.321	wh tetr cry	327		1.45		reac H_2O
$Mg(OH)_2$	58.320	wh hex cry	350		2.37	0.00069^{20}	s dil acid
$Mg(NO_3)_2$	148.314	wh cub cry			≈2.3	71.2^{25}	
$Mg(NO_3)_2 \cdot 2H_2O$	184.345	wh cry	≈100 分解		1.45	71.2^{25}	s EtOH
$Mg(NO_3)_2 \cdot 6H_2O$	256.406	col monocl cry, hyg	≈95 分解		1.46	71.2^{25}	s EtOH
$Mg(NO_2)_2 \cdot 3H_2O$	170.362	wh hyg prisms	100 分解			129.9^{25}	
MgC_2O_4	112.324	wh pow				0.038^{25}	
$MgC_2O_4 \cdot 2H_2O$	148.354	wh powd				0.038^{25}	i EtOH, s dil acid
MgO	40.304	wh cub cry	2825	3600	3.6		sl H_2O, i EtOH
MgO_2	56.304	wh cub cry	100 分解		≈3.0		i H_2O, s dil acid
$Mg_3(PO_4)_2 \cdot 5H_2O$	352.934	wh cry	400 分解			0.00009^{20}	s dil acid
$Mg_3(PO_4)_2 \cdot 8H_2O$	406.980	wh cry monocl			2.17	0.00009^{20}	s acid
$Mg_2P_2O_7 \cdot 3H_2O$	276.600	wh powd	100 分解		2.56		i H_2O, s acid
Mg_3P_2	134.863	yel cub cry			2.06		reac H_2O
$MgSeO_4 \cdot 6H_2O$	275.35	wh cry monocl			1.928	55.5^{25}	
$MgSe$	103.27	brn cub cry			4.2		reac H_2O
$MgSeO_3 \cdot 6H_2O$	259.36	col hex cry			2.09		i H_2O, s dil acid
Mg_2SiO_4	140.694	wh orth cry	1897		3.21		i H_2O

续表 2 – 1

分子式	分子量	物理形貌	熔点 /℃	沸点(t_b) /℃	密度 /(g·cm^{-3})	溶解度 /(g·(100g)$^{-1}$ H_2O)	可溶性的描述
$Mg_2Si_3O_8$	260.862	wh pow					i H_2O, EtOH
$MgSiF_6 \cdot 6H_2O$	274.472	wh cry	120 分解		1.79	39.3^{18}	i EtOH
Mg_2Si	76.696	gray cub cry	1102		1.99		reac H_2O
Mg_2Sn	167.320	blue cub cry	771		3.60		s H_2O, dil HCl
$MgSO_4$	120.369	col orth cry	1127		2.66	35.7^{25}	
$MgSO_4 \cdot H_2O$	138.384	col cry monocl	150 分解		2.57	35.7^{25}	
$MgSO_4 \cdot 7H_2O$	246.475	orth col cry	150 分解		1.67	35.7^{25}	sl EtOH
MgS	56.321	red – brn cub cry	2226		2.68		reac H_2O
$MgSO_3 \cdot 3H_2O$	158.415	col, orth cry			2.12	0.79^{25}	
$MgSO_3 \cdot 6H_2O$	212.461	wh hex cry	200 分解		1.72	0.79^{25}	i EtOH
$MgS_2O_3 \cdot 6H_2O$	244.527	col cry	170 分解		1.82	93^{25}	i EtOH
$MgTiO_3$	120.170	col hex cry	1565		3.85		
$MgWO_4$	272.14	wh cry monocl			6.89	0.016^{20}	i EtOH
MnSb	176.698	hex cry	840		6.9		
Mn_2Sb	231.636	tetr cry	948		7.0		
Mn_3C	176.825	refrac solid	1520		6.89		
$Mn_2(CO)_{10}$	389.977	yel monocl cry	154		1.75		i H_2O, s os
$MnCO_3$	114.947	pink hex pink cry	>200 分解		3.70	0.00008^{20}	s dil acid
$MnCl_2$	125.843	pink trig cry hyg	650	1190	2.977	77.3^{25}	s py, EtOH, i eth

续表 2-1

分子式	分子量	物理形貌	熔点 /℃	沸点(t_b) /℃	密度 /(g·cm^{-3})	溶解度 /(g·(100g)$^{-1}$ H_2O)	可溶性的描述
$MnCl_2·4H_2O$	197.905	red monocl cry hyg	87.5		1.913	77.3^{25}	s EtOH i eth
$Mn(OH)_2$	88.953	pink hex cry	分解		5.04		s H_2O, EtOH
$Mn(NO_3)_2$	178.948	col orth cry hyg			2.2	161^{25}	s diox thf
$Mn(NO_3)_2·6H_2O$	287.040	rose monocl cry	28 分解		1.8	161^{25}	v. s. EtOH
$Mn(CO_3)_2·4H_2O$	251.010	pink hyg cry	37.1 分解		2.13	161^{25}	s EtOH
$MnC_2O_4·2H_2O$	178.987	wh cry powder	150 分解		2.45	0.032^{20}	s acid
MnO	70.937	gr cub cry or powder	1839		5.37		i H_2O, s acid
$MnSiO_3$	131.022	red orth cry	1291		3.48		i H_2O
Mn_2SiO_4	201.980	orth cry			4.11		i H_2O
MnSe	133.90	gray cub cry	1460		5.45		i H_2O
$MnSO_4$	151.022	wh orth cry	700	850 分解	3.25	63.7^{25}	
$MnSO_4·H_2O$	169.017	red cry monocl			2.95	63.7^{25}	i EtOH
$MnSO_4·4H_2O$	223.063	red monocl cry	38 分解		2.26	63.7^{25}	i EtOH
MnS(α)	87.004	grn cub cry	1610		4.0		i H_2O, s dil acid
MnS(β)	87.004	red cub cry			3.3		i H_2O, s dil acid
MnS(γ)	87.004	red cub cry			≈3.3		i H_2O, s dil acid
MnTe	182.54	hex cry	≈1150		6.0		
Mn_3O_4	228.812	brn tetr cry	1567		4.84		i H_2O, s HCl
Mn_2O_3	157.874	brn cub cry	1080 分解		≈5.0		i H_2O

续表 2-1

分子式	分子量	物理形貌	熔点 /℃	沸点(t_b) /℃	密度 /$(g \cdot cm^{-3})$	溶解度 /$(g \cdot (100g)^{-1} H_2O)$	可溶性的描述
MnO_2	86.937	blk tetr cry	535 分解		5.08		i H_2O, HNO_3
Mn_2O_7	221.872	grn oil exp	5.9	95 爆炸	2.40		v. s. H_2O
Hg_2Cl_2	472.09	wh tetr cry	525 三相点	383 升华点	7.16	0.0004^{25}	i EtOH, eth
$Hg_2(NO_3)_2$	525.19	cry					sl H_2O
$Hg_2(NO_3)_2 \cdot 2H_2O$	561.22	col cry	70 分解		4.8		sl H_2O
$Hg_2(NO_2)_2$	493.19	yel cry	100 分解		7.3		reac H_2O
$Hg_2C_2O_4$	489.20	cry					i H_2O sl HNO_3
Hg_2O	417.78	prob① mixture of HgO + Hg	100 分解		9.8		i H_2O, s HNO_3
Hg_2SO_4	497.24	wh - yel cry powder			7.56	0.051^{25}	s dil HNO_3
$HgCl_2$	271.50	wh orth cry	276	304	5.6	7.31^{25}	sl bz s EtOH MeOH ace eth
$Hg(NO_3)_2$	324.60	col, hyg cry	79		4.3		s H_2O i EtOH
$Hg(NO_3)_2 \cdot 2H_2O$	360.63	monocl cry			4.78		s H_2O
$Hg(NO_3)_2 \cdot H_2O$	342.62	wh - yel hyg cry			4.3		s H_2O dil acid
HgC_2O_4	288.61	pwd	165 分解				i H_2O
HgO	216.59	red or yel orth cry	500 分解		11.14		i H_2O EtOH, s dil acid
$HgSO_4$	296.65	wh cry monocl			6.47		reac H_2O
HgS(黑色)	232.66	wh cub cry powder	580		7.70		i H_2O, s acid EtOH
HgS(红色)	232.66		转变为黑色 HgS 344		8.17		i H_2O, acid s aqua regia

注：①probation。

续表 2 – 1

分子式	分子量	物理形貌	熔点 /℃	沸点(t_b) /℃	密度 /($g·cm^{-3}$)	溶解度 /($g·(100g)^{-1}$ H_2O)	可溶性的描述
HgTe	328.19	gray cub cry	673		8.63		
$HgWO_4$	448.43	yel cry	分解				i H_2O, EtOH
NiSb	180.453	hex cry	1147		8.74		
NiAs	133.615	hex cry	967		7.77		
$Ni(CO)_4$	170.734	col liq	–19.3	43(爆炸≈60)	1.31		i H_2O, s EtOH, bz, ace, CTC(CCl_4)
Ni_2Si	145.473	orth cry	1255		7.40		
$NiSi_2$	114.864	cub, cry	993		4.83		
$NiCO_3$	118.702	grn rhomb cry			4.39	0.0043^{20}	s dil acid
$NiCl_2$	129.598	yel hex cry, hyg	1009 三相点	985 升华点	3.51	67.5^{25}	s EtOH
$NiCl_2·6H_2O$	237.689	grn, cry monocl				67.5^{25}	s EtOH
$Ni(OH)_2$	92.208	grn hex cry	230 分解		4.1	0.00015^{20}	
$Ni(OH)_2·H_2O$	110.723	grn powder				0.00015^{20}	s dil acid
$Ni(NO_3)_2·6H_2O$	290.794	grn cry monocl hyg	56 分解		2.05	99.2^{25}	s EtOH
NiO	74.692	grn cub cry	1955		6.72		i H_2O, s acid
NiSe	137.65	yel – grn hex cry	980		7.2		
$NiSO_4$	154.757	grn – yel orth cry	840 分解		4.01	40.4^{25}	
$NiSO_4·7H_2O$	280.863	grn orth cry			1.96	40.4^{25}	s EtOH
$NiSO_4·6H_2O$	262.848	blue – grn tetr cry	≈100 分解		2.07	40.4^{25}	sl EtOH
NiS	90.759	yel hex cry	976		5.5		i H_2O

续表 2-1

分子式	分子量	物理形貌	熔点/℃	沸点(t_b)/℃	密度/($g \cdot cm^{-3}$)	溶解度/($g \cdot (100g)^{-1}$ H_2O)	可溶性的描述
$Ni(SCN)_2$	174.859	grn pwd				55.0^{25}	
$NiTiO_3$	154.558	brn hex cry			5.0		
Ni_3S_4	304.344	cub cry	995		4.77		
Ni_2O_3	165.385	gray blk cub cry	≈600 分解				i H_2O, s hot acid
Ni_3S_2	240.212	hex cry	787		5.87		
N_2	28.013	col gas	-210.0	-195.798	1.145 g/L		sl H_2O,i EtOH
NO_2NH_2	62.028	unstable wh cry	72 分解				s H_2O EtOH, ace, eth i chl
HNO_3	63.013	col liq hyg	-41.6	83	1.5129^{20}		v. s. H_2O
HNO_2	47.014	stable only in solu					
N_2O	44.012	col gas	-90.8	-88.48	1.799 g/L		sl H_2O,s EtOH,eth
NO	30.006	col gas	-163.6	-151.74	1.226 g/L		sl H_2O
NO_2	46.006	brn gas, equil with N_2O_4		见 N_2O_4	1.880 g/L		reac H_2O
N_2O_3	76.011	blue solid or liq(low temp)	-101.1	≈3 分解		1.4^{2}	reac H_2O
N_2O_4	92.011	col liq equil with NO_2	-9.3	21.15		1.45^{20}	reac H_2O
N_2O_5	108.010	col hex cry		33 升华点	2.0		s chl,sl CTC
NH_4Cl	51.476	yel liq	-66				s H_2O EtOH eth,sl bz CCl_4
$OS_3(CO)_{12}$	906.81	yel cry			3.48		

续表 2 – 1

分子式	分子量	物理形貌	熔点 /℃	沸点(t_b) /℃	密度 /(g·cm^{-3})	溶解度 /(g·(100g)$^{-1}$ H_2O)	可溶性的描述
$OSCl_3$	296.59	gray cub cry	>450 分解				i H_2O, s HNO_3
$OSCl_4$	332.04	red – blk orth cry		450 升华点	4.38		reac H_2O
OSO_2	222.23	yel – brn tetr, cry			11.4		i H_2O, acid
OSO_4	254.23	yel monocl cry	41	135	5.1	6.44^{20}	
O_2	31.999	col gas	–218.79	–182.953	1.308 g/L		sl H_2O, EtOH, os
O_3	47.998	blue gas	–193	–111.35	1.962 g/L		sl H_2O
PdS	138.49	gay tetr cry			6.7		
$PdCl_2$	177.33	red hyg rhomb cry	679		4.0		s H_2O EtOH ace
$Pd(NO_3)_2$	230.43	brn hyg cry	分解				sl H_2O, s dil HNO_3
PdO	122.42	grn – blk tetr cry	750 分解		8.3		i H_2O, acid, sl aqua regia
$PtCl_2$	265.98	grn hex cry	581 分解		6.0		i H_2O, EtOH, eth s HCl
PtO	211.08	blk tetr cry	325 分解		14.1		i H_2O, EtOH, s aqua regia
PtS	227.14	tetr cry			10.25		
$PtCl_3$	301.44	grn – blk cry	435 分解		5.26		
$PtCl_4$	336.89	red – blk cub cry	327 分解		4.30	142^{25}	
$PtCl_4 \cdot 5H_2O$	426.97	red cry			2.43		s H_2O, EtOH
PtO_2	227.08	blk hex cry	450		11.8		i H_2O, s conc acid, dil alk

续表 2-1

分子式	分子量	物理形貌	熔点 /℃	沸点(t_b) /℃	密度 /($g\cdot cm^{-3}$)	溶解度 /($g\cdot(100g)^{-1}$ H_2O)	可溶性的描述
PtS_2	259.21	hex cry			7.85		
$Pt(NH_3)_2Cl_2$(顺式)	300.04	yel solid	270 分解			0.253^{25}	
$Pt(NH_3)_2Cl_2$(转变)	300.04	pale yel solid	270 分解			0.036^{25}	s DMF, DMSO
$H_2PtCl_6\cdot 6H_2O$	517.90	brn-yel hyg cry	60		2.43	140^{18}	v. s. EtOH
PtSi	223.16	orth cry	1229		12.4		
Re	186.207	silv-gray metal	3186	5596	20.8		i HCl
$HReO_4$	251.213	exists only in solu					v. s. H_2O, os
$Re_2(CO)_{10}$	652.515	yel-wh cry	170 分解		2.87		s os
$ReBr_3$	425.919	red-blk hyg cry		500 升华	6.10		s ace, MeOH, EtOH
$ReCl_3$	292.565	red-blk hyg cry	500 分解		4.81		s H_2O
ReI_3	566.920	blk solid	分解				
$ReCl_4$	328.018	pur hyg-blk cry	300 分解		4.9		
ReF_4	262.201	blue tetr cry		>300 升华	7.49		
ReO_2	218.206	gray orth cry	900 分解		11.4		
ReS_2	250.339	tricl cry			7.6		
$ReTe_2$	441.41	orth, cry			8.50		
$ReBr_5$	585.727	brn solid	110 分解				
$ReCl_5$	363.471	brn-blk solid	220		4.9		reac H_2O
ReF_5	281.199	yel-grn solid	48	221.3			

续表 2-1

分子式	分子量	物理形貌	熔点 /℃	沸点(t_b) /℃	密度 /(g·cm^{-3})	溶解度 /(g·(100g)$^{-1}$ H_2O)	可溶性的描述
Re_2O_5	452.411	blue - blk tetr cry			≈7		
$ReCl_6$	398.923	red - grn solid	29				
ReO_2F_2	256.203	col cry	156				
ReF_6	300.197	yel liq or cub cry	18.5	33.8	4.06(晶体)		s HNO_3
ReO_3	234.205	red cub cry	400 分解		6.9		i H_2O acid alk
$ReOCl_4$	344.017	brn cry	29.3	223			reac H_2O
$ReOF_4$	278.200	blue solid	108	1717			
ReF_7	319.196	yel cub cry	48.3	73.7	4.32		
Re_2O_7	484.410	yel hyg cry	297	360	6.10		s H_2O, EtOH eth, diox py
ReO_3Cl	269.658	col, liq	45	128	3.87		reac H_2O
ReO_3F	253.203	yel solid	147	164			
ReO_2F_3	275.201	yel solid	90	185.4			reac H_2O
$ReOF_5$	297.148	膏状固体	43.8	73.0			
Re_2S_7	596.876	brn - blk tetr cry			4.87		i H_2O
$Rh_4(CO)_{12}$	747.743	red hyg cry			2.52		reac H_2O
$RhCl_3$	209.264	red monocl cry		717	5.38		i H_2O, s alk
Rh_2O_3	253.809	gray hex cry	1100 分解		8.2		
$Rh_2(SO_4)_3$	494.002	red - yel solid	>500 分解				
RhO_2	134.905	blk tetr cry			7.2		

续表 2-1

分子式	分子量	物理形貌	熔点 /℃	沸点(t_b) /℃	密度 /(g·cm^{-3})	溶解度 /(g·(100g)$^{-1}$ H_2O)	可溶性的描述
$Ru_3(CO)_{12}$	639.33	oran cry	150 分解				
$RuCl_3$	207.43	brn hex cry	>500 分解		3.1		i H_2O, s EtOH
RuO_2	133.07	gray-blk tetr cry			7.05		i H_2O, acid
RuO_4	165.07	yel monocl prisms	25.4	40	3.29	171^0	v. s. CTC, reac EtOH
H_2SeO_4	144.97	wh hyg solid	58	260 分解	2.95		v. s. H_2O reac EtOH
H_2SeO_3	128.97	wh hyg cry	70 分解		3.0		v. s. H_2O s EtOH
SeO_2	110.96	wh tetr needles or powd	340 三相点	315 升华点	3.95	264^{22}	s EtOH MeOH sl ace
SeO_3	126.96	wh tetr cry, hyg	118	升华	3.44		s H_2O, os
Se_2Cl_2	228.83	yel-brn oily liq	-85	130 分解	2.774		reac H_2O, C CS_2 bz CTC chl
$SeCl_4$	220.77	wh-yel cry	305 三相点	191.4 升华点	2.6		reac H_2O
$SeOCl_2$	165.86	col or yel liq	8.5	177	2.44		reac H_2O s CTC chl bz, tol
SeS_2	143.09	red, yel cry	100				i H_2O, s acid
Se_2S_6	350.32	oran needles	121.5		2.44		s CS_2, sl bz
Se_4S_4	444.10	red cry	113 分解		3.29		s bz, sl CS_2
Se_6S_2	537.89	oran cry	121.5				s CS_2
SiH_4	32.118	col gas flam	-185	-111.9	1.313 g/L		reac H_2O, i EtOH bz
Si_2H_6	62.219	col gas flam	-132.5	-14.3	2.543 g/L		reac H_2O, CTC chl s EtOH, bz

续表 2－1

分子式	分子量	物理形貌	熔点 /℃	沸点(t_b) /℃	密度 /(g·cm^{-3})	溶解度 /(g·(100g)$^{-1}$ H_2O)	可溶性的描述
Si_3H_8	92.321	flan liq	−117.4	52.9	0.739		reac H_2O
Si_4H_{10}(四硅烷)	122.421	col liq flam	−89.9	108.1	0.792		reac H_2O
Si_4H_{10}	122.421	col liq	−99.4	101.7	0.792		reac H_2O
Si_5H_{12}(戍硅烷)	152.523	col liq	−72.8	153.2	0.827		reac H_2O
Si_5H_{12}(2－甲硅烷基丁硅烷)	152.523	col liq	−109.9	146.2	0.820		reac H_2O
Si_5H_{12}(2,2－二甲硅烷基丙硅烷)	152.523	col liq	−57.8	134.3	0.815		reac H_2O
Si_6H_{14}(己硅烷)	182.624	col liq	−44.7	193.6	0.847		reac H_2O
Si_6H_{14}(2－甲硅烷基戍硅烷)	182.624	col liq	−78.4	185.2	0.840		
Si_6H_{14}(3－甲硅烷基戍硅烷)	182.624	col liq	−69	179.5	0.843		reac H_2O
Si_7H_{16}	212.726	col liq	−30.1	226.8	0.859		reac H_2O
Si_5H_{10}	150.507	col liq	−10.5	194.3	0.963		reac H_2O
Si_6H_{12}	180.608	col liq	16.5	226			reac H_2O
SiH_3Br	111.014	col gas	−94	1.9	4.538 g/L		
$SiCl_3Br$	214.348	col liq	−62	80.3	1.826 g/L		reac H_2O
SiH_3Cl	66.563	col gas	−118	−30.4	2.721 g/L		
$SiClF_3$	120.534	col gas	−138	−70.0	4.927 g/L		reac H_2O
$SiBr_2Cl_2$	258.799	col liq	−45.5	104	2.172		reac H_2O

续表 2-1

分子式	分子量	物理形貌	熔点 /℃	沸点(t_b) /℃	密度 /($g\cdot cm^{-3}$)	溶解度 /($g\cdot(100g)^{-1}$ H_2O)	可溶性的描述
SiH_2Br_2	189.910	liq	-70.1	66			
SiH_2Cl_2	101.007	col gas flam	-122	8.3	4.129 g/L		reac H_2O
$SiCl_2F_2$	136.988	col gas	-44	-32	5.599 g/L		reac H_2O
$SiCl_4$	169.897	col fuming liq	-68.74	57.65	1.5		reac H_2O
H_2SiO_3	78.100	wh amorp powder					i H_2O, s HF
H_4SiO_4	96.116	exists only in soln					
H_2SiF_6	144.092	stable only in aq soln					s H_2O
SiO	49.085	blk cub cry stable > 1200			2.18		
SiC	40.097	hard grn - black, hex cry	2830		3.16		i H_2O EtOH
SiO_2(α)	60.085	col hex cry (trans to beta quartz 573)		2950	2.648		i H_2O acid s HF
SiO_2(β)	60.085	col hex cry (trans to tridymite 867)		2950	2.533^{600}		i H_2O acid s HF
SiO_2(鳞石英)	60.085	col hex cry (trans cristobalite 1470)		2950	2.265		i H_2O acid s HF
SiO_2(方英石)	60.085	col hex cry	1722	2950	2.334		i H_2O, acid s HF
SiO_2(石英玻璃)	60.085	col amorp solid	1713	2950	2.196		i H_2O, acid s HF
SiS	60.152	yel - red hyg powder	≈900	940	1.85		reac H_2O
SiS_2	92.218	wh rhomb cry	1090	升华	2.04		reac H_2O, EtOH, i bz
AgCl	143.321	wh cub cry	455	1547	5.56	0.00019^{25}	

续表 2-1

分子式	分子量	物理形貌	熔点 /℃	沸点(t_b) /℃	密度 /($g\cdot cm^{-3}$)	溶解度 /($g\cdot(100g)^{-1}$ H_2O)	可溶性的描述
$AgClO_2$	175.320	yel cry	105 爆炸			0.55^{25}	
$AgClO_3$	191.319	wh tetr cry	230	270 分解	4.430	17.6^{25}	sl EtOH
AgCN	133.886	wh - gray hex cry	320 分解		3.95	0.0000011	i EtOH dil acid
$AgNO_3$	169.873	col rhomb cry	212	440 分解	4.35	234^{25}	sl EtOH, ace
$AgNO_2$	153.874	yel needles	140 分解		4.453	0.415^{25}	i EtOH reac acid
$Ag_2C_2O_4$	303.755	wh cry powder	爆炸 140		5.03	0.0043^{20}	
Ag_2O	231.735	brn - blk cub cry	≈200 分解		7.2	0.0025	i Etoh, s acid alk
$AgClO_4$	207.319	col, cub cry hyg	486 分解		2.806	558^{25}	s bz, py, os
$AgClO_4\cdot H_2O$	225.334	hyg wh cry	43 分解			558^{25}	
$AgMnO_4$	226.804	viol monocl cry	分解		4.49	0.91^{18}	reac EtOH
Ag_2SO_4	311.800	col cry or powder	652		5.45	0.84^{25}	
Ag_2S	247.802	gray - blk orth powder	825		7.23		i H_2O, s acid
Ag_2SO_3	295.800	wh cry	100 分解			0.00046^{20}	s acid NH_4OH
$Ag_2S_2O_3$	327.866	wh cry	分解				sl H_2O s NH_4OH
AgO	123.867	gray powder monocl or cub	>100 分解		7.5	0.0027^{25}	s alk reac acid
Ag_2O_2	247.735	gray - blk cub cry	>100		7.44		i H_2O, s acid NH_4OH
Na_2CO_3	105.989	wh hyg powder	858.1		2.54	30.7^{25}	i EtOH
$Na_2CO_3\cdot 10H_2O$	286.142	col cry	34 分解		1.46	30.7^{25}	i EtOH

续表 2－1

分子式	分子量	物理形貌	熔点 /℃	沸点(t_b) /℃	密度 /(g·cm^{-3})	溶解度 /(g·(100g)$^{-1}$ H_2O)	可溶性的描述
$Na_2CO_3 \cdot H_2O$	124.005	col orth cry	100 分解		2.25	30.7^{25}	i EtOH
NaCl	58.443	col cub cry	800.7	1465	2.17	36.0^{25}	sl EtOH
$NaHCO_3$	84.007	wh monocl cry	≈50 分解		2.20	10.3^{25}	i EtOH
$NaHSO_4$	120.062	wh hyg cry	≈315		2.43	28.5^{25}	
$NaHSO_4 \cdot H_2O$	138.077	wh monocl cry			2.10	28.5^{25}	reac EtOH
NaHS	56.064	col rhomb cry	350		1.79		s H_2O, EtOH, eth
$NaHS \cdot 2H_2O$	92.095	yel hyg needles	55 分解				v. s. H_2O, EtOH eth
$NaHSO_3$	104.062	wh cry			1.48		s H_2O, Si EtOH
NaOH	39.997	wh orth cry, hyg	323	1388	2.13	100^{25}	s EtOH, MeOH
NaClO	74.442	stable in aq soln				79.9^{25}	
$NaClO \cdot 5H_2O$	164.518	pale grn orth cry	18		1.6		s H_2O
Na_2SiO_3	122.064	wh amorp solid hyg	1099		2.61		s cold H_2O, reac hot H_2O
$NaNO_3$	84.995	col hex cry hyg	307		2.26	91.2^{25}	sl EtOH, MeOH
$NaNO_2$	68.996	wh orth cry hyg	271	>320 分解	2.17	84.8^{25}	sl EtOH, reac acid
$Na_2C_2O_4$	133.999	wh powder	≈250 分解		2.34	3.61^{25}	i EtOH
Na_2O	61.979	wh amorp powder	1132 分解		2.27		reac H_2O
Na_2O_2	77.929	yel hyg powder	675		2.805		reac H_2O
Na_2SO_4	142.044	wh orth cry or powder	884		2.7	28.1^{25}	i EtOH
$Na_2SO_4 \cdot 10H_2O$	322.197	col monocl cry	32 分解		1.46	28.1^{25}	i EtOH

续表 2-1

分子式	分子量	物理形貌	熔点 /℃	沸点(t_b) /℃	密度 /($g·cm^{-3}$)	溶解度 /($g·(100g)^{-1}$ H_2O)	可溶性的描述
Na_2S	78.046	wh cub cry hyg	1172		1.856	20.6^{25}	sl EtOH i eth
$Na_2S·9H_2O$	240.184	wh - yel hyg cry	≈50 分解		1.43	20.6^{25}	sl EtOH i eth
$Na_2S·5H_2O$	168.122	col orth cry	120 分解		1.58	20.6^{25}	sl EtOH i eth
Na_2SO_3	126.044	wh hex cry	分解		2.63	30.7^{25}	i EtOH
$Na_2SO_3·7H_2O$	252.151	wh monocl cry, unstable			1.56	30.7^{25}	sl EtOH
NaO_2	54.989	yel cub cry	552		2.2		reac H_2O
$NaWO_4$	293.82	wh rhom cry	695		4.18	74.2^{25}	
$NaWO_4·2H_2O$	329.85	wh orth cry	100 分解		3.25	74.2^{25}	i EtOH
H_2SO_4	98.080	col oily liq	10.31	337	1.8302^{20}		v. s. H_2O
H_2SO_5	114.079	wh cry, unstable	45 分解				v. s. H_2O
$SO_2(OH)Cl$	116.525	col - yel liq	-80	152	1.75		reac H_2O, s PY
$SO_2(OH)F$	100.070	col liq	-89	163	1.726		reac H_2O
H_2SO_3	82.080	exists only in solu					solu of SO_2 in H_2O
H_2NSO_3H	97.095	orth cry	≈205 分解		2.15	14.7^{0}	sl ace, i eth
SO_2	64.065	col gas	-75.5	-10.05	2.619 g/L		s H_2O, EtOH, eth, chl
SO_3	80.064	col gas	16.8	45	1.92		reac H_2O
$SSCl_2$	135.037	yel - red only liq	-77	137	1.69		reac H_2O, s EtOH, bz eth CTC
SCl_2	102.971	red visc liq	-122	59.6	1.62		reac H_2O

续表 2－1

分子式	分子量	物理形貌	熔点 /℃	沸点(t_b) /℃	密度 /($g \cdot cm^{-3}$)	溶解度 /($g \cdot (100g)^{-1}$ H_2O)	可溶性的描述
SF_4	108.060	col gas	－12.5	－40.45	4.417 g/L		reac H_2O
SF_6	146.056	col gas	－50.7 三相点	－63.8 升华点	5.970 g/L		sl H_2O, s EtOH
SF_5Cl	162.511	col gas	－64	－19.05	6.642 g/L		
S_2F_{10}	254.116	liq	－52.7	30 分解，150	2.08		i H_2O
$(NH_2)_2SO_2$	96.110	orth plates	93	250 分解			v. s. H_2O, sl EtOH
SO_2Cl_2	134.970	col liq	－51	69.4	1.680		reac H_2O, s bz tol eth
SO_2F_2	102.062	col gas	－135.8	－55.4	4.172 g/L		sl H_2O EtOH, s tol, CTC
$SOCl_2$	118.920	yel fuming liq	－101	75.6	1.631		reac H_2O s bz CTC, chl
H_6TeO_6	229.64	wh monocl cry	136		3.07	50.1^{30}	
H_2TeO_3	177.61	wh cry	40 分解		3.0		sl H_2O, s dil acid, alk
TeO_2	159.60	wh orth cry	733	1245	5.9		i H_2O, s alk acid
TeO_3	175.60	yel－oran cry	430		5.07		i H_2O
$TeCl_2$	198.51	blk amorp solid, hyg	208	328	6.9		reac H_2O, i CTC
$TeCl_4$	269.41	wh monocl cry, hyg	224	387	3.0		reac H_2O, s EtOH, tol
TeF_4	203.59	col cry	129	195 分解			reac H_2O
Tl_2CO_3	468.776	wh monocl cry	272		7.11	4.69^{20}	i EtOH
$TlClO_3$	287.834	col hex cry			5.5	3.92^{20}	
TlCl	239.836	wh cub cry	430	720	7.0	0.33^{20}	i EtOH

续表 2-1

分子式	分子量	物理形貌	熔点/℃	沸点(t_b)/℃	密度/($g\cdot cm^{-3}$)	溶解度/($g\cdot(100g)^{-1}$ H_2O)	可溶性的描述
TlCN	230.401	wh hex plates			6.523		s H_2O acid EtOH
TlOH	221.390	yel needles	139 分解		7.44	34.3^{18}	
$TlIO_3$	379.285	wh needles				0.058	sl HNO_3
TlI	331.287	yel cry powder	441.7	824	7.1	0.0085^{20}	i EtOH
$TlNO_3$	266.388	wh cry	206	450 分解	5.55	9.55^{20}	i EtOH
$TlNO_2$	250.389	cub cry			5.7	32.1^{25}	
$Tl_2C_2O_4$	496.786	wh powder			6.31	1.83^{20}	
Tl_2O	424.766	blk rhomb cry, hyg	579	≈1080	9.52		s H_2O, EtOH
$TlClO_4$	303.834	col orth cry			4.8	19.7^{30}	
Tl_2SeO_4	551.73	orth cry	>400		6.875	2.8^{20}	i EtOH, eth
Tl_2Se	487.73	gray plates	340				i H_2O, acid
Tl_2SO_4	504.831	wh rhomb prisms	632		6.77	5.47^{25}	
Tl_2S	440.833	blue - blk cry	448	1367	8.39	0.02^{20}	sl alk, s acid
$TlCl_3$	310.941	monocl cry	155		4.7		v. s. H_2O, EtOH eth
$TlCl_3\cdot 4H_2O$	382.803	orth cry			3.00		s H_2O
$Tl(NO_3)_3$	390.398	col cry					reac H_2O
Tl_2O_3	456.765	brn cub cry	834		10.2		i H_2O, reac acid
$Tl_2(SO_4)_3$	696.958	col leaflets					reac H_2O
TlSe	283.34	blk solid	330				i H_2O, acid

续表 2-1

分子式	分子量	物理形貌	熔点/℃	沸点(t_b)/℃	密度/($g \cdot cm^{-3}$)	溶解度/($g \cdot (100g)^{-1}$ H_2O)	可溶性的描述
SnH_4	122.742	unstable col gas	-146	-51.8	5.017 g/L		
$SnCl_4$	189.615	wh orth cry	247.1	623	3.90	178^{10}	s EtOH, ace, eth, i xyl
$SnCl_2 \cdot 2H_2O$	225.646	wh monocl cry	37 分解		2.71	178^{10}	s EtOH, NaOH v. s. HCl
$Sn(OH)_2$	152.725	wh amorp solid					
SnC_2O_4	206.729	wh powder	280 分解		3.56		i H_2O, s dil acid
SnO	134.709	blue - blk tetr cry	1080 分解		6.45		i H_2O, EtOH, s acid
SnSe	197.67	gray orth cry	861		6.18		i H_2O, s aque regia
$SnSO_4$	214.774	wh orth cry	378 分解		4.15	18.8^{19}	
SnS	150.776	gray orth cry	880	1210	5.08		i H_2O, s conc acid
SnTe	246.31	gray cub cry	790		6.5		
$SnCl_4$	260.521	col fuming liq	-34.07	114.15	2.234		reac H_2O, s EtOH CTC, bz, ace
$SnCl_4 \cdot 5H_2O$	350.597	wh - yel cry	56 分解		2.04		v. s. H_2O, s EtOH
SnO_2	150.709	gray tetr cry	1630		6.85		i H_2O, EtOH, s hot alk
$SnSe_2$	276.63	red - brn cry	650		≈5.0		i H_2O, s alk conc acid
SnS_2	182.842	gold - yel hex cry	600 分解		4.5		i H_2O, s alk, aque
$Zn(NH_4)_2(SO_4)_2$	293.59	wh cry				9.2^{20}	
ZnSb	187.15	silv - wh orth cry	565		6.33		reac H_2O

续表 2-1

分子式	分子量	物理形貌	熔点 /℃	沸点(t_b) /℃	密度 /(g·cm^{-3})	溶解度 /(g·(100g)$^{-1}$ H_2O)	可溶性的描述
$Zn_3(AsO_4)_2$	474.01	wh pow				0.000078^{20}	s acid alk
$Zn_3(AsO_4)_2 \cdot 8H_2O$	618.13	wh monocl cry			3.33	0.000078^{20}	s acid alk
Zn_3As_2	346.01	pow	1015		5.528		
$Zn(AsO_2)_2$	279.23	col pow					i H_2O, s acid
$3ZnO \cdot 2B_2O_3$	383.41	wh amorp pow			3.64		sl H_2O, s dil acid
$2ZnO \cdot 3B_2O_3 \cdot 3.5H_2O$	434.69	wh, cry	980		4.22		i H_2O
$2ZnO \cdot 3B_2O_3 \cdot 5H_2O$	461.72	wh pow			3.64	0.007^{25}	sl HCl
$Zn(BrO_3)_2 \cdot 6H_2O$	429.29	wh hyg solid	100		2.57		v. s. H_2O
$ZnBr_2$	225.20	wh hex cry, hyg	394	697	4.5	488^{25}	v. s. EtOH, s eth
$ZnCO_3$	125.40	wh monocl cry	140 分解		4.4	0.000091^{20}	s dil acid alk
$3Zn(OH)_2 \cdot 2ZnCO_3$	549.01	wh pow					
$Zn(ClO_3)_2$	232.29	yel hyg cry	60 分解		2.15	200^{20}	
$ZnCl_2$	136.29	wh hyg cry	290	732	2.907	408^{25}	s EtOH, ace
$ZnCrO_4$	181.38	yel prisms	316		3.40	3.08	s acid, i ace
$ZnCr_2O_4$	233.38	grn cub cry			5.29		
$Zn(CN)_2$	117.42	wh pow			1.852	0.00047^{20}	reac acid
ZnS_2O_4	193.52	wh amorp solid	200 分解			40^{20}	
ZnF_2	103.39	wh tetr needles, hyg	872	1500	4.9	1.55^{25}	
$ZnF_2 \cdot 4H_2O$	175.45	wh orth cry			2.30	1.55^{25}	

续表 2-1

分子式	分子量	物理形貌	熔点 /℃	沸点(t_b) /℃	密度 /($g\cdot cm^{-3}$)	溶解度 /($g\cdot(100g)^{-1}$ H_2O)	可溶性的描述
$Zn(BF_4)_2\cdot 6H_2O$	347.09	hex cry			2.12		v. s. H_2O, s EtOH
$Zn(CHO_2)_2\cdot 2H_2O$	191.46	wh cry			2.207	5.2^{20}	i EtOH
$ZnSiF_6\cdot 6H_2O$	315.56	wh cry					s H_2O
$Zn(OH)_2$	99.41	col orth cry	125 分解		3.05	0.000042^{20}	
$Zn(IO_3)_2$	415.20	wh cry pow				0.64^{25}	
ZnI_2	319.20	wh hyg cry	446	625	4.74	438^{25}	s EtOH, eth
$ZnMoO_4$	225.33	wh tetr cry	>700		4.3		i H_2O
$Zn(NO_3)_2$	189.40	wh powder				120^{25}	
$Zn(NO_3)_2\cdot 6H_2O$	297.49	col orth cry	36 分解		2.667	120^{25}	v. s. EtOH
Zn_3N_2	224.18	blue - gray cub cry	700 分解		6.22		i H_2O
$Zn(NO_2)_2$	157.40	hyg solid					reac H_2O
ZnC_2O_4	153.41	wh pow				0.0026^{25}	
$ZnC_2O_4\cdot 2H_2O$	189.44	wh pow	100 分解		2.56	0.0026^{25}	s dil acid
ZnO	81.39	wh powder hex	1974		5.6		i H_2O, s dil acid
$Zn(ClO_4)_2\cdot 6H_2O$	372.38	wh cub cry hyg	106 分解		2.2	121.3^{25}	s EtOH
$Zn(MnO_4)_2\cdot 6H_2O$	411.35	blk orth cry, hyg			2.45		s H_2O reac EtOH
ZnO_2	97.39	yel - wh pow	>150 分解	212 爆炸	1.57		i H_2O reac acid EtOH, ace
$Zn_3(PO_4)_2$	386.11	wh monocl cry	900		4.0		i H_2O

续表 2－1

分子式	分子量	物理形貌	熔点 /℃	沸点(t_b) /℃	密度 /(g·cm^{-3})	溶解度 /(g·(100g)$^{-1}$ H_2O)	可溶性的描述
$Zn_3(PO_4)_2·4H_2O$	458.17	col orth cry			3.04		i H_2O EtOH, s dil acid alk
Zn_3P_2	258.12	gray tetr cry	1160		4.55		i H_2O EtOH, reac acid s bz
$Zn_2P_2O_7$	304.72	wh cry pow			3.75		i H_2O, s dil acid
$ZnSeO_4·5H_2O$	298.42	tricl cry	50 分解		2.59	63.4^{25}	
ZnSe	144.35	yel－red cub cry	>1100	升华	5.65		i H_2O, s dil acid
Zn_2SiO_4	222.86	wh hex cry	1509		4.1		i H_2O, dil acid
$ZnSeO_3$	192.35	wh pow					
$ZnSO_4$	161.45	col orth cry	600 分解		3.8	57.7^{25}	
$ZnSO_4·H_2O$	179.47	wh monocl cry	238 分解		3.2	57.7^{25}	i EtOH
$ZnSO_4·7H_2O$	287.56	col orth cry	100 分解		1.97	57.7^{25}	i EtOH
ZnS(闪锌矿)	97.46	gray－wh cub cry	1700		4.04		i H_2O EtOH, s dic acid
ZnS(纤维锌矿)	97.46	wh hex cry	1700		4.09		iH_2O, s dil acid
$ZnSO_3·2H_2O$	181.49	wh pow	200 分解			0.224^{25}	i EtOH
ZnTe	192.99	red cub cry	1239		5.9		i H_2O
$Zn(SCN)_2$	181.56	wh hyg cry					sl H_2O, s EtOH

2.2 熔化焓、汽化焓

表 2-2 熔化焓

分子式	熔点 /℃	熔化焓 /(kJ·mol^{-1})	分子式	熔点 /℃	熔化焓 /(kJ·mol^{-1})
Ag	961.78	11.28	$NiCl_2$	1009	71.2
AgCl	455	13.2	$PbCl_2$	501	21.75
$AgNO_3$	212	11.5	$SnCl_2$	247.1	14.52
Ag_2S	825	14.1	$FeCl_3$	304	43.1
Al	660.32	10.789	$GaCl_3$	77.9	11.13
$AlCl_3$	192.6	35.4	$InCl_3$	583	27
Al_2O_3	2053	111.4	PCl_3	-112	7.10
As	817	24.44	$SbCl_3$	73.4	12.7
$AsCl_3$	-16	10.1	$SiCl_4$	-68.74	7.60
Au	1064.18	12.72	$SnCl_4$	-34.07	9.20
Bi	271.40	11.145	$TiCl_4$	-24.12	9.97
$BiCl_3$	230	10.9	WCl_6	275	6.60
C(石墨)	4489	117	Co	1495	16.06
Ca	842	8.54	Cu	1084.62	12.93
$CaCl_2$	775	28.05	CuF_2	836	55
CaO	2898	80	CuO	1446	11.8
CaS	2524	70	Fe	1538	13.81
Cd	321.07	6.21	FeO	1377	24
$CdCl_2$	564	48.58	FeS	1188	31.5
ClH	-114.17	2.00	Fe_3O_4	1597	138
ClNa	800.7	28.16	Ga	29.76	5.576
ClTl	430	15.56	GaI_3	212	12.9
Cl_2	-101.5	6.40	GaSb	712	25.1
$CuCl_2$	630	20.4	Ga_2O_3	1806	100
$FeCl_2$	677	43.01	Ge	938.25	36.94
$HgCl_2$	276	19.41	HNO_3	-41.6	10.5
$MgCl_2$	714	43.1	H_2	-259.34	0.12
$MnCl_2$	650	30.7	H_2O	0.00	6.01

注：C(石墨)本书1部分表1-8为3800 K，8部分图8-2，三相点约为4600 K以上，此处为4762 K。

续表 2-2

分子式	熔点 /℃	熔化焓 /(kJ·mol⁻¹)	分子式	熔点 /℃	熔化焓 /(kJ·mol⁻¹)
H_2O_2	-0.43	12.50	SO_3	16.8	8.60
H_2S	-85.5	2.38	Tl_2O_3	834	53
NH_3	-77.73	5.06	WO_3	1472	73
Hg	-38.83	2.29	OsO_4	41	9.8
In	156.60	3.281	Tl_2SO_4	632	23
InSb	525	25.5	V_2O_5	670	64.5
In_2O_3	1912	105	Re_2O_7	297	64.2
Ir	2446	41.12	Os	3033	57.85
K	63.5	2.33	P(白)	44.15	0.66
KNO_3	337	10.1	Pb	327.46	4.782
Mg	650	8.48	PbS	1113	49.4
MgO	2825	77	Pd	1554.9	16.74
MgS	2226	63	Pt	1768.4	22.17
Mn	1246	12.91	Re	3186	60.43
MnO	1839	54.4	Ru	2334	38.59
N_2	-210.0	0.71	S	115.21	1.72
N_2O	-90.8	6.54	Tl_2S	448	12
N_2O_4	-9.3	14.65	Sb	630.63	19.79
NO	-163.6	2.30	Se	220.5	6.69
Na	97.80	2.60	Si	1414	50.21
Na_2O	1132	48	Sm	1074	8.62
Na_2S	1172	19	Sn	231.93	7.173
Nd	1021	7.14	Sr	777	7.43
Ni	1455	17.04	Te	449.51	17.49
NiS	976	30.1	Ti	1668	14.15
Tl_2O	579	30.3	Tl	304	4.14
VO	1789	63	W	3422	5231
ZnO	1974	52.3	Zn	419.53	7.068
O_2	-218.79	0.44	CO	-205.02	0.833
SiO_2	1722	9.6	COS	-138.8	4.73
ZrO_2	2709	87	CO_2	-56.56	9.02

表 2-3　汽化焓

分子式	沸点(t_b)/℃	汽化焓(t_b)/(kJ·mol^{-1})	汽化焓(25℃)/(kJ·mol^{-1})	分子式	沸点(t_b)/℃	汽化焓(t_b)/(kJ·mol^{-1})	汽化焓(25℃)/(kJ·mol^{-1})
AgBr	1502	198		CdI_2	742	115	
AgCl	1547	199		HCl	-85	16.15	
AgI	1506	143.9		Cl_2	-34.04	20.41	17.65
Al	2519	294		Cl_2O	2.2	25.9	
$AlBr_3$	255	23.5		$HgCl_2$	304	58.9	
AlI_3	382	32.2		$PbCl_2$	951	127	
$AsBr_5$	221	41.8		$SnCl_2$	623	86.8	
$AsCl_3$	130	35.01		$TiCl_2$	1500	232	
AsF_3	57.8	29.7		$ZnCl_2$	732	126	
AsF_5	-52.8	20.8		$GaCl_3$	201	23.9	
AsH_3	-62.5	16.69		Cl_3HSi	33		25.7
AsI_3	424	59.3		Cl_3OP	105.5	34.35	38.6
Au	2856	324		Cl_3OV	127	36.78	
Bi	1564	151		Cl_3P	75.95	30.5	32.1
$BiBr_3$	453	75.4		Cl_3Sb	220.3	45.19	
$BiCl_3$	447	72.61		Cl_3Ti	960	124	
Cd	767	99		Cl_4Ge	86.55	27.9	
$CdCl_2$	960	124.3		Cl_4OW	227.55	67.8	
CdF_2	1748	214		Cl_4Si	57.65	28.7	29.7

续表 2-3

分子式	沸点(t_b)/℃	汽化焓(t_b)/(kJ·mol^{-1})	汽化焓(25℃)/(kJ·mol^{-1})	分子式	沸点(t_b)/℃	汽化焓(t_b)/(kJ·mol^{-1})	汽化焓(25℃)/(kJ·mol^{-1})
Cl_4Sn	114.15	34.9		H_2O_2	150.2		51.6
Cl_4Te	387	77		H_2S	-59.55	18.67	14.08
Cl_4Ti	136.45	36.2		H_2S_2	70.7		33.78
Cl_4V	148	41.4	42.5	H_2Se	-41.25	19.7	
Cl_5Mo	268	62.8		H_2Te	-2	19.2	
Cl_5Nb	254.0	52.7		H_3N	-33.33	23.33	19.86
Cl_5Ta	239.35	54.8		H_3P	-87.75	14.6	
Cl_6W	346.75	52.7		H_3Sb	-17	21.3	
FH_3Si	-98.6	18.8		H_4N_2	113.55	41.8	44.7
Ga	2204	254		H_4P_2	63.5	28.8	
GaI_3	340	56.5		H_4Si	-111.9	12.1	
Ge	2833	334		H_4Sn	-51.8	19.05	
GeH_4	-88.1	14.06		H_6Si_2	-14.3	21.2	
Ge_2H_6	30.8	25.1		H_8Si_3	52.9	28.5	
Ge_3H_8	110.5	32.2		Hg	356.73	59.11	
HNO_3	83		39.1	HgI_2	354	59.2	
HN_3	35.7	30.5		IIn	712	90.8	
H_2	-252.87	0.90		ITl	824	104.7	
H_2O	100.0	40.65	43.98	I_2Pb	872	104	

续表 2-3

分子式	沸点(t_b)/℃	汽化焓(t_b)/(kJ·mol^{-1})	汽化焓(25℃)/(kJ·mol^{-1})	分子式	沸点(t_b)/℃	汽化焓(t_b)/(kJ·mol^{-1})	汽化焓(25℃)/(kJ·mol^{-1})
I_2Sn	714	105		$CHCl_3$	61.17	29.24	31.28
I_3P	227	43.9		CH_2BrCl	68.0	30.0	
I_3Sb	401	68.6		CH_2Br_2	97	32.92	36.97
I_4Si	287.35	50.2		CH_2Cl_2	40	28.06	28.82
I_4Sn	364.35	56.9		CH_2I_2	182	42.5	
I_4Ti	377	58.4		CH_2O_2	101	22.69	20.10
N_2	-195.79	5.57		CH_4	-161.48	8.19	
O_2	-182.95	6.82		CH_4O	64.6	35.21	37.43
O_2S	-10.05	24.94	22.92	CO	-191.5	6.04	
O_3S	45	40.69	43.14	CS_2	46	26.74	27.51
Pb	1749	179.5					
S	444.60	45					
STl_2	1367	154					
Se	685	95.48					
Te	988	114.1					
CCl_4	76.8	29.82	32.43				
$CHBr_2$	149.1	39.66	46.05				
$CHClF_2$	-40.7	20.2					
$CHCl_2F$	8.9	25.2					

2.3 黏度

表 2-4 液态金属的黏度/(mPa·s)

温度/℃	Ga	Al	Ca	Co	Au	In	Mg	Ni	Ag
50	1.921								
100	1.608								
150	1.397								
200	1.245								
250	1.130					1.35			
300	1.040					1.22			
350	0.968					1.12			
400	0.909					1.04			
450	0.859					0.98			
700	0.698	1.289					1.10		
750	0.677	1.200					0.96		
800	0.657	1.115					0.84		
850	0.640	1.028	1.107				0.74		
900	0.624		0.959				0.67		
1000	0.597								3.80
1050	0.585								3.56
1100	0.574				5.130				3.31
1150					4.874				3.06
1200					4.640				2.82
1250					4.429				2.61
1300					4.240				2.42
1350									2.28
1400									2.20
1450									2.19
1500				4.15				4.35	
1550				3.89				4.09	
1600				3.64				3.87	
1650				3.41				3.67	
1700				3.20				3.49	
1750				2.99				3.32	

表 2-5　气体的黏度与温度的关系

（黏度的单位为 μPa·s）

温度/K	100	200	300	400	500	600
空气	7.1	13.3	18.6	23.1	27.1	30.8
$H_2(p=0)$	4.2	6.8	9.0	10.9	12.7	14.4
H_2O			10.0	13.3	17.3	21.4
$N_2(p=0)$		12.9	17.9	22.2	26.1	29.6
$O_2(p=0)$	7.5	14.6	20.8	26.1	30.8	35.1
CO	6.7	12.9	17.8	22.1	25.8	29.1
CO_2		10.0	15.0	19.7	24.0	28.9

数据引自：[7]-6-201。

表 2-6　液态单质和化合物的黏度与温度的关系

（黏度的单位为 mPa·s）

温度/℃	-25	0	25	50	75	100
H_2O		1.793	0.890	0.547	0.378	0.282
Hg			1.526	1.402	1.312	1.245
NO_2		0.532	0.402			
$SiCl_4$			99.4	96.2		
CCl_4		1.321	0.908	0.656	0.494	

数据引自：[7]-6-203。

2.4　介电常数

介电常数又称相对电容率或相对介电常数。它是表征电介质或绝缘材料电性能的一个重要数据，是指在同一电容器中用某一物质为介质时与其真空情况下电容的比值。表示电介质在电场中贮存静电的相对能力。介电常数越小，绝缘性能越好。

表 2-7　气态分子和无机化合物的介电常数(20℃, 101.325 kPa)

分子式	介电常数 ε	分子式	介电常数 ε
H_2	1.0002538	O_2S	1.00825
H_2S	1.00344	O_3	1.0017
NO	1.00060	CO	1.00065
N_2O	1.00104	CO_2	1.000922
N_2	1.0005480	CH_4	1.00081
O_2	1.0004947		

数据引自：[7]-6-178。

表 2-8 不同温度下水蒸气的介电常数

温度/℃	介电常数 ε	温度/℃	介电常数 ε
0	1.00007	60	1.00144
10	1.00012	70	1.00213
20	1.00022	80	1.00305
30	1.00037	90	1.00428
40	1.00060	100	1.00587
50	1.00095		

数据引自：[7]-6-179。

表 2-9 液态分子和无机化合物的介电常数

$$\varepsilon_{(T)} = a + b + cT^2$$

分子式	T/K	ε	a	b	c	温度范围/K
AsH_3	200.9	2.40	0.37674×10^{1}	-0.97454×10^{-2}	0.14537E-04	157~201
Cl_2	208.0	2.147	0.29440×10^{1}	-0.44649×10^{-2}	0.30388×10^{-5}	208~240
Cl_4Ge	273.2	2.463	-0.55078×10^{1}	0.64881×10^{-1}	-0.13091×10^{-3}	246~273
Cl_4Pb	293.2	2.78				
Cl_4Si	273.2	2.248	0.58041×10^{1}	-0.27129×10^{-1}	0.51678×10^{-4}	207~273
Cl_4Sn	273.2	3.014	0.43951×10^{1}	-0.48805×10^{-2}		234~273
Cl_4Ti	257.4	2.843	0.33668×10^{1}	-0.19675×10^{-2}		237~257
Cl_5Sb	293.0	3.222	0.45413×10^{1}	-0.45078×10^{-2}		276~320
H_2	13.52	1.2792	0.13327×10^{1}	-0.51946×10^{-2}		14~19
H_2O	293.2	80.100	0.24921×10^{3}	-0.79069×10^{0}	0.72997×10^{-3}	273~372
H_2O_2	290.2	74.6	0.48511×10^{3}	-0.23145×10^{1}	0.31020×10^{-2}	233~303
H_2S	283.2	5.93	0.14736×10^{2}	-0.33675×10^{-1}	0.96740×10^{-5}	212~363
Mn_2O_7	293.2	3.28	0.37655×10^{1}	-0.16463×10^{-2}		283~312
O_2	54.478	1.5684	0.15434×10^{1}	0.14615×10^{-2}	-0.21964×10^{-4}	55~154
O_2S	298.2	16.3	0.52045×10^{2}	-0.16125×10^{0}	0.11042×10^{-3}	213~449
O_3	90.2	4.75	0.86344×10^{1}	-0.54807×10^{-1}	0.12596×10^{-3}	90~185
O_3S	291.2	3.11				
S	407.2	3.4991	0.51651×10^{1}	-0.77381×10^{-2}	0.89120×10^{-5}	407~479
Se	510.65	5.44	0.67569×10^{1}	-0.25829×10^{-2}		511~575
CO_2	295.0	1.4492	0.79062×10^{0}	0.10639×10^{-1}	-0.28510×10^{-4}	220~300
CS_2	293.2	2.6320	0.45024×10^{1}	-0.12054×10^{-1}	-0.19147×10^{-4}	154~319

表 2-10 单质及无机化合物的介电常数(静态)

分子式	温度/℃	介电常数 ε	分子式	温度/℃	介电常数 ε
AgBr	—	12.2	FeO	15	14.2
AgCN	—	5.6	$GeCl_4$	25	2.4
AgCl	—	8.8	H_3(液)	-253	1.23
Ag_2O	—	11.2	H_2	0	1.00026
$AlBr_3$	100	3.4	HBr	-85	7.0
Al_2O_3	—	12.6		-80	6.3
$AsBr_3$(固)	20	3.3	HBr(气)	0	1.003
AsBr(液)	35	8.8	HCN	0	152
$AsCl_3$(液)	21	12.4		20	115
$AsCl_3$(固)	-50	3.6		25	107
AsH_3	-100	2.5	HCl(液)	-15	6.4
C(金刚石)	180	1.013	HCl(液)	-90	8.9
	—	16.5	HCl(固)	-176	2.9
	—	5.5	HCl(气)	0	1.005
CCl_4	20	2.24	HF	0	84
	25	2.23	Hl(液)	-50	3.4
	110	1.003		-90	3.9
$(CN)_2$	23	2.5	HI(气)	0	1.002
CO	0	1.0007	H_2O(固)	-2	94
CO_2(液)	0	1.6	H_2O(固)	0	87.74
CS_2	20	2.64	H_2O(液)	5	85.76
CS_2(气)	0	1.003		10	83.83
$CaCO_3$	—	6.1		15	81.94
$Ca(NO_3)_2$	—	6.5		20	80.10
CaF_2	—	7.4		25	78.30
$CaTiO_3$	25	165		30	76.55
CdBr	—	8.6		35	74.82
Cl_2	-50	2.1		40	73.15
	0	1.9		45	71.51
CuCl	—	10		50	69.91
CuO	15	18.1	H_2O(液)	55	68.34
$CuSO_4 \cdot H_2O$	—	7.0		60	66.81
$CuSO_4 \cdot 5H_2O$	—	6.5		65	65.32
Cu_2O	—	10.5		70	63.85
$Fe(CO)_5$	—	2.6		75	62.43

续表 2-10

分子式	温度/℃	介电常数 ε	分子式	温度/℃	介电常数 ε
	80	61.03	N_2O(液)	0	1.6
	85	59.66	N_2O	0	1.001
	90	58.32	$NaBrO_8$	—	7.7
	95	57.00	NaCl	—	6
	100	55.72	$NaClO_4$	—	5.4
H_2O(蒸汽)	110	1.013	NaF	—	6.9
	140	1.008	$NaHCO_3$	—	4.4
H_2O_2(100%)	0	90	$NaNO_3$	—	5.2
	20	74	NaC_2O_3	—	8.4
H_2S(液)	-79	9	$Na_2CO_3 \cdot 10H_2O$	—	5.3
	0	6	$Ni(CO)_4$	—	2.2
	10	5.7	O_2(液)	-182	1.5
H_2S(气)	0	1.004	O_2	0	1.0005
	23	1.003	$Pb(CH_3COO)_2$	—	2.6
H_2SO_4	20	约 84	$PbCl_2$	—	约 32
He(液)	-271	1.06	$PbCO_3$	15	18.6
Hg(蒸气)	400	1.0007	PbI_2	—	20.8
$HgCl_2$	—	3.2	$PbMoO_4$	—	24
Hg_2Cl_2	—	9.4	$Pb(NO_3)_2$	—	16.8
$MgCO_3$	—	8.1	PbO	15	25.9
MgF_2	—	9.5	PbS	15	17.9
MgO	—	8.2	$PbSO_4$	—	15
$MgSO_4$	—	8.2	Pb_3O_4	—	17.8
N_2(液)	-203	1.45	S	—	约 4
N_2	0	1.0006	S(液)	118	3.5
	20	1.00058	$SOCl_2$	20	9.25
NH_3(液)	-33	22		22	9.05
NH_3(液)	-24	15	SO_2	0	1.0093
NH_3	0	1.007		15	1.0090
NH_4Br	—	7.1	SO_2(液)	20	14.1
NH_4Cl	—	6.9	SO_2Cl_2	—	10
$(NH_4)_2SO_4$	—	3.3	SO_3(液)	18	3.1
NO	0	1.006		21	3.6
N_2H_4	20	53	S_2Cl_2	15	4.8

续表 2-10

分子式	温度/℃	介电常数 ε	分子式	温度/℃	介电常数 ε
$SbBr_3$(固)	20	5.1	ThO_2	—	16.5
$SbBr_3$(液)	100	21	$TiCl_4$	—	2.8
$SbCl_3$(固)	—	5.3	TiO_2(金红石)	—	‖180①
$SbCl_3$(液)	75	33		—	⊥92
$SbCl_5$	20	3.22	TlCl	—	约 40
	22	3.8	$TlNO_3$	—	16.5
Se(无定形)	25	6.1	U_3O_5	—	41.8
Se(液)	250	5.4	VCl_4	25	3
$SiCl_4$	16	2.4	$VOCl_3$	25	3.4
$SnCl_4$	20	2.87	ZnS	—	8.3
SnO_2	—	24	$ZnSO_4 \cdot H_2O$	—	8.3
$SrCO_3$	—	8.9	$ZnSO_4 \cdot 7H_2O$	—	6.2
	22	3.2	ZrO_2	—	12.4

注：①符号“⊥”和“‖”分别表示从晶体光轴的垂直和水平方向测量的介电常数。

表 2-11 一些电解质水溶液的介电常数(静态，25℃)

电解质	浓度/N	介电常数 ε	电解质	浓度/N	介电常数 ε
$BaCl_2$	1.0	64.0	$MgCl_2$	0.468	71.0
	2.0	51.0		0.935	64.5
HCl	0.25	72.5	NaI	0.428	71.0
	0.5	69.0		0.856	64.0
KCl	0.5	73.5	NaOH	0.25	73.0
	1.0	68.5		0.5	68.0
	1.5	63.5	Na_2SO_4	0.5	73.0
	2.0	58.5		1.0	67.0
LiCl	0.5	71.2		2.0	60.5
	1.0	64.2	RbCl	0.5	73.5
	1.5	57.0		1.0	68.5
	2.0	51.0		1.5	63.5
				2.0	58.5

注：N——当量浓度，指每升溶液中溶质的克当量数。

数据引自：[13]-13-570。

表 2-12 一些矿石的介电常数(室温)

名 称	组 成	介电常数 ε
锐钛矿	TiO_2	‖48
磷灰石	$3Ca_3(PO_4)_2Ca(F,Cl)_2$	⊥9.5
		‖7.4
文石(霰石)	$CaCO_3$	‖a9.1
		‖c7
绿柱石	$3BeO \cdot Al_2O_3 \cdot 6SiO_2$	⊥7.0
方解石	$CaCO_3$	⊥8.5
		‖7.6
锡石	SnO_2	⊥23.4
		‖24
金刚石	C	16.5
		5.5
白云石	$CaCO_3 \cdot MgCO_3$	⊥8
		‖6.8
萤石(氟石)	CaF_2	6.9
岩盐(石盐)	NaCl	5.6~6.1
孔雀石	$CuCO_3 \cdot Cu(OH)_2$	约7
云母	$KMg_3[AlSi_3O_{10}]$	6~7
石英(晶体)	SiO_2	约5
		约4
石英(熔盐)	SiO_2	3.5~3.6
红宝石	Al_2O_3 及少量的 Cr_2O_3	⊥13.3
		‖11.3
金红石	TiO_2	⊥90
		‖180
蓝宝石	Al_2O_3	⊥13.7
		‖11.4
菱锌矿	$ZnCO_3$	‖,⊥9.2~9.5
闪锌矿	ZnS	7.9~8.3
硫磺	S	4.1~4.6
钾盐	KCl	约5
电气石	硼硅酸铝(组成不定)	‖6.4
		⊥7.1
碳酸钡矿(毒重石)	$BaCO_3$	8.4~8.6
彩钼铅矿	$PbMoO_4$	22~25
纤维锌矿	ZnS	8.0~8.3
锆石	$ZrSiO_4$	11.8~12.1

注:符号"⊥"和"‖"分别表示从晶体光轴的垂直和水平方向测量的介电常数。

数据引自:[13]-13-603。

2.5 不同温度下无机化合物在纯水中的溶解度

表 2-13 不同温度下无机化合物在纯水中的溶解度(w)

化合物 \ t/℃	0	10	20	25	30	40	50	60	70	80	90	100
$AgClO_2$	0.17	0.31	0.47	0.55	0.64	0.82	1.02	1.22	1.44	1.66	1.88	2.11
$AgClO_3$				15								
$AgClO_4$	81.6	83.0	84.2	84.8	85.3	86.3	86.9	87.5	87.9	88.3	88.6	88.8
$AgNO_2$	0.155			0.413								
$AgNO_3$	55.9	62.3	67.8	70.1	72.3	76.1	79.2	81.7	83.8	85.4	86.7	87.8
Ag_2SO_4	0.56	0.67	0.78	0.83	0.88	0.97	1.05	1.13	1.20	1.26	1.32	1.39
$AlCl_3$	30.84	30.91	31.03	31.10	31.18	31.37	31.60	31.87	32.17	32.51	32.90	33.32
$Al(ClO_4)_3$	54.9										64.4	
AlF_3	0.25	0.34	0.44	0.50	0.56	0.68	0.81	0.96	1.11	1.28	1.45	1.64
$Al(NO_3)_3$	37.0	38.2	39.9	40.8	42.0	44.5	47.3	50.4	53.8			61.5
$Al_2(SO_4)_3$	27.5			27.8	28.2	29.2	30.7	32.6	34.9	37.6	40.7	44.2
As_2O_3	1.19	1.48	1.80	2.01	2.27	2.86	3.43	4.11	4.89	5.77	6.72	7.71
$CaCl_2$	36.70	39.19	42.83	44.83	49.12	52.85	56.05	56.73	57.44	58.21	59.04	59.94
$Ca(ClO_3)_2$	63.2	64.2	65.5	66.3	67.2	69.0	71.0	73.2	75.5	77.4	77.7	78.0
CaF_2	0.0013			0.0016								
$Ca(NO_2)_2$	38.6	39.5	44.5	48.6								约 124
$Ca(NO_3)_2$	50.1	53.1	56.7	59.0	60.9	65.4	77.8	78.1	78.2	78.3	78.4	78.5 ~ 124
$CaSO_3$			0.0059	0.0054	0.0049	0.0041	0.0035	0.0030	0.0026	0.0023	0.0020	0.0019 ~ 124
$CaSO_4$	0.174	0.191	0.202	0.205	0.208	0.210	0.207	0.201	0.193	0.184	0.173	0.163 ~ 124

续表 2 - 13

化合物 \ t/℃	0	10	20	25	30	40	50	60	70	80	90	100
CdC_2O_4				0.0060								约 124
$CdCl_2$	47.2	50.1	53.2	54.6	56.3	57.3	57.5	57.8	58.1	58.51	58.98	59.5 ~ 124
CdF_2		5.82	4.65	4.18	3.76							约 124
$Cd(NO_3)_2$	55.4	57.1	59.6	61.0	62.8	66.5	70.6	86.1	86.5	86.8	87.1	87.4 ~ 124
$CdSO_4$	43.1	43.1	43.2	43.4	43.6	44.1	43.5	42.5	41.4	40.2	38.5	36.7 ~ 124
$CdSeO_4$	42.04	40.59	39.02	38.18	37.29	35.35	35.15	30.65	27.84	24.69	21.24	17.49 ~ 124
$CoCl_2$	30.30	32.60	34.87	35.99	37.10	39.27	41.38	43.46	45.50	47.51	49.51	51.50 ~ 124
$Co(NO_3)_2$	45.5	47.0	49.4	50.8	52.4	56.0	60.1	62.6	64.9	67.7		约 124
$CoSO_4$	19.9	23.0	26.1	27.7	29.2	32.3	34.4	35.9	35.5	33.2	30.6	27.8 ~ 124
$CuCl_2$	40.8	41.7	42.6	43.1	43.7	44.8	46.0	47.2	48.5	49.9	51.3	52.7 ~ 124
$Cu(NO_3)_2$	45.2	49.8	56.3	59.2	61.1	62.0	63.1	64.5	65.9	67.5	69.2	71.0 ~ 124
$CuSO_4$	12.4	14.4	16.7	18.0	19.3	22.2	25.4	28.8	32.4	36.3	40.3	43.5 ~ 124
$FeCl_2$	32.2			39.4								48.7 ~ 124
$FeCl_3$	42.7	44.9	47.9	47.7	51.6	74.8	76.7	84.6	84.3	84.3	84.4	84.7
$FeSO_4$	13.5	17.0	20.8	22.8	24.8	28.8	32.8	35.5	33.6	30.4	27.1	24.0
$HgCl_2$	4.24	5.05	6.17	6.81	7.62	9.53	12.02	15.18	19.16	24.06	29.90	36.62
Hg_2Cl_2				0.0004								
Hg_2SO_4	0.038	0.043	0.048	0.051	0.054	0.059	0.065	0.070	0.076	0.082	0.088	0.093
$MgCl_2$	33.96	34.85	35.58	35.90	36.20	36.77	37.34	37.97	38.71	39.62	40.75	42.15

续表 2 - 13

化合物 \ t/℃	0	10	20	25	30	40	50	60	70	80	90	100
$MgSO_3$	0.32	0.37	0.46	0.52	0.61	0.87	0.85	0.76	0.69	0.64	0.62	0.60
$MgSO_4$	18.2	21.7	25.1	26.3	28.2	30.9	33.4	35.6	36.9	35.9	34.7	33.3
$MnCl_2$	38.7	40.6	42.5	43.6	44.7	47.0	49.4	54.1	54.7	55.2	55.7	56.1
$MnSO_4$	34.6	37.3	38.6	38.9	38.9	37.7	36.3	34.6	32.8	30.8	28.8	26.7
$NaHCO_3$	6.48	7.59	8.73	9.32	9.91	11.13	12.40	13.70	15.02	16.37	17.73	19.10
$NaHSO_4$				22.2								33.3
NaOH	30	39	46	50	53	58	63	67	71	74	76	79
Na_2CO_3	6.44	10.8	17.9	23.5	28.7	32.8	32.2	31.7	31.3	31.1	30.9	30.9
Na_2S	11.1	13.2	15.7	17.1	18.6	22.1	26.7	28.1	30.2	33.0	36.4	41.0
$NiCl_2$	34.7	36.1	38.5	40.3	41.7	42.1	43.2	45.0	46.1	46.2	46.4	46.6
$Ni(NO_3)_2$	44.1	46.0	48.4	49.8	51.3	54.6	58.3	61.0	63.1	65.6	67.9	69.0
$NiSO_4$	21.4	24.4	27.4	28.8	30.3	32.0	34.1	35.8	37.7	79.9	42.3	44.8
$Ni(SCN)_2$				35.48								
$NiSeO_4$	21.6		26.2									45.6
$PbBr_2$	0.449	0.620	0.841	0.966	1.118	1.46	1.89					
$PbCl_2$	0.66	0.81	0.98	1.07	1.17	1.39	1.64	1.93	2.24	2.60	2.89	3.42
$Pb(ClO_4)_2$				81.5								
PbF_2		0.0603	0.0649	0.0670	0.0693							
PbI_2	0.041	0.052	0.067	0.076	0.086	0.112	0.144	0.187	0.243	0.315		

续表 2 - 13

化合物 \ t/℃	0	10	20	25	30	40	50	60	70	80	90	100
$Pb(IO_3)_2$				0.0025								
$Pb(NO_3)_2$	28.46	32.13	35.67	37.38	39.05	42.22	45.17	47.90	50.42	52.72	54.82	56.75
$PbSO_4$	0.0033	0.0038	0.0042	0.0044	0.0047	0.0052	0.0058					
$SbCl_3$	85.7			90.8								
SbF_3	79.4			83.1								
$SnCl_2$	46	64										
SnI_2			0.97									3.87
Tl_2SO_4	2.65	3.56	4.61	5.19	5.80	7.09	8.46	9.89	11.33	12.77	14.18	15.53
$ZnBr_2$	79.3	80.1	81.8	83.0	84.1	85.6	85.8	86.1	86.3	86.6	86.8	87.1
ZnC_2O_4		0.0010	0.0019	0.0026								
$ZnCl_2$		76.6	79.0	80.3	81.4	81.8	82.4	83.0	83.7	84.4	85.2	86.0
$Zn(ClO_4)_2$	44.29			46.27			48.70					
ZnF_2				1.53								
ZnI_2	81.1	81.2	81.3	81.4	81.5	81.7	82.0	82.3	82.6	83.0	83.3	83.7
$Zn(IO_3)_2$			0.58	0.64	0.69	0.77	0.82					
$Zn(NO_3)_2$	47.8	50.8	54.4	54.6	58.5	79.1	80.1	87.5	89.9			
$ZnSO_3$			0.1786	0.1790	0.1794	0.1803	0.1812					
$ZnSO_4$	29.1	32.0	35.0	36.6	38.2	41.3	43.0	42.1	41.0	39.9	38.8	37.6
$ZnSeO_4$	33.06	34.98	37.38	38.79	40.34							

表 2-14 普通盐类在常温下的溶解度/($mol \cdot L^{-1}$)

盐类 \ 温度/℃	10	15	20	25	30	35	40
$BaCl_2$	1.603	1.659	1.716	1.774	1.834	1.895	1.958
$Ca(NO_3)_2$	6.896	7.398	7.986	8.675	9.480	10.421	
$CuSO_4$	1.055	1.153	1.260	1.376	1.502	1.639	
$FeSO_4$	1.352	1.533	1.729	1.940	2.165	2.405	
KBr	5.002	5.237	5.471	5.703	5.932	6.157	
KIO_3	0.291	0.333	0.378	0.426	0.478	0.534	0.593
K_2CO_3	7.756	7.846	7.948	8.063	8.191	8.331	8.483
LiCl	19.296	19.456	19.670	19.935			
$Mg(NO_3)_2$	4.403	4.523	4.656	4.800	4.958	5.130	5.314
$MnCl_2$	5.421	5.644	5.884	6.143	6.422	6.721	
NH_4Cl	6.199	6.566	6.943	7.331			
NH_4NO_3	18.809	21.163	23.721	26.496			
$(NH_4)_2SO_4$	5.494	5.589	5.688	5.790	5.896	6.005	
NaCl	6.110	6.121	6.136	6.153	6.174	6.197	6.222
$NaNO_3$	9.395	9.819	10.261	10.723	11.204	11.706	12.230
$ZnSO_4$	2.911	3.116	3.336	3.573	3.827	4.099	4.194

表 2-15 不同温度和压力下 CO_2 在水中的溶解度 p_{CO_2}/kPa

温度/℃	CO_2 在液相中摩尔分数/10^3						
	CO_2 分压/kPa						
	5	10	20	30	40	50	100
0	0.067	0.135	0.269	0.404	0.538	0.671	1.337
5	0.056	0.113	0.226	0.338	0.451	0.564	1.123
10	0.048	0.096	0.191	0.287	0.382	0.477	0.950
15	0.041	0.082	0.164	0.245	0.327	0.409	0.814
20	0.035	0.071	0.141	0.212	0.283	0.353	0.704
25	0.031	0.062	0.123	0.185	0.247	0.308	0.614
30	0.027	0.054	0.109	0.163	0.218	0.271	0.541
35	0.024	0.048	0.097	0.145	0.193	0.242	0.481
40	0.022	0.043	0.087	0.130	0.173	0.216	0.431
45	0.020	0.039	0.078	0.117	0.156	0.196	0.389

续表 2-15

温度/℃	CO_2 在液相中摩尔分数/10^3						
	CO_2 分压/kPa						
	5	10	20	30	40	50	100
50	0.018	0.036	0.071	0.107	0.142	0.178	0.354
55	0.016	0.033	0.065	0.098	0.131	0.163	0.325
60	0.015	0.030	0.060	0.090	0.121	0.150	0.300
65	0.014	0.028	0.056	0.084	0.112	0.140	0.279
70	0.013	0.026	0.052	0.079	0.105	0.131	0.261
75	0.012	0.025	0.049	0.074	0.099	0.123	0.245
80	0.012	0.023	0.047	0.070	0.093	0.116	0.232
85	0.011	0.022	0.044	0.067	0.089	0.111	0.221
90	0.011	0.021	0.042	0.064	0.085	0.106	0.211
95	0.010	0.020	0.041	0.061	0.082	0.102	0.203
100	0.010	0.020	0.039	0.059	0.079	0.098	0.196

2.6 溶度积

表 2-16 无机化合物溶度积

化学式	K_{sp}	化学式	K_{sp}
$AlPO_4$	9.84×10^{-21}	$Ca(IO_3)_2$	6.47×10^{-6}
$BiAsO_4$	4.43×10^{-10}	$Ca(IO_3)_2\cdot6H_2O$	7.10×10^{-7}
BiI_3	7.71×10^{-19}	$CaMoO_4$	1.46×10^{-8}
$Cd_3(AsO_4)_2$	2.2×10^{-33}	$CaC_2O_4\cdot H_2O$	2.32×10^{-9}
$CdCO_3$	1.0×10^{-12}	$Ca_3(PO_4)_2$	2.07×10^{-33}
CdF_2	6.44×10^{-3}	$CaSO_4$	4.93×10^{-5}
$Cd(OH)_2$	7.2×10^{-15}	$CaSO_4\cdot2H_2O$	3.14×10^{-5}
$Cd(IO_3)_2$	2.5×10^{-8}	$CaSO_3\cdot0.5H_2O$	3.1×10^{-7}
$CdC_2O_4\cdot3H_2O$	1.42×10^{-8}	$Co(OH)_2$	5.92×10^{-15}
$Cd_3(PO_4)_2$	2.53×10^{-33}	$Co(IO_3)_2\cdot2H_2O$	1.21×10^{-2}
$CaCO_3$	3.36×10^{-9}	$Co_3(PO_4)_2$	2.05×10^{-35}
CaF_2	3.45×10^{-11}	$CuBr$	6.27×10^{-9}
$Ca(OH)_2$	5.02×10^{-6}	$CuCl$	1.72×10^{-7}

续表 2-16

化学式	K_{sp}	化学式	K_{sp}
$CuCN$	3.47×10^{-20}	$MnC_2O_4\cdot2H_2O$	1.70×10^{-7}
CuI	1.27×10^{-12}	Hg_2Br_2	6.40×10^{-23}
$CuSCN$	1.77×10^{-13}	Hg_2CO_3	3.60×10^{-17}
$Cu_3(AsO_4)_2$	7.95×10^{-36}	Hg_2Cl_2	1.43×10^{-18}
$Cu(IO_3)_2\cdot H_2O$	6.94×10^{-8}	Hg_2F_2	3.10×10^{-6}
CuC_2O_4	4.43×10^{-10}	Hg_2I_2	5.2×10^{-29}
$Cu_3(PO_4)_2$	1.40×10^{-37}	$Hg_2C_2O_4$	1.75×10^{-13}
$Ga(OH)_3$	7.28×10^{-36}	Hg_2SO_4	6.5×10^{-7}
$FeCO_3$	3.13×10^{-11}	$Hg_2(SCN)_2$	3.2×10^{-20}
FeF_2	2.36×10^{-6}	$HgBr_2$	6.2×10^{-20}
$Fe(OH)_2$	4.87×10^{-17}	HgI_2	2.9×10^{-29}
$Fe(OH)_3$	2.79×10^{-39}	$NiCO_3$	1.42×10^{-7}
$FePO_4\cdot2H_2O$	9.91×10^{-16}	$Ni(OH)_2$	5.48×10^{-16}
$PbBr_2$	6.60×10^{-6}	$Ni(IO_3)_2$	4.71×10^{-5}
$PbCO_3$	7.40×10^{-14}	$Ni_3(PO_4)_2$	4.74×10^{-32}
$PbCl_2$	1.70×10^{-5}	$Pd(SCN)_2$	4.39×10^{-23}
PbF_2	3.3×10^{-8}	K_2PtCl_6	7.48×10^{-6}
$Pb(OH)_2$	1.43×10^{-20}	$AgCH_3COO$	1.94×10^{-3}
$Pb(IO_3)_2$	3.69×10^{-13}	Ag_3AsO_4	1.03×10^{-22}
PbI_2	9.8×10^{-9}	$AgBrO_3$	5.38×10^{-5}
$PbSeO_4$	1.37×10^{-7}	$AgBr$	5.35×10^{-13}
$PbSO_4$	2.53×10^{-8}	Ag_2CO_3	8.46×10^{-12}
$MgCO_3$	6.82×10^{-6}	$AgCl$	1.77×10^{-10}
$MgCO_3\cdot3H_2O$	2.38×10^{-6}	Ag_2CrO_4	1.12×10^{-12}
$MgCO_3\cdot5H_2O$	3.79×10^{-6}	$AgCN$	5.97×10^{-17}
MgF_2	5.16×10^{-11}	$AgIO_3$	3.17×10^{-8}
$Mg(OH)_2$	5.61×10^{-12}	AgI	8.52×10^{-17}
$MgC_2O_4\cdot2H_2O$	4.83×10^{-6}	$Ag_2C_2O_4$	5.40×10^{-12}
$Mg_3(PO_4)_2$	1.04×10^{-24}	Ag_2PO_4	8.89×10^{-17}
$MnCO_3$	2.24×10^{-11}	Ag_2SO_4	1.20×10^{-5}
$Mn(IO_3)_2$	4.37×10^{-7}	Ag_2SO_3	1.50×10^{-14}

续表 2-16

化学式	K_{sp}	化学式	K_{sp}
AgSCN	1.03×10^{-12}	$Zn(IO_3)_2\cdot2H_2O$	4.1×10^{-6}
$TlBrO_3$	1.10×10^{-4}	$ZnC_2O_4\cdot2H_2O$	1.38×10^{-9}
TlBr	3.71×10^{-6}	ZnSe	3.6×10^{-26}
Tl_2CrO_4	8.67×10^{-13}	$ZnSeO_2\cdot H_2O$	1.59×10^{-7}
$TlIO_3$	3.12×10^{-6}	CdS	8×10^{-7}
TlI	5.54×10^{-8}	CuS	6×10^{-16}
TlSCN	1.57×10^{-4}	FeS	6×10^{2}
$Tl(OH)_3$	1.68×10^{-44}	PbS	3×10^{-7}
$Sn(OH)_2$	5.45×10^{-27}	MnS	3×10^{7}
$Zn_3(AsO_4)_2$	2.8×10^{-28}	HgS(红色)	4×10^{-33}
$ZnCO_3$	1.46×10^{-10}	HgS(黑色)	2×10^{-32}
$ZnCO_3\cdot H_2O$	5.42×10^{-11}	Ag_2S	6×10^{-30}
ZnF_2	3.04×10^{-2}	ZnS(闪锌矿)	2×10^{-4}
$Zn(OH)_2$	3×10^{-17}	ZnS(纤维锌矿)	3×10^{-2}

2.7 热导率

表 2-17 气体的热导率

分子式	热导率/($mW\cdot m^{-1}\cdot K^{-1}$)					
	100 K	200 K	300 K	400 K	500 K	600 K
空气(Air)	9.4	18.4	26.2	33.3	39.7	45.7
H_2	68.6	131.7	186.9	230.4		
H_2O			18.7	27.1	35.7	47.1
D_2O				27.0	36.5	47.6
H_2S			14.6	20.5	26.4	32.4
N_2	9.8	18.7	26.0	32.3	38.3	44.0
NO		17.8	25.9	33.1	39.6	46.2
NO_2		9.8	17.4	26.0	34.1	41.8
O_2	9.3	18.4	26.3	33.7	41.0	48.1
SO_2			9.6	14.3	20.0	25.6
CO			25.0	32.3	39.2	45.7
CO_2		9.6	16.8	25.1	33.5	41.6
CH_4		22.5	34.1	49.1	66.5	84.1

表 2-18　液体的热导率

分子式	热导率/(W·m⁻¹·K⁻¹)					
	-25℃	0℃	25℃	50℃	75℃	100℃
$GeCl_4$	0.111	0.105	0.100	0.095	0.090	0.084
$SiCl_4$			0.099	0.096		
$SnCl_4$	0.123	0.117	0.112	0.106	0.101	0.095
$TiCl_4$		0.143	0.138	0.134	0.129	0.124
H_2O		0.5562	0.6062	0.6423	0.6643	0.6729
Hg	7.85	8.175	8.514	8.842	9.161	9.475
CCl_4		0.109	0.103	0.098	0.092	0.087
CS_2		0.154	0.149			

2.8　水的各种数据

表 2-19　不同温度和压力下高纯水的导电率

温度/℃	饱和蒸汽	不同指示压力下的导电率/(μs·cm⁻¹)				
		50 MPa	100 MPa	200 MPa	400 MPa	600 MPa
0	0.0115	0.0150	0.0189	0.0275	0.0458	0.0667
25	0.0550	0.0686	0.0836	0.117	0.194	0.291
100	0.765	0.942	1.13	1.53	2.45	3.51
200	2.99	4.08	5.22	7.65	13.1	19.5
300	2.41	4.87	7.80	14.1	28.2	46.5
400		1.17	4.91	14.3	39.2	71.3
600			0.134	4.65	33.8	85.7

表 2-20　冰(六方晶型)和过冷水的密度

t/℃	ρ(冰)	ρ(过冷水)	t/℃	ρ(冰)	ρ(过冷水)
0	0.9167	0.9998	-80	0.9274	
-10	0.9187	0.9982	-100	0.9292	
-20	0.9203	0.9935	-120	0.9305	
-30	0.9216	0.9839	-140	0.9314	
-40	0.9228		-160	0.9331	
-50	0.9240		-180	0.9340	
-60	0.9252				

注：数据引自[7]-6-6。

相变数据：

$\Delta_{fus}H(0℃) = 333.6\ J/g$

$\Delta_{sub}H(0℃) = 2838\ J/g$

冰的其他数据：

α_V：体积膨胀系数，$\alpha_V = -(1/V)(\partial V/\partial t)_p$；

κ：绝热压缩率，$\kappa = -(1/V)(\partial V/\partial p)_s$；

ε：介电常数；

k：热导率；

C_p：恒压热容。

表 2－22　0～100℃下水的其他数据

t /℃	密度 /(g·cm^{-3})	比热容 C_p /(J·g^{-1}·K^{-1})	蒸汽压 /kPa	黏度 /(μPa·s)	热导率 /(mW·K^{-1}·m^{-1})	介电常数	表面张力 /(mN·m^{-1})
0	0.99984	4.2176	0.6113	1793	561.0	87.90	75.64
10	0.99970	4.1921	1.2281	1307	580.0	83.96	74.25
20	0.99821	4.1818	2.3388	1002	598.4	80.20	72.75
30	0.99565	4.1784	4.2455	797.7	615.4	76.60	71.20
40	0.99222	4.1785	7.3814	653.2	630.5	73.17	69.60
50	0.98803	4.1806	12.344	547.0	643.5	69.88	67.51
60	0.98320	4.1843	19.932	466.5	654.3	66.73	66.24
70	0.97778	4.1895	31.176	404.0	663.1	63.73	64.47
80	0.97182	4.1963	47.373	354.4	670.0	60.86	62.67
90	0.96535	4.2050	70.117	314.5	675.3	58.12	60.82
100	0.95840	4.2159	101.325	281.8	679.1	55.51	58.91

数据引自：[7]－6－3。

表 2－23　水的汽化焓

t/℃	$\Delta_{vap}H$/(kJ·mol^{-1})	t/℃	$\Delta_{vap}H$/(kJ·mol^{-1})
0	45.054	200	34.962
25	43.990	220	33.468
40	43.350	240	31.809
60	42.482	260	29.930
80	41.585	280	27.795
100	40.657	300	25.300
120	39.684	320	22.297
140	38.643	340	18.502
160	37.518	360	12.966
180	36.304	374	2.066

数据引自：[7]－6－3。

表 2-24 水的不变点的数据

性 质	H_2O	D_2O
摩尔质量/($g\cdot mol^{-1}$)	18.01528	20.02748
熔点(101.325 kPa)/℃	0.00	3.82
沸点(101.325 kPa)/℃	100.00	101.42
三相点温度/℃	0.01	3.82
三相点压力/Pa	611.73	661
三相点密度(液)/($g\cdot cm^{-3}$)	0.99978	1.1055
三相点密度(气)/($mg\cdot L^{-1}$)	4.885	5.75
临界温度/℃	373.99	370.74
临界压力/MPa	22.064	21.671
临界密度/($g\cdot cm^{-3}$)	0.322	0.356
临界比容/($cm^3\cdot g^{-1}$)	3.11	2.81
最大密度(饱和液体)/($g\cdot cm^{-3}$)	0.99995	1.1053
最大密度下的温度/℃	4.0	11.2

数据引自:[7]-6-4。

表 2-25 饱和水和重水的热导率

t/℃	H_2O			D_2O		
	p/kPa	λ_l/($mW\cdot K^{-1}\cdot m^{-1}$)	λ_V/($mW\cdot K^{-1}\cdot m^{-1}$)	p/kPa	λ_l/($mW\cdot K^{-1}\cdot m^{-1}$)	λ_V/($mW\cdot K^{-1}\cdot m^{-1}$)
0	0.6	561.0	16.49			
10	1.2	580.0	17.21	1.0	575	17.0
20	2.3	598.4	17.95	2.0	589	17.8
30	4.2	615.4	18.70	3.7	600	18.5
40	7.4	630.5	19.48	6.5	610	19.3
50	12.3	643.5	20.28	11.1	618	20.2
60	19.9	654.3	21.10	18.2	625	21.0
70	31.2	663.1	21.96	28.8	629	21.9
80	47.4	670.0	22.86	44.2	633	22.8
90	70.1	675.3	23.80	66.1	635	23.8
100	101.3	679.1	24.79	96.2	636	24.8
150	476	682.1	30.77	465	625	30.8
200	1555	663.4	39.10	1546	392	39.0
250	3978	621.4	51.18	3995	541	52.0
300	8593	547.7	71.78	8688	473	75.2
350	16530	447.6	134.59	16820	391	143.0

数据引自:[7]-6-4。

表 2－26 水的标准密度

t/℃	ρ/(kg·m^{-3})									
	0.0	0.1	0.2	0.3	0.4	0.5	0.6	0.7	0.8	0.9
0	999.8426	8493	8558	8622	8683	8743	8801	8857	8912	8964
1	999.9015	9065	9112	9158	9202	9244	9284	9323	9360	9395
2	999.9429	9461	9491	9519	9546	9571	9595	9616	9636	9655
3	999.9672	9687	9700	9712	9722	9731	9738	9743	9747	9749
4	999.9750	9748	9746	9742	9736	9728	9719	9709	9696	9683
5	999.9668	9651	9632	9612	9591	9568	9544	9518	9490	9461
6	999.9430	9398	9365	9330	9293	9255	9216	9175	9132	9088
7	999.9043	8996	8948	8898	8847	8794	8740	8684	8627	8569
8	999.8509	8448	8385	8321	8256	8189	8121	8051	7980	7908
9	999.7834	7759	7682	7604	7525	7444	7362	7279	7194	7108
10	999.7021	6932	6842	6751	6658	6564	6468	6372	6274	6174
11	999.6074	5972	5869	5764	5658	5551	5443	5333	5222	5110
12	999.4996	4882	4766	4648	4530	4410	4289	4167	4043	3918
13	999.3792	3665	3536	3407	3276	3143	3010	2875	2740	2602
14	999.2464	2325	2184	2042	1899	1755	1609	1463	1315	1166
15	999.1016	0864	0712	0558	0403	0247	0090	9932	9772	9612
16	998.9450	9287	9123	8957	8791	8623	8455	8285	8114	7942
17	998.7769	7595	7419	7243	7065	6886	6706	6525	6343	6160
18	998.5976	5790	5604	5416	5228	5038	4847	4655	4462	4268
19	998.4073	3877	3680	3481	3282	3081	2880	2677	2474	2269
20	998.2063	1856	1649	1440	1230	1019	0807	0594	0380	0164
21	997.9948	9731	9513	9294	9073	8852	8630	8406	8182	7957
22	997.7730	7503	7275	7045	6815	6584	6351	6118	5883	5648
23	997.5412	5174	4936	4697	4456	4215	3973	3730	3485	3240
24	997.2994	2747	2499	2250	2000	1749	1497	1244	0990	0735
25	997.0480	0223	9965	9707	9447	9186	8925	8663	8399	8135
26	996.7870	7604	7337	7069	6800	6530	6259	5987	5714	5441
27	996.5166	4891	4615	4337	4059	3780	3500	3219	2938	2655
28	996.2371	2087	1801	1515	1228	0940	0651	0361	0070	9778
29	995.9486	9192	8898	8603	8306	8009	7712	7413	7113	6813
30	995.6511	6209	5906	5602	5297	4991	4685	4377	4069	3760
31	995.3450	3139	2827	2514	2201	1887	1572	1255	0939	0621

续表 2-26

t/℃	ρ/(kg·m⁻³)									
	0.0	0.1	0.2	0.3	0.4	0.5	0.6	0.7	0.8	0.9
32	995.0302	9983	9663	9342	9020	8697	8373	8049	7724	7397
33	994.7071	6743	6414	6085	5755	5423	5092	4759	4425	4091
34	994.3756	3420	3083	2745	2407	2068	1728	1387	1045	0703
35	994.0359	0015	9671	9325	8978	8631	8283	7934	7585	7234
36	993.6883	6531	6178	5825	5470	5115	4759	4403	4045	3687
37	993.3328	2968	2607	2246	1884	1521	1157	0793	0428	0062
38	992.9695	9328	8960	8591	8221	7850	7479	7107	6735	6361
39	992.5987	5612	5236	4860	4483	4105	3726	3347	2966	2586
40	992.2204									

数据引自：[7]-6-5。

表 2-27　冰(六方晶型)的其他数据

t/℃	$\alpha_1/(10^{-6}℃^{-1})$	$\kappa/(10^{-5}\ MPa^{-1})$	ε	$k/(W·cm^{-1}·℃^{-1})$	$C_p/(J·g^{-1}·℃^{-1})$
0	159	13.0	91.6	0.0214	2.11
-10	155	12.8	94.4	0.023	2.03
-20	149	12.7	97.5	0.024	1.96
-30	143	12.5	99.7	0.025	1.88
-40	137	12.4	101.9	0.026	1.80
-50	130	12.2	106.9	0.028	1.72
-60	122	12.1	119.5	0.030	1.65
-80	105	11.9		0.033	1.50
-100	85	11.6		0.037	1.36
-120	77	11.4		0.042	1.23
-140	60	11.3		0.049	1.10
-160	45	11.2		0.057	0.97
-180	30	11.1		0.070	0.83
-200		11.0		0.087	0.67
-220		10.9		0.118	0.50
-240		10.9		0.20	0.29
-250		10.9		0.32	0.17

数据引自：[7]-6-7。

2.9 空气的热力学数据

表 2-28 空气的热力学数据

饱和状态的数据：

T/K	p(boil)/bar[①]	p(con)/bar[①]	ρ(liq)/(g·cm^{-3})	ρ(gas)/(g·L^{-1})
65	0.1468	0.0861	0.939	0.464
70	0.3234	0.2052	0.917	1.033
75	0.6366	0.4321	0.894	2.048
80	1.146	0.8245	0.871	3.709
85	1.921	1.453	0.845	6.258
90	3.036	2.397	0.819	9.980
95	4.574	3.748	0.792	15.21
100	6.621	5.599	0.763	22.39
110	12.59	11.22	0.699	45.15
120	21.61	20.14	0.622	87.34
130	34.16	33.32	0.487	184.33
132.55	37.69	37.69	0.313	312.89

液态空气的数据：

p/bar[①]	T/K	ρ/(g·cm^{-3})	H/(J·g^{-1})	S/(J·g^{-1}·K^{-1})	C_p/(J·g^{-1}·K^{-1})
1	75	0.8935	-131.7	2.918	1.843
5	75	0.8942	-131.4	2.916	1.840
5	80	0.8718	-122.3	3.031	1.868
5	85	0.8482	-112.9	3.143	1.901
5	90	0.8230	-103.3	3.250	1.941
5	95	0.7962	-93.5	3.356	1.991
10	75	0.8952	-131.1	2.913	1.836
10	80	0.8729	-122.0	3.028	1.863
10	90	0.8245	-103.1	3.246	1.932
10	100	0.7695	-83.2	3.452	2.041
50	75	0.9025	-128.2	2.892	1.806

注：①1 bar = 101325 Pa。

续表 2-28

p/bar	T/K	ρ/(g·cm^{-3})	H/(J·g^{-1})	S/(J·g^{-1}·K^{-1})	C_p/(J·g^{-1}·K^{-1})
50	100	0.7859	-81.8	3.415	1.939
50	125	0.6222	-28.3	3.889	2.614
50	150	0.1879	91.9	4.764	2.721
100	75	0.9111	-124.5	2.867	1.774
100	100	0.8033	-79.4	3.376	1.852
100	125	0.6746	-31.4	3.805	2.062
100	150	0.4871	32.8	4.271	2.832

气态空气的数据：

p/bar	T/K	ρ/(g·L^{-1})	H/(J·g^{-1})	S/(J·g^{-1}·K^{-1})	C_p/(J·g^{-1}·K^{-1})
1	100	3.556	98.3	5.759	1.032
1	200	1.746	199.7	6.463	1.007
1	300	1.161	300.3	6.871	1.007
1	500	0.696	503.4	7.389	1.030
1	1000	0.348	1046.6	8.138	1.141
10	200	17.835	195.2	5.766	1.049
10	300	11.643	298.3	6.204	1.021
10	500	6.944	502.9	6.727	1.034
10	1000	3.471	1047.2	7.477	1.142
100	200	213.950	148.8	4.949	1.650
100	300	116.945	279.9	5.486	1.158
100	500	66.934	499.0	6.048	1.073
100	1000	33.613	1052.4	6.812	1.151

注：数据引自：[7]-6-1~6-2。

2.10 氮的热物理数据

表 2－29 氮(N_2)的热物理数据

温度 T /K	密度 ρ /(mol·L^{-1})	热力学能 U /(J·mol^{-1})	焓 H /(J·mol^{-1})	熵 S /(J·mol^{-1}·K^{-1})	等容热容 C_V /(J·mol^{-1}·K^{-1})	等压热容 C_p /(J·mol^{-1}·K^{-1})	黏度 η /(μPa·s)	热导率 λ /(mW·m^{-1}·K^{-1})	介电常数 D
p = 0.1 MPa(1 bar)									
70	30.017	−3828	−3824	73.8	28.5	57.2	203.9	143.5	1.45269
77.25	28.881	−3411	−3407	79.5	27.8	57.8	152.2	133.8	1.43386
77.25	0.163	1546	2161	151.6	21.6	31.4	5.3	7.6	1.00215
100	0.123	2041	2856	159.5	21.1	30.0	6.8	9.6	1.00162
200	0.060	4140	5800	179.9	20.8	29.2	12.9	18.4	1.00079
300	0.040	6223	8717	191.8	20.8	29.2	18.0	25.8	1.00053
400	0.030	8308	11635	200.2	20.9	29.2	22.2	32.3	1.00040
500	0.024	10414	14573	206.7	21.2	29.6	26.1	38.5	1.00032
600	0.020	12563	17554	212.2	21.8	30.1	29.5	44.5	1.00026
700	0.017	14770	20593	216.8	22.4	30.7	32.8	50.5	1.00023
800	0.015	17044	23698	221.0	23.1	31.4	35.8	56.3	1.00020
900	0.013	19383	26869	224.7	23.7	32.0	38.7	62.0	1.00017
1000	0.012	21768	30103	228.1	24.3	32.6	41.5	67.7	1.00016
1500	0.008	34530	47004	241.8	26.4	34.7	54.0	93.3	1.00010
p = 1 MPa									
70	30.070	−3838	−3805	73.6	28.9	56.9	205.9	144.1	1.45355
80	28.504	−3267	−3232	81.3	27.8	57.7	139.5	130.7	1.42760
90	26.721	−2685	−2648	88.2	26.7	59.4	100.1	115.3	1.39824

续表 2-29

温度 T /K	密度 ρ /(mol·L^{-1})	热力学能 U /(J·mol^{-1})	焓 H /(J·mol^{-1})	熵 S /(J·mol^{-1}·K^{-1})	等容热容 C_V /(J·mol^{-1}·K^{-1})	等压热容 C_p /(J·mol^{-1}·K^{-1})	黏度 η /(μPa·s)	热导率 λ /(mW·m^{-1}·K^{-1})	介电常数 D
100	24.634	-2073	-2032	94.6	26.2	64.4	73.1	98.5	1.36417
103.75	23.727	-1828	-1786	97.1	26.2	67.8	64.8	91.8	1.34947
103.75	1.472	1788	2467	138.1	24.1	45.0	7.6	12.5	1.01954
200	0.614	4048	5675	160.3	21.0	30.4	13.2	19.3	1.00812
300	0.402	6171	8661	172.5	20.9	29.6	18.1	26.3	1.00529
400	0.300	8273	11609	180.9	20.9	29.5	22.4	32.7	1.00395
500	0.240	10389	14563	187.5	21.3	29.7	26.1	38.8	1.00315
600	0.200	12544	17554	193.0	21.8	30.2	29.6	44.8	1.00262
700	0.171	14756	20600	197.7	22.4	30.8	32.8	50.7	1.00224
800	0.150	17032	23709	201.8	23.1	31.4	35.9	56.5	1.00196
900	0.133	19374	26884	205.6	23.7	32.1	38.8	62.2	1.00174
1000	0.120	21778	30121	209.0	24.3	32.7	41.5	67.8	1.00157
1500	0.080	34527	47029	222.7	26.4	34.8	54.0	93.4	1.00104
p = 10 MPa									
65.32	31.120	-4176	-3855	68.6	31.8	53.8	275.7	153.8	1.47067
100	26.201	-2328	-1946	92.0	27.4	56.3	90.2	112.3	1.38942
200	7.117	3037	4442	136.4	22.7	45.5	17.6	30.4	1.09698
300	3.989	5667	8174	151.7	21.4	33.4	20.1	31.9	1.05347
400	2.898	7941	11392	161.0	21.3	31.3	23.7	36.7	1.03860
500	2.302	10148	14492	167.9	21.5	30.8	27.1	42.0	1.03055

数据引自：[7]-6-17。

2.11　某些电解质的溶解热焓

表 2－30　某些电解质的溶解热焓

溶质	状态	$\Delta_{sol}H^{\ominus}/(kJ\cdot mol^{-1})$	溶质	状态	$\Delta_{sol}H^{\ominus}/(kJ\cdot mol^{-1})$
HF	g	-61.50	$NaBrO_3$	c	26.90
HCl	g	-74.84	NaI	c	-7.53
$HClO_4$	l	-88.76	$NaI\cdot 2H_2O$	c	16.13
$HClO_4\cdot H_2O$	c	-32.95	$NaIO_3$	c	20.29
HBr	g	-85.14	$NaNO_2$	c	13.89
HI	g	-81.67	$NaNO_3$	c	20.50
HIO_3	c	8.79	$NaC_2H_3O_2$	c	-17.32
HNO_3	l	-33.28	$NaC_2H_3O_2\cdot 3H_2O$	c	19.66
HCOOH	l	-0.86	NaCN	c	1.21
CH_3COOH	l	-1.51	$NaCN\cdot 0.5H_2O$	c	3.31
NH_3	g	-30.50	$NaCN\cdot 2H_2O$	c	18.58
NH_4Cl	c	14.78	NaCNO	c	19.20
NH_4ClO_3	c	33.47	NaCNS	c	6.83
NH_4Br	c	16.78	KOH	c	-57.61
NH_4I	c	13.72	$KOH\cdot H_2O$	c	-14.64
NH_4IO_3	c	31.80	$KOH\cdot 1.5H_2O$	c	-10.46
NH_4NO_2	c	19.25	KF	c	-17.73
NH_4NO_3	c	25.69	$KF\cdot 2H_2O$	c	6.97
$AgClO_4$	c	7.36	KCl	c	17.22
$AgNO_2$	c	36.94	$KClO_3$	c	41.38
$AgNO_3$	c	22.59	$KClO_4$	c	51.04
NaOH	c	-44.51	KBr	c	19.87
$NaOH\cdot H_2O$	c	-21.41	$KBrO_3$	c	41.13
NaF	c	0.91	KI	c	20.33
NaCl	c	3.88	KIO_3	c	27.74
$NaClO_2$	c	0.33	KNO_2	c	13.35
$NaClO_2\cdot 3H_2O$	c	28.58	KNO_3	c	34.89
$NaClO_3$	c	21.72	$KC_2H_3O_2$	c	-15.33
$NaClO_4$	c	13.88	KCN	c	11.72
$NaClO_4\cdot H_2O$	c	22.51	KCNO	c	20.25
NaBr	c	-0.60	KCNS	c	24.23
$NaBr\cdot 2H_2O$	c	18.64	$KMnO_4$	c	43.56

注：g——气态；l——液态；c——晶体。

数据引自：[7]－5－105。

2.12 HF、HCl、HBr、HI 溶液的摩尔电导率

表 2-31 HF、HCl、HBr、HI 溶液的摩尔电导率/($S \cdot cm^2 \cdot mol^{-1}$)(25℃)

$c/(mol \cdot L^{-1})$	HF	HCl	HBr	HI	$c/(mol \cdot L^{-1})$	HF	HCl	HBr	HI
无限稀释	405.1	426.1	427.7	426.4	3.5		218.3	217.5	215.4
0.0001		424.5	425.9	424.6	4.0		200.0	199.4	195.1
0.0005		422.6	424.3	423.0	4.5		183.1	182.4	176.8
0.001		421.2	422.9	421.7	5.0		167.4	166.5	160.4
0.005	128.1	415.7	417.6	416.4	5.5		152.9	151.8	145.5
0.01	96.1	411.9	413.7	412.8	6.0		139.7	138.2	131.7
0.05	50.1	398.9	400.4	400.8	6.5		127.7	125.7	118.6
0.10	39.1	391.1	391.9	394.0	7.0		116.9	114.2	105.7
0.5	26.3	360.7	361.9	369.8	7.5		107.0	103.8	
1.0	24.3	332.2	334.5	343.9	8.0		98.2	94.4	
1.5		305.8	307.6	316.4	8.5		90.3	85.8	
2.0		281.4	281.7	288.9	9.0		83.1		
2.5		258.9	257.8	262.5	9.5		76.6		
3.0		237.6	236.8	237.9	10.0		70.7		

$c/(mol \cdot L^{-1})$	-20℃	-10℃	0℃	10℃	20℃	30℃	40℃	50℃
				HCl				
0.5			228.7	283.0	336.4	386.8	436.9	482.4
1.0			211.7	261.6	312.2	359.0	402.9	445.3
1.5			196.2	241.5	287.5	331.1	371.6	410.8
2.0			182.0	222.7	262.9	303.3	342.4	378.2
2.5		131.7	168.5	205.1	239.8	277.0	315.2	347.6
3.0		120.8	154.6	188.5	219.3	253.3	289.3	319.0
3.5	85.5	111.3	139.6	172.2	201.6	232.9	263.9	292.1
4.0	79.3	102.7	129.2	158.1	185.6	214.2	242.2	268.2
4.5	73.7	94.9	119.5	145.4	170.6	196.6	222.5	246.7
5.0	68.5	87.8	110.3	133.5	156.6	180.2	204.1	226.5
5.5	63.6	81.1	101.7	122.5	143.6	165.0	187.1	207.7
6.0	58.9	74.9	93.7	111.3	131.5	151.0	171.3	190.3
6.5	54.4	69.1	86.2	103.0	120.4	138.2	156.9	174.3
7.0	50.2	63.7	79.3	94.4	110.2	126.4	143.3	159.7
7.5	46.3	58.6	73.0	86.5	100.9	115.7	131.6	146.2

续表 2-31

$c/(mol\cdot L^{-1})$	-20℃	-10℃	0℃	10℃	20℃	30℃	40℃	50℃
8.0	42.7	54.0	67.1	79.4	92.4	106.1	120.6	134.0
8.5	39.4	49.8	61.7	72.9	84.7	97.3	110.7	123.0
9.0	36.4	45.9	56.8	67.1	77.8	89.4	101.7	112.9
9.5	33.6	42.3	52.3	61.8	71.5	82.3	93.6	103.9
10.0	31.2	39.1	48.2	57.0	65.8	75.9	86.3	95.7
10.5	28.9	36.1	44.5	52.7	60.7	70.1	79.6	88.4
11.0	26.8	33.4	41.1	48.8	56.1	64.9	73.6	81.7
11.5	24.9	31.0	38.0	45.3	51.9	60.1	68.0	75.6
12.0	23.1	28.7	35.3	42.0	48.0	55.6	62.8	70.0
12.5	21.4	26.7	32.7	39.0	44.4	51.4	57.9	64.8

数据引自：[7]-5-92。

2.13　酸、碱、盐溶液的活度系数

表 2-32　酸、碱、盐溶液的活度系数(25℃)

分子式	溶液浓度/$(mol\cdot L^{-1})$									
	0.1	0.2	0.3	0.4	0.5	0.6	0.7	0.8	0.9	1.0
$AgNO_3$	0.734	0.657	0.606	0.567	0.536	0.509	0.485	0.464	0.446	0.429
$AlCl_3$	0.337	0.305	0.302	0.313	0.331	0.356	0.388	0.429	0.479	0.539
$Al_2(SO_4)_3$	0.035	0.0225	0.0176	0.0153	0.0143	0.014	0.0142	0.0149	0.0159	0.0175
$BaCl_2$	0.500	0.444	0.419	0.405	0.397	0.391	0.391	0.391	0.392	0.395
$CaCl_2$	0.518	0.472	0.455	0.448	0.448	0.453	0.460	0.470	0.484	0.500
$CdCl_2$	0.2280	0.1638	0.1329	0.1139	0.1006	0.0905	0.0827	0.0765	0.0713	0.0669
$Cd(NO_3)_2$	0.513	0.464	0.442	0.430	0.425	0.423	0.423	0.425	0.428	0.433
$CdSO_4$	0.150	0.103	0.0822	0.0699	0.0615	0.0553	0.0505	0.0468	0.0438	0.0415
$CoCl_2$	0.522	0.479	0.463	0.459	0.462	0.470	0.479	0.492	0.511	0.531
$CuCl_2$	0.508	0.455	0.429	0.417	0.411	0.409	0.409	0.410	0.413	0.417
$Cu(NO_3)_2$	0.511	0.460	0.439	0.429	0.426	0.427	0.431	0.437	0.445	0.455
$CuSO_4$	0.150	0.104	0.0829	0.0704	0.0620	0.0559	0.0512	0.0475	0.0446	0.0423
$FeCl_2$	0.5185	0.473	0.454	0.448	0.450	0.454	0.463	0.473	0.488	0.506
HCl	0.796	0.767	0.756	0.755	0.757	0.763	0.772	0.783	0.795	0.809
$HClO_4$	0.803	0.778	0.768	0.766	0.769	0.776	0.785	0.795	0.808	0.823

数据引自：[7]-5-97。

续表 2-32

分子式	溶液浓度/(mol·L⁻¹)									
	0.1	0.2	0.3	0.4	0.5	0.6	0.7	0.8	0.9	1.0
HNO_3	0.791	0.754	0.735	0.725	0.720	0.717	0.717	0.718	0.721	0.724
H_2SO_4	0.2655	0.2090	0.1826	—	0.1557	—	0.1417	—	—	0.1316
KBr	0.772	0.722	0.693	0.673	0.657	0.646	0.636	0.629	0.622	0.617
KCl	0.770	0.718	0.688	0.666	0.649	0.637	0.626	0.618	0.610	0.604
KOH	0.798	0.760	0.742	0.734	0.732	0.733	0.736	0.742	0.749	0.756
KSCN	0.769	0.716	0.685	0.663	0.646	0.633	0.623	0.614	0.606	0.599
K_2SO_4	0.441	0.360	0.316	0.286	0.264	0.246	0.232	—	—	—
$MgCl_2$	0.529	0.489	0.477	0.475	0.481	0.491	0.506	0.522	0.544	0.570
$MgSO_4$	0.150	0.107	0.0874	0.0756	0.0675	0.0616	0.0571	0.0536	0.0508	0.0485
$MnCl_2$	0.516	0.469	0.450	0.442	0.440	0.443	0.448	0.455	0.466	0.479
$MnSO_4$	0.150	0.105	0.0848	0.0725	0.0640	0.0578	0.0530	0.0493	0.0463	0.0439
NH_4Cl	0.770	0.718	0.687	0.665	0.649	0.636	0.625	0.617	0.609	0.603
NH_4NO_3	0.740	0.677	0.636	0.606	0.582	0.562	0.545	0.530	0.516	0.504
$(NH_4)_2SO_4$	0.439	0.356	0.311	0.280	0.257	0.240	0.226	0.214	0.205	0.196
NaCl	0.778	0.735	0.710	0.693	0.681	0.673	0.667	0.662	0.659	0.657
NaOH	0.766	0.727	0.708	0.697	0.690	0.685	0.681	0.679	0.678	0.678
NaSCN	0.787	0.750	—	0.720	0.715	0.712	0.710	0.710	0.711	0.712
Na_2SO_4	0.445	0.365	0.320	0.289	0.266	0.248	0.233	0.221	0.210	0.201
$NiCl_2$	0.522	0.479	0.463	0.460	0.464	0.471	0.482	0.496	0.515	0.563
$NiSO_4$	0.150	0.105	0.0841	0.0713	0.0627	0.0562	0.0515	0.0478	0.0448	0.0425
$Pb(NO_3)_2$	0.395	0.308	0.260	0.228	0.205	0.187	0.172	0.160	0.150	0.141
$TlClO_4$	0.730	0.652	0.599	0.559	0.0527	—	—	—	—	—
$TlNO_3$	0.702	0.606	0.545	0.500	—	—	—	—	—	—
$ZnCl_2$	0.515	0.462	0.432	0.411	0.394	0.380	0.369	0.357	0.348	0.339
$Zn(NO_3)_2$	0.531	0.489	0.474	0.469	0.473	0.480	0.489	0.501	0.518	0.535
$ZnSO_4$	0.150	0.140	0.0835	0.0714	0.0630	0.0569	0.0523	0.0487	0.0458	0.0435

数据引自：[7]-5-98。

2.14 部分纯金属和合金的电阻率

表 2－33 部分纯金属的电阻率/(10^{-8} Ω·m)

T/K	Al	Ca	Cu	Au	Fe	Pb	Mg	Mn	Ni	Pd	Pt	Ag	Zn
1	0.000100	0.045	0.00200	0.0220	0.0225		0.0062	7.02	0.0032	0.0200	0.002	0.00100	0.0100
10	0.000193	0.047	0.00202	0.0226	0.0238		0.0069	18.9	0.0057	0.0242	0.0154	0.00115	0.0112
20	0.000755	0.060	0.00280	0.035	0.0287		0.0123	54	0.0140	0.0563	0.0484	0.0042	0.0387
40	0.0181	0.175	0.0239	0.141	0.0758		0.074	116	0.068	0.334	0.409	0.0539	0.306
60	0.0959	0.40	0.0971	0.308	0.271		0.261	131	0.242	0.938	1.107	0.162	0.715
80	0.245	0.65	0.215	0.481	0.693	4.9	0.557	132	0.545	1.75	1.922	0.289	1.15
100	0.442	0.91	0.348	0.650	1.28	6.4	0.91	132	0.96	2.62	2.755	0.418	1.60
150	1.006	1.56	0.699	1.061	3.15	9.9	1.84	136	2.21	4.80	4.76	0.726	2.71
200	1.587	2.19	1.046	1.462	5.20	13.6	2.75	139	3.67	6.88	6.77	1.029	3.83
273	2.417	3.11	1.543	2.051	8.57	19.2	4.05	143	6.16	9.78	9.6	1.467	5.46
293	2.650	3.36	1.678	2.214	9.61	20.8	4.39	144	6.93	10.54	10.5	1.587	5.90
298	2.709	3.42	1.712	2.255	9.87	21.1	4.48	144	7.12	10.73	10.7	1.617	6.01
300	2.733	3.45	1.725	2.271	9.98	21.3	4.51	144	7.20	10.80	10.8	1.629	6.06
400	3.87	4.7	2.402	3.107	16.1	29.6	6.19	147	11.8	14.48	14.6	2.241	8.37
500	4.99	6.0	3.090	3.97	23.7	38.3	7.86	149	17.7	17.94	18.3	2.87	10.82
600	6.13	7.3	3.792	4.87	32.9		9.52	151	25.5	21.2	21.9	3.53	13.49
700	7.35	8.7	4.514	5.82	44.0		11.2	152	32.1	24.2	25.4	4.21	
800	8.70	10.0	5.262	6.81	57.1		12.8		35.5	27.1	28.7	4.91	
900	10.18	11.4	6.041	7.86			14.4		38.6	29.4	32.0	5.64	

数据引自：[7]－12－45～46。

续表 2-33

元素	T/K	纯金属电阻率/(10^{-8} Ω · m)
Sb	273	39
Bi	273	107
Cd	273	6.8
Co	273	5.6
Ga	273	13.6
In	273	8.0
Ir	273	4.7
Hg	298	96.1
Os	273	8.1
Re	273	17.2
Rh	273	4.3
Ru	273	7.1
Tl	273	15
Sn	273	11.5

数据引自：[7]-12-47。

表 2-34 部分合金电阻率/(10^{-8} Ω·m)

温度/K	100	273	293	300	350	400
			Al-Cu			
w(Al)/%						
99[a]	0.531	2.51	2.74	2.82	3.38	3.95
95[a]	0.895	2.88	3.10	3.18	3.75	4.33
90[b]	1.38	3.36	3.59	3.67	4.25	4.86
85[b]	1.88	3.87	4.10	4.19	4.79	5.42
80[b]	2.34	4.33	4.58	4.67	5.31	5.99
70[b]	3.02	5.03	5.31	5.41	6.16	6.94
60[b]	3.49	5.56	5.88	5.99	6.77	7.63
50[b]	4.00	6.22	6.55	6.67	7.55	8.52
40[c]		7.57	7.96	8.10	9.12	10.2
30[c]		11.2	11.8	12.0	13.5	15.2
25[f]		16.3	17.2	17.6	19.8	22.2
15[h]			12.3			
10[g]	8.71	10.8	11.0	11.1	11.7	12.3
5[c]	7.92	9.43	9.61	9.68	10.2	10.7
1[h]	3.22	4.46	4.60	4.65	5.00	5.37

续表 2-34

温度/K	100	273	293	300	350	400
			Al - Mg			
w(Al)/%						
99[c]	0.958	2.96	3.18	3.26	3.82	4.39
95[c]	3.01	5.05	5.28	5.36	5.93	6.51
90[c]	5.42	7.52	7.76	7.85	8.43	9.02
10[b]	14.0	17.1	17.4	17.6	18.4	19.2
5[b]	9.93	13.1	13.4	13.5	14.3	15.2
1[a]	2.78	5.92	6.25	6.37	7.20	8.03
			Cu - Au			
w(Cu)/%						
99[c]	0.520	1.73	1.86	1.91	2.24	2.58
95[c]	1.21	2.41	2.54	2.59	2.92	3.26
90[c]	2.11	3.29	4.42	3.46	3.79	4.12
85[c]	3.01	4.20	4.33	4.38	4.71	5.05
80[c]	3.95	5.15	5.28	5.32	5.65	5.99
70[c]	5.91	7.12	7.25	7.30	7.64	7.99
60[c]	8.04	9.18	9.13	9.36	9.70	10.05
50[c]	9.88	11.07	11.20	11.25	11.60	11.94
40[c]	11.44	12.70	12.85	12.90	13.27	13.65
30[c]	12.43	13.77	13.93	13.99	14.38	14.78
25[c]	12.59	13.93	14.09	14.14	14.54	14.94
15[c]	11.38	12.75	12.91	12.96	13.36	13.77
10[c]	9.33	10.70	10.86	10.91	11.31	11.72
5[c]	5.91	7.25	7.41	7.46	7.87	8.28
1[c]	2.00	3.40	3.57	3.62	4.03	4.45
			Cu - Ni			
w(Cu)/%						
99[c]	1.45	2.71	2.85	2.91	3.27	3.62
95[c]	6.19	7.60	7.71	7.82	8.22	8.62
90[c]	12.08	13.69	13.89	13.96	14.40	14.81
85[c]	18.01	19.63	19.83	19.90	20.32	20.70
80[c]	23.89	25.46	25.66	25.72	26.12	26.44
70[i]	35.73	36.67	36.72	36.76	36.85	36.89
60[i]	45.76	45.43	45.38	43.35	45.20	45.01
50[j]	50.22	50.19	50.05	50.01	49.73	49.50
40[c]	36.77	47.42	47.73	47.82	48.28	48.49
30[i]	26.73	40.19	41.79	42.34	44.51	45.40

续表 2－34

温度/K	100	273	293	300	350	400
25[c]	22.22	33.46	35.11	35.69	39.67	42.81
15[c]	13.49	22.00	23.35	23.85	27.60	31.38
10[c]	9.28	16.65	17.82	18.26	21.51	25.19
5[c]	5.20	11.49	12.50	12.90	15.69	18.78
1[c]	1.81	7.23	8.08	8.37	10.63	13.18
Cu－Pd						
w(Cu)/%						
99[c]	0.91	2.10	2.23	2.27	2.59	2.92
95[c]	2.99	4.21	4.35	4.40	4.74	5.08
90[c]	5.69	6.89	7.03	7.08	7.41	7.74
85[c]	8.30	9.48	9.61	9.66	10.01	10.36
80[c]	10.74	11.99	12.12	12.16	12.51	12.87
70[c]	15.67	16.87	17.01	17.06	17.41	17.78
60[c]	20.45	21.73	21.87	21.92	22.30	22.69
50[c]	26.07	27.62	27.79	27.86	28.25	28.64
40[c]	33.53	35.31	35.51	35.57	36.03	36.47
30[c]	45.03	46.50	46.66	46.71	47.11	47.47
25[c]	44.12	46.25	46.45	46.52	46.99	47.43
15[c]	31.79	36.52	36.99	37.16	38.28	39.35
10[c]	23.00	28.90	29.51	29.73	31.19	32.56
5[c]	13.09	20.00	20.75	21.02	22.84	24.54
1[c]	8.97	11.90	12.67	12.93	14.82	16.68
Cu－Zn						
w(Cu)/%						
99[b]	0.671	1.84	1.97	2.02	2.36	2.71
95[b]	1.54	2.78	2.92	2.97	3.33	3.69
90[b]	2.33	3.66	3.81	3.86	4.25	4.63
85[b]	2.93	4.37	4.54	4.60	5.02	5.44
80[b]	3.44	5.01	5.19	5.26	5.71	6.17
70[b]	4.08	5.87	6.08	6.15	6.67	7.19
Au－Pd						
w(Au)/%						
99[c]	1.31	2.69	2.86	2.91	3.32	3.73
95[c]	3.88	5.21	5.35	5.41	5.79	6.17
90[i]	6.70	8.01	8.17	8.22	8.56	8.93
85[b]	9.14	10.50	10.66	10.72	11.10	11.48

续表 2-34

温度/K	100	273	293	300	350	400
80[b]	11.23	12.75	12.93	12.99	13.45	13.93
70[c]	16.44	18.23	18.46	18.54	19.10	19.67
60[b]	24.64	26.70	26.94	27.02	27.63	28.23
50[a]	23.09	27.23	27.63	27.76	28.64	29.42
40[a]	19.40	24.65	25.23	25.42	26.74	27.95
30[b]	14.94	20.82	21.49	21.72	23.35	24.92
25[b]	12.72	18.86	19.53	19.77	21.51	23.19
15[a]	8.54	15.08	15.77	16.01	17.80	19.61
10[a]	6.54	13.25	13.95	14.20	16.00	17.81
5[a]	4.58	11.49	12.21	12.46	14.26	16.07
1[a]	3.01	10.07	10.85	11.12	12.99	14.80
			Au - Ag			
w(Au)/%						
99[b]	1.20	2.58	2.75	2.80	3.22	3.63
95[a]	3.16	4.58	4.74	4.79	5.19	5.59
90[j]	5.16	6.57	6.73	6.78	7.19	7.58
85[j]	6.75	8.14	8.30	8.36	8.75	9.15
80[i]	7.96	9.34	9.50	9.55	9.94	10.33
70[j]	9.36	10.70	10.86	10.91	11.29	11.68
60[j]	9.61	10.92	11.07	11.12	11.50	11.87
50[j]	8.96	10.23	10.37	10.42	10.78	11.14
40[j]	7.69	8.92	9.06	9.11	9.46	9.81
30[a]	6.15	7.34	7.47	7.52	7.85	8.19
25[a]	5.29	6.46	6.59	6.63	6.96	7.30
15[a]	3.42	4.55	4.67	4.72	5.03	5.34
10[a]	2.44	3.54	3.66	3.71	4.00	4.31
5[i]	1.44	2.52	2.64	2.68	2.96	3.25
1[b]	0.627	1.69	1.80	1.84	2.12	2.42
			Fe - Ni			
w(Fe)/%						
99[a]	3.32	10.9	12.0	12.4		18.7
95[c]	10.0	18.7	19.9	20.2		26.8
90[c]	14.5	24.2	25.5	25.9		33.2
85[c]	17.5	27.8	29.2	29.7		37.3
80[c]	19.3	30.1	31.6	32.2		40.0
70[b]	20.9	32.3	33.9	34.4		42.4

续表 2-34

温度/K	100	273	293	300	350	400
60[c]	28.6	53.8	57.1	58.2		73.9
50[d]	12.3	28.4	30.6	31.4		43.7
40[d]	7.73	19.6	21.6	22.5		34.0
30[c]	5.97	15.3	17.1	17.7		27.4
25[b]	5.62	14.3	15.9	16.4		25.1
15[c]	4.97	12.6	13.8	14.2		21.1
10[c]	4.20	11.4	12.5	12.9		18.9
5[c]	3.34	9.66	10.6	10.9		16.1
1[b]	1.66	7.17	7.94	8.12		12.8
			Ag-Pd			
w(Ag)/%						
99[b]	0.839	1.891	2.007	2.049	2.35	2.66
95[b]	2.528	3.58	3.70	3.74	4.04	4.34
90[b]	4.72	5.82	5.94	5.98	6.28	6.59
85[k]	6.82	7.92	8.04	8.08	8.38	8.68
80[k]	8.91	10.01	10.13	10.17	10.47	10.78
70[k]	13.43	14.53	14.65	14.69	14.99	15.30
60[i]	19.4	20.9	21.1	21.2	21.6	22.0
50[k]	29.3	31.2	31.4	31.5	32.0	32.4
40[m]	40.8	42.2	42.2	42.2	42.3	42.3
30[b]	37.1	40.4	40.6	40.7	41.3	41.7
25[k]	32.4	36.67	37.06	37.19	38.1	38.8
15[i]	21.0	27.08	26.68	27.89	29.3	30.6
10[i]	14.95	21.69	22.39	22.63	24.3	25.9
5[b]	8.91	15.98	16.72	16.98	18.8	20.5
1[a]	3.97	11.06	11.82	12.08	13.92	15.70

注：a——电阻率误差是 ±2%；

b——电阻率误差是 ±3%；

c——电阻率误差是 ±5%；

d——电阻率误差是 ±7%，低于 300 K，300 ~ 400 K 时为 ±5%；

e——电阻率误差是 ±7%；

f——电阻率误差是 ±8%；

g——电阻率误差是 ±10%；

h——电阻率误差是 ±12%；

i——电阻率误差是 ±4%；

j——电阻率误差是 ±1%；

k——电阻率误差是 ±3%，到 300 K，高于 300 K 为 ±4%；

m——电阻率误差是 ±2%，到 300 K，高于 300 K 为 ±4%。

数据引自：[7]-12-48、[7]-12-49、[7]-12-50 及[7]-12-51。

2.15 离子晶体的晶格焓和多原子离子的热化学半径

离子晶体的晶格能是1 mol该晶体离解为它的组分气态离子的过程在0 K时的热力学能的变化(ΔU_0)[①]。这个过程可表示为：

$$MX(s) \longrightarrow M^+(g) + X^-(g)$$

在恒压和298 K下以上过程的焓变称为晶格焓ΔH_{298}，可由ΔU_0计算：

$$\Delta H_{298} = \Delta U_0 + \int_0^{298} [C_p(M^+) + C_p(X^-) - C_p(MX)]\mathrm{d}T$$

表2-35为一些碱金属卤化物的晶格焓数据。

表2-36为一些氧化物、硫化物和氯化物的晶格焓数据。

表2-35 298 K时碱金属卤化物的晶格焓 ΔH_{298}/(kJ·mol^{-1})

元素	F	Cl	Br	I
Li	1039	850	802	742
Na	920	780	740	692
K	816	710	680	639
Rb	780	686	658	621
Cs	749	651	630	599
Be	3476	2994	2896	2784
Mg	2949	2502	2402	2293
Ca	2617	2231	2134	2043
Sr	2482	2129	2040	1940
Ba	2330	2024	1942	1838

数据引自：[21]-16-106。

表2-36 一些物质的晶格焓(298 K)

物质	MgO	CaO	SrO	BaO	MgS	CaS	SrS	BaS	CuCl	AgCl
ΔH_{298}/(kJ·mol^{-1})	3889	3513	3510	3152	3238	2966	2779	2643	976	905

数据引自：[21]-16-106。

多原子离子的热化学半径

卡普斯钦斯基(Kapustinskii)使用一种半经验方法，推导了一个计算晶格能的经验公式。如果r_+和r_-分别是阳离子和阴离子，其中每个电荷最邻近的各为6个相反符号的电荷以八

注：①有时，晶格能定义为此过程的逆过程所释放的能量，即由气态离子生成1 mol指定晶体放出的能量，是这个过程的$-\Delta H^{\ominus}$。即在298 K时的标准生成焓的$-\Delta H^{\ominus}$。

面体形式围绕它。中心点电荷，在距离 r 处，有6个相反符号的电荷，在距离$\sqrt{2}r$ 处，有12个相同符号的电荷，在$\sqrt{3}r$ 处，有8个相反符号的电荷，在 $2r$ 处，有6个相同符号的电荷，以此类推。这个中心点电荷的势能等于：

$$-\frac{e^2}{r}\left(6-\frac{12}{\sqrt{2}}+\frac{8}{\sqrt{3}}-\frac{6}{2}\cdots\right)$$

括号中的级数收敛得相当慢，但有一个极限值为1.74758。这个数就是对于氯化钠晶格中离子电荷的这种特定排列的马德隆常数(Madelung 常数)。晶格能 U 就可由下列经验公式算得：

$$U=1.202\times10^{-7}\cdot m\frac{vz+z_-}{r_++r_-}\left(1-\frac{3.45\times10^{-11}\ m}{r_++r_-}\right)$$

式中：v 是分子式中的离子数目，例如 NaCl 是2，$Mg(ClO_4)_2$ 中是3。对于那些从热化学数据已知晶格能的晶体，这个公式能用于计算各离子的热化学半径。

例：$KClO_4$ 的 $U=591$ kJ/mol。如果相邻阴离子和阳离子间的距离为 r_0，则

$$591=1.202\times10^{-7}\cdot m\times\frac{2\times1\times1}{r_0}(1-\frac{3.45\times10^{-11}\ m}{r_0})$$

因而

$$5.91(r_0/m)-2.404\times10^{-9}(r_0/m)+8.28\times10^{-20}=0$$

$$10^9\left(\frac{r_0}{m}\right)=\frac{2.404\pm\sqrt{2.404^2-(4\times5.91\times8.28\times10^{-2})}}{11.85}$$

$$\frac{r_0}{m}=3.69\times10^{-10}$$

取较大的值，$r_0=369\ \mathrm{pm}=r_++r_-$

因为 K^+ 的 $r_+=133$ pm

ClO_4^- 的 $r_-=236$ pm(即 ClO_4^- 的热化学的半径)。

表2-37为部分离子的热化学半径数据。

表2-37 热化学半径/nm

离子	半径	离子	半径
AgF_4^-	0.231±0.019	AuF_6^-	0.235±0.038
$AlBr_4^-$	0.321±0.023	Cl^-	0.168±0.019
$AlCl_4^-$	0.317±0.019	ClO_2^-	0.195±0.019
AlF_4^-	0.214±0.023	ClO_3^-	0.208±0.019
AlH_4^-	0.226±0.019	ClO_4^-	0.225±0.019
AlI_4^-	0.374±0.019	$ClS_2O_6^-$	0.260±0.049
AsF_6^-	0.243±0.019	CN^-	0.187±0.023
AsO_2^-	0.211±0.019	$CuBr_4^-$	0.315±0.019
$Au(CN)_2^-$	0.266±0.019	$FeCl_4^-$	0.317±0.019
$AuCl_4^-$	0.288±0.019	$GaCl_4^-$	0.328±0.019
AuF_4^-	0.240±0.019	H^-	0.148±0.019

续表 2－37

离子	半径	离子	半径
$H_2AsO_4^-$	0.227 ±0.019	$S_3N_3O_4^-$	0.252 ±0.038
$H_2PO_4^-$	0.213 ±0.019	$Bi_2Br_8^{2-}$	0.392 ±0.055
HCO_2^-	0.200 ±0.019	$Bi_6Cl_{20}^{2-}$	0.501 ±0.073
HCO_3^-	0.207 ±0.019	$CdCl_4^{2-}$	0.307 ±0.019
HF_2^-	0.172 ±0.019	$CeCl_6^{2-}$	0.352 ±0.019
HSO_4^-	0.221 ±0.019	CeF_6^{2-}	0.249 ±0.019
MnO_4^-	0.242 ±0.019	CO_3^{2-}	0.189 ±0.019
NH_2^-	0.168 ±0.019	$CoCl_4^{2-}$	0.306 ±0.019
$NH_2CH_2COO^-$	0.252 ±0.019	CoF_4^{2-}	0.209 ±0.019
NO_2^-	0.187 ±0.019	CoF_6^{2-}	0.256 ±0.019
NO_3^-	0.200 ±0.019	$CuCl_4^{2-}$	0.304 ±0.019
O_2^-	0.165 ±0.019	CuF_4^{2-}	0.213 ±0.019
O_3^-	0.199 ±0.034	$GeCl_6^{2-}$	0.335 ±0.019
OH^-	0.152 ±0.019	GeF_6^{2-}	0.244 ±0.019
OsF_6^-	0.252 ±0.020	HgI_4^{2-}	0.377 ±0.019
PdF_6^-	0.252 ±0.019	$IrCl_6^{2-}$	0.332 ±0.019
PO_3^-	0.204 ±0.019	$MnCl_6^{2-}$	0.314 ±0.031
PtF_6^-	0.247 ±0.019	MnF_4^{2-}	0.219 ±0.019
ReF_6^-	0.240 ±0.019	MnF_6^{2-}	0.241 ±0.019
ReO_4^-	0.227 ±0.019	NH^{2-}	0.128 ±0.019
RuF_6^-	0.242 ±0.019	$Ni(CN)_4^{2-}$	0.322 ±0.019
S_6^-	0.305 ±0.019	NiF_4^{2-}	0.211 ±0.019
SCN^-	0.209 ±0.019	NiF_6^{2-}	0.249 ±0.019
$SbCl_6^-$	0.320 ±0.019	O^{2-}	0.141 ±0.019
SbF_6^-	0.252 ±0.019	O_2^{2-}	0.167 ±0.019
$Sb_2F_{11}^-$	0.312 ±0.038	$OsBr_6^{2-}$	0.365 ±0.019
$Sb_3F_{14}^-$	0.374 ±0.038	$OsCl_6^{2-}$	0.336 ±0.019
$SeCl_5^-$	0.258 ±0.038	OsF_6^{2-}	0.276 ±0.019
$SeCN^-$	0.230 ±0.019	$PbCl_4^{2-}$	0.279 ±0.019
SeH^-	0.195 ±0.019	$PbCl_6^{2-}$	0.347 ±0.019
SH^-	0.191 ±0.019	PbF_6^{2-}	0.268 ±0.019
SO_3F^-	0.214 ±0.019	$PdBr_6^{2-}$	0.354 ±0.019
$S_3N_3^-$	0.231 ±0.038	$PdCl_4^{2-}$	0.313 ±0.019

续表 2－37

离子	半径	离子	半径
$PdCl_6^{2-}$	0.333 ±0.019	TeI_6^{2-}	0.430 ±0.019
PdF_6^{2-}	0.252 ±0.019	TeO_4^{2-}	0.238 ±0.019
$Pt(NO_2)_3Cl_3^{2-}$	0.364 ±0.019	$ZnBr_4^{2-}$	0.335 ±0.019
$Pt(NO_2)_4Cl_2^{2-}$	0.383 ±0.019	$ZnCl_4^{2-}$	0.306 ±0.019
$Pt(OH)_2^{2-}$	0.333 ±0.019	ZnF_4^{2-}	0.219 ±0.019
$Pt(SCN)_6^{2-}$	0.451 ±0.019	ZnI_4^{2-}	0.384 ±0.019
$S_2O_3^{2-}$	0.251 ±0.019	AlH_6^{3-}	0.256 ±0.042
$S_2O_4^{2-}$	0.262 ±0.019	AsO_4^{3-}	0.237 ±0.042
$S_2O_5^{2-}$	0.270 ±0.019	$CdBr_6^{4-}$	0.374 ±0.038
$S_2O_6^{2-}$	0.283 ±0.019	$CdCl_6^{4-}$	0.352 ±0.038
$S_2O_7^{2-}$	0.275 ±0.019	$Co(CN)_6^{3-}$	0.349 ±0.038
$S_2O_8^{2-}$	0.291 ±0.019	$Co(NO_2)_6^{3-}$	0.343 ±0.038
$S_3O_6^{2-}$	0.302 ±0.019	$CoCl_3^{3-}$	0.320 ±0.038
$S_4O_6^{2-}$	0.325 ±0.019	CoF_6^{3-}	0.258 ±0.042
$S_6O_6^{2-}$	0.382 ±0.019	$Cu(CN)_4^{3-}$	0.312 ±0.038
Se^{2-}	0.181 ±0.019	$Fe(CN)_6^{3-}$	0.347 ±0.038
$SeBr_6^{2-}$	0.363 ±0.019	FeF_6^{3-}	0.298 ±0.042
$SeCl_6^{2-}$	0.336 ±0.019	InF_6^{3-}	0.268 ±0.038
SeO_4^{2-}	0.229 ±0.019	$In(CN)_6^{3-}$	0.347 ±0.038
SiF_6^{2-}	0.248 ±0.019	$In(NO_3)_6^{3-}$	0.338 ±0.038
SiO_3^{2-}	0.195 ±0.019	$Mn(CN)_6^{3-}$	0.350 ±0.038
$Sn(OH)_6^{2-}$	0.279 ±0.020	$Mn(CN)_6^{3-}$	0.401 ±0.042
$SnBr_6^{2-}$	0.374 ±0.019	$MnCl_6^{+}$	0.349 ±0.038
$SnCl_6^{2-}$	0.345 ±0.019	N^{+}	0.180 ±0.042
SnF_6^{2-}	0.265 ±0.019	$Ni(NO_3)_6^{3-}$	0.342 ±0.038
SnI_6^{2-}	0.427 ±0.019	$Ni(NO_2)_6^{3-}$	0.383 ±0.038
SO_3^{2-}	0.204 ±0.019	NiF_6^{3-}	0.250 ±0.042
SO_4^{2-}	0.218 ±0.019	O^{3-}	0.288 ±0.038
Te^{2-}	0.220 ±0.019	$Ni(CH_3)_4^{+}$	0.234 ±0.019
$TeBr_6^{2-}$	0.383 ±0.019	$N_2H_5^{+}$	0.158 ±0.019
$TeCl_6^{2-}$	0.353 ±0.019	$N_2H_6^{2+}$	0.158 ±0.029

续表 2-37

离子	半径	离子	半径
$NH(C_2H_5)_3^+$	0.274 ±0.019	$Se_3N_2^+$	0.288 ±0.027
$NH_3C_2H_5^+$	0.193 ±0.019	$Se_3NC_{12}^+$	0.163 ±0.027
$NH_3C_3H_7^+$	0.225 ±0.019	Se_6I^+	0.260 ±0.027
$NH_3CH_3^+$	0.177 ±0.019	$SeBr_3^+$	0.182 ±0.027
NH_3OH^+	0.147 ±0.019	$SeCl_3^+$	0.192 ±0.027
NH_4^+	0.136 ±0.019	SeF_3^+	0.179 ±0.027
$NH_3C_2H_4OH^+$	0.203 ±0.019	SeI_3^+	0.238 ±0.027
$As_3S_4^+$	0.244 ±0.027	SeN_2Cl^+	0.196 ±0.027
$As_3Se_4^+$	0.253 ±0.027	$SeNCl_2^+$	0.157 ±0.027
$AsCl_4^+$	0.221 ±0.027	$(SeNMe_3)_3^+$	0.406 ±0.027
$Cl(SNSCN)_2^+$	0.347 ±0.027	$SeS_2N_2^+$	0.282 ±0.027
$Cl_2C-NH_2^+$	0.173 ±0.027	S_8^{2+}	0.182 ±0.035
Cl_2F^+	0.165 ±0.027	Se_{10}^{2+}	0.253 ±0.035
Cl_3^+	0.182 ±0.027	Se_{17}^{2+}	0.236 ±0.035
ClF_2^+	0.147 ±0.027	Se_{19}^{2+}	0.296 ±0.035
ClO_2^+	0.118 ±0.027	$Se_2I_4^{2+}$	0.218 ±0.035
$GaBr_4^-$	0.317 ±0.038	$Se_3N_2^{2+}$	0.182 ±0.035
NO^+	0.145 ±0.027	Se_4^{2+}	0.152 ±0.035
NO_2^+	0.153 ±0.027	$Se_4S_2N_4^{2+}$	0.224 ±0.035
O_2^+	0.140 ±0.027	Se_8^{2+}	0.186 ±0.035
$O_2(SCCF_3Cl)_2^+$	0.275 ±0.027	$SeN_2S_2^{2+}$	0.182 ±0.035
$ONCH_3CF_3^+$	0.200 ±0.027	$Te_2Se_2^{2+}$	0.192 ±0.035
$OsOF_5^+$	0.246 ±0.038	$Te_2Se_4^{2+}$	0.222 ±0.035
$ReOF_5^-$	0.245 ±0.038	$Te_2Se_8^{2+}$	0.252 ±0.035
$S_3Cl_3^+$	0.233 ±0.027	$Te_3S_3^{2+}$	0.217 ±0.035
SCl_3^+	0.185 ±0.027	Te_3Se^{2+}	0.193 ±0.035
$Se_3Br_3^+$	0.253 ±0.027	Te_4^{2+}	0.169 ±0.035
$Se_3Cl_3^+$	0.245 ±0.027	Te_8^{2+}	0.187 ±0.035

2.16 元素和无机化合物的磁化率

表 2-38 元素和无机化合物的磁化率

化学式	χ_m /($10^{-6}cm^3 \cdot mol^{-1}$)	化学式	χ_m /($10^{-6}cm^3 \cdot mol^{-1}$)
Ag	-19.5	As_2S_3	-70
AgBr	-61	Au	-28
Ag_2CO_3	-80.9	AuBr	-61
AgCl	-49	AuCl	-67
Ag_2CrO_4	-40	AuI	-91
AgCN	-43.2	$AuCl_3$	-112
AgF	-36.5	Bi	-280.1
AgI	-80	$BiBr_3$	-147
$AgNO_3$	-45.7	$BiCl_3$	-26.5
$AgNO_2$	-42	BiF_3	-61.2
Ag_2O	-134	$Bi(OH)_3$	-65.8
Ag_3PO_4	-120	BiI_3	-200.5
Ag_2SO_4	-92.90	$Bi(NO_3)_3 \cdot 5H_2O$	-159
AgSCN	-61.8	BiO_3	-83
AgO	-19.6	BiO_4	-77
Al	16.5	$BiSO_4$	-199
AlF_3	-13.9	Bi_2S_3	-123
Al_2O_3	-37	Cd	-19.7
$Al_2(SO_4)_3$	-93	$CdBr_2$	-87.3
As(灰色)	-5.6	$CdBr_2 \cdot 4H_2O$	-131.5
As(黄色)	-23.2	$CdCO_3$	-46.7
AsH_3	-35.2	$CdCl_2$	-68.7
$AsBr_3$	-106	$CdCrO_4$	-16.8
$AsCl_3$	-72.5	$Cd(CN)_2$	-54
AsI_3	-142.2	CdF_2	-40.6
As_2O_3	-30.34	$Cd(OH)_2$	-41

注：磁化率数据本书第一部分有相应图表，但单位与2.16节不同，为方便读者查阅，选编了表2-38数据。

摩尔磁化率$\chi_m = kV_m = k\dfrac{M}{\rho}$，$V_m$——摩尔体积；$k$——体积磁化率；$M$——摩尔质量；$\rho$——密度。

续表 2－38

化学式	χ_m /($10^{-6}cm^3 \cdot mol^{-1}$)	化学式	χ_m /($10^{-6}cm^3 \cdot mol^{-1}$)
$CuCl_2$	1080	C(石墨)	-6.0
$CuCl_2 \cdot 2H_2O$	1420	CO	-11.8
CuF_2	1050	CO_2	-21.0
$CuF_2 \cdot 2H_2O$	1600	Co	铁磁性(强磁性)①
$Cu(OH)_2$	1170	$CoBr_2$	13000
$Cu(NO_3)_2 \cdot 3H_2O$	1570	$CoCl_2$	12660
$Cu(NO_3)_2 \cdot 6H_2O$	1625	$CoCl_2 \cdot 6H_2O$	9710
CuO	238	$Co(CN)_2$	3825
$CuSO_4$	1330	CoF_2	9490
$CuSO_4 \cdot 5H_2O$	1460	CoI_2	10760
CuS	-2.0	$CoSO_4$	10000
$Cd(IO_3)_2$	-108.4	CoS	225
CdI_2	-117.2	Co_3O_4	7380
$Cd(NO_3)_2$	-55.1	CoF_3	1900
$Cd(NO_3)_2 \cdot 4H_2O$	-140	Co_2O_3	4560
CdO	-30	Cu	-5.46
$CdSO_4$	-59.2	CuBr	-49
CdS	-50	CuCl	-40
Ca	40	CuCN	-24
$CaBr_2$	-73.8	CuI	-63
$CaCO_3$	-38.2	Cu_2O	-20
$CaCl_2$	-54.7	$CuBr_2$	685
CaF_2	-28	Fe	铁磁性(强磁性)①
$Ca(OH)_2$	-22	$FeBr_2$	13600
$Ca(IO_3)_2$	-101.4	$FeCO_3$	11300
CaI_2	-109	$FeCl_2$	14750
CaO	-15.0	$FeCl_2 \cdot 4H_2O$	12900
$CaSO_4$	-49.7	FeF_2	9500
$CaSO_4 \cdot 4H_2O$	-74	FeI_2	13600
C(金刚石)	-5.9	FeO	7200

注：①参见图 1－5。

续表 2-38

化学式	χ_m /($10^{-6}cm^3 \cdot mol^{-1}$)	化学式	χ_m /($10^{-6}cm^3 \cdot mol^{-1}$)
$FeSO_4$	12400	HgF_2	-57.3
$FeSO_4 \cdot H_2O$	10500	HgI_2	-165
$FeSO_4 \cdot 7H_2O$	11200	$Hg(NO_3)_2$	-74
FeS	1074	HgO	-46
$FeCl_3$	13450	$HgSO_4$	-78.1
$FeCl_3 \cdot 6H_2O$	15250	HgS	-55.4
FeF_3	13760	$Hg(SCN)_2$	-96.5
$FeF_3 \cdot 3H_2O$	7870	H_2O(s,273 K)	-12.63
$Fe(NO_3)_3 \cdot 9H_2O$	15200	H_2O(1,293 K)	-12.96
Ga	-21.6	H_2O(1,373 K)	-13.09
Ga_2O	-34	H_2O(g,373 K)	-13.1
$GaCl_3$	-63	In	-10.2
Ga_2S_3	-80	InCl	-30
Ge	-11.6	$InCl_2$	-56
GeH_4	-29.7	InS	-28
GeO	-28.8	$InBr_3$	-107
GeS	-40.9	$InCl_3$	-86
$GeCl_4$	-72	In_2O_3	-56
GeF_4	-50	In_2S_3	-98
GeI_4	-171	Ir	25
GeO_2	-34.3	$IrCl_3$	-14.4
GeS_2	-53.9	IrO_2	224
H_2(1.203 K)	-5.44	Mg	13.1
H_2(g)	-3.99	$MgBr_2$	-72
H_2O_2	-17.3	$MgCO_3$	-32.4
H_2S	-25.5	$MgCl_2$	-47.4
Hg_2SO_4	-123	MgF_2	-22.7
$HgBr_2$	-94.2	$Mg(OH)_2$	-22.1
$HgCl_2$	-82	MgI_2	-111
$Hg(CN)_2$	-67	MgO	-10.2

续表 2-38

化学式	χ_m /($10^{-6}cm^3\cdot mol^{-1}$)	化学式	χ_m /($10^{-6}cm^3\cdot mol^{-1}$)
$MgSO_4$	-42	$NiSO_4$	4005
$MgSO_4\cdot H_2O$	-61	NiS	190
$MgSO_4\cdot 7H_2O$	-135.7	Ni_3S_2	1030
Mn	511	Os	11
$MnBr_2$	13900	O_2(s,54 K)	10200
$MnCO_3$	11400	O_2(1,90 K)	7699
$MnCl_2$	14350	O_2(g)	3449
$MnCl_2\cdot 4H_2O$	14600	O_3(1)	6.7
MnF_2	10700	Pb	-23
$Mn(OH)_2$	13500	$Pb(C_2H_3O_2)_2$	-89.1
MnI_2	14400	$PbBr_2$	-90.1
MnO	4850	$PbCO_3$	-61.2
$MnSO_4$	13660	$PbCl_2$	-73.8
$MnSO_4\cdot H_2O$	14200	$PbCrO_4$	-18
$MnSO_4\cdot 4H_2O$	14600	PbF_2	-58.1
MnS(a)	5630	$Pb(IO_3)_2$	-131
MnS(b)	3850	PbI_2	-126.5
Mn_3O_4	12400	$Pb(NO_3)_2$	-74
MnF_3	10500	PbO	-42
Mn_2O_3	14100	$Pb(PO_4)_2$	-182
MnO_2	2280	$PbSO_4$	-69.7
Ni	铁磁性(强磁性)①	PbS	-83.6
$NiBr_2$	5600	Pd	540
$NiCl_2$	6145	$PdCl_2$	-38
$NiCl_2\cdot 6H_2O$	4240	Pt	193
NiF_2	2410	$PtCl_2$	-54
$Ni(OH)_2$	4500	$PtCl_3$	-66.7
NiI_2	3875	$PtCl_4$	-93
$Ni(NO_3)_2\cdot 6H_2O$	4300	PtF_4	445
NiO	660	Rh	102

注：①参见图1-5。

续表 2－38

化学式	χ_m /($10^{-6}cm^3 \cdot mol^{-1}$)	化学式	χ_m /($10^{-6}cm^3 \cdot mol^{-1}$)
$RhCl_3$	-7.5	$SnCl_4$	-115
Rh_2O_3	104	SnO_2	-41
Ru	39	Tl_2CrO_3	-39.3
$RuCl_3$	1998	TlCN	-49
RuO_2	162	TlF	-44.4
S	-23	TlO_3	-86.8
Sb	-99	TlI	-82.2
SbH_3	-34.6	$TlNO_3$	-56.5
$SbBr_3$	-111.4	$TlNO_2$	-50.8
$SbCl_3$	-86.7	Tl_2SO_4	-112.6
SbF_3	-46	Tl_2S	-88.8
SbI_3	-147.2	Tl	-50
Sb_2O_3	-69.4	$TlBrO_3$	-75.9
Sb_2S_3	-86	TlBr	-63.9
$SbCl_5$	-120.5	Tl_2CO_3	-101.6
Se	-25	$TlClO_3$	-65.5
SeO_2	-27.2	TlCl	-57.8
$SeBr_2$	-113	Te	-38
$SeCl_2$	-94.8	$TeBr_2$	-106
SeF_6	-51	$TeCl_2$	-94
Si	-3.12	TeF_6	-66
SiH_4	-20.4	Zn	-9.15
Si_2H_6	-37.3	$ZnCO_3$	-34
$(CH_3)_4Si$	-74.80	$ZnCl_2$	-55.33
$(C_2H_5)_4Si$	-120.2	$Zn(CN)_2$	-46
$SiBr_2$	-126	ZnF_2	-34.3
$SiCl_4$	-87.5	$Zn(OH)_2$	-67
SiC	-12.8	ZnI_2	-108
SiO_2	-29.6	ZnO	-27.2
Sn	-37.4	$Zn_3(PO_4)_2$	-141
$SnCl_2$	-69	$ZnSO_4$	-47.8
$SnCl_2 \cdot 2H_2O$	-91.4	$ZnSO_4 \cdot H_2O$	-63
SnO	-19	$ZnSO_4 \cdot 7H_2O$	-138
$SnBr_4$	-149	ZnS	-25

2.17 无机液体的折射率

表 2-39 无机液体折射率 *n*

无机液体	*t*/℃	*n*
COS	25	1.3506
CO_2	24	1.6630
CS_2	20	1.62774
$Fe(CO)_5$	14	1.523
$GeBr_4$	26	1.6269
$GeCl_4$	25	1.4614
H_2	-253	1.1096
H_2O	20	1.33336
H_2O_2	28	1.4061
H_2S	-80	1.460
H_2SO_4	20	1.4183
H_2S_2	20	1.630
O_2	-183	1.2243①
S	125	1.9170
SCl_2	14	1.557
SF_6	25	1.167
$SOCl_2$	10	1.527
SO_2	25	1.3396
SO_2Cl_2	12	1.444
SO_3	20	1.40965
$SSCl_2$	20	1.671
$SbCl_5$	22	1.5925
$SiBr_4$	31	1.5685
$SiCl_4$	25	1.41156
$SnBr_4$	31	1.6628
$SnCl_4$	25	1.5086

注：①在 546 nm 处。

3　铅锌及其共伴生元素和化合物的标准热力学数据

化学热力学中大量应用的三个广延性质是 G、H 和 S。G 的特征性质是在确定 T 和 p 时发生的过程是向着体系的 G 减小的方向进行。所以平衡状态是相应于 G 的最小值，G 称为体系的吉布斯(Gibbs)自由能。H 的特征性质是在恒定的 p 时，一个封闭体系发生的过程得到的热(能量)等于 H 的增加，H 称为体系的焓。

G 和 H 的关系由吉布斯－亥姆霍兹(Gibbs-Helmholtz)方程表示：

$$H = G - T\left(\frac{\partial G}{\partial T}\right)_p$$

因数 $\left(\frac{\partial G}{\partial T}\right)_p$ 是在恒定 p 时，G 随 T 的变化率。

两个性质可以进一步定义为：

$$S = -\left(\frac{\partial G}{\partial T}\right)_p \quad 和 \quad C_p = \left(\frac{\partial H}{\partial T}\right)_p$$

量 S 为体系的熵，C_p 为体系在恒压时的热容。代替吉布斯－亥姆霍兹方程中的 $\left(\frac{\partial G}{\partial T}\right)_p$ 就得到体系在恒压下的关系式：

$$G = H - TS$$

在某一特定温度时，反应的标准自由能变化 $\Delta G^{\ominus}$ 为：

$$\Delta G^{\ominus} = \Delta H^{\ominus} - T\Delta S^{\ominus}$$

数据表中的有关符号分别表示如下：

$\Delta_f H^{\ominus}$——标准生成焓，是指 1 mol 特定化学式的化合物从它的元素在 298.15 K 及恒压 100 kPa 时合成的热量，单位为 kJ/mol。

$\Delta_f G^{\ominus}$——标准生成自由能，亦称标准吉布斯自由能，是 1 mol 特定化学式的化合物在 298.15 K 及恒压 100 kPa 时合成的吉布斯自由能，单位为 kJ/mol。

$S^{\ominus}$——每摩尔物质在 298.15 K，恒压 100 kPa 时的标准熵，单位为 J/(mol·K)。

C_p——每摩尔物质在 298.15 K，恒压 100 kPa 时的热容，单位为 J/(mol·K)。

3.1 美国科学技术数据委员会有关铅锌及其共伴生元素和化合物的部分热力学数据

表 3-1 美国科学技术数据委员会（缩写词为 CODATA，全称为 Committee on Data for Science and Technology）关于有关元素和化合物的部分热力学数据

物质	状态	$\Delta_f H^\ominus(298.15\ K)$ /(kJ·mol⁻¹)	$S^\ominus(298.15\ K)$ /(J·K⁻¹·mol⁻¹)	$H^\ominus(298.15\ K)-H^\ominus(0\ K)$ /(kJ·mol⁻¹)
Ag	cr	0	42.55 ±0.20	5.745 ±0.020
Ag	g	284.9 ±0.8	172.997 ±0.004	6.197 ±0.001
Ag^+	aq	105.79 ±0.08	73.45 ±0.40	
AgCl	cr	-127.01 ±0.05	96.25 ±0.20	12.033 ±0.020
Al	cr	0	28.30 ±0.10	4.540 ±0.020
Al	g	330.0 ±4.0	164.554 ±0.004	6.919 ±0.001
Al^{3+}	aq	-538.4 ±1.5	-325 ±10	
AlF_3	cr	-1510.4 ±1.3	66.5 ±0.5	11.62 ±0.04
Al_2O_3	cr,刚玉	-1675.7 ±1.3	50.92 ±0.10	10.016 ±0.020
C	cr,石墨	0	5.74 ±0.10	1.050 ±0.020
C	g	716.68 ±0.45	158.100 ±0.003	6.536 ±0.001
CO	g	-110.53 ±0.17	197.660 ±0.004	8.671 ±0.001
CO_2	g	-393.51 ±0.13	213.785 ±0.010	9.365 ±0.003
CO_2	aq,未离解的	-413.26 ±0.20	119.36 ±0.60	
CO_3^{2-}	aq	-675.23 ±0.25	-50.0 ±1.0	
Ca	cr	0	41.59 ±0.40	5.736 ±0.040
Ca	g	177.8 ±0.8	154.887 ±0.004	6.197 ±0.001
Ca^{2+}	aq	-543.0 ±1.0	-56.2 ±1.0	
CaO	cr	-634.92 ±0.90	38.1 ±0.4	6.75 ±0.06
Cd	cr	0	51.80 ±0.15	6.247 ±0.015
Cd	g	111.80 ±0.20	167.749 ±0.004	6.197 ±0.001
CdO	cr	-258.35 ±0.40	54.8 ±1.5	8.41 ±0.08
$CdSO_4\cdot 8/3H_2O$	cr	-1729.30 ±0.80	229.65 ±0.40	35.56 ±0.04
Cd^{2+}	aq	-75.92 ±0.60	-72.8 ±1.5	
Cl	g	121.301 ±0.008	165.190 ±0.004	6.272 ±0.001
Cl^-	aq	-167.080 ±0.10	56.60 ±0.20	
ClO_4^-	aq	-128.10 ±0.40	184.0 ±1.5	
Cl_2	g	0	223.081 ±0.010	9.181 ±0.001
Cu	cr	0	33.15 ±0.08	5.004 ±0.008
Cu	g	337.4 ±1.2	166.398 ±0.004	6.197 ±0.001
Cu^{2+}	aq	64.9 ±1.0	-98 ±4	
$CuSO_4$	cr	-771.4 ±1.2	109.2 ±0.4	16.86 ±0.008

续表 3-1

物质	状态	$\Delta_f H^\ominus$(298.15 K) /(kJ·mol^{-1})	$S^\ominus$(298.15 K) /(J·K^{-1}·mol^{-1})	$H^\ominus$(298.15 K) − $H^\ominus$(0 K) /(kJ·mol^{-1})
Ge	cr	0	31.09 ±0.15	4.636 ±0.020
Ge	g	372 ±3	167.904 ±0.005	7.398 ±0.001
GeF_4	g	−1190.20 ±0.50	301.9 ±1.0	17.29 ±0.10
GeO_2	cr,四方晶体	−580.0 ±1.0	39.71 ±0.15	7.230 ±0.020
H	g	217.998 ±0.006	114.717 ±0.002	6.197 ±0.001
H^+	aq	0	0	
HBr	g	−36.29 ±0.16	198.700 ±0.004	8.648 ±0.001
HCO_3^-	aq	−689.93 ±0.20	98.4 ±0.5	
HCl	g	−92.31 ±0.10	186.902 ±0.005	8.640 ±0.001
HF	g	−273.30 ±0.70	173.779 ±0.003	8.599 ±0.001
HI	g	26.50 ±0.10	206.590 ±0.004	8.657 ±0.001
HPO_4^{2-}	aq	−1299.0 ±1.5	−33.5 ±1.5	
HS^-	aq	−16.3 ±1.5	67 ±5	
HSO_4^-	aq	−886.9 ±1.0	131.7 ±3.0	
H_2	g	0	130.680 ±0.003	8.468 ±0.001
H_2O	l	−285.830 ±0.040	69.95 ±0.003	13.273 ±0.020
H_2O	g	−241.826 ±0.040	188.835 ±0.010	9.905 ±0.005
$H_2PO_4^-$	aq	−1302.6 ±1.5	92.5 ±1.5	
H_2S	g	−20.6 ±0.5	205.81 ±0.05	9.957 ±0.010
H_3BO_3	aq,未离解的	−1072.8 ±0.8	162.4 ±0.6	
H_3BO_4	cr	−1094.8 ±0.8	89.95 ±0.60	13.52 ±0.04
H_2S	aq,未离解的	−38.6 ±1.5	126 ±5	
Hg	l	0	75.90 ±0.12	9.342 ±0.008
Hg	g	61.38 ±0.04	174.971 ±0.005	6.197 ±0.001
Hg^{2+}	aq	170.21 ±0.20	−36.19 ±0.80	
HgO	cr,红色	−90.79 ±0.12	70.25 ±0.30	9.117 ±0.025
Hg_2^{2+}	aq	166.87 ±0.50	65.74 ±0.80	
Hg_2Cl_2	cr	−265.37 ±0.40	191.6 ±0.8	23.35 ±0.20
Hg_2SO_4	cr	−743.09 ±0.40	200.70 ±0.20	26.070 ±0.030
Mg	cr	0	32.67 ±0.10	4.998 ±0.030
Mg	g	147.1 ±0.8	148.648 ±0.003	6.197 ±0.001
Mg^{2+}	aq	−467.0 ±0.6	−137 ±4	
MgF_2	cr	−1124 ±1.2	57.2 ±0.5	9.91 ±0.06
MgO	cr	−601.60 ±0.30	26.95 ±0.15	5.160 ±0.020
N	g	472.68 ±0.40	153.301 ±0.003	6.197 ±0.001
NH_3	g	−45.94 ±0.35	192.77 ±0.05	10.043 ±0.010

续表 3-1

物质	状态	$\Delta_f H^\ominus$(298.15 K) /(kJ·mol^{-1})	$S^\ominus$(298.15 K) /(J·K^{-1}·mol^{-1})	$H^\ominus$(298.15 K) - $H^\ominus$(0 K) /(kJ·mol^{-1})
NH_4^+	aq	-133.26 ±0.25	111.17 ±0.40	
NO_3^-	aq	-206.85 ±0.40	146.70 ±0.40	
N_2	g	0	191.609 ±0.004	8.670 ±0.001
Na	cr	0	51.30 ±0.20	6.460 ±0.020
Na	g	107.5 ±0.7	153.718 ±0.003	6.197 ±0.001
Na^+	aq	-240.34 ±0.006	58.45 ±0.15	
O	g	249.18 ±0.10	161.059 ±0.003	6.725 ±0.001
OH^-	aq	-230.015 ±0.040	-10.90 ±0.20	
O_2	g	0	205.152 ±0.005	8.680 ±0.002
Pb	cr	0	64.80 ±0.30	6.870 ±0.030
Pb	g	195.2 ±0.8	175.375 ±0.005	6.197 ±0.001
Pb^{2+}	aq	0.92 ±0.25	18.5 ±1.0	
$PbSO_4$	cr	-919.97 ±0.40	148.50 ±0.66	20.050 ±0.040
S	cr,斜方晶体	0	32.054 ±0.050	4.412 ±0.006
S	g	277.17 ±0.15	167.829 ±0.006	6.657 ±0.001
SO_2	g	-296.81 ±0.20	248.223 ±0.050	10.549 ±0.010
SO_4^{2-}	aq	-909.34 ±0.40	18.50 ±0.40	
S_2	g	128.60 ±0.30	228.167 ±0.010	9.132 ±0.002
Si	cr	0	18.81 ±0.08	3.217 ±0.008
Si	g	450 ±8	167.981 ±0.004	7.550 ±0.001
SiF_4	g	-1615.0 ±0.8	282.76 ±0.50	15.36 ±0.05
SiO_2	cr,α-石英	-91.07 ±1.0	41.46 ±0.20	6.916 ±0.020
Sn	cr,白锡	0	51.18 ±0.08	6.323 ±0.008
Sn	g	310.2 ±1.5	168.492 ±0.004	6.215 ±0.001
Sn^{2+}	aq	-8.9 ±1.0	-16.7 ±4.0	
SnO	cr,四方晶体	-280.71 ±0.20	57.17 ±0.30	8.736 ±0.020
SnO_2	cr,四方晶体	-577.63 ±0.20	49.04 ±0.10	8.384 ±0.020
Zn	cr	0	41.63 ±0.15	5.657 ±0.020
Zn	g	130.40 ±0.40	160.990 ±0.004	6.197 ±0.001
Zn^{2+}	aq	-153.39 ±0.20	-109.8 ±0.5	
ZnO	cr	-350.46 ±0.27	43.65 ±0.40	6.933 ±0.040

注：COX J D, Wagman D D, Medvedev V A. CODATA Key Values for Thermodynamics, Hemisphere Publishing Corp., New York, 1989。

3.2 有关元素和无机化合物的部分标准热力学数据

表 3-2 有关元素和无机化合物的部分标准热力学数据(298.15 K)

分子式	晶态				气态			
	$\Delta_f H^\ominus$ /(kJ·mol^{-1})	$\Delta_f G^\ominus$ /(kJ·mol^{-1})	$S^\ominus$ /(J·mol^{-1}·K^{-1})	C_p /(J·mol^{-1}·K^{-1})	$\Delta_f H^\ominus$ /(kJ·mol^{-1})	$\Delta_f G^\ominus$ /(kJ·mol^{-1})	$S^\ominus$ /(J·mol^{-1}·K^{-1})	C_p /(J·mol^{-1}·K^{-1})
Ag_2					410.0	358.8	257.1	37.0
Ag	0.0		42.6	25.4	284.9	246.0	173.0	20.8
AgCl	-127.0	-109.8	96.3	50.8				
$AgClO_3$	-30.3	64.5	142.0					
$AgClO_4$	-31.1							
$AgNO_3$	-124.4	-33.4	140.9	93.1				
Ag_2O	-31.1	-11.2	121.3	65.9				
Ag_2O_2	-24.3	27.6	117.0	88.0				
Ag_2O_3	33.9	121.4	100.0					
Ag_2SO_4	-715.9	-618.4	200.4	131.4				
Ag_2S	-32.6	-40.7	144.0	75.5				
Al	0.0		28.3	24.4	330.0	289.4	164.6	21.4
AlCl					-47.7	-74.1	228.1	35.0
$AlCl_2$					-331.0			
$AlCl_3$	-704.2	-628.8	109.3	91.1	-583.2			
AlF					-258.2	-283.7	215.0	31.9
AlF_3	-1510.4	-1431.1	66.5	75.1	-1204.6	-1188.2	277.1	62.6
AlF_4Na					-1869.0	-1827.5	345.7	105.9
AlH					259.2	231.2	187.9	29.4
AlH_3	-46.0		30.0	40.2				

续表 3－2

分子式	晶态				气态			
	$\Delta_f H^\ominus$ /(kJ·mol^{-1})	$\Delta_f G^\ominus$ /(kJ·mol^{-1})	$S^\ominus$ /(J·mol^{-1}·K^{-1})	C_p /(J·mol^{-1}·K^{-1})	$\Delta_f H^\ominus$ /(kJ·mol^{-1})	$\Delta_f G^\ominus$ /(kJ·mol^{-1})	$S^\ominus$ /(J·mol^{-1}·K^{-1})	C_p /(J·mol^{-1}·K^{-1})
Al_2S					200.9	150.1	230.6	33.4
Al_2					485.9	433.3	233.2	36.4
Al_2Cl_6					-1290.8	-1220.4	490.0	
Al_2O					-130.0	-159.0	259.4	45.7
Al_2O_3	-1675.7	-1582.3	50.9	79.0				
Al_2S_3	-724.0		116.9	105.1				
As(灰色)	0.0		35.1	24.6	302.5	261.0	174.2	20.8
As(黄色)	14.6							
$AsCl_3$	-305.0(液)	-259.4(液)	216.3(液)		-261.5	-248.9	327.9	75.7
AsGa	-71.0	-67.8	64.2	46.2				
AsH_3					66.4	68.9	222.8	38.1
AsH_3O_4	-906.3							
AsIn	-58.6	-53.6	75.7	47.8				
AsO					70.0			
As_2					222.2	171.9	239.4	35.0
As_2O_5	-924.9	-782.3	105.4	116.5				
As_2S_3	-169.0	-168.6	163.6	116.3				
Au	0.0		47.4	25.4	366.1	326.3	180.5	20.8
AuCl	-34.7							
$AuCl_3$	-117.6							

续表 3－2

分子式	晶态				气态			
	$\Delta_f H^\ominus$ /(kJ·mol^{-1})	$\Delta_f G^\ominus$ /(kJ·mol^{-1})	$S^\ominus$ /(J·mol^{-1}·K^{-1})	C_p /(J·mol^{-1}·K^{-1})	$\Delta_f H^\ominus$ /(kJ·mol^{-1})	$\Delta_f G^\ominus$ /(kJ·mol^{-1})	$S^\ominus$ /(J·mol^{-1}·K^{-1})	C_p /(J·mol^{-1}·K^{-1})
AuBr	-14.0							
$AuBr_3$	-53.3							
AuF_3	-363.6							
AuH					295.0	265.7	211.2	29.2
Au_2					515.1			36.9
Bi	0.0		56.7	25.5	207.1	168.2	187.0	20.8
BiClO	-366.9	-322.1	120.5					
$BiCl_3$	-379.1	-315.0	177.0	105.0	-265.7	-256.0	358.9	79.7
Bi_2					219.7			36.9
Bi_2O_3	-573.9	-493.7	151.5	113.5				
$Bi_2O_{12}S_3$	-2544.3							
Bi_2S_3	-143.1	-140.6	200.4	122.2				
Ca	0.0		41.6	25.9	177.8	144.0	154.9	20.8
$CaCl_2$	-795.4	-748.8	108.4	72.9				
CaF_2	-1228.0	-1175.6	68.5	67.0				
CaH_2	-181.5	-142.5	41.4	41.0				
CaH_2O_2	-985.2	-897.5	83.4	87.5				
CaO	-634.9	-603.3	38.1	42.0				
$CaSO_4$	-1434.5	-1322.0	106.5	99.7				
CaS	-482.4	-477.4	56.5	47.4				

续表 3－2

分子式	晶态				气态			
	$\Delta_f H^\ominus$ /(kJ·mol^{-1})	$\Delta_f G^\ominus$ /(kJ·mol^{-1})	$S^\ominus$ /(J·mol^{-1}·K^{-1})	C_p /(J·mol^{-1}·K^{-1})	$\Delta_f H^\ominus$ /(kJ·mol^{-1})	$\Delta_f G^\ominus$ /(kJ·mol^{-1})	$S^\ominus$ /(J·mol^{-1}·K^{-1})	C_p /(J·mol^{-1}·K^{-1})
$Ca_3P_2O_8$	-4120.8	-3884.7	236.0	22.8				
Cd	0.0		51.8	26.0	111.8		167.7	20.8
$CdCl_2$	-391.5	-343.9	115.3	74.7				
CdF_2	-700.4	-647.7	77.4					
CdH_2O_2	-560.7	-473.6	96.0					
CdI_2	-203.3	-201.4	161.1	80.0				
CdO	-258.4	-228.7	54.8	43.4				
$CdSO_4$	-933.3	-822.7	123.0	99.6				
CdS	-161.9	-156.5	64.9					
CdTe	-92.5	-92.0	100.0					
Cl					121.3	105.3	165.2	21.8
CuCl	-137.2	-119.9	86.2	48.5				
ClNa	-411.2	-384.1	72.1	50.5				
ClO					101.8	98.1	226.6	31.5
ClO_2					102.5	120.5	256.8	42.0
ClSi					189.9			36.9
ClTi	-204.1	-184.9	111.3	50.9	-67.8			
Cl_2					0.0		223.1	33.9
Cl_2CO	-312.5	-269.8	109.2	78.5				
Cl_2Cu	-220.1	-175.7	108.1	71.9				

续表 3-2

分子式	晶态				气态			
	$\Delta_f H^\ominus$ /(kJ·mol^{-1})	$\Delta_f G^\ominus$ /(kJ·mol^{-1})	$S^\ominus$ /(J·mol^{-1}·K^{-1})	C_p /(J·mol^{-1}·K^{-1})	$\Delta_f H^\ominus$ /(kJ·mol^{-1})	$\Delta_f G^\ominus$ /(kJ·mol^{-1})	$S^\ominus$ /(J·mol^{-1}·K^{-1})	C_p /(J·mol^{-1}·K^{-1})
Cl_2Fe	-341.8	-302.3	118.0	76.7				
Cl_2H_2Si							285.7	60.5
Cl_2Hg	-224.3	-178.6	146.0					
Cl_2Hg_2	-265.4	-210.7	191.6					
Cl_2Mg	-641.3	-591.8	89.6	71.4				
Cl_2Mn	-481.3	-440.5	118.2	72.9				
Cl_2Ni	-305.3	-259.0	97.7	71.7				
Cl_2O					80.3	97.9	266.2	45.4
Cl_2Pb	-359.4	-314.1	136.0					
Cl_2Pt	-123.4							
Cl_2S	-50.0(液)							
Cl_2Sn	-325.1							
Cl_2Ti	-513.8	-464.4	87.4	69.8				
Cl_2Zn	-415.1	-369.4	111.5	71.3				
Cl_3Fe	-399.5	-334.0	142.3	96.7				
Cl_3Ga	-524.7	-454.8	142.0					
Cl_3In	-537.2				-374.0			
Cl_3Ir	-245.6							
Cl_3Nd	-1041.0			113.0				
Cl_3Os	-190.4							

续表 3－2

分子式	晶态				气态			
	$\Delta_f H^\ominus$ /(kJ·mol^{-1})	$\Delta_f G^\ominus$ /(kJ·mol^{-1})	$S^\ominus$ /(J·mol^{-1}·K^{-1})	C_p /(J·mol^{-1}·K^{-1})	$\Delta_f H^\ominus$ /(kJ·mol^{-1})	$\Delta_f G^\ominus$ /(kJ·mol^{-1})	$S^\ominus$ /(J·mol^{-1}·K^{-1})	C_p /(J·mol^{-1}·K^{-1})
Cl_3Pt	−182.0							
Cl_3Re	−264.0	−188.0	123.8	92.4				
Cl_3Rh	−299.2							
Cl_3Ru	−205.0							
Cl_3Sb	−382.2	−323.7	184.1	107.9				
Cl_3Ti	−720.9	−653.5	139.7	97.2				
Cl_3Tl	−315.1							
Cl_4Ge	−531.8(液)	−462.7(液)	245.6(液)		−495.8	−457.3	347.7	96.1
Cl_4Pb	−329.3(液)							
Cl_4Pt	−231.8							
Cl_4Si	−687.9(液)	−619.8(液)	239.7(液)	145.3(液)	−657.0	−617.0	330.7	90.3
Cl_4Sn	−511.3(液)	−440.1(液)	258.6(液)	165.3(液)	−471.5	−432.2	365.8	98.3
Cl_4Fe	−326.4			138.5				
Cl_4Ti	−804.2(液)	−737.2(液)	252.3(液)	145.2(液)	−763.2	−726.3	353.2	95.4
Co	0.0		30.0	24.8	424.7	380.3	179.5	23.0
CoF_2	−692.0	−647.2	82.0	68.8				
CoH_2O_2	−539.7	−454.3	79.0					
CoI_2	−88.7							
CoO	−237.9	−214.2	53.0	55.2				
$CoSO_4$	−888.3	−782.3	118.0					

续表 3-2

分子式	晶态				气态			
	$\Delta_f H^\ominus$ /(kJ·mol^{-1})	$\Delta_f G^\ominus$ /(kJ·mol^{-1})	$S^\ominus$ /(J·mol^{-1}·K^{-1})	C_p /(J·mol^{-1}·K^{-1})	$\Delta_f H^\ominus$ /(kJ·mol^{-1})	$\Delta_f G^\ominus$ /(kJ·mol^{-1})	$S^\ominus$ /(J·mol^{-1}·K^{-1})	C_p /(J·mol^{-1}·K^{-1})
CoS	-82.8							
Co_2S_3	-147.3							
Co_3O_4	-891.0	-774.0	102.5	123.4				
Cu	0.0		33.2	24.4	337.4	297.7	166.4	20.8
CuH_2O_2	-449.8							
CuI	-67.8	-69.5	96.7	54.1				
CuN_2O_6	-302.9							
CuO	-157.3	-129.7	42.6	42.3				
$CuSO_4$	-771.4	-662.2	109.2					
$CuWO_4$	-1105.0							
CuS	-53.1	-53.6	66.5	47.8				
CuSe	-39.5							
Cu_2					484.2	431.9	241.6	36.6
Cu_2O	-168.6	-146.0	93.1	63.6				
Cu_2S	-79.5	-86.2	120.9	76.3				
Fe	0.0		27.3	25.1	416.3	370.7	180.5	25.7
$FeMoO_4$	-1075.0	-975.0	129.3	118.5				
FeO	-272.0							
$FeSO_4$	-928.4	-820.8	107.5	100.6				
$FeWO_4$	-1155.0	-1054.0	131.8	114.6				

续表 3-2

分子式	晶态				气态			
	$\Delta_f H^\ominus$ /(kJ·mol^{-1})	$\Delta_f G^\ominus$ /(kJ·mol^{-1})	$S^\ominus$ /(J·mol^{-1}·K^{-1})	C_p /(J·mol^{-1}·K^{-1})	$\Delta_f H^\ominus$ /(kJ·mol^{-1})	$\Delta_f G^\ominus$ /(kJ·mol^{-1})	$S^\ominus$ /(J·mol^{-1}·K^{-1})	C_p /(J·mol^{-1}·K^{-1})
FeS	-100.0	-100.4	60.3	50.5				
FeS_2	-178.2	-166.9	52.9	62.2				
Fe_2O_3	-824.2	-742.2	87.4	103.9				
Fe_2SiO_4	-1479.4	-1379.0	145.2	132.9				
Fe_3O_4	-1118.4	-1015.4	146.4	143.4				
Ga	0.0	0.0	40.8	26.1	272.0	233.7	169.0	25.3
Ga	5.6(液)							
GaH_2O_3	-964.4	-831.3	100.0					
GaI_3	-238.9		205.0	100.0				
GaN	-110.5							
GaO					279.5	253.5	231.1	32.1
GaP	-88.0							
GaSb	-41.8	-38.9	76.1	48.5				
Ga_2					438.5			
Ga_2O	-356.0							
Ga_2O_3	-1089.1	-998.3	85.0	92.1				
Ge	0.0		31.1	23.3	372.0	331.2	167.9	30.7
GeH_3I							283.2	57.5
GeH_4					90.8	113.4	217.1	45.0

续表 3-2

分子式	晶态				气态			
	$\Delta_f H^\ominus$ /(kJ·mol^{-1})	$\Delta_f G^\ominus$ /(kJ·mol^{-1})	$S^\ominus$ /(J·mol^{-1}·K^{-1})	C_p /(J·mol^{-1}·K^{-1})	$\Delta_f H^\ominus$ /(kJ·mol^{-1})	$\Delta_f G^\ominus$ /(kJ·mol^{-1})	$S^\ominus$ /(J·mol^{-1}·K^{-1})	C_p /(J·mol^{-1}·K^{-1})
GeI_4	-141.8	-144.3	271.1		-56.9	-106.3	428.9	104.1
GeO	-261.9	-237.2	50.0		-46.2	-73.2	224.3	30.9
GeO_2	-580.0	-521.4	39.7	52.1				
GeP	-21.0	-17.0	63.0					
GeS	-69.0	-71.5	71.0		92.0	42.0	234.0	33.7
GeTe	20.0							
Ge_2					473.1	416.3	252.8	35.6
Ge_2H_6	137.3(液)				162.3			
Ge_3H_8	193.7(液)				226.8			
H					218.0	203.3	114.7	20.8
HI					26.5	1.7	206.6	29.2
HIO_3	-230.1							
HLi	-90.5	-68.3	20.0	27.9				
HLiO	-487.5	-441.5	42.8	49.6	-229.0	-234.2	214.4	46.0
HN					351.5	345.6	181.2	29.2
HNO_2					-79.5	-46.0	254.1	45.6
HNO_3	-174.1(液)	-80.7(液)	155.6(液)	109.9(液)	-133.9	-73.5	266.9	54.1
HN_3	264.0(液)	327.3(液)	140.6(液)		294.1	328.1	239.0	43.7
HNa	-56.3	-33.5	40.0	36.4				

续表 3 - 2

分子式	晶态				气态			
	$\Delta_f H^\ominus$ /(kJ·mol^{-1})	$\Delta_f G^\ominus$ /(kJ·mol^{-1})	$S^\ominus$ /(J·mol^{-1}·K^{-1})	C_p /(J·mol^{-1}·K^{-1})	$\Delta_f H^\ominus$ /(kJ·mol^{-1})	$\Delta_f G^\ominus$ /(kJ·mol^{-1})	$S^\ominus$ /(J·mol^{-1}·K^{-1})	C_p /(J·mol^{-1}·K^{-1})
HNaO	-425.8	-379.7	64.4	59.5	-191.0	-193.9	229.0	48.0
$HNaO_4S$	-1125.5	-992.8	113.0					
HNa_2O_4P	-1748.1	-1608.2	150.5	135.3				
HO					39.0	34.2	183.7	29.9
HO_2					10.5	22.6	229.0	34.9
HO_3P	-948.5							
HO_4Re	-762.3	-656.4	158.2					
HS					142.7	113.3	195.7	32.3
HSi					361.0			
H_2					0.0		130.7	28.8
H_2O	-285.8(液)	-237.1(液)	70.0(液)	75.3(液)	-241.8	-228.6	188.8	33.6
H_2O_2	-187.8(液)	-120.4(液)	109.6(液)	89.1(液)	-136.3	-105.6	232.7	43.1
H_2O_2Sn	-561.1	-491.6	155.0					
H_2O_2Zn	-641.9	-553.5	81.2					
H_2O_3Si	-1188.7	-1092.4	134.0					
H_2O_4S	-814.0(液)	-690.0(液)	156.9(液)	138.9(液)				
H_2O_4Se	-530.1							
H_2S					-20.6	-33.4	205.8	34.2
H_2S_2	-18.1(液)			84.1(液)	15.5			51.5

续表 3-2

分子式	晶态				气态			
	$\Delta_f H^\ominus$ /(kJ·mol⁻¹)	$\Delta_f G^\ominus$ /(kJ·mol⁻¹)	$S^\ominus$ /(J·mol⁻¹·K⁻¹)	C_p /(J·mol⁻¹·K⁻¹)	$\Delta_f H^\ominus$ /(kJ·mol⁻¹)	$\Delta_f G^\ominus$ /(kJ·mol⁻¹)	$S^\ominus$ /(J·mol⁻¹·K⁻¹)	C_p /(J·mol⁻¹·K⁻¹)
H_2Se					29.7	15.9	219.0	34.7
H_2Te					99.6			
H_2ISi							270.9	54.4
H_3N					-45.9	-16.4	192.8	35.1
H_3NO	-114.2							
H_3O_2P	-604.6			-595.4				
H_3O_3P	-964.4							
H_3O_4P	-1284.4	-1124.3	110.5	106.1	-1271.7(液)	-1123.6(液)	150.8(液)	145.0(液)
H_3P					5.4	13.5	210.2	37.1
H_3Sb	-127.2	-72.8	63.7	49.3				
Hg	0.0(液)		75.9(液)	28.0(液)	61.4	31.8	175.0	20.8
HgI_2	-105.4	-101.7	180.0					
HgO	-90.8	-58.5	70.3	44.1				
$HgSO_4$	-707.5							
HgS	-58.2	-50.6	82.4	48.4				
HgTe	-42.0							
Hg_2					108.8	68.2	288.1	37.4
Hg_2I_2	-121.3	-111.0	233.5					
Hg_2SO_4	-743.1	-625.8	200.7	132.0				

续表 3 – 2

分子式	晶态				气态			
	$\Delta_f H^\ominus$ /(kJ·mol⁻¹)	$\Delta_f G^\ominus$ /(kJ·mol⁻¹)	$S^\ominus$ /(J·mol⁻¹·K⁻¹)	C_p /(J·mol⁻¹·K⁻¹)	$\Delta_f H^\ominus$ /(kJ·mol⁻¹)	$\Delta_f G^\ominus$ /(kJ·mol⁻¹)	$S^\ominus$ /(J·mol⁻¹·K⁻¹)	C_p /(J·mol⁻¹·K⁻¹)
In	0.0		57.8	26.7	243.3	208.7	173.8	20.8
InO					387.0	364.4	236.5	32.6
InP	-88.7	-77.0	59.8	45.4				
InS	-138.1	-131.8	67.0		238.0			
InSb	-30.5	-25.5	86.2	49.5	344.3			
In_2					380.9			
In_2O_3	-925.8	-830.7	104.2	92.0				
In_2S_3	-427.0	-412.5	163.6	118.0				
In_2Te_5	-175.3							
Ir	0.0		35.5	25.1	665.3	617.9	193.6	20.8
IrO_2	-274.1			57.3				
IrS_2	-138.0							
Ir_2S_3	-234.0							
Mg	0.0		32.7	24.9	147.1	112.5	148.6	20.8
MgN_2O_6	-790.7	-589.4	164.0	141.9				
MgO	-601.6	-569.3	27.0	37.2				
$MgSO_4$	-1284.9	-1170.6	91.6	96.5				
$MgSeO_4$	-968.5							
MgS	-346.0	-341.8	50.3	45.6				

续表 3－2

分子式	晶态				气态			
	$\Delta_f H^\ominus$ /(kJ·mol^{-1})	$\Delta_f G^\ominus$ /(kJ·mol^{-1})	$S^\ominus$ /(J·mol^{-1}·K^{-1})	C_p /(J·mol^{-1}·K^{-1})	$\Delta_f H^\ominus$ /(kJ·mol^{-1})	$\Delta_f G^\ominus$ /(kJ·mol^{-1})	$S^\ominus$ /(J·mol^{-1}·K^{-1})	C_p /(J·mol^{-1}·K^{-1})
Mg_2					287.7			
Mg_2O_4Si	-2174.0	-2055.1	95.1	118.5				
Mn	0.0		32.0	26.3	280.7	238.5	173.7	20.8
MnN_2O_6	-576.3							
$MnNaO_4$	-1156.0							
MnO	-385.2	-362.9	59.7	45.4				
MnO_2	-520.0	-465.1	53.1	54.1				
$MnSiO_3$	-1320.9	-1240.5	89.1	86.4				
MnS	-214.2	-218.4	78.2	50.0				
MnSe	-106.7	-111.7	90.8	51.0				
Mn_2O_3	-959.0	-881.1	110.5	107.7				
Mn_2O_4Si	-1730.5	-1632.1	163.2	129.9				
Mn_3O_4	-1387.8	-1283.2	155.6	139.7				
NO					91.3	87.6	210.8	29.9
NO_2					33.2	51.3	240.1	37.2
N_2					0.0		191.6	29.1
N_2O					81.6	103.7	220.0	38.6
N_2O_3	50.3(液)				86.6	142.4	314.7	72.7
N_2O_4	-19.5(液)	97.5(液)	209.3(液)	142.7(液)	11.1	99.8	304.4	79.2

续表 3-2

分子式	晶态				气态			
	$\Delta_f H^\ominus$ /(kJ·mol^{-1})	$\Delta_f G^\ominus$ /(kJ·mol^{-1})	$S^\ominus$ /(J·mol^{-1}·K^{-1})	C_p /(J·mol^{-1}·K^{-1})	$\Delta_f H^\ominus$ /(kJ·mol^{-1})	$\Delta_f G^\ominus$ /(kJ·mol^{-1})	$S^\ominus$ /(J·mol^{-1}·K^{-1})	C_p /(J·mol^{-1}·K^{-1})
N_2O_5	-43.1	113.9	178.2	143.1	13.3	117.1	355.7	95.3
Na	0.0		51.3	28.2	107.5	77.0	153.7	20.8
NaO_2	-260.2	-218.4	115.9	72.1				
Na_2					142.1	103.9	230.2	37.6
Na_2O	-414.2	-375.5	75.1	69.1				
Na_2O_2	-510.9	-447.7	95.0	89.2				
Na_2O_3S	-1100.8	-1012.5	145.9	120.3				
Na_2O_3Si	-1554.9	-1462.8	113.9					
$NaSO_4$	-1387.1	-1270.2	149.6	128.2				
Na_2S	-364.8	-349.8	83.7					
Nd	0.0		71.5	27.5	327.6	292.4	189.4	22.1
Nd_2O_3	-1807.9	-1720.8	158.6	111.3				
Ni	0.0		29.9	26.1	429.7	384.5	182.2	23.4
$NiSO_4$	-872.9	-759.7	92.0	138.0				
NiS	-82.0	-79.5	53.0	47.1				
Ni_2O_3	-489.5							
O					249.2	231.7	161.1	21.9
PbO(铅黄)	-217.3	-187.9	68.7	45.8				
PbO(密陀僧)	-219.0	-188.9	66.5	45.8				

续表 3-2

分子式	晶态				气态			
	$\Delta_f H^\ominus$ /(kJ·mol^{-1})	$\Delta_f G^\ominus$ /(kJ·mol^{-1})	$S^\ominus$ /(J·mol^{-1}·K^{-1})	C_p /(J·mol^{-1}·K^{-1})	$\Delta_f H^\ominus$ /(kJ·mol^{-1})	$\Delta_f G^\ominus$ /(kJ·mol^{-1})	$S^\ominus$ /(J·mol^{-1}·K^{-1})	C_p /(J·mol^{-1}·K^{-1})
PdO	-85.4			31.4	348.9	325.9	218.0	
RhO					385.0			
SO					6.3	-19.9	222.0	30.2
SeO					53.4	26.8	234.0	31.3
SiO					-99.6	-126.4	211.6	29.9
SnO	-280.7	-251.9	57.2	44.3	15.1	-8.4	232.1	31.6
Tl_2O	-178.7	-147.3	126.0					
ZnO	-350.5	-320.5	43.7	40.3				
O_2					0.0		205.2	29.4
PbO_2	-277.4	-217.3	68.6	64.6				
RuO_2	-305.0							
SO_2	-320.5(液)				-296.8	-300.1	248.2	39.9
SeO_2	-225.4							
SiO_2	-910.7	-856.3	41.5	44.4	-322.0			
SnO_2	-577.6	-515.8	49.0	52.6				
TeO_2	-322.6	-270.3	79.5					
TiO_2	-944.0	-888.8	50.6	55.0				
O_3					142.7	163.2	238.9	39.2
$PbSO_3$	-669.9							

续表 3-2

分子式	晶态				气态			
	$\Delta_f H^{\ominus}$ /(kJ·mol^{-1})	$\Delta_f G^{\ominus}$ /(kJ·mol^{-1})	$S^{\ominus}$ /(J·mol^{-1}·K^{-1})	C_p /(J·mol^{-1}·K^{-1})	$\Delta_f H^{\ominus}$ /(kJ·mol^{-1})	$\Delta_f G^{\ominus}$ /(kJ·mol^{-1})	$S^{\ominus}$ /(J·mol^{-1}·K^{-1})	C_p /(J·mol^{-1}·K^{-1})
$PbSiO_3$	-1145.7	-1062.1	109.6	90.0				
Rh_2O_3	-343.0			103.8				
SO_3	-454.5	-374.2	70.7		-395.7	371.1	256.8	50.7
SO_3	-441.0(液)	-373.8(液)	113.8(液)					
OsO_4	-394.1	-304.9	143.9		-337.2	-292.8	293.8	74.1
$PbSO_4$	-920.0	-813.0	148.5	103.2				
$PbSeO_4$	-609.2	-504.9	167.8					
Pb_2SiO_4	-1363.1	-1252.6	186.6	137.2				
Pb_3O_4	-718.4	-601.2	211.3	146.9				
RuO_4	-239.3	-152.2	146.4					
Tl_2SO_4	-931.8	-830.4	230.5					
$ZnSO_4$	-982.8	-871.5	110.5	99.2				
Zn_2SiO_4	-1636.7	-1523.2	131.4	123.3				
Sb_2O_5	-971.9	-829.2	125.1					
Os	0.0		32.6	24.7	791.0	745.0	192.6	20.8
Pb	0.0		64.8	26.4	195.2	162.2	175.4	20.8
PbS	-100.4	-98.7	91.2	49.5				
PbSe	-102.9	-101.7	102.5	50.2				
PbTe	-70.7	-69.5	110.0	50.5				

续表 3-2

分子式	晶态				气态			
	$\Delta_f H^\ominus$ /(kJ·mol^{-1})	$\Delta_f G^\ominus$ /(kJ·mol^{-1})	$S^\ominus$ /(J·mol^{-1}·K^{-1})	C_p /(J·mol^{-1}·K^{-1})	$\Delta_f H^\ominus$ /(kJ·mol^{-1})	$\Delta_f G^\ominus$ /(kJ·mol^{-1})	$S^\ominus$ /(J·mol^{-1}·K^{-1})	C_p /(J·mol^{-1}·K^{-1})
Pd	0.0		37.6	26.0	378.2	239.7	167.1	20.8
PdS	-75.0	-67.0	46.0					
Re	0.0		36.9	25.5	769.9	724.6	188.9	20.8
Rh	0.0		31.5	25.0	556.9	510.8	185.8	21.0
Ru	0.0		28.5	24.1	642.7	595.8	186.5	21.5
S(菱形的)	0.0		32.1	22.6	277.2	236.7	167.8	23.7
S(单斜晶)	0.3							
SnS	-100.0	-98.3	77.0	49.3				
Tl_2S	-97.1	-93.7	151.0					
ZnS(纤维锌矿)	-192.6							
ZnS(闪锌矿)	-206.0	-201.3	57.7	46.0				
S_2					128.6	79.7	228.2	32.5
Sb	0.0		45.7	25.2	262.3	222.1	180.3	20.8
Sb_2					235.6	187.0	254.9	36.4
Se(灰色)	0.0		42.4	25.4	227.1	187.0	176.7	20.8
Se(α)	6.7				227.1			
$TlSe_2$	-59.0	-59.0	172.0					
ZnSe	-163.0	-163.0	84.0					
Se_2					146.0	96.2	252.0	35.4

续表 3－2

分子式	晶态				气态			
	$\Delta_f H^\ominus$ /(kJ·mol^{-1})	$\Delta_f G^\ominus$ /(kJ·mol^{-1})	$S^\ominus$ /(J·mol^{-1}·K^{-1})	C_p /(J·mol^{-1}·K^{-1})	$\Delta_f H^\ominus$ /(kJ·mol^{-1})	$\Delta_f G^\ominus$ /(kJ·mol^{-1})	$S^\ominus$ /(J·mol^{-1}·K^{-1})	C_p /(J·mol^{-1}·K^{-1})
Si	0.0		18.8	20.0	450.0	405.5	168.6	22.3
Si_2					594.0	536.0	229.9	34.4
Sn(白锡)	0.0		51.2	27.0	301.2	266.2	168.5	21.3
Sn(灰锡)	-2.1	0.1	44.1	25.8				
Te	0.0		49.7	25.7	196.7	157.1	182.7	20.8
Te_2					168.2	118.0	268.1	36.7
Tl	0.0		64.2	26.3	182.2	147.4	181.0	20.8
Zn	0.0		41.6	25.4	130.4	94.8	161.0	20.8
C(石墨)	0.0		5.7	8.5	716.7	671.3	158.1	20.8
C(金刚石)	1.9	2.9	2.4	6.1				
AgCN	146.0	156.9	107.2	66.7				
$AgCO_3$	-505.8	-436.8	167.4	112.3				
$CaCO_3$(方解石)	-1207.6	-1129.1	91.7	83.5				
$CaCO_3$(文石)	-1207.8	-1182.2	88.0	82.3				
FeC_3	25.1	20.1	104.6	105.9				
CH_4					-74.6	-50.5	186.3	35.7
CO					-110.5	-137.2	197.7	29.1
CO_2					-393.5	-394.4	213.8	37.1

注：少量液态数据均列入晶态栏下，并注上“(液)”。

4 化学势图及不同温度下的部分热化学数据

4.1 化学势图

4.1.1 氧势图

氧势图又称氧位图，乃稳定单质(M)与1 mol氧结合成氧化物(M_xO_y)的反应$2x/yM + O_2 \longrightarrow 2/yM_xO_y$的标准摩尔吉布斯自由能变量$\Delta G^\ominus$(即氧势)与温度$T$的关系图。在$\Delta G^\ominus - T$图中的纵坐标$\Delta G^\ominus$也就是氧势坐标，故此图称为氧势图(见图4－1)。$\Delta G^\ominus - T$直线的斜率取决于反应的熵变$\Delta S^\ominus$的符号及数值，即

$$[\partial(\Delta G^\ominus)/\partial T]_p = -\Delta S^\ominus \quad (4-1)$$

在相变温度，$\Delta G^\ominus - T$直线发生转折。反应$2C + O_2 \longrightarrow 2CO$的$\Delta G^\ominus - T$直线的斜率为负，表明温度越高，氧势越低。此线可以和其他斜率为正的直线相交。此交点温度称为氧化－还原的转化温度，在此交点温度以上，碳可以将该氧化物还原。

氧势图对火法冶金过程氧化物还原的热力学判断很有用，能直观地表明各种氧化物稳定性的次序。图中直线位置越低，它所代表的氧化物越稳定。利用氧势图右边所附的氧压标尺，p_{H_2}/p_{H_2O}及p_{CO}/p_{CO_2}标尺可以直接读出在一定温度下氧化物和金属平衡时的氧分压p_{O_2}以及平衡时的p_{H_2}/p_{H_2O}及p_{CO}/p_{CO_2}值。

4.1.2 硫势图

硫势图即标准状态下的硫化反应$\Delta G^\ominus - T$图(见图4－2)。

4.1.3 氯化物的$\Delta G^\ominus - T$图和氧化物的氯化反应$\Delta G^\ominus - T$图

氯化物的$\Delta G^\ominus - T$图是稳定单质与1 mol氯结合成氯化物的标准吉布斯自由能变量与温度的关系图(见图4－3)。

氧化物的氯化反应，即

$$MO + Cl_2 = MCl_2 + 1/2O_2 \quad (4-2)$$

这类反应的标准生成自由能一并示于图4－3中。图中愈处于下方的愈容易氯化，$Na_2O \longrightarrow NaCl$的反应处于图4－3的最下方，即在－390 kJ附近，可见它极易氯化，这是可以理解的。如图4－3所示，主要有色金属氧化物比较容易氯化，因此硫化铁焙砂中贵重的有色金属可以通过氯化而除去并回收。NaCl或$CaCl_2$等虽是稳定的氯化物，但在硫、氧存在下可按下列反应生成氯气：

$$2NaCl + SO_2 + O_2 = Na_2SO_4 + Cl_2 \quad (4-3)$$

$CaCl_2$在高温下即使没有硫存在，也可按式(4－4)反应生成CaO，或与其他氧化物(如

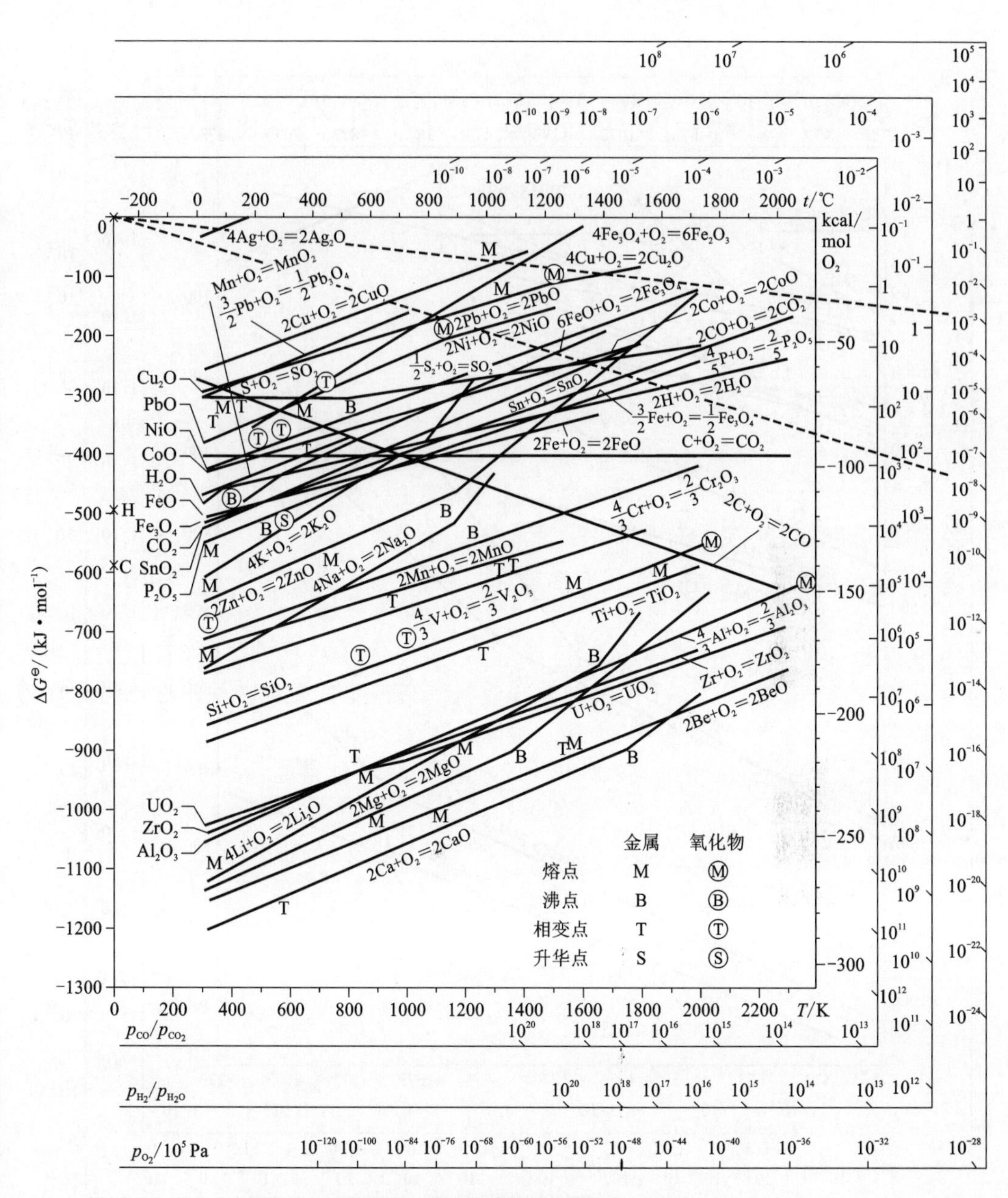

图 4-1　氧势图（氧化物的埃林汉图）（引自[1]-2-40）

Fe_2O_3，SiO_2）结合而放出氯气

$$CaCl_2 + O_2 \longrightarrow CaO + Cl_2 \tag{4-4}$$

当加入 NaCl 并有硫存在下，以 800 K 左右的较低温度进行不使氯化物挥发的氯化反应，而后进行浸出，浸出渣作炼铁原料处理，浸出液中回收有色金属，这就是国内外曾有的中温氯化焙烧法。同样对黄铁矿焙砂加入 $CaCl_2$ 并在高温下进行氯化挥发焙烧，可使氯化物挥发回收，又可制得自熔性球团矿作炼铁原料。

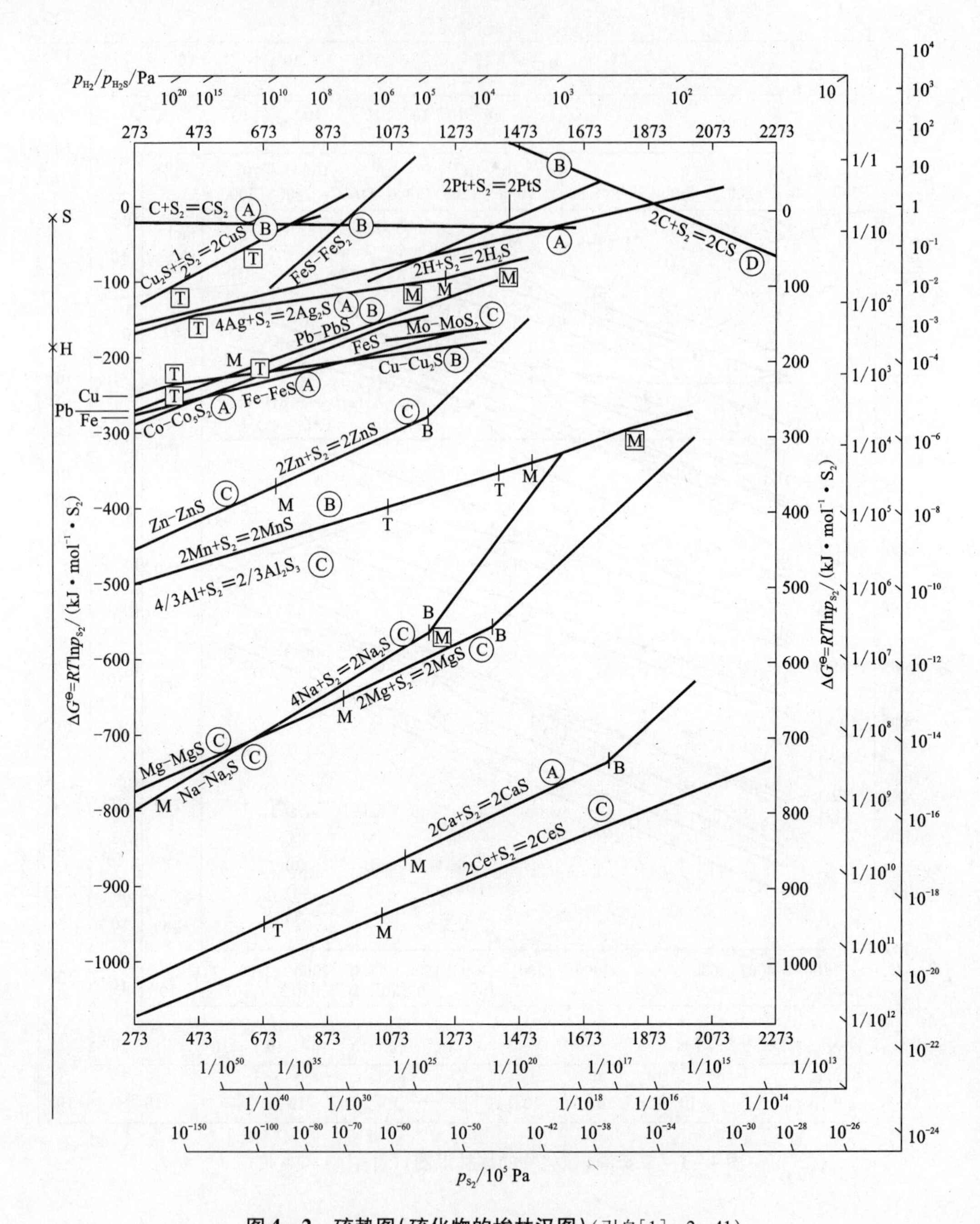

图 4-2 硫势图(硫化物的埃林汉图)(引自[1]-2-41)

准确度符号: Ⓐ ±4 kJ, Ⓑ ±12 kJ, Ⓒ ±42 kJ, Ⓓ >42 kJ

相态变化符号: 相变点 T, 熔点 M, 沸点 B, 升华点 S

(图中不加方框的为元素, 加方框的为氧化物)

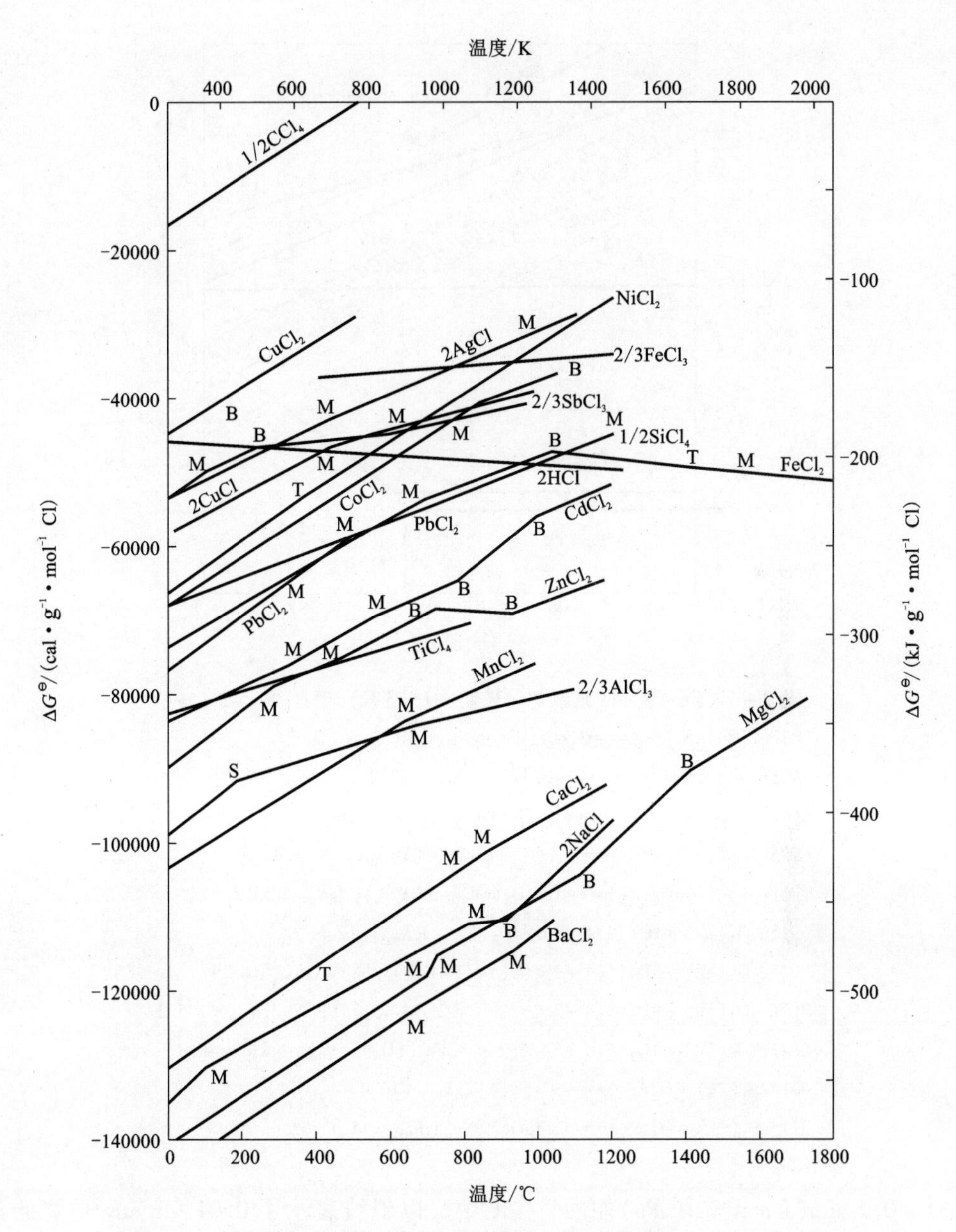

图 4 – 3　氯化物的标准生成自由能变量与温度关系图(引自[15] – 2 – 94)

4.1.4　硫化物焙烧反应过程的氧势 – 硫势图

1) Fe – S – O 系 Cu – S – O 系氧势 – 硫势图(953 K)

图 4 – 4 为 Fe – S – O 系在 953 K 下绘制的氧势 – 硫势图，图中的直线标记的号数分别与图下的各反应式相对应，953 K 时的平衡常数值可以决定其位置，各种金属化合物的稳定区则为图中所示。倾斜的点划线表示 SO_2 等压线，虚线表示 SO_3 的等压线。

利用图 4 – 4 来讨论 FeS 的氧化焙烧过程。当用空气进行氧化时，炉内 SO_2 分压 p_{SO_2} 可认

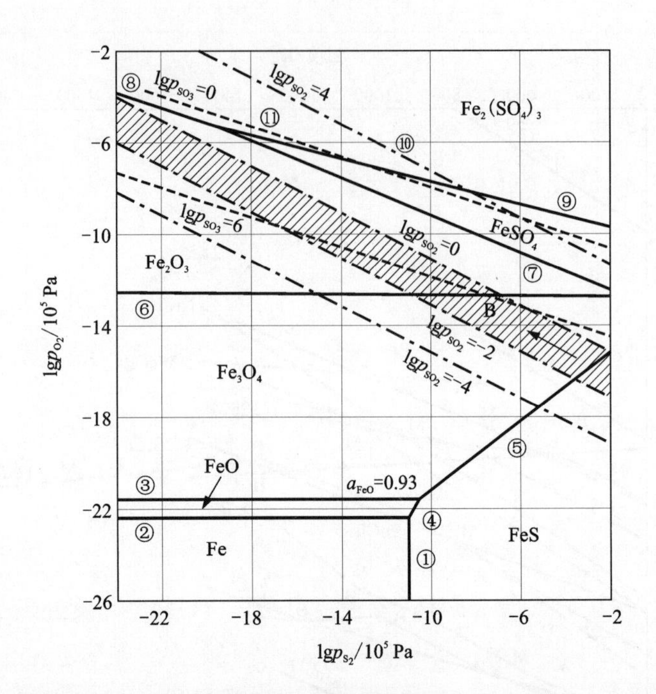

图4-4 Fe-S-O 系氧势-硫势图(953 K)(引自[20]-2-35)

①$2Fe(固)+S_2(气)=2FeS(固)$, $\lg K_{953}=10.8$

②$2Fe(固)+O_2(气)=2FeO(固)$, $\lg K_{953}=22.2$

③$6FeO(固)+O_2(气)=2Fe_3O_4(固)$, $\lg K_{953}=21.6$

④$2FeS(固)+O_2(气)=2FeO(固)+S_2(气)$, $\lg K_{953}=11.4$

⑤$6FeS(固)+4O_2(气)=2Fe_3O_4(固)+3S_2(气)$, $\lg K_{953}=55.7$

⑥$4Fe_3O_4(固)+O_2(气)=6Fe_2O_3(固)$, $\lg K_{953}=12.5$

⑦$2Fe_2O_3(固)+5O_2(气)+2S_2(气)=4FeSO_4(固)$, $\lg K_{953}=64.9$

⑧$2Fe_2O_3(固)+9O_2(气)+3S_2(气)=2Fe_2(SO_4)_3(固)$, $\lg K_{953}=105.2$

⑨$4FeSO_4(固)+4O_2(气)+S_2(气)=2Fe_2(SO_4)_3(固)$, $\lg K_{953}=40.3$

⑩$1/2S_2(气)+O_2(气)=SO_2(气)$, $\lg K_{953}=16.0$

⑪$1/3S_2(气)+O_2(气)=2/3SO_3(气)$, $\lg K_{953}=11.1$

为是0.1~0.2 atm(1 atm = 10^5 Pa)左右，在图中又以斜线表示了0.01~1 atm更宽的范围。可以认为氧化焙烧就是在此p_{SO_2}的范围内，通过氧化逐渐减小p_{S_2}，而增大p_{O_2}的过程，其方向在图中是箭头所示方向。其平衡反应开始在A点氧化成Fe_3O_4，当FeS全部氧化时，便移至B点，并在此氧化为Fe_2O_3。变成$Fe_2(SO_4)_3$是困难的，也不会从FeS直接变为Fe_2O_3。

同样可绘制953 K下的Cu-S-O系的氧势-硫势图(见图4-5)，其p_{SO_2}也在0.01~1 atm的范围。反应按箭头所示方向进行：$Cu_2S→(Cu)→Cu_2O→(CuO)→CuO·CuSO_4→CuSO_4$括号内所示的化合物，表示在斜线范围内当$p_{SO_2}$比较小时才有生成的可能性。

按这样的焙烧途径，对于硫酸化焙烧不是直接按$MS+2O_2=MSO_4$反应进行，而是按(1)$MS+3/2O_2=MO+SO_2$，(2)$MO+SO_3=MSO_4$进行反应，即一度经过氧化物而后变成硫酸盐，这种所谓间接硫酸化的观点从热力学上理解更为恰当。

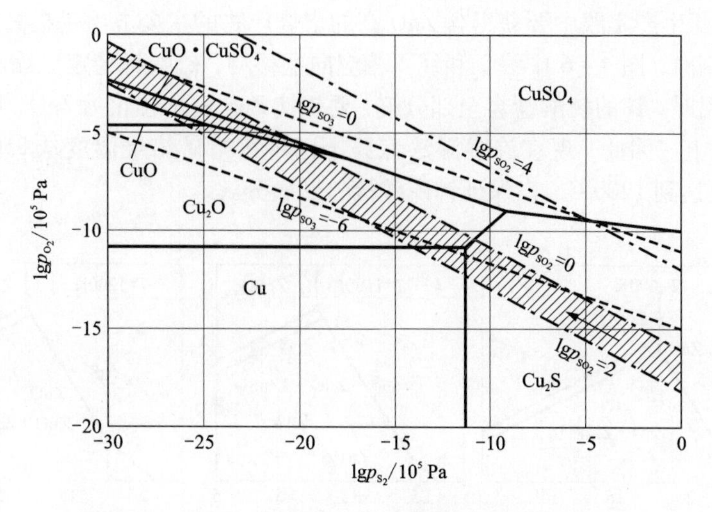

图 4－5　Cu－S－O 系氧势－硫势图（引自[20]－2－36）

由图得知，当 p_{SO_2} 为 0.1～0.2 atm 时，作为最终产物比较容易得到的是 $CuSO_4$。因此，若与图 4－4 的 Fe－S－O 系加以比较，便可得知，对于含铜、铁的铜精矿，由于进行严格的焙烧，就有可能实现使铜转变成硫酸盐，而铁仍呈氧化物的所谓选择性硫酸化焙烧。

2）Zn－S－O 系等温化学势图（1100 K）

根据许多研究已知在 Zn－S－O 系中存在 Zn、ZnO、ZnS、$ZnSO_4$、$ZnO \cdot 2ZnSO_4$（碱式硫酸锌）等凝聚相，并由相关反应化学平衡的热力学数据，绘制了 Zn－S－O 系 $\lg p_{SO_2}-\lg p_{O_2}$ 等温化学势图（1100 K）（见图 4－6 所示）。

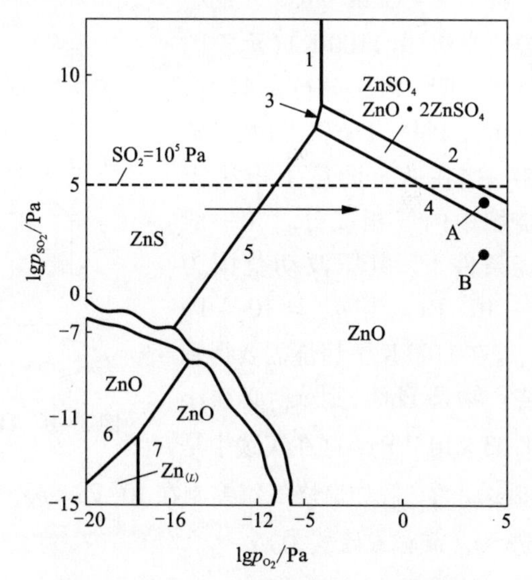

图 4－6　Zn－S－O 系 $\lg p_{SO_2}-\lg p_{O_2}$ 等温化学势图（1100 K）（引自[22]－1－3）

图 4－6 表明，在 1100 K 时，Zn－S－O 系平衡状态图的重要特性如下：

（1）金属锌的稳定区被限制在特别低的 p_{SO_2} 及 p_{O_2} 的数值范围内。这说明要从 ZnS 直接获得金属锌是比较困难的，很难像铅冶金那样直接熔炼得到金属铅，或像铜冶金那样从铜锍吹炼得到金属铜。

（2）硫酸锌的稳定性比铅的硫酸盐小得多。硫酸锌分解反应不能错误地写成

$$ZnSO_4 = ZnO + SO_2 + \frac{1}{2}O_2 \qquad (4-5)$$

$ZnSO_4$ 的分解要经过一个中间产物，即碱式硫酸盐。当控制焙烧条件，如烟气中 4% O_2 和 10% SO_2 时（图 4－6 中 A 点），产物是 $ZnO \cdot 2ZnSO_4$。如果气相中 SO_2 的浓度降到 B 点，即气相中含有 4% O_2 和 4% SO_2，则焙烧产物中是以 ZnO 形态存在。但是用降低 p_{SO_2}、p_{O_2} 来保证获得含 ZnO 高的产物，是生产中不能采用的，因为这样会降低焙烧设备和硫酸生产设备

的能力。因此在此生产实践中要获得含 ZnO 高的焙烧产物的主要方法是提高温度。

(3)温度升高时，图 4－6 中线 2 和线 4 相应向上移动，硫酸锌稳定区缩小(见图 4－7)。在 927℃以上高温时，锌的硫酸盐会全部分解，要想使 ZnS 完全转化为 ZnO，焙烧的温度需要控制在 1000℃以上。因此，现在许多湿法炼锌厂已将锌精矿焙烧温度从 850℃左右提高到 950℃以上，甚至达到 1200℃，以保证锌硫酸盐的彻底分解。

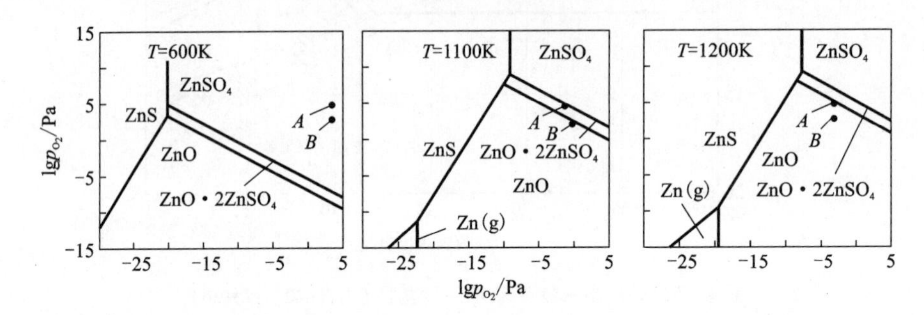

图 4－7　不同温度下 Zn－S－O 系化学势图(引自[22]－1－5)

3) Pb－S－O 系 $\lg p_{SO_2}$－$\lg p_{O_2}$ 等温化学势图(1100 K)

Pb－S－O 系 $\lg p_{SO_2}$－$\lg p_{O_2}$ 等温化学势图(1100 K)(示于图 4－8)表明，PbS 进行焙烧时，可以生成 PbO、$PbSO_4$ 和碱式硫酸铅，这在一定温度下取决于焙烧炉中的气相成分。在一般焙烧条件下，氧压波动范围为 $10^3 \sim 10^4$ Pa。当 $p_{O_2} = 10^{-3}$ Pa 时，若在 1100 K 下焙烧需要得到焙烧产物是 PbO，则 p_{SO_2} 必须小于 1.53×10^{-1} Pa，这在实践中是难于实现的。假如焙烧气氛控制在 10^3 Pa＜p_{SO_2}＜10^4 Pa，10^3 Pa＜p_{O_2}＜10^4 Pa，焙烧的最终产物是 $PbSO_4$(或碱式硫酸铅)。

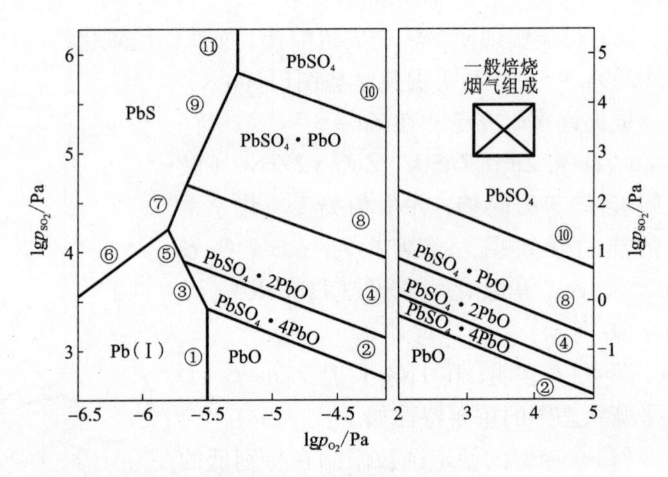

图 4－8　1100 K 的 Pb－S－O 系化学势图(引自[22]－1－6)

4.1.5　硫化矿熔炼过程的 M－S－O 系氧势－硫势图

图 4－9 为在 1300℃下 M－S－O 系的氧势－硫势图。图中各区分别表示在 1300℃下，金属 M、氧化物 MO 和硫化物 MS 的稳定区，是由下面三个反应式来区分的

$$2M + O_2 = 2MO \tag{4-6}$$

$$2M + S_2 = 2MS \tag{4-7}$$

式(4－6)～式(4－7)：

$$2MS + O_2 = 2MO + S_2 \tag{4-8}$$

这些反应的平衡常数表示式如下：

$$\lg K_6 = 2\lg(a_{MO}/a_M) - \lg p_{O_2}$$

$$\lg K_7 = 2\lg(a_{MS}/a_M) - \lg p_{S_2}$$

$$\lg K_8 = 2\lg(a_{MO}/a_{MS}) - \lg p_{O_2} + \lg p_{S_2}$$

反应(4－6)是氧化还原的原理，即图中纵轴的变化，也就是在还原熔炼过程用 C 或 H_2 来夺取 MO 中的 O。反应(4－7)是图中横轴的变化，当熔炼条件从左向右变化时，MS 被还原得金属。与 MO 还原一样需选择一种还原剂来夺取 MS 中的 S。从图 4－9 中的上部坐标 H_2S/H_2 看出，Ni_3S_2 若用 H_2 还原得到 Ni 时，p_{H_2S}/p_{H_2} 应小于 0.01，即 H_2 的分压应为 H_2S 分压的 100 倍。以 CO 或 H_2 作为还原 MO 或 MS 时生成的 $\Delta G^\ominus$ 分别为：

$$\Delta G^\ominus_{H_2O} = -175.5\ \text{kJ/mol}$$

$$\Delta G^\ominus_{CO_2} = -169.8\ \text{kJ/mol}$$

$$\Delta G^\ominus_{H_2S} = -26.1\ \text{kJ/mol}$$

$$\Delta G^\ominus_{COS} = 8.4\ \text{kJ/mol}$$

从数据看出，得到的产物 H_2S 和 COS 远没有 H_2O 和 CO_2 稳定。但从横轴看，可以选择对 S 更具亲和力的元素来作为另一 MS 的还原剂，如 $\lg p_{S_2} = -4 \sim -5$ 时，Pb 和 FeS 都是稳定的相，即可发生：PbS + Fe ══ Pb + FeS。这种置换过程称为沉淀熔炼。

由于硫化物的还原不能选择一种适合的工业还原剂，所以硫化矿的处理，一般是采用空气氧化脱硫后再进行还原熔炼得到金属的方法，目前铅锌硫化矿仍采用这种冶炼方法来处理。用图 4－9 来说明，即是使 MS→MO，再用还原剂脱氧使 p_{O_2} 降低而获得金属，这种方法通称为还原熔炼。

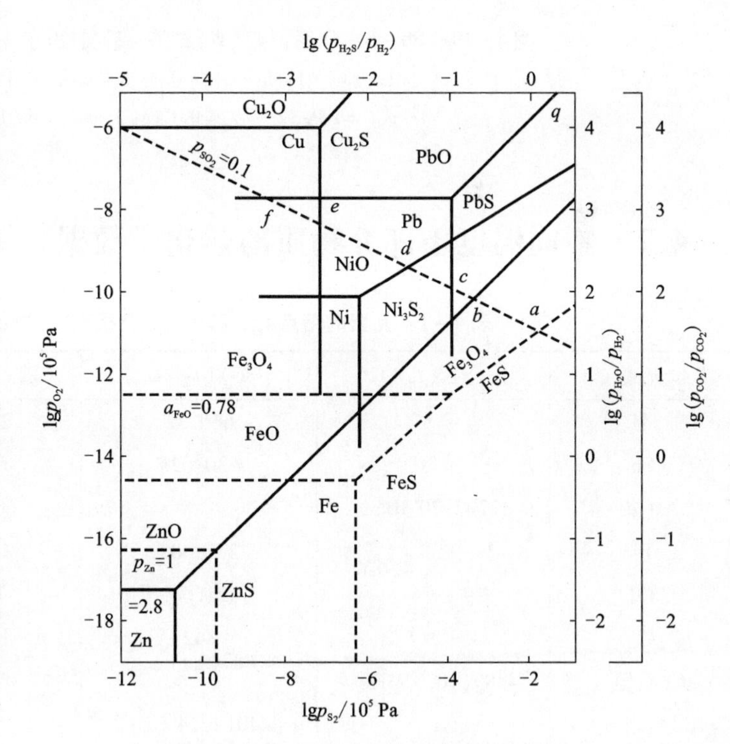

图 4－9　1300℃ M－S－O 系氧势－硫势图

(引自[22]－3－103)

图 4－10 为 1473 K 下 Pb－S－O 系氧势－硫势图。从图可以看出，烧结焙烧区域、鼓风炉还原熔炼区域以及直接炼铅区域(画斜线的阴影区)的位置，PbS、PbO、$PbSO_4 \cdot 2PbO$ 和 $PbSO_4 \cdot PbO$ 以及 $PbSO_4$ 和 Pb 的稳定区。图解示出，若直接炼铅炉渣要求达到鼓风炉还原熔炼炉渣含铅水平(<3.0%)，则要求直接炼铅的炉渣放出处的氧势应控制在鼓风炉熔炼水平($\lg p_{O_2} < -5$ Pa)。

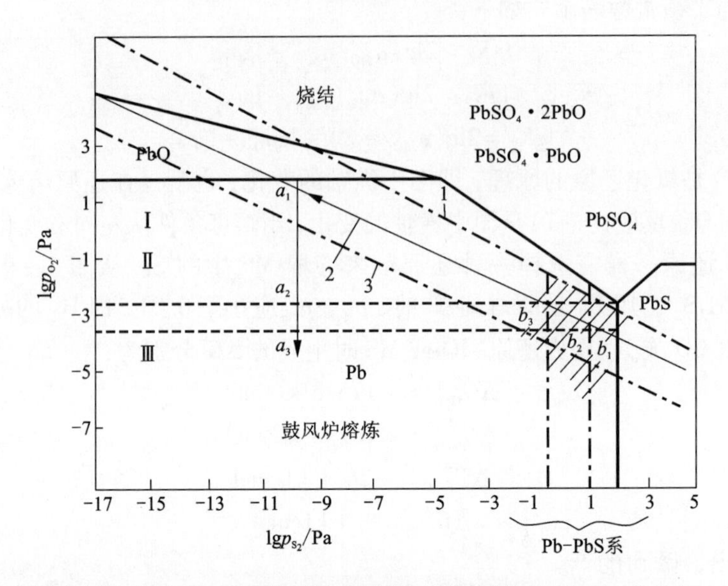

图 4-10 Pb-S-O 系(1473 K)氧势-硫势图(引自[23]-9-263)

Ⅰ—$c_{PbO}=1$; Ⅱ—$c_{PbO}=0.1$; Ⅲ—$c_{PbO}=0.05$

1—$p_{SO_2}=1$ Pa; 2—$p_{SO_2}=0.1$ Pa; 3—$p_{SO_2}=0.01$ Pa

4.2 不同温度下部分物质的热化学数据

表 4-1 元素的熔点 t_m、沸点 t_b、三相点 t_{tp} 和临界温度 t_c

元素	三相点 t_{tp}/℃	熔点 t_m/℃	沸点 t_b/℃	临界温度 t_c/℃
Al		660.32	2519	
Sb		630.628	1587	
As(灰)	817(3.70 MPa)		603sp	1400
Bi		271.402	1564	
Cd		321.069	767	
Ca		842	1484	
C(石墨)	4489(10.3 MPa)		3825sp	
C(金刚石)		4440(12.4 GPa)		
Co		1459	2927	
Cu		1084.62	2562	
Ga	29.7666		2204	
Ge		938.25	2833	
H_2	-259.198(7.2 kPa)	-259.1	-252.762	-240.18

续表 4－1

元素	三相点 t_{tp}/℃	熔点 t_m/℃	沸点 t_b/℃	临界温度 t_c/℃
In	156.5936	156.60	2072	
Ir		2446	4428	
Fe		1538	2861	
Pb		327.462	1749	
Mg		650	1090	
Mn		1246	2061	
Hg	−38.837	−38.8290	356.62	1477
Os		3033	5012	
O_2		−218.79	−182.953	−118.56
Rh		3186	5596	
Ru		39.30	688	1820
Se(玻璃状)		180(转变为灰色)	685	1493
Se(灰色)		220.5	685	1493
Si		1414	3265	
Ag		961.78	2162	
S(菱形的，斜方形的)		95.3(转变为单斜晶系)	444.61	1041
S(单斜晶系)		115.21	444.61	1041
Te		449.51	988	
Tl		304	1473	
Sn(灰色)		13.2(转变为白色)	2602	
Sn(白色)		231.93	2602	
Zn		419.53	907	
Ni		1455	2913	
Pd		1554.8	2963	
Pt		1768.2	3825	
Au		1064.18	2856	

表 4－2　25℃下部分元素的热容

元素	c_p /(J·g^{-1}·K^{-1})	C_p /(J·mol^{-1}·K^{-1})	元素	c_p /(J·g^{-1}·K^{-1})	C_p /(J·mol^{-1}·K^{-1})
Al	0.897	24.20	Mg	1.023	24.869
Sb	0.207	25.23	Mn	0.479	26.32
As	0.329	24.64	Hg	0.140	27.983
Bi	0.122	25.52	Os	0.130	24.7
Cd	0.232	26.020	O_2	0.918	29.378

续表 4-2

元素	c_p /(J·g⁻¹·K⁻¹)	C_p /(J·mol⁻¹·K⁻¹)	元素	c_p /(J·g⁻¹·K⁻¹)	C_p /(J·mol⁻¹·K⁻¹)
Ca	0.647	25.929	Rh	0.243	24.98
C	0.709	8.517	Rn	0.238	24.06
Co	0.421	24.81	Se	0.321	25.363
Cu	0.385	24.440	Si	0.712	19.99
Ga	0.373	26.03	Ag	0.235	25.350
Ge	0.320	23.222	S	0.708	22.70
H_2	14.304	28.836	Te	0.202	25.73
In	0.233	26.74	Tl	0.129	26.32
Ir	0.131	25.10	Au	0.129	25.418
Fe	0.449	25.10	Sn(白色)	0.227	26.99
Pb	0.130	26.84			

表 4-3 部分物质在 200~600 K 下的热容

物质	C_p/(J·mol⁻¹·K⁻¹)						
	200 K	250 K	300 K	350 K	400 K	500 K	600 K
Al	21.33	23.08	24.25	25.11	25.78	26.84	27.89
Al_2O_3	51.12	67.05	79.45	88.91	96.14	106.17	112.55
Ca	24.54	25.41	25.94	26.32	26.87	28.49	30.38
$CaCO_3$	66.50	75.66	83.82	91.51	96.97	104.52	109.86
CaO	33.64	38.59	42.18	45.07	46.98	49.33	50.72
Co	22.23	23.98	24.83	25.68	26.53	28.20	29.66
Cu	22.63	23.77	24.48	24.95	25.33	25.91	26.48
CuO	34.80		42.41	44.95	46.78	49.19	50.83
$CuSO_4$	77.01	89.25	99.25	107.65	114.93	127.19	136.31
Au			25.41	25.37	25.51	26.06	26.65
C(石墨)	5.01	6.82	8.58	10.24	11.81	14.62	16.84
Fe	21.59	23.74	25.15	26.28	27.39	29.70	32.05
Pb	25.87	26.36	26.85	27.30	27.72	28.55	29.40
Mg	22.72	24.02	24.90	25.57	26.14	27.17	28.18
MgO			37.38	40.59	42.77	45.56	47.30
Mn	23.05	24.95	26.35	27.52	28.53	30.29	31.90
Zn	24.05	25.02	25.45	25.88	26.35	27.39	28.59

表 4-4 部分金属元素(固态、液态)的蒸气压

$\lg p\ (\mathrm{Pa}) = 5.006 + A + BT^{-1} + C\lg T + DT^{-3}$

$\lg p\ (\mathrm{atm}) = A + BT^{-1} + C\lg T + DT^{-3}$

元素状态	A	B	C	D	温度范围
Mg(固)	8.489	-7813	-0.8253		298~熔点
Ca(固)	10.127	-9517	-1.4030		298~熔点
Al(固)	9.459	-17342	-0.7927		298~熔点
Al(液)	5.911	-16211			熔点~1800
Ga(固)	6.657	-14208			298~熔点
Ga(液)	6.754	-13984	-0.3413		熔点~1600
In(固)	5.991	-12548			298~熔点
In(液)	5.374	-12276			熔点~1500
Tl(固)	5.971	-9447			298~熔点
Tl(液)	5.259	-9037			熔点~1100
Sn(固)	6.036	-15710			298~熔点
Sn(液)	5.262	-15332			熔点~1850
Pb(固)	5.643	-10143			298~熔点
Pb(液)	4.911	-9701			熔点~1200
Mn(固)	12.805	-15097	-1.7896		298~熔点
Fe(固)	7.100	-21723	0.4536	-0.5846	298~熔点
Fe(液)	6.347	-19574			熔点~1200
Ru(固)	9.755	-34154	-0.4723		298~熔点
Os(固)	9.419	-41198	-0.3896		298~2500
Co(固)	10.976	-22576	-1.0280		298~熔点
Co(液)	6.488	-20578			熔点~2150
Rh(固)	10.168	-29010	-0.7068		298~熔点
Rh(液)	6.802	-26792			熔点~2500
Ir(固)	10.506	-35099	-0.7500		298~2500
Ni(固)	10.557	-22606	-0.8717		298~熔点
Ni(液)	6.666	-20765			熔点~2150
Pd(固)	9.502	-19813	-0.9258		298~熔点
Pd(液)	5.426	-17899			熔点~2100
Pt(固)	4.882	-29387	1.1039	-0.4527	298~熔点
Pt(液)	6.386	-26856			熔点~2500
Cu(固)	9.123	-17748	-0.7317		298~熔点
Cu(液)	5.849	-16415			熔点~1850

续表 4－4

元素状态	A	B	C	D	温度范围
Ag(固)	9.127	－14999	－0.7845		298～熔点
Ag(液)	5.752	－13827			熔点～1600
Au(固)	9.152	－19343	－0.7479		298～熔点
Au(液)	5.832	－18024			熔点～2050
Zn(固)	6.102	－6776			298～熔点
Zn(液)	5.378	－6286			熔点～750
Cd(固)	5.939	－5799			298～熔点
Cd(液)	5.242	－5392			熔点～650
Hg(液)	5.116	－3190			298～400

表 4－5　熔融金属及其代表性盐的密度

任一温度的密度 $\rho(t)=\rho_m-k(t-t_m)$，t_m 为熔点，k 为系数，t_{max} 为最高温度，ρ_m 为熔点下液体密度。

元素	t_m/℃	ρ_m/(g·cm^{-3})	k/(g·cm^{-3}·℃$^{-1}$)	t_{max}
Ag	961.78	9.320	0.0009	1500
AgBr	432	5.577	0.001035	667
AgCl	455	4.83	0.00094	627
AgI	558	5.58	0.00101	802
$AgNO_3$	212	3.970	0.001098	360
Ag_2NO_3	652	4.84	0.001089	770
Al	660.32	2.375	0.000233	1340
$AlBr_3$	97.5	2.647	0.002435	267
$AlCl_3$	192.6	1.302	0.002711	296
AlI_3	188.32	3.223	0.0025	240
As	817	5.22	0.000544	
Au	1034.18	17.31	0.001343	1200
Ca	842	1.378	0.000230	1484
$CaBr_2$	742	3.111	0.0005	791
$CaCl_2$	775	2.085	0.000422	950
CaF_2	1418	2.52	0.000391	2027
CaI_2	783	3.443	0.000751	1028
Cd	321.07	3.996	0.001218	500

续表 4-5

元素	t_m/℃	ρ_m/(g·cm^{-3})	k/(g·cm^{-3}·℃$^{-1}$)	t_{max}
$CdBr_2$	568	4.075	0.00108	720
$CdCl_2$	564	3.392	0.00082	807
CdI_2	387	4.396	0.001117	700
Co	1495	7.75	0.00165	1580
Cu	1084.62	8.02	0.000609	1630
CuCl	430	3.692	0.00076	585
Fe	1538	6.98	0.000572	1680
$FeCl_2$	677	2.348	0.000555	877
Ga	29.76	6.08	0.00062	400
$GaBr_3$	121.5	3.116	0.00246	135
$GaCl_3$	77.9	2.053	0.002083	141
GaI_3	212	3.630	0.002377	252
Gd	1314	7.4		
$GdCl_3$	609	3.56	0.000671	1007
GdI_3	925	4.12	0.000908	1032
Ge	938.25	5.60	0.00055	1600
$HgBr_2$	236	5.126	0.003233	319
$HgCl_2$	276	4.368	0.002862	304
HgI_2	259	5.222	0.003235	354
In	156.60	7.02	0.000836	500
$InBr_3$	420	3.121	0.0015	528
$InCl_3$	583	2.140	0.0021	666
InI_3	207	3.820	0.0015	360
Ir	2446	19		
Mg	650	1.584	0.000234	900
$MgBr_2$	711	2.62	0.000478	935
$MgCl_2$	714	1.68	0.000271	826
MgI_2	634	3.05	0.000651	888
Mn	1246	5.95	0.00105	1590
$MnCl_2$	650	2.3533	0.000437	850
Pb	327.46	10.66	0.00122	700

续表 4-5

元素	t_m/℃	ρ_m/(g·cm^{-3})	k/(g·cm^{-3}·℃$^{-1}$)	t_{max}
$PbBr_2$	371	5.73	0.00165	600
$PbCl_2$	501	4.951	0.0015	710
PbI_2	410	5.691	0.001594	697
Pd	1554.9	10.38	0.001169	1700
Pt	1768.4	19.77	0.0024	2200
Rh	1964	10.7	0.000895	2200
Ru	2334	10.65		
S	115.21	1.819	0.00080	160
Sb	630.63	6.53	0.00067	745
$SbCl_3$	73.04	2.681	0.002293	77
$SbCl_5$	4	2.37	0.001869	77
SbI_3	168	4.171	0.002483	322
Se	221	3.99		
Si	1414	2.57	0.000936	1500
Sn	231.93	6.99	0.000601	1200
$SnCl_2$	247	3.36	0.001253	480
$SnCl_4$	-33	2.37	0.002687	138
Te	449.51	5.70	0.00035	600
Tl	304	11.22	0.00144	600
TlBr	460	5.98	0.001755	647
TlCl	430	5.628	0.0018	642
TlI	441.8	6.15	0.001761	737
$TlNO_3$	206	4.91	0.001873	279
Tl_2SO_4	632	5.62	0.00130	927
Zn	419.53	6.57	0.0011	700
$ZnBr_2$	394	3.47	0.000959	602
$ZnCl_2$	290	2.54	0.00053	557
ZnI_2	446	3.878	0.00136	588
$ZnSO_4$	680	3.14	0.00047	987

表 4-6　部分纯金属的热学性质

元素符号	相对原子量	熔点 t_m /℃	沸点 t_b (101.325 kPa) /℃	熔化焓 $\Delta_{fus}H$ /(J·g^{-1})	密度 ρ(25℃) /(g·cm^{-3})	线胀系数 α(25℃) /(10^{-6}·K^{-1})	定压热容 C_p(25℃) /(J·g^{-1}·K^{-1})	热导率 λ(27℃) /(W·cm^{-1}·K^{-1})
Al	26.98	660.32	2519	399.9	2.70	23.1	0.904	2.37
Sb	121.76	630.63	1587	162.5	6.68	11.0	0.207	0.243
Bi	208.98	271.40	1564	53.3	9.79	13.4	0.122	0.0787
Cd	112.41	321.07	767	55.2	8.69	30.8	0.231	0.968
Ca	40.08	842	1484	213.1	1.54	22.3	0.646	2.00
Co	58.93	1495	2927	272.5	8.86	13.0	0.421	1.00
Cu	63.55	1084.62	2562	203.5	8.96	16.5	0.384	4.01
Ga	69.72	29.767	2204	80.0	5.91	18	0.374	0.406
Au	196.97	1064.18	2856	64.6	19.3	14.2	0.129	3.17
In	114.82	156.60	2072	28.6	7.31	32.1	0.233	0.816
Ir	192.22	2446	4428	213.9	22.5	6.4	0.131	1.47
Fe	55.85	1538	2861	247.3	7.87	11.8	0.449	0.802
Pb	207.20	327.46	1749	23.1	11.3	28.9	0.127	0.353
Mg	24.30	650	1090	348.9	1.74	24.8	1.024	1.56
Mn	54.94	1246	2061	235.0	7.3	21.7	0.479	0.0782
Hg	200.59	-38.83	356.62	11.4	13.5336	60.4	0.139	0.0834
Ni	58.69	1455	2913	290.3	8.90	13.4	0.445	0.907
Os	190.23	3033	5012	304.1	22.59	5.1	0.130	0.876
Pd	106.42	1554.8	2963	157.3	12.0	11.8	0.244	0.718
Pt	195.08	1768.2	3825	113.6	21.5	8.8	0.133	0.716
Re	186.21	3186	5596	324.5	20.8	6.2	0.137	0.479

续表 4-6

元素符号	相对原子量	熔点 t_m /℃	沸点 t_b (101.325 kPa) /℃	熔化焓 $\Delta_{fus}H$ /(J·g^{-1})	密度 ρ(25℃) /(g·cm^{-3})	线胀系数 α(25℃) /(10^{-6}·K^{-1})	定压热容 C_p(25℃) /(J·g^{-1}·K^{-1})	热导率 λ(27℃) /(W·cm^{-1}·K^{-1})
Rh	102.91	1963	3695	258.4	12.4	8.2	0.243	1.50
Ru	101.07	2333	4150	381.8	12.1	6.4	0.238	1.17
Ag	107.89	961.78	2162	104.6	10.5	18.9	0.235	4.29
Tl	204.38	304	1473	20.3	11.8	29.9	0.129	0.461
Sn	118.71	231.93	2602	60.4	7.26	22.0	0.227	0.666
Zn	65.39	419.53	907	108.1	7.14	30.2	0.388	1.16

表 4-7 15~400 K 温度下 O_2 和 H_2 的热物理数据

O_2

T /K	ρ /(mol·L^{-1})	U /(J·mol^{-1})	H /(J·mol^{-1})	S /(J·mol^{-1}·K^{-1})	C_V /(J·mol^{-1}·K^{-1})	C_p /(J·mol^{-1}·K^{-1})	η /(μPa·s^{-1})	λ /(mW·m^{-1}·K^{-1})	D
p=0.1 MPa(1 bar)									
60	40.049	-5883	-5880	72.4	34.9	53.4	425.2	188.2	1.55619
80	37.204	-4814	-4812	87.7	31.0	53.6	251.7	106.1	1.51114
100	0.123	2029	2840	172.9	21.4	30.5	7.5	9.3	1.00146
120	0.102	2458	3442	178.4	21.0	29.8	9.0	11.2	1.00121
140	0.087	2881	4035	182.9	20.9	29.5	10.5	13.1	1.00103
160	0.076	3301	4624	186.9	20.9	29.4	11.9	15.0	1.00090
180	0.067	3720	5210	190.3	20.8	29.3	13.3	16.7	1.00080
200	0.060	4138	5796	193.4	20.8	29.3	14.6	18.4	1.00072
220	0.055	4556	6381	196.2	20.8	29.3	15.9	20.1	1.00065

续表 4－7

T /K	ρ /(mol·L^{-1})	U /(J·mol^{-1})	H /(J·mol^{-1})	S /(J·mol^{-1}·K^{-1})	C_V /(J·mol^{-1}·K^{-1})	C_p /(J·mol^{-1}·K^{-1})	η /(μPa·s^{-1})	λ /(mW·m^{-1}·K^{-1})	D
240	0.050	4974	6966	198.8	20.9	29.3	17.2	21.7	1.00060
260	0.046	5393	7552	201.1	20.9	29.3	18.4	23.2	1.00055
280	0.043	5812	8138	203.3	21.0	29.4	19.5	24.8	1.00051
300	0.040	6234	8726	205.3	21.1	29.4	20.6	26.3	1.00048
320	0.038	6657	9316	207.2	21.2	29.5	21.7	27.8	1.00045
340	0.035	7082	9908	209.0	21.3	29.7	22.8	29.3	1.00042
360	0.033	7510	10503	210.7	21.5	29.8	23.8	30.8	1.00040
380	0.032	7941	11100	212.3	21.6	30.0	24.8	32.2	1.00038
p = 1 MPa									
60	40.084	−5887	−5863	72.3	34.9	53.3	428.5	188.4	1.55674
80	37.254	−4822	−4795	87.6	31.0	53.5	253.8	166.4	1.51192
100	34.153	−3741	−3712	99.7	28.5	55.2	155.6	137.9	1.46381
120	1.198	2163	2997	156.7	24.0	40.6	9.4	13.9	1.01429
140	0.950	2683	3735	162.4	22.2	34.4	10.8	14.9	1.01133
160	0.802	3151	4398	166.8	21.5	32.2	12.2	16.3	1.00955
180	0.698	3598	5030	170.5	21.2	31.2	13.5	17.7	1.00831
200	0.620	4035	5647	173.8	21.1	30.6	14.8	19.3	1.00738
220	0.559	4466	6255	176.7	21.0	30.3	16.1	20.8	1.00665
240	0.509	4894	6858	179.3	21.0	30.1	17.3	22.3	1.00606
260	0.468	5321	7458	181.7	21.0	29.9	18.5	23.8	1.00556
280	0.433	5748	8056	183.9	21.1	29.9	19.6	25.2	1.00515
300	0.403	6174	8654	186.0	21.1	29.9	20.7	26.7	1.00479

续表 4-7

T /K	ρ /(mol·L^{-1})	U /(J·mol^{-1})	H /(J·mol^{-1})	S /(J·mol^{-1}·K^{-1})	C_V /(J·mol^{-1}·K^{-1})	C_p /(J·mol^{-1}·K^{-1})	η /(μPa·s^{-1})	λ /(mW·m^{-1}·K^{-1})	D
320	0.377	6602	9252	187.9	21.2	29.9	21.8	28.2	1.00448
340	0.355	7032	9851	189.7	21.4	30.0	22.8	29.6	1.00421
360	0.335	7463	10452	191.4	21.5	30.1	23.9	31.1	1.00397
380	0.317	7898	11056	193.1	21.7	30.2	24.9	32.6	1.00376
p = 10 MPa									
60	40.419	-5931	-5684	71.5	35.1	53.0	461.8	189.9	1.56210
80	37.727	-4893	-4628	86.7	31.6	52.7	274.4	168.6	1.51936
100	34.881	-3856	-3570	98.5	29.1	53.4	171.0	141.2	1.47500
120	31.721	-2796	-2481	108.4	27.3	55.9	113.0	115.1	1.42677
140	27.890	-1662	-1304	117.5	26.2	62.9	76.3	91.8	1.36972
160	22.379	-322	125	127.0	26.1	84.8	48.6	71.2	1.29037
180	13.232	1489	2245	139.5	26.6	105.9	26.2	46.8	1.16560
200	8.666	2681	3835	147.9	24.0	60.6	21.2	34.0	1.10650
220	6.868	3424	4880	132.9	22.6	46.4	20.5	30.8	1.08380
240	5.836	4029	5742	156.6	22.0	40.6	20.8	30.1	1.07090
260	5.134	4573	6521	159.7	21.8	37.6	21.4	30.2	1.06219
280	4.613	5086	7254	162.5	21.6	35.8	22.1	30.8	1.05575
300	4.205	5581	7959	164.9	21.6	34.7	22.9	31.6	1.05073
320	3.874	6063	8645	167.1	21.7	33.9	23.7	32.6	1.04667
340	3.598	6538	9318	169.1	21.8	33.4	24.6	33.7	1.04329
360	3.363	7009	9982	171.0	21.9	33.0	25.4	34.9	1.04043
380	3.161	7477	10641	172.8	22.0	32.8	26.3	36.1	1.03796

续表 4-7

H_2

T /K	ρ /(mol·L^{-1})	U /(J·mol^{-1})	H /(J·mol^{-1})	S /(J·mol^{-1}·K^{-1})	C_V /(J·mol^{-1}·K^{-1})	C_p /(J·mol^{-1}·K^{-1})	v_s /(m·s^{-1})	D
p = 0.1 MPa(1 bar)								
15	37.738	-605	-603	11.2	9.7	14.4	1319	1.24827
20	35.278	-524	-521	15.8	11.3	19.1	1111	1.23093
40	0.305	491	818	75.6	12.5	21.3	521	1.00186
60	0.201	748	1244	84.3	13.1	21.6	636	1.00122
80	0.151	1030	1694	90.7	15.3	23.7	714	1.00091
100	0.120	1370	2202	96.4	18.7	27.1	773	1.00073
120	0.100	1777	2776	101.6	21.8	30.2	827	1.00061
140	0.086	2237	3401	106.4	23.8	32.2	883	1.00052
160	0.075	2723	4054	110.8	24.6	33.0	940	1.00046
180	0.067	3216	4714	114.7	24.6	32.9	998	1.00041
200	0.060	3703	5367	118.1	24.1	32.4	1054	1.00037
220	0.055	4179	6009	121.2	23.4	31.8	1110	1.00033
240	0.050	4641	6638	123.9	22.8	31.2	1163	1.00033
260	0.046	5093	7256	126.4	22.3	30.6	1214	1.00028
280	0.043	5535	7865	128.6	21.9	30.2	1263	1.00026
300	0.040	5970	8466	130.7	21.6	29.9	1310	1.00024
400	0.030	8093	11421	139.2	21.0	29.3	1518	1.00028

续表 4-7

T /K	ρ /(mol·L^{-1})	U /(J·mol^{-1})	H (J·mol^{-1})	S /(J·mol^{-1}·K^{-1})	C_V /(J·mol^{-1}·K^{-1})	C_p /(J·mol^{-1}·K^{-1})	v_s /(m·s^{-1})	D
p = 1 MPa								
15	38.109	-609	-583	10.9	10.1	14.1	1315	1.25089
20	35.852	-532	-504	15.5	11.4	18.4	1155	1.23496
40	3.608	399	676	54.1	12.9	28.4	498	1.02209
60	2.098	697	1173	64.3	13.2	23.5	635	1.01280
80	1.523	994	1651	71.1	15.4	24.7	719	1.00928
100	1.204	1343	2174	77.0	18.8	27.7	779	1.00733
120	0.999	1756	2758	82.3	21.9	30.6	835	1.00608
140	0.854	2219	3390	87.1	23.9	32.5	891	1.00520
160	0.747	2709	4048	91.5	24.7	33.2	949	1.00454
180	0.663	3204	4712	95.4	24.6	33.1	1006	1.00404
200	0.597	3693	5368	98.9	24.1	32.5	1063	1.00363
220	0.543	4170	6012	102.0	23.5	31.9	1118	1.00330
240	0.498	4634	6643	104.7	22.9	31.2	1171	1.00303
260	0.460	5087	7263	107.2	22.3	30.7	1222	1.00279
280	0.427	5530	7873	109.5	21.9	30.3	1271	1.00259
300	0.399	5966	8475	111.5	21.6	30.0	1317	1.00242
400	0.299	8091	11433	120.1	21.0	29.4	1525	1.00182

续表 4－7

T /K	ρ /(mol·L^{-1})	U /(J·mol^{-1})	H (J·mol^{-1})	S /(J·mol^{-1}·K^{-1})	C_V /(J·mol^{-1}·K^{-1})	C_p /(J·mol^{-1}·K^{-1})	v_s /(m·s^{-1})	D
p = 10 MPa								
20	39.669	−568	−316	13.0	10.9	15.0	1458	1.26198
40	31.344	−209	110	27.3	13.2	27.0	1171	1.20354
60	21.273	255	725	39.7	13.8	32.5	931	1.13527
80	14.830	686	1360	48.8	15.9	31.1	886	1.09303
100	11.417	1110	1986	55.8	19.3	31.9	904	1.07109
120	9.357	1571	2640	61.8	22.4	33.5	941	1.05801
140	7.969	2068	3323	67.0	24.3	34.6	989	1.04925
160	6.963	2583	4020	71.7	25.0	34.9	1042	1.04294
180	6.195	3099	4713	75.7	24.9	34.4	1096	1.03814
200	5.588	3604	5393	79.3	24.4	33.6	1150	1.03436
220	5.094	4094	6057	82.5	23.7	32.8	1203	1.03129
240	4.683	4569	6704	85.3	23.1	32.0	1254	1.02874
260	4.336	5030	7336	87.8	22.6	31.3	1302	1.02659
280	4.038	5481	7958	90.1	22.1	30.8	1349	1.02475
300	3.780	5924	8570	92.3	21.8	30.4	1394	1.02315
400	2.869	8073	11559	100.9	21.2	29.6	1592	1.01753

表 4-8 不同温度下元素和化合物的热力学数据

（l——液体，g——气体）

T/K	$C_p^\ominus$	$S^\ominus$	$-(G^\ominus - H^\ominus(T_r))/T$	$H^\ominus - H^\ominus(T_r)$	$\Delta_f H^\ominus$	$\Delta_f G^\ominus$	$\lg K_f$
	J/(K·mol)			kJ/mol			
1. C(晶型：石墨)							
298.15	8.536	5.740	5.740	0.000	0.000	0.000	0.000
300	8.610	5.793	5.740	0.016	0.000	0.000	0.000
400	11.74	8.757	6.122	1.054	0.000	0.000	0.000
500	14.537	11.715	6.946	2.385	0.000	0.000	0.000
600	16.607	14.555	7.979	3.945	0.000	0.000	0.000
700	18.306	17.247	9.113	5.694	0.000	0.000	0.000
800	19.699	19.785	10.290	7.596	0.000	0.000	0.000
900	20.832	22.173	11.479	9.625	0.000	0.000	0.000
1000	21.739	24.417	12.662	11.755	0.000	0.000	0.000
1100	22.452	26.524	13.827	13.966	0.000	0.000	0.000
1200	23.000	28.502	14.968	16.240	0.000	0.000	0.000
1300	23.409	30.360	16.082	18.562	0.000	0.000	0.000
1400	23.707	32.106	17.164	20.918	0.000	0.000	0.000
1500	23.919	33.749	18.216	23.300	0.000	0.000	0.000
2. C(晶型：金刚石)							
298.15	6.109	2.362	2.362	0.000	1.850	2.857	-0.501
300	6.201	2.400	2.362	0.011	1.846	2.863	-0.499
400	10.321	4.783	2.659	0.850	1.645	3.235	-0.422
500	13.404	7.431	3.347	2.042	1.507	3.649	-0.381
600	15.885	10.102	4.251	3.511	1.415	4.087	-0.356
700	17.930	12.709	5.274	5.205	1.361	4.537	-0.339
800	19.619	15.217	6.361	7.085	1.338	4.993	-0.326
900	21.006	17.611	7.479	9.118	1.343	5.450	-0.316
1000	22.129	19.884	8.607	11.277	1.372	5.905	-0.308
1100	23.020	22.037	9.731	13.536	1.420	6.356	-0.302
1200	23.709	24.071	10.842	15.874	1.484	6.802	-0.296
1300	24.222	25.990	11.934	18.272	1.561	7.242	-0.291
1400	24.585	27.799	13.003	20.714	1.646	7.675	-0.286
1500	24.824	29.504	14.047	23.185	1.735	8.103	-0.282

续表 4-8

T/K	$C_p^\ominus$	$S^\ominus$	$-(G^\ominus - H^\ominus(T_r))/T$	$H^\ominus - H^\ominus(T_r)$	$\Delta_f H^\ominus$	$\Delta_f G^\ominus$	$\lg K_f$
	J/(K·mol)			kJ/mol			
3. C_2(g)							
298.15	43.548	197.095	197.095	0.000	830.457	775.116	-135.795
300	43.575	197.365	197.096	0.081	830.506	774.772	-134.898
400	42.169	209.809	198.802	4.403	832.751	755.833	-98.700
500	39.529	218.924	201.959	8.483	834.170	736.423	-76.933
600	37.837	225.966	205.395	12.342	834.909	716.795	-62.402
700	36.984	231.726	208.758	16.078	835.148	697.085	-52.016
800	36.621	236.637	211.943	19.755	835.020	677.366	-44.227
900	36.524	240.943	214.931	23.411	834.618	657.681	-38.170
1000	36.569	244.793	217.728	27.065	834.012	638.052	-33.328
1100	36.696	248.284	220.349	30.728	833.252	618.492	-29.369
1200	36.874	251.484	222.812	34.406	832.383	599.006	-26.074
1300	37.089	254.444	225.133	38.104	831.437	579.596	-23.288
1400	37.329	257.201	227.326	41.824	830.445	560.261	-20.903
1500	37.589	259.785	229.405	45.570	829.427	540.997	-18.839
4. C_3(g)							
298.15	42.202	237.611	237.611	0.000	839.958	774.249	-135.643
300	42.218	237.872	237.611	0.078	839.989	773.841	-134.736
400	43.383	250.164	239.280	4.354	841.149	751.592	-98.147
500	44.883	260.003	242.471	8.766	841.570	729.141	-76.172
600	46.406	268.322	246.104	13.331	841.453	706.659	-61.519
700	47.796	275.582	249.807	18.042	840.919	684.230	-51.657
800	48.997	282.045	253.440	22.884	840.053	661.901	-43.217
900	50.006	287.876	256.948	27.835	838.919	639.698	-37.127
1000	50.844	293.189	260.310	32.879	837.572	617.633	-32.261
1100	51.535	298.069	263.524	37.999	836.059	595.711	-28.288
1200	52.106	302.578	266.593	43.182	834.420	573.933	-24.922
1300	52.579	306.768	269.524	48.417	832.690	552.295	-22.191
1400	52.974	310.679	272.326	53.695	830.899	530.793	-19.804
1500	53.307	314.346	275.006	59.010	829.068	509.421	-17.739

续表 4-8

T/K	$C_p^\ominus$	$S^\ominus$	$-(G^\ominus-H^\ominus(T_r))/T$	$H^\ominus-H^\ominus(T_r)$	$\Delta_f H^\ominus$	$\Delta_f G^\ominus$	$\lg K_f$
	J/(K·mol)			kJ/mol			
5. CO(g)							
298.15	29.141	197.658	197.658	0.000	-110.530	-137.168	24.031
300	29.142	197.838	197.659	0.054	-110.519	-137.333	23.912
400	29.340	206.243	198.803	2.976	-110.121	-146.341	19.110
500	29.792	212.834	200.973	5.930	-110.027	-155.412	16.236
600	30.440	218.321	203.419	8.941	-110.157	-164.480	14.319
700	31.170	223.067	205.895	12.021	-110.453	-173.513	12.948
800	31.898	227.277	208.309	15.175	-110.870	-182.494	11.915
900	32.573	231.074	210.631	18.399	-111.378	-191.417	11.109
1000	33.178	234.538	212.851	21.687	-111.952	-200.281	10.461
1100	33.709	237.726	214.969	25.032	-112.573	-209.084	9.928
1200	34.169	240.679	216.990	28.426	-113.228	-217.829	9.482
1300	34.568	243.430	218.920	31.864	-113.904	-226.518	9.101
1400	34.914	246.005	220.763	35.338	-114.594	-235.155	8.774
1500	35.213	248.424	222.527	38.845	-115.291	-243.742	8.488
6. CO_2(g)							
298.15	37.135	213.783	213.783	0.000	-393.510	-394.373	69.092
300	37.220	214.013	213.784	0.069	-393.511	-394.379	68.667
400	41.328	225.305	215.296	4.004	-393.586	-394.656	51.536
500	44.627	234.895	218.280	8.307	-393.672	-394.914	42.256
600	47.327	243.278	221.762	12.909	-393.791	-395.152	34.401
700	49.569	250.747	225.379	17.758	-393.946	-395.367	29.502
800	51.442	257.492	228.978	22.811	-394.133	-395.558	25.827
900	53.008	263.644	232.493	28.036	-394.343	-395.724	22.967
1000	54.320	269.299	235.895	33.404	-394.568	-395.865	20.678
1100	55.423	274.529	239.172	38.893	-394.801	-395.984	18.803
1200	56.354	279.393	242.324	44.483	-395.035	-396.081	17.241
1300	57.144	283.936	245.352	50.159	-395.265	-396.159	15.918
1400	57.818	288.196	248.261	55.908	-395.488	-396.219	14.783
1500	58.397	292.205	251.059	61.719	-395.702	-396.264	13.799

续表 4-8

T/K	$C_p^\ominus$	$S^\ominus$	$-(G^\ominus-H^\ominus(T_r))/T$	$H^\ominus-H^\ominus(T_r)$	$\Delta_f H^\ominus$	$\Delta_f G^\ominus$	$\lg K_f$
	J/(K·mol)			kJ/mol			
7. CH_4(g)							
298.15	35.695	186.369	186.369	0.000	-74.600	-50.530	8.853
300	35.765	186.590	186.370	0.066	-74.656	-50.381	8.772
400	40.631	197.501	187.825	3.871	-77.703	-41.827	5.462
500	46.627	207.202	190.744	8.229	-80.520	-32.525	3.395
600	52.742	216.246	194.248	13.199	-82.969	-22.690	1.975
700	58.603	224.821	198.008	18.769	-85.023	-12.476	0.931
800	64.084	233.008	201.875	24.907	-86.693	-1.993	0.130
900	99.573	323.239	271.511	46.555	-38.949	158.138	-9.178
1000	104.886	334.006	277.220	56.786	-39.967	180.098	-9.407
1100	109.576	344.233	282.861	67.509	-40.681	201.822	-9.584
1200	113.708	353.944	288.374	78.685	-41.136	224.240	-9.761
1300	117.341	363.190	293.775	90.239	-41.376	246.364	-9.899
1400	120.542	372.012	299.061	102.131	-41.451	268.504	-10.018
1500	123.353	380.426	304.209	114.326	-41.381	290.639	-10.121
8. Cl(g)							
298.15	21.838	165.190	165.190	0.000	121.302	105.306	-18.449
300	21.852	165.325	165.190	0.040	121.311	105.207	-18.318
400	22.467	171.703	166.055	2.259	121.795	99.766	-13.028
500	22.744	176.752	167.708	4.522	122.272	94.203	-9.841
600	22.781	180.905	169.571	6.800	122.734	88.546	-7.709
700	22.692	184.411	171.448	9.074	123.172	82.813	-6.179
800	22.549	187.432	173.261	11.337	123.585	77.019	-5.029
900	22.389	190.079	174.986	13.584	123.971	71.175	-4.131
1000	22.233	192.430	176.615	15.815	124.334	65.289	-3.410
1100	22.089	194.542	178.150	18.031	124.675	59.368	-2.819
1200	21.959	196.458	179.597	20.233	124.996	53.416	-2.325
1300	21.843	198.211	180.963	22.423	125.299	47.439	-1.906
1400	21.742	199.826	182.253	24.602	125.587	41.439	-1.546
1500	21.652	201.323	183.475	26.772	125.861	35.418	-1.233

续表 4-8

T/K	$C_p^\ominus$	$S^\ominus$	$-(G^\ominus-H^\ominus(T_r))/T$	$H^\ominus-H^\ominus(T_r)$	$\Delta_f H^\ominus$	$\Delta_f G^\ominus$	$\lg K_f$
	J/(K·mol)			kJ/mol			
9. $Cl_2(g)$							
298.15	33.949	223.079	223.079	0.000	0.000	0.000	0.000
300	33.981	223.290	223.080	0.063	0.000	0.000	0.000
400	35.296	233.263	224.431	3.533	0.000	0.000	0.000
500	36.064	241.229	227.021	7.104	0.000	0.000	0.000
600	36.547	247.850	229.956	10.736	0.000	0.000	0.000
700	36.874	253.510	232.926	14.408	0.000	0.000	0.000
800	37.111	258.450	235.815	18.108	0.000	0.000	0.000
900	37.294	262.832	238.578	21.829	0.000	0.000	0.000
1000	37.442	266.769	241.203	25.566	0.000	0.000	0.000
1100	37.567	270.343	243.692	29.316	0.000	0.000	0.000
1200	37.678	273.617	246.052	33.079	0.000	0.000	0.000
1300	37.778	276.637	248.290	36.851	0.000	0.000	0.000
1400	37.872	279.440	250.416	40.634	0.000	0.000	0.000
1500	37.961	282.056	252.439	44.426	0.000	0.000	0.000
10. $HCl(g)$							
298.15	29.136	186.902	186.902	0.000	-92.310	-95.298	16.696
300	29.137	187.082	186.902	0.054	-92.314	-95.317	16.596
400	29.175	195.468	188.045	2.969	-92.587	-96.278	12.573
500	29.304	201.990	190.206	5.892	-92.911	-97.164	10.151
600	29.576	207.354	192.630	8.835	-93.249	-97.983	8.530
700	29.988	211.943	195.069	11.812	-93.577	-98.746	7.368
800	30.500	215.980	197.435	14.836	-93.879	-99.464	6.494
900	31.063	219.604	199.700	17.913	-94.149	-100.145	5.812
1000	31.639	222.907	201.858	21.049	-94.384	-100.798	5.265
1100	32.201	225.949	203.912	24.241	-94.587	-101.430	4.816
1200	32.734	228.774	205.867	27.488	-94.760	-102.044	4.442
1300	33.229	231.414	207.732	30.786	-94.908	-102.645	4.124
1400	33.684	233.893	209.513	34.132	-95.035	-103.235	3.852
1500	34.100	236.232	211.217	37.522	-95.146	-103.817	3.615

续表 4-8

T/K	$C_p^\ominus$	$S^\ominus$	$-(G^\ominus-H^\ominus(T_r))/T$	$H^\ominus-H^\ominus(T_r)$	$\Delta_f H^\ominus$	$\Delta_f G^\ominus$	$\lg K_f$
	J/(K·mol)			kJ/mol			
11. Cu(晶体, l)							
298.15	24.440	33.150	33.150	0.000	0.000	0.000	0.000
300	24.460	33.301	33.150	0.045	0.000	0.000	0.000
400	25.339	40.467	34.122	2.538	0.000	0.000	0.000
500	25.966	46.192	35.982	5.105	0.000	0.000	0.000
600	26.479	50.973	38.093	7.728	0.000	0.000	0.000
700	26.953	55.090	40.234	10.399	0.000	0.000	0.000
800	27.448	58.721	42.322	13.119	0.000	0.000	0.000
900	28.014	61.986	44.328	15.891	0.000	0.000	0.000
1000	28.700	64.971	46.245	18.726	0.000	0.000	0.000
1100	29.553	67.745	48.075	21.637	0.000	0.000	0.000
1200	30.617	70.361	49.824	24.644	0.000	0.000	0.000
1300	31.940	72.862	51.501	27.769	0.000	0.000	0.000
1358	32.844	74.275	52.443	29.647	0.000	0.000	0.000
相变：$\Delta_{trs}H=13.141$ kJ/mol，$\Delta_{trs}S=9.676$ J/(K·mol)，晶体-l							
1358	32.800	83.951	52.443	42.788	0.000	0.000	0.000
1400	32.800	84.950	53.403	44.166	0.000	0.000	0.000
1500	32.800	87.213	55.583	47.446	0.000	0.000	0.000
12. Cu(g)							
298.15	20.786	166.397	166.397	0.000	337.600	297.873	-52.185
300	20.786	166.525	166.397	0.038	337.594	297.626	-51.821
400	20.786	172.505	167.213	2.117	337.179	284.364	-37.134
500	20.786	177.143	168.752	4.196	336.691	271.215	-28.333
600	20.786	180.933	170.476	6.274	336.147	258.170	-22.475
700	20.786	184.137	172.205	8.353	335.554	245.221	-18.298
800	20.786	186.913	173.874	10.431	334.913	232.359	-15.171
900	20.786	189.361	175.461	12.510	334.219	219.581	-12.744
1000	20.786	191.551	176.963	14.589	333.463	206.883	-10.806
1100	20.788	193.532	178.380	16.667	332.631	194.265	-9.225
1200	20.793	195.341	179.719	18.746	331.703	181.726	-7.910
1300	20.803	197.006	180.986	20.826	330.657	169.270	-6.801
1400	20.823	198.548	182.186	22.907	316.342	157.305	-5.869
1500	20.856	199.986	183.325	24.991	315.146	145.987	-5.084

续表 4-8

T/K	$C_p^\ominus$	$S^\ominus$	$-(G^\ominus - H^\ominus(T_r))/T$	$H^\ominus - H^\ominus(T_r)$	$\Delta_f H^\ominus$	$\Delta_f G^\ominus$	$\lg K_f$
	J/(K·mol)			kJ/mol			
13. CuO(晶体)							
298.15	42.300	42.740	42.740	0.000	-162.000	-134.277	23.524
300	42.417	43.002	42.741	0.078	-161.994	-134.105	23.349
400	46.783	55.878	44.467	4.564	-161.487	-124.876	16.307
500	49.190	66.596	47.852	9.372	-160.775	-115.803	12.098
600	50.827	75.717	51.755	14.377	-159.973	-106.883	9.305
700	52.099	83.651	55.757	19.526	-159.124	-98.102	7.320
800	53.178	90.680	59.691	24.791	-158.247	-89.444	5.840
900	54.144	97.000	63.491	30.158	-157.356	-80.897	4.695
1000	55.040	102.751	67.134	35.617	-156.462	-72.450	3.784
1100	55.890	108.037	70.615	41.164	-155.582	-64.091	3.043
1200	56.709	112.936	73.941	46.794	-154.733	-55.812	2.429
1300	57.507	117.507	77.118	52.505	-153.940	-47.601	1.913
1400	58.288	121.797	80.158	58.295	-166.354	-39.043	1.457
1500	59.057	125.845	83.070	64.163	-165.589	-29.975	1.044
14. Cu_2O(晶体)							
298.15	62.600	92.550	92.550	0.000	-173.100	-150.344	26.339
300	62.721	92.938	92.551	0.116	-173.102	-150.203	26.152
400	67.587	111.712	95.078	6.654	-173.036	-142.572	18.618
500	70.784	127.155	99.995	13.580	-172.272	-134.984	14.101
600	73.323	140.291	105.643	20.789	-172.389	-127.460	11.096
700	75.552	151.764	111.429	28.235	-171.914	-120.009	8.955
800	77.616	161.989	117.121	35.894	-171.363	-112.631	7.354
900	79.584	171.245	122.629	43.755	-170.750	-105.325	6.113
1000	81.492	179.729	127.920	51.809	-170.097	-98.091	5.124
1100	83.360	187.584	132.992	60.052	-169.431	-90.922	4.317
1200	85.202	194.917	137.850	68.480	-168.791	-83.814	3.648
1300	87.026	201.808	142.507	77.092	-168.223	-76.756	3.084
1400	88.836	208.324	146.978	85.885	-194.030	-68.926	2.572
1500	90.636	214.515	151.276	94.858	-193.438	-60.010	2.090

续表 4-8

T/K	$C_p^\ominus$	$S^\ominus$	$-(G^\ominus-H^\ominus(T_r))/T$	$H^\ominus-H^\ominus(T_r)$	$\Delta_f H^\ominus$	$\Delta_f G^\ominus$	$\lg K_f$
	J/(K·mol)			kJ/mol			
15. $CuCl_2$(晶体, l)							
298.15	71.880	108.070	108.070	0.000	-218.000	-173.826	30.453
300	71.998	108.515	108.071	0.133	-217.975	-173.552	30.218
400	76.338	129.899	110.957	7.577	-216.494	-158.962	20.758
500	78.654	147.204	116.532	15.336	-214.873	-144.765	15.123
600	80.175	161.687	122.884	23.282	-213.182	-130.901	11.396
675	81.056	171.183	127.732	29.329	-211.185	-120.693	9.340
相变: $\Delta_{trs}H=0.700$ kJ/mol, $\Delta_{trs}S=1.037$ J/(K·mol), 晶体Ⅱ-晶体Ⅰ							
675	82.400	172.220	127.732	30.029	-211.185	-120.693	9.340
700	82.400	175.216	129.375	32.089	-210.719	-117.350	8.757
800	82.400	186.219	135.808	40.329	-208.898	-104.137	6.799
871	82.400	193.226	140.207	46.179	-192.649	-94.893	5.691
相变: $\Delta_{trs}H=15.001$ kJ/mol, $\Delta_{trs}S=17.221$ J/(K·mol), 晶体Ⅰ-l							
871	100.000	210.447	140.207	61.180	-192.649	-94.893	5.691
900	100.000	213.723	142.523	64.080	-191.640	-91.655	5.319
1000	100.000	224.259	150.179	74.080	-188.212	-80.730	4.217
1100	100.000	233.790	157.353	84.080	-184.873	-70.144	3.331
1130.75	100.000	236.547	159.470	87.155	-183.867	-66.951	3.093
16. $CuCl_2$(g)							
298.15	56.814	278.418	278.418	0.000	-43.268	-49.883	8.739
300	56.869	278.769	278.419	0.105	-43.271	-49.924	8.692
400	58.992	295.456	280.679	5.911	-43.428	-52.119	6.806
500	60.111	308.752	285.010	11.871	-43.606	-54.271	5.670
600	60.761	319.774	289.911	17.918	-43.814	-56.385	4.909
700	61.168	329.173	294.865	24.015	-44.060	-58.462	4.362
800	61.439	337.360	299.677	30.147	-44.349	-60.500	3.950
900	61.630	344.608	304.274	36.301	-44.688	-62.499	3.627
1000	61.776	351.109	308.638	42.471	-45.088	-64.457	3.367
1100	61.900	357.003	312.771	48.655	-45.566	-66.372	3.152
1200	62.022	362.394	316.685	54.851	-46.139	-68.239	2.970
1300	62.159	367.364	320.395	61.060	-46.829	-70.053	2.815
1400	62.325	371.976	323.916	67.284	-60.784	-71.404	2.664
1500	62.531	376.283	327.265	73.526	-61.613	-72.133	2.512

续表 4-8

T/K	$C_p^\ominus$	$S^\ominus$	$-(G^\ominus-H^\ominus(T_r))/T$	$H^\ominus-H^\ominus(T_r)$	$\Delta_f H^\ominus$	$\Delta_f G^\ominus$	$\lg K_f$
	J/(K·mol)			kJ/mol			
17. Ge(晶体, l)							
298.15	23.222	31.090	31.090	0.000	0.000	0.000	0.000
300	23.249	31.234	31.090	0.043	0.000	0.000	0.000
400	24.310	38.083	32.017	2.426	0.000	0.000	0.000
500	24.962	43.582	33.798	4.892	0.000	0.000	0.000
600	25.452	48.178	35.822	7.414	0.000	0.000	0.000
700	25.867	52.133	37.876	9.980	0.000	0.000	0.000
800	26.240	55.612	39.880	12.586	0.000	0.000	0.000
900	26.591	58.723	41.804	15.227	0.000	0.000	0.000
1000	26.926	61.542	43.639	17.903	0.000	0.000	0.000
1100	27.252	64.124	45.386	20.612	0.000	0.000	0.000
1200	27.571	66.509	47.048	23.353	0.000	0.000	0.000
1211.4	27.608	66.770	47.232	23.668	0.000	0.000	0.000
相变: $\Delta_{trs}H$ = 37.030 kJ/mol, $\Delta_{trs}S$ = 30.568 J/(K·mol), 晶体-l							
1211.4	27.600	97.338	47.232	60.698	0.000	0.000	0.000
1300	27.600	99.286	50.714	63.146	0.000	0.000	0.000
1400	27.600	101.331	54.258	65.903	0.000	0.000	0.000
1500	27.600	103.236	57.460	68.663	0.000	0.000	0.000
18. Ge(g)							
298.15	30.733	167.903	167.903	0.000	367.800	327.009	-57.290
300	30.757	168.094	167.904	0.057	367.814	326.756	-56.893
400	31.071	177.025	169.119	3.162	368.536	312.959	-40.868
500	30.360	183.893	171.415	6.239	369.147	298.991	-31.235
600	29.265	189.334	173.965	9.222	369.608	284.914	-24.804
700	28.102	193.758	176.487	12.090	369.910	270.773	-20.205
800	27.029	197.439	178.882	14.845	370.060	256.598	-16.754
900	26.108	200.567	181.122	17.501	370.073	242.414	-14.069
1000	25.349	203.277	183.205	20.072	369.969	228.234	-11.922
1100	24.741	205.664	185.141	22.575	369.763	214.069	-10.165
1200	24.264	207.795	186.941	25.025	369.471	199.928	-8.703
1300	23.898	209.722	188.621	27.432	332.088	188.521	-7.575
1400	23.624	211.483	190.192	29.807	331.704	177.492	-6.622
1500	23.426	213.105	191.666	32.159	331.296	166.491	-5.798

续表 4-8

T/K	$C_p^\ominus$	$S^\ominus$	$-(G^\ominus - H^\ominus(T_r))/T$	$H^\ominus - H^\ominus(T_r)$	$\Delta_f H^\ominus$	$\Delta_f G^\ominus$	$\lg K_f$
	J/(K·mol)			kJ/mol			
19. GeO_2(晶体, l)							
298.15	50.166	39.710	39.710	0.000	-580.200	-521.605	91.382
300	50.475	40.021	39.711	0.093	-580.204	-521.242	90.755
400	61.281	56.248	41.850	5.759	-579.893	-501.610	65.503
500	66.273	70.519	46.191	12.164	-579.013	-482.134	50.368
600	69.089	82.872	51.299	18.943	-577.915	-462.859	40.295
700	70.974	93.671	56.597	25.952	-576.729	-443.776	33.115
800	72.449	103.247	61.841	33.125	-575.498	-424.866	27.741
900	73.764	111.857	66.928	40.436	-574.235	-406.113	23.570
1000	75.049	119.696	71.819	47.877	-572.934	-387.502	20.241
1100	76.378	126.910	76.504	55.447	-571.582	-369.024	17.523
1200	77.796	133.616	80.987	63.155	-570.166	-350.671	15.264
1300	79.332	139.903	85.279	71.010	-605.685	-329.732	13.249
1308	79.460	140.390	85.615	71.646	-584.059	-328.034	13.100
相变：$\Delta_{trs}H = 21.500$ kJ/mol，$\Delta_{trs}S = 16.437$ J/(K·mol)，晶体Ⅱ-晶体Ⅰ							
1308	80.075	156.827	85.615	93.146	-584.059	-328.034	13.100
1388	81.297	161.617	89.858	99.601	-565.504	-312.415	11.757
相变：$\Delta_{trs}H = 17.200$ kJ/mol，$\Delta_{trs}S = 12.392$ J/(K·mol)，晶体Ⅰ-l							
1388	78.500	174.009	89.858	116.801	-565.504	-312.415	11.757
1400	78.500	174.685	90.582	117.743	-565.328	-310.228	11.575
1500	78.500	180.100	96.372	125.593	-563.882	-292.057	10.170
20. $GeCl_4$(g)							
298.15	95.918	348.393	348.393	0.000	-500.000	-461.582	80.866
300	96.041	348.987	348.395	0.178	-499.991	-461.343	80.326
400	100.750	377.342	352.229	10.045	-499.447	-448.540	58.573
500	103.206	400.114	359.604	20.255	-498.845	-435.882	45.536
600	104.624	419.067	367.980	30.652	-498.234	-423.347	36.855
700	105.509	435.266	376.463	41.162	-497.634	-410.914	30.662
800	106.096	449.396	384.715	51.744	-497.057	-398.565	26.023
900	106.504	461.917	392.611	62.375	-496.509	-386.287	22.419
1000	106.799	473.155	400.113	73.041	-495.993	-374.068	19.539
1100	107.020	483.344	407.224	83.733	-495.512	-361.899	17.185
1200	107.189	492.664	413.961	94.444	-495.067	-349.772	15.225
1300	107.320	501.249	420.349	105.169	-531.677	-334.973	13.459
1400	107.425	509.206	426.416	115.907	-531.265	-319.857	11.934
1500	107.509	516.621	432.185	126.654	-530.861	-304.771	10.613

续表 4-8

T/K	$C_p^\ominus$	$S^\ominus$	$-(G^\ominus-H^\ominus(T_r))/T$	$H^\ominus-H^\ominus(T_r)$	$\Delta_f H^\ominus$	$\Delta_f G^\ominus$	$\lg K_f$
	J/(K·mol)			kJ/mol			
21. H(g)							
298.15	20.786	114.716	114.716	0.000	217.998	203.276	-35.613
300	20.786	114.845	114.716	0.038	218.010	203.185	-35.377
400	20.786	120.824	115.532	2.117	218.635	198.149	-25.875
500	20.786	125.463	117.071	4.196	219.253	192.956	-20.158
600	20.786	129.252	118.795	6.274	219.867	187.639	-16.335
700	20.786	132.457	120.524	8.353	220.476	182.219	-13.597
800	20.786	135.232	122.193	10.431	221.079	176.712	-11.538
900	20.786	137.680	123.780	12.510	221.670	171.131	-9.932
1000	20.786	139.870	125.282	14.589	222.247	165.485	-8.644
1100	20.786	141.852	126.700	16.667	222.806	159.781	-7.587
1200	20.786	143.660	128.039	18.746	223.345	154.028	-6.705
1300	20.786	145.324	129.305	20.824	223.864	148.230	-5.956
1400	20.786	146.864	130.505	22.903	224.360	142.393	-5.313
1500	20.786	148.298	131.644	24.982	224.835	136.522	-4.754
22. H_2(g)							
298.15	28.836	130.680	130.680	0.000	0.000	0.000	0.000
300	28.849	130.858	130.680	0.053	0.000	0.000	0.000
400	29.181	139.217	131.818	2.960	0.000	0.000	0.000
500	29.260	145.738	133.974	5.882	0.000	0.000	0.000
600	29.327	151.078	136.393	8.811	0.000	0.000	0.000
700	29.440	155.607	138.822	11.749	0.000	0.000	0.000
800	29.623	159.549	141.172	14.702	0.000	0.000	0.000
900	29.880	163.052	143.412	17.676	0.000	0.000	0.000
1000	30.204	166.217	145.537	20.680	0.000	0.000	0.000
1100	30.580	169.113	147.550	23.719	0.000	0.000	0.000
1200	30.991	171.791	149.460	26.797	0.000	0.000	0.000
1300	31.422	174.288	151.275	29.918	0.000	0.000	0.000
1400	31.860	176.633	153.003	33.082	0.000	0.000	0.000
1500	32.296	178.846	154.653	36.290	0.000	0.000	0.000

续表 4-8

T/K	$C_p^{\ominus}$	$S^{\ominus}$	$-(G^{\ominus}-H^{\ominus}(T_r))/T$	$H^{\ominus}-H^{\ominus}(T_r)$	$\Delta_f H^{\ominus}$	$\Delta_f G^{\ominus}$	$\lg K_f$
	J/(K·mol)			kJ/mol			
23. OH(g)							
298.15	29.886	183.737	183.737	0.000	39.349	34.631	-6.067
300	29.879	183.922	183.738	0.055	39.350	34.602	-6.025
400	29.604	192.476	184.906	3.028	39.384	33.012	-4.311
500	29.495	199.067	187.104	5.982	39.347	31.422	-3.283
600	29.513	204.445	189.560	8.931	39.252	29.845	-2.598
700	29.655	209.003	192.020	11.888	39.113	28.287	-2.111
800	29.914	212.979	194.396	14.866	38.945	26.752	-1.747
900	30.265	216.522	196.661	17.874	38.763	25.239	-1.465
1000	30.682	219.731	198.810	20.921	38.577	23.746	-1.240
1100	31.135	222.677	200.848	24.012	38.393	22.272	-1.058
1200	31.603	225.406	202.782	27.149	38.215	20.814	-0.906
1300	32.069	227.954	204.621	30.332	38.046	19.371	-0.778
1400	32.522	230.347	206.374	33.562	37.886	17.941	-0.669
1500	32.956	232.606	208.048	36.836	37.735	16.521	-0.575
24. H_2O(l)							
298.15	75.300	69.950	69.950	0.000	-285.830	-237.141	41.546
300	75.281	70.416	69.951	0.139	-285.771	-236.839	41.237
373.21	76.079	86.896	71.715	5.666	-283.454	-225.160	31.513
25. H_2O(g)							
298.15	33.598	188.832	188.832	0.000	-241.826	-228.582	40.046
300	33.606	189.040	188.833	0.062	-241.844	-228.500	39.785
400	34.283	198.791	190.158	3.453	-242.845	-223.900	29.238
500	35.259	206.542	192.685	6.929	-243.822	-219.050	22.884
600	36.371	213.067	195.552	10.509	-244.751	-214.008	18.631
700	37.557	218.762	198.469	14.205	-245.620	-208.814	15.582
800	38.800	223.858	201.329	18.023	-246.424	-203.501	13.287
900	40.084	228.501	204.094	21.966	-247.158	-198.091	11.497
1000	41.385	232.792	206.752	26.040	-247.820	-192.603	10.060
1100	42.675	236.797	209.303	30.243	-248.410	-187.052	8.882
1200	43.932	240.565	211.753	34.574	-248.933	-181.450	7.898
1300	45.138	244.129	214.108	39.028	-249.392	-175.807	7.064
1400	46.281	247.516	216.374	43.599	-249.792	-170.132	6.348
1500	47.356	250.746	218.559	48.282	-250.139	-164.429	5.726

续表 4-8

T/K	$C_p^{\ominus}$	$S^{\ominus}$	$-(G^{\ominus}-H^{\ominus}(T_r))/T$	$H^{\ominus}-H^{\ominus}(T_r)$	$\Delta_f H^{\ominus}$	$\Delta_f G^{\ominus}$	$\lg K_f$
	J/(K·mol)			kJ/mol			
26. N_2(g)							
298.15	29.124	191.608	191.608	0.000	0.000	0.000	0.000
300	29.125	191.788	191.608	0.054	0.000	0.000	0.000
400	29.249	200.180	192.752	2.971	0.000	0.000	0.000
500	29.580	206.738	194.916	5.911	0.000	0.000	0.000
600	30.109	212.175	197.352	8.894	0.000	0.000	0.000
700	30.754	216.864	199.812	11.936	0.000	0.000	0.000
800	31.433	221.015	202.208	15.046	0.000	0.000	0.000
900	32.090	224.756	204.509	18.222	0.000	0.000	0.000
1000	32.696	228.169	206.706	21.462	0.000	0.000	0.000
1100	33.241	231.311	208.802	24.759	0.000	0.000	0.000
1200	33.723	234.224	210.801	28.108	0.000	0.000	0.000
1300	34.147	236.941	212.708	31.502	0.000	0.000	0.000
1400	34.517	239.485	214.531	34.936	0.000	0.000	0.000
1500	34.842	241.878	216.275	38.404	0.000	0.000	0.000
27. NO(g)							
298.15	29.862	210.745	210.745	0.000	91.277	87.590	-15.345
300	29.858	210.930	210.746	0.055	91.278	87.567	-15.247
400	29.954	219.519	211.916	3.041	91.320	86.323	-11.272
500	30.493	226.255	214.133	6.061	91.340	85.071	-8.887
600	31.243	231.879	216.635	9.147	91.354	83.816	-7.297
700	32.031	236.754	219.168	12.310	91.369	82.558	-6.160
800	32.770	241.081	221.642	15.551	91.386	81.298	-5.308
900	33.425	244.979	224.022	18.862	91.405	80.036	-4.645
1000	33.990	248.531	226.298	22.233	91.426	78.772	-4.115
1100	34.473	251.794	228.469	25.657	91.445	77.505	-3.680
1200	34.883	254.811	230.540	29.125	91.464	76.237	-3.318
1300	35.234	257.618	232.516	32.632	91.481	74.967	-3.012
1400	35.533	260.240	234.404	36.170	91.495	73.967	-2.750
1500	35.792	262.700	236.209	39.737	91.506	72.425	-2.522

续表 4-8

T/K	$C_p^{\ominus}$	$S^{\ominus}$	$-(G^{\ominus}-H^{\ominus}(T_r))/T$	$H^{\ominus}-H^{\ominus}(T_r)$	$\Delta_f H^{\ominus}$	$\Delta_f G^{\ominus}$	$\lg K_f$
	J/(K·mol)			kJ/mol			
28. NO_2(g)							
298.15	37.178	240.166	240.166	0.000	34.193	52.316	-9.165
300	37.236	240.397	240.167	0.069	34.181	52.429	-9.129
400	40.513	251.554	241.666	3.955	33.637	58.600	-7.652
500	43.664	260.939	244.605	8.167	33.319	64.882	-6.778
600	46.383	269.147	248.026	12.673	33.174	71.211	-6.199
700	48.612	276.471	251.575	17.427	33.151	77.553	-5.787
800	50.405	283.083	255.107	22.381	33.213	83.893	-5.478
900	51.844	289.106	258.555	27.496	33.334	90.221	-5.236
1000	53.007	294.631	261.891	32.741	33.495	96.534	-5.042
1100	53.956	299.729	265.102	38.090	33.686	102.828	-4.883
1200	54.741	304.459	268.187	43.526	33.898	109.105	-4.749
1300	55.399	308.867	271.148	49.034	34.124	115.363	-4.635
1400	55.960	312.994	273.992	54.603	34.360	121.603	-4.537
1500	56.446	316.871	276.722	60.224	34.604	127.827	-4.451
29. NH_3(g)							
298.15	35.630	192.768	192.768	0.000	-45.940	-16.407	2.874
300	35.678	192.989	192.769	0.066	-45.981	-16.223	2.825
400	38.674	203.647	194.202	3.778	-48.087	-5.980	0.781
500	41.994	212.633	197.011	7.811	-49.908	4.764	-0.498
600	45.229	220.578	200.289	12.174	-51.430	15.846	-1.379
700	48.269	227.781	203.709	16.850	-52.682	27.161	-2.027
800	51.112	234.414	207.138	21.821	-53.695	38.639	-2.523
900	53.769	240.589	210.516	27.066	-54.499	50.231	-2.915
1000	56.244	246.384	213.816	32.569	-55.122	61.903	-3.233
1100	58.535	251.854	217.027	38.309	-55.589	73.629	-3.496
1200	60.644	257.039	220.147	44.270	-55.920	85.392	-3.717
1300	62.576	261.970	223.176	50.432	-56.136	97.177	-3.905
1400	64.339	266.673	226.117	56.779	-56.251	108.975	-4.066
1500	65.945	271.168	228.971	63.295	-56.282	120.779	-4.206

续表 4-8

T/K	$C_p^\ominus$	$S^\ominus$	$-(G^\ominus-H^\ominus(T_r))/T$	$H^\ominus-H^\ominus(T_r)$	$\Delta_f H^\ominus$	$\Delta_f G^\ominus$	$\lg K_f$
	J/(K·mol)			kJ/mol			
30. O(g)							
298.15	21.911	161.058	161.058	0.000	249.180	231.743	-40.600
300	21.901	161.194	161.059	0.041	249.193	231.635	-40.331
400	21.482	167.430	161.912	2.207	249.874	225.677	-29.470
500	21.257	172.197	163.511	4.343	250.481	219.556	-22.937
600	21.124	176.060	165.290	6.462	251.019	213.319	-18.571
700	21.040	179.310	167.067	8.570	251.500	206.997	-15.446
800	20.984	182.115	168.777	10.671	251.932	200.610	-13.098
900	20.944	184.584	170.399	12.767	252.325	194.171	-11.269
1000	20.915	186.789	171.930	14.860	252.686	187.689	-9.804
1100	20.893	188.782	173.372	16.950	253.022	181.173	-8.603
1200	20.877	190.599	174.733	19.039	253.335	174.628	-7.601
1300	20.864	192.270	176.019	21.126	253.630	168.057	-6.753
1400	20.853	193.815	177.236	23.212	253.908	161.463	-6.024
1500	20.845	195.254	178.389	25.296	254.171	154.851	-5.392
31. O_2(g)							
298.15	29.378	205.148	205.148	0.000	0.000	0.000	0.000
300	29.387	205.330	205.148	0.054	0.000	0.000	0.000
400	30.109	213.873	206.308	3.026	0.000	0.000	0.000
500	31.094	220.695	208.525	6.085	0.000	0.000	0.000
600	32.095	226.454	211.045	9.245	0.000	0.000	0.000
700	32.987	231.470	213.612	12.500	0.000	0.000	0.000
800	33.741	235.925	216.128	15.838	0.000	0.000	0.000
900	34.365	239.937	218.554	19.244	0.000	0.000	0.000
1000	34.881	243.585	220.878	22.707	0.000	0.000	0.000
1100	35.314	246.930	223.096	26.217	0.000	0.000	0.000
1200	35.683	250.019	225.213	29.768	0.000	0.000	0.000
1300	36.006	252.888	227.233	33.352	0.000	0.000	0.000
1400	36.297	255.568	229.162	36.968	0.000	0.000	0.000
1500	36.567	258.081	231.007	40.611	0.000	0.000	0.000

续表 4-8

T/K	$C_p^\ominus$	$S^\ominus$	$-(G^\ominus-H^\ominus(T_r))/T$	$H^\ominus-H^\ominus(T_r)$	$\Delta_f H^\ominus$	$\Delta_f G^\ominus$	$\lg K_f$
	J/(K·mol)			kJ/mol			
32. S(晶体, l)							
298.15	22.690	32.070	32.070	0.000	0.000	0.000	0.000
300	22.737	32.210	32.070	0.042	0.000	0.000	0.000
368.3	24.237	37.030	32.554	1.649	0.000	0.000	0.000
相变：$\Delta_{trs}H=0.401$ kJ/mol, $\Delta_{trs}S=1.089$ J/(K·mol), 晶体Ⅱ-晶体Ⅰ							
368.3	24.773	38.119	32.553	2.050	0.000	0.000	0.000
388.36	25.180	39.444	32.875	2.551	0.000	0.000	0.000
相变：$\Delta_{trs}H=1.722$ kJ/mol, $\Delta_{trs}S=4.431$ J/(K·mol), 晶体Ⅰ-l							
388.36	31.710	43.875	32.872	4.273	0.000	0.000	0.000
400	32.369	44.824	33.206	4.647	0.000	0.000	0.000
500	38.026	53.578	36.411	8.584	0.000	0.000	0.000
600	34.371	60.116	39.842	12.164	0.000	0.000	0.000
700	32.451	65.278	43.120	15.511	0.000	0.000	0.000
800	32.000	69.557	46.163	18.715	0.000	0.000	0.000
882.38	32.000	72.693	48.496	21.351	0.000	0.000	0.000
33. S(g)							
298.15	23.673	167.828	167.828	0.000	277.180	236.704	-41.469
300	23.669	167.974	167.828	0.044	277.182	236.453	-41.170
400	23.233	174.730	168.752	2.391	274.924	222.962	-29.115
500	22.741	179.860	170.482	4.689	273.286	210.145	-21.953
600	22.338	183.969	172.398	6.942	271.958	197.646	-17.206
700	22.031	187.388	174.302	9.160	270.829	185.352	-13.831
800	21.800	190.314	176.125	11.351	269.816	173.210	-11.309
900	21.624	192.871	177.847	13.522	215.723	162.258	-9.417
1000	21.489	195.142	179.465	15.677	216.018	156.301	-8.164
1100	21.386	197.185	180.985	17.821	216.284	150.317	-7.138
1200	21.307	199.043	182.413	19.955	216.525	144.309	-6.282
1300	21.249	200.746	183.759	22.083	216.743	138.282	-5.556
1400	21.209	202.319	185.029	24.206	216.940	132.239	-4.934
1500	21.186	203.781	186.231	26.325	217.119	126.182	-4.394

续表 4-8

T/K	$C_p^\ominus$	$S^\ominus$	$-(G^\ominus-H^\ominus(T_r))/T$	$H^\ominus-H^\ominus(T_r)$	$\Delta_f H^\ominus$	$\Delta_f G^\ominus$	$\lg K_f$
	J/(K·mol)			kJ/mol			
34. S_2(g)							
298.15	32.505	228.165	228.165	0.000	128.600	79.696	-13.962
300	32.540	228.366	228.165	0.060	128.576	79.393	-13.823
400	34.108	237.956	229.462	0.395	122.751	?	-8.276
500	35.133	245.686	231.959	0.885	118.290	?	-5.122
600	35.815	252.156	234.800	10.413	114.685	35.530	-3.093
700	36.305	257.715	237.686	14.020	111.599	22.588	-1.685
800	36.697	262.589	240.501	17.671	108.841	10.060	-0.657
852.38	36.985	266.200	242.734	20.706	$p=1$ bar $=10^5$ Pa		
900	37.045	266.932	243.201	21.358	0.000	0.000	0.000
1000	37.377	270.852	245.773	25.079	0.000	0.000	0.000
1100	37.704	274.430	248.218	28.833	0.000	0.000	0.000
1200	38.030	277.725	250.541	32.620	0.000	0.000	0.000
1300	38.353	280.781	252.751	36.439	0.000	0.000	0.000
1400	38.669	283.635	254.856	40.290	0.000	0.000	0.000
1500	38.976	286.314	256.865	44.173	0.000	0.000	0.000
35. S_8(g)							
298.15	156.500	432.536	432.536	0.000	101.277	48.810	-8.551
300	156.768	433.505	432.539	0.290	101.231	48.484	-8.442
400	167.125	480.190	438.834	16.542	80.642	32.003	-4.179
500	173.181	518.176	451.022	33.577	66.185	21.409	-2.237
600	177.936	550.180	464.951	51.137	55.101	13.549	-1.180
700	182.441	577.948	479.152	69.157	46.349	7.343	-0.548
800	186.764	602.596	493.071	87.620	39.177	2.263	-0.148
900	190.595	624.821	506.495	106.494	-392.062	6.554	-0.380
1000	193.618	645.067	519.355	125.712	-387.728	50.614	-2.644
1100	195.684	663.625	531.639	145.185	-383.272	94.233	-4.475
1200	196.825	680.707	543.359	164.817	-378.786	137.444	-5.983
1300	197.195	696.480	554.539	184.524	-374.356	180.283	-7.244
1400	196.988	711.089	565.206	204.237	-370.048	222.785	-8.312
1500	196.396	724.662	575.389	223.909	-365.905	264.984	-9.227

续表 4 - 8

T/K	$C_p^\ominus$	$S^\ominus$	$-(G^\ominus - H^\ominus(T_r))/T$	$H^\ominus - H^\ominus(T_r)$	$\Delta_f H^\ominus$	$\Delta_f G^\ominus$	$\lg K_f$
	J/(K·mol)			kJ/mol			
36. SO_2(g)							
298.15	39.842	248.219	248.219	0.000	-296.810	-300.090	52.574
300	39.909	248.466	248.220	0.074	-296.833	-300.110	52.253
400	43.427	260.435	249.828	4.243	-300.240	-300.935	39.298
500	46.490	270.465	252.978	8.744	-302.735	-300.831	31.427
600	48.938	279.167	256.634	13.520	-304.699	-300.258	26.139
700	50.829	286.859	260.413	18.513	-306.308	-299.386	22.340
800	52.282	293.746	264.157	23.671	-307.691	-298.302	19.477
900	53.407	299.971	267.796	28.958	-362.075	-295.987	17.178
1000	54.290	305.646	271.301	34.345	-362.012	-288.647	15.077
1100	54.993	310.855	274.664	39.810	-361.934	-281.314	13.358
1200	55.564	315.665	277.882	45.339	-361.849	-273.989	11.926
1300	56.033	320.131	280.963	50.920	-361.763	-266.671	10.715
1400	56.426	324.299	283.911	56.543	-361.680	-259.359	9.677
1500	56.759	328.203	286.735	62.203	-361.605	-252.053	8.777
37. Si(晶体)							
298.15	19.789	18.810	18.810	0.000	0.000	0.000	0.000
300	19.855	18.933	18.810	0.037	0.000	0.000	0.000
400	22.301	25.023	19.624	2.160	0.000	0.000	0.000
500	23.610	30.152	21.231	4.461	0.000	0.000	0.000
600	24.472	34.537	23.092	6.867	0.000	0.000	0.000
700	25.124	38.361	25.006	9.348	0.000	0.000	0.000
800	25.662	41.752	26.891	11.888	0.000	0.000	0.000
900	26.135	44.802	28.715	14.478	0.000	0.000	0.000
1000	26.568	47.578	30.464	17.114	0.000	0.000	0.000
1100	26.974	50.130	32.138	19.791	0.000	0.000	0.000
1200	27.362	52.493	33.737	22.508	0.000	0.000	0.000
1300	27.737	54.698	35.265	25.263	0.000	0.000	0.000
1400	28.103	56.767	36.728	28.055	0.000	0.000	0.000
1500	28.462	58.719	38.130	30.883	0.000	0.000	0.000

续表 4-8

T/K	$C_p^\ominus$	$S^\ominus$	$-(G^\ominus-H^\ominus(T_r))/T$	$H^\ominus-H^\ominus(T_r)$	$\Delta_f H^\ominus$	$\Delta_f G^\ominus$	$\lg K_f$
	J/(K·mol)			kJ/mol			
38. Si(g)							
298.15	22.251	167.980	167.980	0.000	450.000	405.525	-71.045
300	22.234	168.117	167.980	0.041	450.004	405.249	-70.559
400	21.613	174.416	168.843	2.229	450.070	390.312	-50.969
500	21.316	179.204	170.456	4.374	449.913	375.388	-39.216
600	21.153	183.074	172.246	6.497	449.630	360.508	-31.385
700	21.057	186.327	174.032	8.607	449.259	345.682	-25.795
800	21.000	189.135	175.748	10.709	448.821	330.915	-21.606
900	20.971	191.606	177.375	12.808	448.329	316.205	-18.352
1000	20.968	193.815	178.911	14.904	447.791	301.553	-15.751
1100	20.989	195.815	180.358	17.002	447.211	286.957	-13.626
1200	21.033	197.643	181.723	19.103	446.595	272.416	-11.858
1300	21.099	199.329	183.014	21.209	445.946	257.927	-10.364
1400	21.183	200.895	184.236	23.323	445.268	243.489	-9.085
1500	21.282	202.360	185.396	25.446	444.563	229.101	-7.978
39. SiO_2(晶体)							
298.15	44.602	41.460	41.460	0.000	-910.700	-856.288	150.016
300	44.712	41.736	41.461	0.083	-910.708	-855.951	149.032
400	53.477	55.744	43.311	4.973	-910.912	-837.651	109.385
500	60.533	68.505	47.094	10.705	-910.540	-819.369	85.598
600	64.452	79.919	51.633	16.971	-909.841	-801.197	69.749
700	68.234	90.114	56.414	23.590	-908.958	-783.157	58.439
800	76.224	99.674	61.226	30.758	-907.668	-765.265	49.966
848	82.967	104.298	63.533	34.569	-906.310	-756.747	46.613
相变：$\Delta_{trs}H=0.411$ kJ/mol, $\Delta_{trs}S=0.484$ J/(K·mol), 晶体Ⅱ-晶体Ⅱ′							
848	67.446	104.782	63.532	34.980	-906.310	-756.747	46.613
900	67.953	108.811	66.033	38.500	-905.922	-747.587	43.388
1000	68.941	116.021	70.676	45.345	-905.176	-730.034	38.133
1100	69.940	122.639	75.104	52.289	-904.420	-712.557	33.836
1200	70.947	128.768	79.323	59.333	-901.382	-695.148	30.259
相变：$\Delta_{trs}H=2.261$ kJ/mol, $\Delta_{trs}S=1.883$ J/(K·mol), 晶体Ⅱ′-晶体Ⅰ							
1200	71.199	130.651	79.323	61.594	-901.382	-695.148	30.259
1300	71.743	136.372	83.494	68.742	-900.574	-677.994	27.242
1400	72.249	141.707	87.463	75.941	-899.782	-660.903	24.658
1500	72.739	146.709	91.248	83.191	-899.004	-643.867	22.421

续表 4-8

T/K	$C_p^\ominus$	$S^\ominus$	$-(G^\ominus - H^\ominus(T_r))/T$	$H^\ominus - H^\ominus(T_r)$	$\Delta_f H^\ominus$	$\Delta_f G^\ominus$	$\lg K_f$
	J/(K·mol)			kJ/mol			
40. $SiCl_4$(g)							
298.15	90.404	331.446	331.446	0.000	-662.200	-622.390	109.039
300	90.562	332.006	331.448	0.167	-662.195	-622.143	108.323
400	96.893	359.019	335.088	9.572	-661.853	-608.841	79.505
500	100.449	381.058	342.147	19.456	-661.413	-595.637	62.225
600	102.587	399.576	350.216	29.616	-660.924	-582.527	50.713
700	103.954	415.500	358.432	39.948	-660.417	-569.501	42.496
800	104.875	429.445	366.455	50.392	-659.912	-556.548	36.338
900	105.523	441.837	374.155	60.914	-659.422	-543.657	31.553
1000	105.995	452.981	381.490	71.491	-658.954	-530.819	27.727
1100	106.349	463.101	388.456	82.109	-658.515	-518.027	24.599
1200	106.620	472.366	395.068	92.758	-658.107	-505.274	21.994
1300	106.834	480.909	401.347	103.431	-657.735	-492.553	19.791
1400	107.003	488.833	407.316	114.123	-657.400	-479.860	17.904
1500	107.141	496.220	413.000	124.830	-657.104	-467.189	16.269

冶金过程的物料衡算与能量衡算是冶金工作者的基本功训练，本书这一部分不同温度下的有关热化学数据提供了 298.15 ~ 1500 K 的数据，毕竟物种有限，许多冶金过程的原料及产物，尚需请读者从参考文献[1]、[23]、[24]、[25]、[26]等中查找。

5 水溶液体系的热力学数据

水溶液体系的热力学数据示于表5-1中。

表5-1 水溶液体系的热力学数据

离子、化合物	$\Delta_f H^{\ominus}_{298}$ /(kJ·mol^{-1})	$\Delta_f G^{\ominus}_{298}$ /(kJ·mol^{-1})	$S^{\ominus}_{298}$ /(J·mol^{-1}·K^{-1})	C_p /(J·mol^{-1}·K^{-1})
H^+	0	0	0	0
H_2(g)	0	0	130.574	
O_2(g)	0	0	205.28	
H_2O(l)	-285.830	-273.178	69.91	
OH^-	-229.994	-157.293	-10.75	
Al^{3+}	-531	-485	-321.7	
$Al(OH)_3$	-1276	-1138	(71)	
$Al_2O_3·H_2O$(一水软铝石)	-1974.8	-1825.5	96.86	
$Al_2O_3·H_2O$(一水硬铝石)	-2000	-1841	70.54	
$Al_2O_3·3H_2O$(三水铝石)	-2562.7	-2287.4	140.21	
AlO_2^-	-918.8	-823.4	-21	
$Al(OH)_4^-$	-1490.3	-1297.9	117	
$Al(OH)^{2+}$		-694.1		
Ag^+	105.579	77.124	72.68	21.8
Ag_2O	-31.05	-11.21	121.3	
$AgNO_3$	-101.8	-34.2	219.2	-64.9
$Ag_2S(\alpha)$	-32.59	-40.67	144.01	
Ag_2SO_4	-698.1	-590.3	165.7	-251.0
AgCl	-127.068	-109.805	96.2	-114.6
$AgCN_{(e)}$	145.0	156.9	107.19	
$Ag(CN)_2^-$	270.3	305.4	192	
$Ag(NH_2)_2^+$	-111.29	-17.24	245.2	
Au^+	—	163.2	—	
$Au(CN)_2^-$	242.3	285.8	172	
AsO_2^-	-429.0	-350.0	40.6	
AsO_4^{3-}	-888.1	-648.4	-162.8	

续表 5-1

离子、化合物	$\Delta_f H_{298}^{\ominus}$ /(kJ·mol^{-1})	$\Delta_f G_{298}^{\ominus}$ /(kJ·mol^{-1})	$S_{298}^{\ominus}$ /(J·mol^{-1}·K^{-1})	C_p /(J·mol^{-1}·K^{-1})
Bi^{3+}		82.8	—	
$Bi(OH)^{+}$		-146.4		
Ca^{2+}	-542.83	-553.54	-53.1	
$Ca(OH)_2$	-986.08	-898.56	83.39	
CaO	-635.09	-604.04	49.75	
$CaCO_3$	-1220.0	-1081.4	-110.0	
$CaCl_2$	77.1	-816.0	59.8	
CaS	-482.4	-477.4	56.5	
CaF_2	-1208.1	-1111.2	80.8	
$Ca(OH)^{+}$		-718.4		
$CaSO_4$	-1452.1	-1298.1	-33.1	
Cd^{2+}	-75.90	-77.580	-73.2	
$CdOH^{+}$		-261.1		
$CdSO_4$	-985.2	-822.1	-53.1	
$Cd(OH)_2$	-560.7	-473.5	96	
CdO	-258.2	-228.4	54.8	
CdS	-161.9	-156.5	64.9	
Co^{2+}	-58.2	-54.4	-113.0	
Co^{3+}	92.0	134.0	-305.0	
$Co(OH)_2$	-539.7	-454.4	79	
$Co(OH)_3$	-730.5	-596.6	(84)	
CoO	-237.94	-214.22	52.97	
CoS	-80.8	-82.8	67.4	
$CoCl_2$	-392.5	-316.7		
$CoSO_4$	-967.3	-799.1	-92.0	
$Co(NO_3)_2$	-472.8	-276.9	180.0	
$CoBr_2$	-301.2	-262.3	50.0	
CoI_2	-168.6	-157.7	109.0	
$C_2O_4^{2-}$	-825.1	-673.9	45.6	
$C_2O_4H^{-}$	-818.4	-698.3	149.4	
Cl^{-}	-167.2	-131.2	56.5	-136.4
ClO^{-}	-107.1	-36.8	42.0	
ClO_2^{-}	-66.5	17.2	101.3	
ClO_3^{-}	-104.6	-8.0	162.3	

续表 5 - 1

离子、化合物	$\Delta_f H_{298}^{\ominus}$ /(kJ·mol^{-1})	$\Delta_f G_{298}^{\ominus}$ /(kJ·mol^{-1})	$S_{298}^{\ominus}$ /(J·mol^{-1}·K^{-1})	C_p /(J·mol^{-1}·K^{-1})
ClO_4^-	-129.3	-8.5	182.0	
CN^-	150.6	172.4	94.1	
CO_3^{2-}	-677.1	-527.8	-56.9	
Cu^+	71.67	50.00	40.6	
Cu^{2+}	64.77	65.52	-99.6	
$Cu(OH)_2$	-443.9	-356.9	(79)	
Cu_2O	-168.6	-146.0	93.14	
CuO	-157.3	-129.7	42.64	
Cu_2S	-79.5	-86.2	120.9	
CuS	-53.1	-53.6	66.5	
$CuSO_4$	-771.36	-661.9	109	
$CuFeS_2$	-190.4	-190.58	124.98	
$Cu(NH_3)_4^{2+}$	-348.5	-111.29	273.6	
$Cu(NO_3)_2$	-350.0	-157.0	193.3	
Fe^{2+}	-89.1	-78.87	-137.7	
Fe^{3+}	-48.5	-4.7	-315.9	
$Fe(OH)_2$	-569.0	-486.6	88	
$Fe(OH)_3$	-823.0	-696.6	106.7	
Fe_2O_3	-824.2	-742.2	87.40	
$FeOH^+$	-324.7	-277.4	-29.0	
$FeOH^{2+}$	-290.8	-229.4	-142.0	
$Fe(OH)_2^+$		-438.0		
$Fe(CN)_6^{3-}$	561.9	729.4	270.3	-106.7
$Fe(CN)_6^{4-}$	455.6	695.1	95.0	
Fe_3O_4	-1118.4	-1015.5	146.4	
FeS	-100.0	-100.4	60.29	
FeS_2	-178.2	-166.9	52.93	
Fe_7S_8	-736.4	-748.5	485.8	
$FeCl_2$	-423.4	-341.3	-24.7	
$FeCl_3$	-550.2	-398.3	-146.4	
$FeSO_4$	-998.3	-823.4	-117.6	
$Fe_2(SO_4)_3$	-2825.0	-2242.8	-571.5	
Ga^{2+}		88.0		
Ga^{3+}	-211.7	-159.0	-331.0	

续表 5-1

离子、化合物	$\Delta_f H^\ominus_{298}$ /(kJ·mol^{-1})	$\Delta_f G^\ominus_{298}$ /(kJ·mol^{-1})	$S^\ominus_{298}$ /(J·mol^{-1}·K^{-1})	C_p /(J·mol^{-1}·K^{-1})
$Ga(OH)^{2+}$		-380.3		
$Ga(OH)_2^+$		-597.4		
Hg^{2+}	171.1	164.4	-32.2	
Hg_2^{2+}	172.4	153.5	84.5	
$HgOH^+$	-84.5	-52.3	71.0	
HCO_3^-	-692.0	-586.8	91.2	
HS^-	-17.6	12.1	62.8	
HSO_3^-	-626.2	-527.7	139.7	
HSO_4^-	-887.3	-755.9	131.8	-84.0
$H_2S(g)$	-20.63	-33.56	205.69	
$H_2S(aq)$	-39.7	-27.86	121	
HSe^-	15.9	44.0	79.0	
$HSeO_3^-$	-514.6	-411.5	135.5	
$HSeO_4^-$	-581.6	-452.2	149.4	
$H_2AsO_3^-$	-714.8	-587.1	110.5	
$H_2AsO_4^-$	-909.6	-753.2	117.0	
HBr	-121.6	-104.0	82.4	-141.8
HCN	150.6	172.4	94.1	
HCl	-167.2	-131.2	56.5	-136.4
HF	-332.6	-278.8	-13.8	-106.7
HI	-55.2	-51.6	111.3	-142.3
HNO_3	-207.4	-111.3	146.4	-86.6
HSCN	76.4	92.7	144.3	-40.2
H_2SO_4	-909.3	-744.5	20.1	-293.0
In^+		-12.1		
In^{2+}		-50.7		
In^{3+}	-105.0	-98.0	-151.0	
$InOH^{2+}$	-370.3	-313.0	-88.0	
$In(OH)_2^+$	-619.0	-525.0	25.0	
Mg^{2+}	-466.85	-454.8	-138.1	
$MgOH^+$		-626.7		
$Mg(OH)_2$	-924.54	-833.58	63.68	
MgO	-601.70	-569.44	26.94	
$MgCl_2$	-801.2	-717.1	-25.1	

续表 5 - 1

离子、化合物	$\Delta_f H_{298}^{\ominus}$ /(kJ·mol^{-1})	$\Delta_f G_{298}^{\ominus}$ /(kJ·mol^{-1})	$S_{298}^{\ominus}$ /(J·mol^{-1}·K^{-1})	C_p /(J·mol^{-1}·K^{-1})
MgS	-346.0	-341.8	50.33	
$MgSO_4$	-1376.1	-1199.5	-118.0	
$Mg(NO_3)_2$	-881.6	-677.3	154.8	
$MnBr_2$	-709.9	-662.7	26.8	
MgI_2	-577.2	-558.1	84.5	
Mn^{2+}	-220.75	-228.1	-73.6	50.0
MnO_4^-	-541.4	-447.2	191.2	-82.0
$MnOH^+$	-450.6	-405.0	-12.0	
MnO_4^{2-}	-653.0	-500.7	59.0	
MnS	-214.2	-218.4	78.2	
MnO_2	520.03	-465.18	53.05	
$MnCl_2$	-555.1	-490.8	38.9	-222.0
MnI_2	-331.0			
$Mn(NO_3)_2$	-635.5	-450.9	218.0	-121.0
$MnSO_4$	-1130.1	-972.7	-53.6	-243.0
$MnBr_2$	-464.0			
NO_2^-	-104.6	-32.2	123.0	-97.5
NO_3^-	-207.4	-111.3	146.4	-86.6
N_3^-	275.1	348.2	107.9	
NH_4^+	-132.5	-79.3	113.4	79.9
$N_2H_5^+$	-7.5	82.5	151.0	70.3
NH_4Cl	-299.7	-210.5	169.9	-56.5
NH_4ClO_3	-236.5	-87.3	275.7	
NH_4ClO_4	-261.8	-87.8	295.4	
NH_4F	-465.1	-358.1	99.6	-26.8
NH_4HCO_3	-824.5	-666.1	204.6	
NH_4HS	-150.2	-67.2	176.1	
NH_4HSO_3	-758.7	-607.0	253.1	
NH_4HSO_4	-1019.9	-835.2	245.2	-3.8
NH_4HSeO_4	-714.2	-531.6	262.8	
$NH_4H_2AsO_3$	-847.3	-666.4	223.8	
$NH_4H_2AsO_4$	-1042.1	-832.5	230.5	
$NH_4H_2PO_4$	-1428.8	-1209.6	203.8	
$NH_4H_3P_2O_7$	-2409.1	-2102.6	326.0	

续表 5-1

离子、化合物	$\Delta_f H^{\ominus}_{298}$ /(kJ·mol^{-1})	$\Delta_f G^{\ominus}_{298}$ /(kJ·mol^{-1})	$S^{\ominus}_{298}$ /(J·mol^{-1}·K^{-1})	C_p /(J·mol^{-1}·K^{-1})
NH_4I	-187.7	-130.9	224.7	-62.3
NH_4IO_3	-354.0	-207.4	231.8	
NH_4NO_2	-237.2	-111.6	236.4	-17.6
NH_4NO_3	-339.9	-190.6	259.8	-6.7
$NH_3 \cdot H_2O$	-362.5	-236.5	102.5	-68.6
NH_4SCN	-56.1	13.4	257.7	39.7
$(NH_4)_2CO_3$	-942.2	-686.4	169.9	
$(NH_4)_2HAsO_4$	-1171.4	-873.2	225.1	
$(NH_4)HPO_4$	-1557.2	-1247.8	193.3	
$(NH_4)_2S$	-231.8	-72.6	212.1	
$(NH_4)_2SO_3$	-900.4	-645.0	197.5	
$(NH_4)_2SO_4$	-1174.3	-903.1	246.9	-133.1
$(NH_4)_2SeO_4$	-864.0	-599.8	280.7	
$(NH_4)_3PO_4$	-1674.9	-1256.6	117.0	
CN^-	150	172.4	94.1	
$NH_3(aq)$	-80.29	-26.57	111.3	
Na^+	-240.1	-261.9	59.0	46.4
$NaBr$	-361.7	-365.8	141.4	-95.4
$NaCl$	-407.3	-393.1	115.5	-90.0
NaF	-572.8	-540.7	45.2	-60.2
$NaHCO_3$	-932.1	-848.7	150.2	
$NaHSO_4$	-1127.5	-1017.8	190.8	-38.0
NaI	-295.3	-313.5	170.3	-95.8
$NaNO_3$	-447.5	-373.2	205.4	-40.2
Na_2CO_3	-1157.4	-1051.6	61.1	
Na_2S	-447.3	-438.1	103.1	
Na_2SO_4	-1389.5	-1268.4	138.1	-201.0
Na_2Se		-394.6		
Ni^{2+}	-54.0	-45.6	-128.9	
$Ni(OH)_2$	-529.7	-447.3	88	
$Ni(OH)_3$	-678.2	-541.8	(81.6)	
NiO	-239.7	-211.7	37.99	
$NiOH^+$	-287.6	-227.6	-71.0	
$NiCl_2$	-388.3	-307.9	-15.1	

续表 5-1

离子、化合物	$\Delta_f H^{\ominus}_{298}$ /(kJ·mol^{-1})	$\Delta_f G^{\ominus}_{298}$ /(kJ·mol^{-1})	$S^{\ominus}_{298}$ /(J·mol^{-1}·K^{-1})	C_p /(J·mol^{-1}·K^{-1})
$NiSO_4$	-963.2	-790.3	-108.8	
$Ni(NO_3)_2$	-468.6	-268.5	164.0	
NiI_2	-164.4	-149.0	93.7	
NiF_2	-719.2	-603.3	-156.5	
$NiBr_2$	-244.8	-232.3	175.3	
NiS	-82.0	-79.5	52.97	
Ni_3S_2	-202.9	-197.1	133.9	
$Ni(NH_3)_6^{2+}$	-630.1	-256.1	394.6	
Pb^{2+}	-1.7	-24.39	10.46	
$Pb(OH)_2$	-515.9	-452.3		
$PbOH^+$		-226.3		
PbO(黄色氧化铅)	-217.32	-187.90	68.70	
$PbCl_2$	-336.0	-286.9	123.4	
PbO(赤色氧化铅)	-218.99	-188.95	66.5	
PbS	-100.4	-98.7	91.2	
$PbSO_4$	-919.94	-813.20	148.57	
PbO_2	-277.4	-217.36	68.6	
Pt^{2+}		254.8		
Pd^{2+}	149.0	176.5	-184.0	
Re^+		-33.0		
Re^-	46.0	10.1	230.0	
S^{2-}	33.1	85.8	-14.6	
SO_4^{2-}	-909.27	-744.63	20.1	-293.0
SO_3^{2-}	-635.2	-486.5	-29.0	
HSO_4^-	-887.34	-756.01	131.8	
$SO_{2(aq)}$	-322.980	-300.70	161.9	
HSO_3^-	-626.22	-527.81	139.7	
$S_2O_3^{2-}$	-652.3	-522.5	67.0	
$S_2O_4^{2-}$	-753.5	-600.3	92.0	
$S_2O_8^{2-}$	-1344.7	-114.9	244.3	
Se^{2-}		129.3		
SeO_3^{2-}	-509.2	-369.8	13.0	
SeO_4^{2-}	-599.1	-441.3	54.0	
Sn^{2+}(aqHCl)	-8.8	-27.2	-17	

续表 5－1

离子、化合物	$\Delta_f H_{298}^{\ominus}$ /(kJ·mol^{-1})	$\Delta_f G_{298}^{\ominus}$ /(kJ·mol^{-1})	$S_{298}^{\ominus}$ /(J·mol^{-1}·K^{-1})	C_p /(J·mol^{-1}·K^{-1})
Sn^{4+}(aqHCl)	30.5	2.5	−117	
$Sn(OH)_2$	−561.1	−491.6	155	
SnO	−285.8	−256.9	56.5	
SnO_2	−580.7	−519.7	52.3	
SnS	−100	−98.3	77.0	
$SnOH^+$	−286.2	−254.8	50.0	
$Te(OH)_3^+$	−608.4	−496.1	111.7	
Tl^+	5.4	−32.4	125.5	
Tl^{3+}	196.6	214.6	−192.0	
$Tl(OH)^{2+}$		−15.9		
$Tl(OH)_2^+$		−244.7		
TlCl	−161.8	−163.6	182.0	
$TlCl_3$	−305.0	−179.0	−23.0	
$TlNO_3$	−202.0	−143.7	272.0	
Tl_2SO_4	−898.6	−809.3	271.1	
Zn^{2+}	−153.89	−147.03	−112.1	46.0
$Zn(OH)_2$	−641.91	−553.58	81.2	
ZnO	−348.28	−318.32	43.64	
ZnS(闪锌矿)	−205.98	−201.29	57.7	
$ZnOH^+$		−330.1		
$ZnCl_2$	−488.2	−409.5	0.8	−226.0
$ZnBr_2$	−397.0	−355.0	52.7	−238.0
ZnF_2	−819.1	−704.6	−139.7	−167.0
ZnI_2	−264.3	−250.2	110.5	−238.0
$Zn(NO_3)_2$	−568.6	−369.6	180.7	−126.0
$ZnSO_4$	−1063.2	−891.6	−92.0	−247.0

6 水溶液中有关电极反应的标准氧化还原电势

6.1 标准氧化还原电势

当考虑平衡时在温度 T 时电池内发生的化学反应的标准吉布斯自由能变化如下：

$$aA + bB \Longrightarrow rR + sS \tag{6-1}$$

$$\Delta G^{\ominus} = -RT\ln\frac{a_{R}^{r}a_{S}^{s}}{a_{A}^{a}a_{B}^{b}} = -RT\ln K_{a}(\mathrm{J}) \tag{6-2}$$

在标准状态下，

$$\Delta G^{\ominus} = -zFE^{\ominus} = -RT\ln K_{a} \tag{6-3}$$

$$\lg K_{a} = \frac{-\Delta G^{\ominus}}{2.3RT} = \frac{-\Delta G^{\ominus}}{5707}(298\ \mathrm{K}) \tag{6-4}$$

在实际状态下，

$$\Delta G = -zFE \tag{6-5}$$

$$\Delta G = \Delta G^{\ominus} + RT\ln Q \tag{6-6}$$

式中：E 为电池的电动势；F 为法拉第常数；R 为气体常数，8.314 J/(g·mol·K)；z 为方程式表示的反应中的电子转移的数目；Q 为活度商，不同于平衡常数 K_a，而是相对活度的任意值，是反应过程中的瞬时活度商。

$$E = E^{\ominus} - \frac{RT}{zF}\ln Q \tag{6-7}$$

达到平衡时

$$E = 0 \quad Q = K_{a} \quad E^{\ominus} = \frac{RT}{zF}\ln K_{a} \tag{6-8}$$

式中：$E^{\ominus}$为电池的标准电动势。

任何氧化还原偶的氧化还原电势，都是它与标准氢电极（氧化还原偶 H^+/H_2 的标准氧化还原电势 $E^{\ominus}=0.00$ V）组成的电池的电动势，其中，它的偶的氧化形式和还原形式都是在标准状态。氢电极放在电池图的左边以决定 $E^{\ominus}$的符号。铅锌及其共伴生元素的氧化还原电势 $E^{\ominus}$示于表 6-1 中。

电动势的温度系数 对于一个在恒压下工作的电池，电池反应的 ΔG 为

$$\Delta G = -zFE$$

在这样条件下，反应的熵变为：

$$\Delta S = \frac{-\mathrm{d}(\Delta G)}{\mathrm{d}T} = zF\frac{\mathrm{d}E}{\mathrm{d}T} \tag{6-9}$$

这个公式的应用可参照一个实际电池来说明。

对于电池，

$$Zn|ZnCl_2(20.0\ mol/m^3)|AgCl,\ Ag$$

298 K时的电动势等于1.015 V。电动势的温度系数为 -4.92×10^{-4} V/K。

电池反应为：

$$2AgCl_{(s)}+Zn_{(s)}+H_2O=\!=\!=2Ag_{(s)}+Zn^{2+}_{(aq)}+2Cl^-_{(aq)}+H_2O$$

$Zn^{2+}_{(aq)}$浓度为20.0 mol/m³，$Cl^-_{(aq)}$浓度40.0 mol/m³

$$\begin{aligned}\Delta G &= -2\times9.65\times10^4\ C/mol\times1.015\ V\\ &\approx -196\ kJ/mol\\ \Delta S &= +2\times9.65\times10^4\ C/mol\times(-4.92\times10^{-4})\ V/K\\ &\approx -95\ J/(K\cdot mol)\end{aligned}$$

由 $\Delta G=\Delta H-T\Delta S$ 求得：

$$\begin{aligned}\Delta H &= -196\ kJ/mol-(95\times10^{-3}\ kJ/(K\cdot mol)\times298\ K)\\ &=(-196-28)\ kJ/mol\\ &=-224\ kJ/mol\end{aligned}$$

表6-1 铅锌及其共伴生元素的氧化还原电势及电势的温度系数

元素	电极反应(25℃)	标准氧化还原电势 $E^\ominus$		温度系数
		数值/V	变值/mV	/(μV·℃⁻¹)
Zn	$Zn^{2+}+2e=\!=\!=Zn$	-0.757	±8	140
	$Zn(NH_3)_4^{2+}+2e=\!=\!=Zn+4NH_3$	-1.04	—	—
	$ZnO_2^{2-}+2H_2O+2e=\!=\!=Zn+4OH^-$	-1.215	—	—
	$Zn(OH)_2+2e=\!=\!=Zn+2OH^-$	-1.245	—	-1002
	$ZnS+2e=\!=\!=Zn+S^{2-}$	-1.405	—	-850
	$Zn^{2+}+2e=\!=\!=Zn(Hg)$	-0.7628		
	$ZnSO_4\cdot7H_2O+2e=\!=\!=Zn(Hg)+SO_4^{2-}+7H_2O$	-0.7993		
	$ZnOH^++H^++2e=\!=\!=Zn+H_2O$	-0.497		
	$Zn(OH)_4^{2-}+2e=\!=\!=Zn+4OH^-$	-1.199		
	$Zn(OH)_2+2e=\!=\!=Zn+2OH^-$	-1.249		
	$ZnO+H_2O+2e=\!=\!=Zn+2OH^-$	-1.260		
Cd	$Cd^{2+}+2e=\!=\!=Cd$	-0.4030	±0.5	-93
	$Cd(CN)_4^{2-}+2e=\!=\!=Cd+4CN^-$	-1.028	—	—
	$Cd(NH_3)_4^{2+}+2e=\!=\!=Cd+4NH_3$	-0.613	—	—
	$CdO+2H^++2e=\!=\!=Cd+H_2O$	0.063	—	—

续表 6-1

元素	电极反应(25℃)	标准氧化还原电势 $E^{\ominus}$		温度系数 /(μV·℃$^{-1}$)
		数值/V	变值/mV	
Cd	$Cd(OH)_2 + 2e = Cd + 2OH^-$	-0.809	—	-1014
	$CdS + 2e = Cd + S^{2-}$	-1.175	—	-870
	$CdSO_4 + 2e = Cd + SO_4^{2-}$	-0.246	—	—
	$Cd^{2+} + 2e = Cd(Hg)$	-0.3521		
	$Cd(OH)_4^{2-} + 2e = Cd + 4OH^-$	-0.658		
	$Cd(OH)_2 + 2e = Cd(Hg) + 2OH^-$	-0.809		
Hg	$Hg^{2+} + 2e = 2Hg$	0.7889	±0.2	-514
	$Hg_2I_2 + 2e = 2Hg + 2I^-$	-0.0405	—	19
	$HgO + H_2O + 2e = Hg + 2OH^-$	0.92653	—	—
	$HgS + 2e = Hg + S^{2-}$	-0.69	—	-790
	$Hg_2SO_4 + 2e = 2Hg + SO_4^{2-}$	0.6135	—	-8500
	$Hg^{2+} + 2e = Hg$	0.851		
	$2Hg^{2+} + 2e = Hg_2^{2+}$	0.920		
	$Hg_2Ac_2 + 2e = 2Hg + 2Ac^-$	0.51163		
	$Hg_2^{2+} + 2e = 2Hg$	0.7973		
	$Hg_2Cl_2 + 2e = 2Hg + 2Cl^-$	0.26808		
	$Hg_2O + H_2O + 2e = 2Hg + 2OH^-$	0.123		
	$HgO + H_2O + 2e = Hg + 2OH^-$	0.0977		
	$Hg(OH)_2 + 2H^+ + 2e = Hg + 2H_2O$	1.034		
	$Hg_2SO_4 + 2e = 2Hg + SO_4^{2-}$	0.6125		
Ge	$Ge^{4+} + 2e = Ge^{2+}$	0.0		
	$Ge^{2+} + 2e = Ge$	0.24		
	GeO(棕)$ + 2H^+ + 2e = Ge + H_2O$	-0.286		
	GeO(黄)$ + 2H^+ + 2e = Ge + H_2O$	-0.130		
	GeO_2(白、六方)$ + 4H^+ + 4e = Ge + 2H_2O$	-0.202	—	—
	GeO_2(白、正方)$ + 4H^+ + 4e = Ge + 2H_2O$	-0.246	—	
	$HGeO_3^- + 2H_2O + 4e = Ge + 5OH^-$	-1.03	—	-1290

续表 6－1

元素	电极反应(25℃)	标准氧化还原电势 $E^{\ominus}$		温度系数 /(μV·℃⁻¹)
		数值/V	变值/mV	
Ge	$H_2GeO_3 + 4H^+ + 2e = Ge^{2+} + 3H_2O$	-0.363	—	—
	$H_2GeO_3 + 4H^+ + 4e = Ge + 3H_2O$	-0.182	—	—
	$Ge^{4+} + 4e = Ge$	0.124		
	$GeO_2 + 2H^+ + 2e = GeO + H_2O$	-0.118		
Sn	$Sn^{2+} + 2e = Sn$	-0.136	—	—
	$Sn^{2+} + 2e = Sn$	-1.375	±0.5	—
	$Sn^{2+} + 2e = Sn$	-0.532	—	—
	$Sn^{4+} + 2e = Sn^{2+}$	0.151	—	—
	$SnO_3^{2-} + 3H^+ + 2e = HSnO_2^- + H_2O$	0.374	—	—
	$Sn(OH)_4 + H^+ + 2e = HSnO_2^- + 2H_2O$	-0.349	—	—
	$Sn(OH)_6^{2-} + 2e = HSnO_2^- + H_2O + 3OH^-$	-0.93	—	—
	$HSnO_2^- + H_2O + 2e = Sn + 3OH^-$	-0.909	—	—
	$SnO + 2H^+ + 2e = Sn + H_2O$	-0.104	—	—
	$SnO_2 + 4H^+ + 4e = Sn + 2H_2O$	-0.106	—	—
	$SnO_2 + 4H^+ + 2e = Sn^{2+} + 2H_2O$	-0.77	—	—
	$Sn(OH)_2 + 2H^+ + 2e = Sn + 2H_2O$	0.844	—	—
	$SnS + 2e = Sn + S^{2-}$	-0.87	—	—
	$Sn^{2+} + 2e = Sn$	-0.1375		
	$Sn(OH)_3 + 3H^+ + 2e = Sn^{2+} + 3H_2O$	0.142		
	$SnO_2 + 4H^+ + 2e = Sn^{2+} + 2H_2O$	-0.094		
	$SnO_2 + 4H^+ + 4e = Sn + 2H_2O$	-0.117		
	$SnO_2 + 3H^+ + 2e = SnOH^+ + H_2O$	-0.194		
	$SnO_2 + 2H_2O + 4e = Sn + 4OH^-$	-0.945		
	$Sn(OH)_6^{2-} + 2e = HSnO_2^- + 3OH^- + H_2O$	-0.93		
Pb	$Pb^{2+} + 2e = Pb$	-0.1262	1.2	—
	$PbCl_2 + 2e = Pb + 2Cl^-$	-0.2675	±0.9	—
	$PbCO_3 + 2e = Pb + CO_3^{2-}$	-0.509	—	-1249

续表 6－1

元素	电极反应(25℃)	标准氧化还原电势 $E^{\ominus}$		温度系数 /(μV·℃⁻¹)
		数值/V	变值/mV	
Pb	$PbO + 2H^+ + 2e = Pb + H_2O$	0.248	—	—
	$PbO + H_2O + 2e = Pb + 2OH^-$	-0.580	—	-1163
	$PbS + 2e = Pb + S^{2-}$	-0.93	—	-900
	$PbSO_4 + 2e = Pb + SO_4^{2-}$	-0.3588	—	-1015
	$PbO_2 + H_2O + 2e = PbO + 2OH^-$	0.247	—	-1194
	$Pb^{2+} + 2e = Pb(Hg)$	-0.1205		
	$PbO_2 + 4H^+ + 2e = Pb^{2+} + 2H_2O$	1.455		
	$PbO_2 + SO_4^{2-} + 4H^+ + 2e = PbSO_4 + 2H_2O$	1.6913		
	$PbSO_4 + 2e = Pb(Hg) + SO_4^{2-}$	-0.3505		
As	$As_2O_3 + 6H^+ + 6e = 2As + 3H_2O$	0.234	—	—
	$AsO_2^- + 4H^+ + 3e = As + 2H_2O$	0.429	—	—
	$AsO_4^{3-} + 8H^+ + 5e = As + 4H_2O$	0.648	—	—
	$As + 3H^+ + 3e = AsH_3$	-0.608	—	-50
	$HAsO_2 + 3H^+ + 3e = As + 2H_2O$	0.248		
	$AsO_2^- + 2H_2O + 3e = As + 4OH^-$	-0.68		
	$H_3AsO_4 + 2H^+ + 2e = HAsO_2 + 2H_2O$	0.560		
	$AsO_4^{3-} + 2H_2O + 2e = AsO_2^- + 4OH^-$	-0.71		
Sb	$SbO^+ + 2H^+ + 3e = Sb + H_2O$	0.212	—	—
	$SbO_2^- + 4H^+ + 3e = Sb + 2H_2O$	0.446	—	—
	$SbO_2^- + 2H_2O + 3e = Sb + 4OH^-$	-0.66	—	—
	$Sb_2O_3 + 6H^+ + 6e = 2Sb + 3H_2O$	0.152	—	-375
	$Sb + 3H^+ + 3e = SbH_3$	-0.510	—	-60
	$Sb_2O_5 + 4H^+ + 4e = Sb_2O_3 + 2H_2O$	0.671	—	—
	$SbO^+ + 2H^+ + 3e = Sb + H_2O$	0.2040	±0.3	-360
	$Sb_4O_6 + 12H^+ + 12e = 4Sb + 6H_2O$	0.1504	±0.5	-360
	$Sb_2O_3 + 6H^+ + 6e = 2Sb + 3H_2O$	0.152		
	Sb_2O_5(方锑矿) $+ 4H^+ + 4e = Sb_2O_3 + 2H_2O$	0.671		

续表 6－1

元素	电极反应(25℃)	标准氧化还原电势 $E^{\ominus}$		温度系数 /(μV·℃$^{-1}$)
		数值/V	变值/mV	
Sb	Sb_2O_5(锑华) $+4H^+ +4e \rightleftharpoons Sb_2O_3 +2H_2O$	0.649		
	$SbO_3^- +H_2O+2e \rightleftharpoons SbO_2^- +2OH^-$	−0.59		
	$Sb_2O_5 +6H^+ +4e \rightleftharpoons 2SbO^+ +3H_2O$	0.581		
Bi	$Bi^{3+} +3e \rightleftharpoons Bi$	0.200	±1	—
	$BiCl_4^- +3e \rightleftharpoons Bi+4Cl^-$	0.16	—	—
	$BiO^+ +2H^+ +3e \rightleftharpoons Bi+H_2O$	0.320	—	—
	$Bi_2O_3 +6H^+ +6e \rightleftharpoons 2Bi+3H_2O$	0.371	—	—
	$Bi_2O_3 +3H_2O+6e \rightleftharpoons 2Bi+6OH^-$	−0.46	—	−1214
	$Bi^+ +e \rightleftharpoons Bi$	0.5		
	$Bi^{3+} +3e \rightleftharpoons Bi$	0.308		
	$Bi^{3+} +2e \rightleftharpoons Bi^+$	0.2		
	$Bi^{3+} +3H^+ +6e \rightleftharpoons BiH_3$	−0.8		
	$Bi_2O_4 +4H^+ +2e \rightleftharpoons 2BiO^+ +2H_2O$	1.593		
	$BiOCl+2H^+ +3e \rightleftharpoons Bi+Cl^- +H_2O$	0.1583		
Cu	$Cu^+ +e \rightleftharpoons Cu$	0.521	—	−58
	$Cu^{2+} +e \rightleftharpoons Cu^+$	0.153	—	73
	$Cu^{2+} +2e \rightleftharpoons Cu$	0.3419	—	8
	$Cu^{2+} +2e \rightleftharpoons Cu(Hg)$	0.345		
	$Cu^{3+} +e \rightleftharpoons Cu^{2+}$	2.4		
	$Cu_2O_3 +6H^+ +2e \rightleftharpoons 2Cu^{2+} +3H_2O$	2.0		
	$Cu^{2+} +2CN^- +e \rightleftharpoons [Cu(CN)_2]^-$	1.103		
	$CuI_2^- +e \rightleftharpoons Cu+2I^-$	0.00		
	$Cu_2O+H_2O+2e \rightleftharpoons 2Cu+2OH^-$	−0.360		
	$Cu(OH)_2 +2e \rightleftharpoons Cu+2OH^-$	−0.222		
	$2Cu(OH)_2 +2e \rightleftharpoons Cu_2O+2OH^- +H_2O$	−0.080		
Ag	$Ag^+ +e \rightleftharpoons Ag$	0.7996	—	−1000
	$Ag^{2+} +e \rightleftharpoons Ag^+$	1.980	—	—

续表 6-1

元素	电极反应(25℃)	标准氧化还原电势 $E^\ominus$		温度系数 /(μV·℃$^{-1}$)
		数值/V	变值/mV	
Ag	$Ag_2C_2O_4 + 2e = 2Ag + C_2O_4^{2-}$	0.4647		
	$AgCl + e = Ag + Cl^-$	0.22233	±0.06	-543
	$AgCN + e = Ag + CN^-$	-0.017	—	121
	$Ag_2CO_3 + 2e = 2Ag + CO_3^{2-}$	0.47	—	-1377
	$AgNO_2 + e = Ag + NO_2^-$	0.564	—	-265
	$Ag_2O + H_2O + 2e = 2Ag + 2OH^-$	0.342	±1	-2000
	$Ag_2O_3 + H_2O + 2e = 2AgO + 2OH^-$	0.739		
	$Ag^{3+} + 2e = Ag^+$	1.9		
	$Ag^{3+} + e = Ag^{2+}$	1.8		
	$Ag_2O_2 + 4H^+ + e = 2Ag + 2H_2O$	1.802		
	$2AgO + H_2O + 2e = Ag_2O + 2OH^-$	0.607		
	$AgOCN + e = Ag + OCN^-$	0.41		
	$Ag_2S + 2e = 2Ag + S^{2-}$	-0.691	±1	-1080
	$AgSCN + e = Ag + SCN^-$	0.08951	±0.01	110
	$Ag_2SeO_3 + 2e = 2Ag + SeO_3^{2-}$	0.3629		
	$Ag_2SO_4 + 2e = 2Ag + SO_4^{2-}$	0.654		
	$Ag_2WO_4 + 2e = 2Ag + WO_4^{2-}$	0.4660		
	$Ag_2S + 2H^+ + 2e = 2Ag + H_2S$	-0.0366		
Au	$Au^+ + e = Au$	1.692	—	—
	$Au^{3+} + 2e = Au^+$	1.401		
	$Au^{3+} + 3e = Au$	1.498		
	$Au^{2+} + e = Au^+$	1.8		
	$AuOH^{2+} + H^+ + 2e = Au^+ + H_2O$	1.32		
	$AuBr_2^- + e = Au + 2Br^-$	0.959		
	$AuBr_4^- + 3e = Au + 4Br^-$	0.854		
	$AuCl_4^- + 3e = Au + 4Cl^-$	1.002	±0.5	-630
	$Au(OH)_3 + 3H^+ + 3e = Au + 3H_2O$	1.45	—	-206

续表 6－1

元素	电极反应(25℃)	标准氧化还原电势 $E^\ominus$		温度系数 /(μV·℃$^{-1}$)
		数值/V	变值/mV	
Fe	$Fe^{2+}+2e = Fe$	-0.447	—	52
	$Fe^{3+}+3e = Fe$	-0.037	—	—
	$Fe^{3+}+e = Fe^{2+}$	0.771		
	$2HFeO_4^-+8H^++6e = Fe_2O_3+5H_2O$	2.09		
	$HFeO_4^-+4H^++3e = FeOOH+2H_2O$	2.08		
	$HFeO_4^-+7H^++3e = Fe^{3+}+4H_2O$	2.07		
	$Fe_2O_3+4H^++2e = 2FeOH^++H_2O$	0.16		
	$[Fe(CN)_6]^{3-}+e = [Fe(CN)_6]^{4-}$	0.358		
	$FeO_4^{2-}+8H^++3e = Fe^{3+}+4H_2O$	2.20		
	$Fe(OH)_3+e = Fe(OH)_2+OH^-$	-0.56	—	-960
Co	$Co^{2+}+2e = Co$	-0.28	—	60
	$Co^{3+}+e = Co^{2+}$	1.92		
	$[Co(NH_3)_6]^{3+}+e = [Co(NH_3)_6]^{2+}$	0.108	—	—
	$Co(OH)_2+2e = Co+2OH^-$	-0.73		-1064
	$Co(OH)_3+e = Co(OH)_2+OH^-$	0.17	—	-800
	$Co^{3+}+e = Co^{2+}(2\ mol\ H_2SO_4)$	1.83	—	—
Ni	$Ni^{2+}+2e = Ni$	-0.257	±8	60
	$Ni(OH)_2+2e = Ni+2OH^-$	-0.72	—	-1040
	$NiO_2+2H_2O+2e = Ni(OH)_2^++2OH^-$	-0.490		
	$NiO_2+4H^++2e = Ni^{2+}+2H_2O$	1.678	—	—
Ru	$Ru^{2+}+2e = Ru$	0.455	—	—
	$Ru^{3+}+e = Ru^{2+}$	0.2487	±800	—
	$RuO_2+4H^++2e = Ru^{2+}+2H_2O$	1.120		
	$RuO_4^-+e = RuO_4^{2-}$	0.59	±20	—
	$RuO_4+6H^++4e = Ru(OH)_2^{2+}+2H_2O$	1.40		
	$RuO_4+e = RuO_4^-$	1.00	±20	—
	$RuO_4+8H^++8e = Ru+4H_2O$	1.038		

续表 6-1

元素	电极反应(25℃)	标准氧化还原电势 $E^{\ominus}$		温度系数 /(μV·℃$^{-1}$)
		数值/V	变值/mV	
Ru	$[Ru(H_2O)_6]^{3+} + e \rightleftharpoons [Ru(H_2O)_6]^{2+}$	0.23		
	$[Ru(NH_3)_6]^{3+} + e \rightleftharpoons [Ru(NH_3)_6]^{2+}$	0.10		
	$[Ru(CN)_6]^{3-} + e \rightleftharpoons [Ru(CN)_6]^{4-}$	0.86		
	$Rh^{+} + e \rightleftharpoons Rh$	0.600	—	—
	$Rh^{3+} + 3e \rightleftharpoons Rh$	0.758	±2	—
	$[RhCl_6]^{3+} + 3e \rightleftharpoons Rh + 6Cl^{-}$	0.431	—	-145
	$RhOH^{2+} + H^{+} + 3e \rightleftharpoons Rh + H_2O$	0.83		
	$Rh^{2+} + 2e \rightleftharpoons Rh$	0.600	—	—
Pd	$Pd^{2+} + 2e \rightleftharpoons Pd$	0.951	—	—
	$[PdCl_4]^{2-} + 2e \rightleftharpoons Pd + 4Cl^{-}$	0.591	±9	—
	$[PdCl_6]^{2-} + 2e \rightleftharpoons [PdCl_4]^{2-} + 2Cl^{-}$	1.288	—	-450
	$Pd(OH)_2 + 2e \rightleftharpoons Pd + 2OH^{-}$	0.07	—	-1064
Os	$OsO_4 + 8H^{+} + 8e \rightleftharpoons Os + 4H_2O$	0.85 0.838	—	-433
	$OsO_4 + 4H^{+} + 4e \rightleftharpoons OsO_2 + 2H_2O$	1.005 1.02	—	—
	$[Os(bipy)_2]^{3+} + e \rightleftharpoons [Os(bipy)_2]^{2+}$	0.81		
	$[Os(bipy)_3]^{3+} + e \rightleftharpoons [Os(bipy)_3]^{2+}$	0.80		
Ir	$Ir^{3+} + 3e \rightleftharpoons Ir$	1.156	—	—
	$[IrCl_6]^{2-} + e \rightleftharpoons [IrCl_6]^{3-}$	0.8665	—	-1310
	$[IrCl_6]^{3-} + 3e \rightleftharpoons Ir + 6Cl^{-}$	0.77	—	-30
	$Ir_2O_3 + 3H_2O + 6e \rightleftharpoons 2Ir + 6OH^{-}$	0.098	—	—
Pt	$Pt^{2+} + 2e \rightleftharpoons Pt$	1.188	—	—
	$[PtCl_4]^{2-} + 2e \rightleftharpoons Pt + 4Cl^{-}$	0.755	—	-230
	$[PtCl_6]^{2-} + 2e \rightleftharpoons [PtCl_4]^{2-} + 2Cl^{-}$	0.68		
	$Pt(OH)_2 + 2e \rightleftharpoons Pt + 2OH^{-}$	0.14	—	-1144
	$PtO_3 + 2H^{+} + 2e \rightleftharpoons PtO_2 + H_2O$	2.000 1.7	—	—
	$PtO_3 + 4H^{+} + 2e \rightleftharpoons Pt(OH)_2^{2+} + H_2O$	1.5		

续表 6-1

元素	电极反应(25℃)	标准氧化还原电势 $E^{\ominus}$		温度系数 /(μV·℃⁻¹)
		数值/V	变值/mV	
Pt	$PtOH^{+} + H^{+} + 2e = Pt + H_2O$	1.2		
	$PtO_2 + 2H^{+} + 2e = PtO + H_2O$	1.045 1.01	—	—
	$PtO_2 + 4H^{+} + 4e = Pt + 2H_2O$	1.00		
Ga	$Ga^{3+} + 3e = Ga$	-0.560 -0.549	±5	—
	$Ga^{+} + e = Ga$	-0.2		
	$GaOH^{2+} + H^{+} + 3e = Ga + H_2O$	-0.479 -0.498	—	—
	$H_2GaO_3^{-} + H_2O + 3e = Ga + 4OH^{-}$	-1.219		
In	$In^{+} + e = In$	-0.14	—	—
	$In^{2+} + e = In^{+}$	-0.40	—	—
	$In^{3+} + e = In^{2+}$	-0.49	—	—
	$In^{3+} + 2e = In^{+}$	-0.443	—	—
	$In^{3+} + 3e = In$	-0.3382	±3	-40
	$In(OH)_3 + 3e = In + 3OH^{-}$	-1.00 -0.99	—	-970
	$In(OH)_4^{-} + 3e = In + 4OH^{-}$	-1.007		
	$In_2O_3 + 3H_2O + 6e = 2In + 6OH^{-}$	-1.034		
Tl	$Tl^{+} + e = Tl$	-0.336	—	—
	$Tl^{+} + e = Tl(Hg)$	-0.3338		
	$Tl^{3+} + 2e = Tl^{+}$	1.252	—	—
	$Tl^{3+} + 3e = Tl$	0.741		
	$TlBr + e = Tl + Br^{-}$	-0.658		
	$TlCl + e = Tl + Cl^{-}$	-0.5568	—	-560
	$TlI + e = Tl + I^{-}$	-0.752		
	$Tl_2O_3 + 3H_2O + 4e = 2Tl^{+} + 6OH^{-}$	0.02		
	$TlOH + e = Tl + OH^{-}$	-0.34		
	$Tl(OH)_3 + 2e = TlOH + 2OH^{-}$	-0.05		
	$Tl_2SO_4 + 2e = Tl + SO_4^{2-}$	-0.4360		

续表 6-1

元素	电极反应(25℃)	标准氧化还原电势 $E^{\ominus}$		温度系数 /(μV·℃⁻¹)
		数值/V	变值/mV	
Se	$Se + 2e = Se^{2-}$	-0.924	—	-890
	$Se + 2H^+ + 2e = H_2Se_{(aq)}$	-0.399	—	-28
	$H_2SeO_3 + 4H^+ + 4e = Se + 3H_2O$	-0.74	—	-520
	$Se + 2H^+ + 2e = H_2Se$	-0.082		
	$SeO_3^{2-} + 3H_2O + 4e = Se + 6OH^-$	-0.366		
	$SeO_4^{2-} + 4H^+ + 2e = H_2SeO_3 + H_2O$	1.151		
	$SeO_4^{2-} + H_2O + 2e = SeO_3^{2-} + 2OH^-$	0.05		
Te	$Te + 2e = Te^{2-}$	-1.143	—	—
	$Te + 2H^+ + 2e = H_2Te$	-0.793		
	$Te^{4+} + 4e = Te$	0.568	—	—
	$TeO_2 + 4H^+ + 4e = Te + 2H_2O$	0.593	—	—
	$TeO_3^{2-} + 3H_2O + 4e = Te + 6OH^-$	-0.57	—	-1230
	$TeO_4^- + 8H^+ + 7e = Te + 4H_2O$	0.472		
	$H_6TeO_6 + 2H^+ + 2e = TeO_2 + 4H_2O$	1.02		
Al	$Al^{3+} + 3e = Al$	-1.662	—	—
	$Al(OH)_3 + 3e = Al + 3OH^-$	-2.30 -2.31	—	-930
	$Al(OH)_4^- + 3e = Al + 4OH^-$	-2.328		
	$H_2AlO_3^- + H_2O + 3e = Al + 4OH^-$	-2.33		
	$AlF_6^{2-} + 3e = Al + 6F^-$	-2.069	—	-200
Mg	$Mg^+ + e = Mg$	-2.70	—	—
	$Mg^{2+} + 2e = Mg$	-2.372		
	$Mg(OH)_2 + 2e = Mg + 2OH^-$	-2.690	—	-945
Ca	$Ca^+ + e = Ca$	-3.80	—	—
	$Ca^{2+} + 2e = Ca$	-2.868		
	$Ca(OH)_2 + 2e = Ca + 2OH^-$	-3.02	—	965

续表 6-1

元素	电极反应(25℃)	标准氧化还原电势 $E^{\ominus}$		温度系数 /(μV·℃⁻¹)
		数值/V	变值/mV	
Si	$SiF_6^{2-} + 4e = Si + 6F^-$	-1.24	—	-650
	$SiO + 2H^+ + 2e = Si + H_2O$	-0.8		
	SiO_2(石英) $+ 4H^+ + 4e = Si + 2H_2O$	0.857	—	-374
	$SiO_3^{2-} + 3H_2O + 4e = Si + 6OH^-$	-1.697	—	—
Mn	$Mn^{2+} + 2e = Mn$	-1.185	±5	-80
	$Mn^{3+} + e = Mn^{2+}$	1.5415	±0.3	1230
	$MnO_2 + 4H^+ + 2e = Mn^{2+} + 2H_2O$	1.224	±13	-661
	$MnO_4^- + e = MnO_4^{2-}$	0.558		
	$MnO_4^- + 4H^+ + 3e = MnO_2 + 2H_2O$	1.679		
	$MnO_4^- + 8H^+ + 5e = Mn^{2+} + 4H_2O$	1.507	—	-660
	$MnO_4^- + 2H_2O + 3e = MnO_2 + 4OH^-$	0.595		
	$MnO_4^{2-} + 2H_2O + 2e = MnO_2 + 4OH^-$	0.595 0.60	—	-1778
	$Mn(OH)_2 + 2e = Mn + 2OH^-$	-1.56	—	-1079
	$Mn(OH)_3 + e = Mn(OH)_2 + OH^-$	0.15		
	$Mn_2O_3 + 6H^+ + e = 2Mn^{2+} + 3H_2O$	1.485		
O	$O_2 + 2H^+ + 2e = H_2O_2$	0.695	±5	-1033
	$O_2 + 4H^+ + 4e = 2H_2O$	1.229	—	—
	$O_2 + H_2O + 2e = HO_2^- + OH^-$	-0.076	—	—
	$O_2 + 2H_2O + 2e = H_2O_2 + 2OH^-$	-0.146		
	$O_2 + 2H_2O + 4e = 4OH^-$	0.401	—	-1680
	$O_3 + 2H^+ + 2e = O_2 + H_2O$	2.076	—	-483
	$O_3 + H_2O + 2e = O_2 + 2OH^-$	1.24	—	-1318
	$O_{(g)} + 2H^+ + 2e = H_2O$	2.421	—	-1148
	$OH + e = OH^-$	2.02	—	-2689
	$HO_2^- + H_2O + 2e = 3OH^-$	0.878	—	—

续表 6-1

元素	电极反应(25℃)	标准氧化还原电势 $E^{\ominus}$		温度系数 /(μV·℃⁻¹)
		数值/V	变值/mV	
H	$2H^+ + 2e = H_2$	0.00000		
	$H_2 + 2e = 2H^-$	-2.23		
	$2H_2O + 2e = H_2 + 2OH^-$	-0.8277		
	$H_2O_2 + 2H^+ + 2e = 2H_2O$	1.776		
S	$S + 2e = S^{2-}$	-0.47627		
	$S + 2H^+ + 2e = H_2S_{(aq)}$	0.142	—	209
	$S + H_2O + 2e = SH^- + OH^-$	-0.478		
	$2S + 2e = S_2^{2-}$	-0.42836		
	$S_2O_6^{2-} + 4H^+ + 2e = 2H_2SO_3$	0.564		
	$S_2O_8^{2-} + 2e = 2SO_4^{2-}$	2.010		
	$S_2O_8^{2-} + 2H^+ + 2e = 2HSO_4^-$	2.123		
	$S_4O_6^{2-} + 2e = 2S_2O_3^{2-}$	0.08		
	$2H_2SO_3 + H^+ + 2e = HS_2O_4^- + 2H_2O$	-0.056	—	—
	$H_2SO_3 + 4H^+ + 4e = S + 3H_2O$	0.449	—	-660
	$2SO_3^{2-} + 2H_2O + 2e = S_2O_4^{2-} + 4OH^-$	-1.12		
	$2SO_3^{2-} + 3H_2O + 4e = S_2O_3^{2-} + 6OH^-$	-0.571		
	$SO_4^{2-} + 4H^+ + 2e = H_2SO_3 + H_2O$	0.172	—	810
	$2SO_4^{2-} + 4H^+ + 2e = S_2O_6^{2-} + H_2O$	-0.22		
	$SO_4^{2-} + H_2O + 2e = SO_3^{2-} + 2OH^-$	-0.93		
C	$CO_2 + 2H^+ + 2e = HCOOH$	-0.199	—	-936
	$CO_2 + 4H^+ + 4e = C + 2H_2O$	0.207	—	—
	$CO + 2H^+ + 2e = C + H_2O$	0.518	—	—
	$CO_3^{2-} + 6H^+ + 4e = C + 3H_2O$	0.475	—	—
	$HCO_3^- + 5H^+ + 4e = C + 3H_2O$	0.323	—	—
	$CO_2 + 2H^+ + 2e = CO + H_2O$	-0.103	—	—
	$C + 4H^+ + 4e = CH_4$	-0.1316	—	-209

6.2 元素的氧化状态与氧化还原电势的关系

本书的第一部分中曾介绍过表征元素的氧化状态、离子种类和氧化还原电势的关系，可用拉提默(Latimer)图来说明，这里将利用文献[5]提供的数据用拉提默图来说明铅锌及其共伴生元素的氧化态与氧化还原电势的关系。

(1)8 族(铁、钌、锇)元素

铁： Ⅲ Ⅱ 0

酸性(pH=0)

$$Fe^{3+} \xrightarrow{0.771} Fe^{2+} \xrightarrow{-0.44} Fe$$

$$Fe^{3+} \xrightarrow{-0.04} Fe$$

$$[Fe(CN)_6]^{3-} \xrightarrow{0.361} [Fe(CN)_6]^{2-} \xrightarrow{-1.16} Fe$$

碱性(pH=14)　Ⅵ Ⅲ Ⅱ 0

$$[FeO_4]^{2-} \xrightarrow{0.55} FeO_2^- \xrightarrow{-0.69} HFeO_2^- \xrightarrow{-0.8} Fe$$

钌： Ⅷ Ⅶ Ⅵ Ⅳ Ⅲ Ⅱ 0

$$RuO_4 \xrightarrow{0.99} RuO_4^- \xrightarrow{0.593} RuO_4^{2-} \xrightarrow{2.0} RuO_2 \xrightarrow{0.86} Ru^{3+} \xrightarrow{0.249} Ru^{2+} \xrightarrow{\text{不详}} Ru$$

$$RuO_4 \xrightarrow{1.04} Ru \qquad RuO_4^- \xrightarrow{1.533} RuO_2 \qquad RuO_4 \xrightarrow{1.40} RuO_2 \qquad RuO_2 \xrightarrow{0.68} Ru$$

锇： Ⅷ Ⅳ Ⅲ Ⅱ 0

$$OsO_4 \xrightarrow{1.005} OsO_2 \xrightarrow{0.687} Os$$

$$OsO_4 \xrightarrow{0.85} Os$$

$$[OsCl_6]^{2-} \xrightarrow{0.45} [OsCl_6]^{3-}$$

$$[Os(CN)_4(OH)_2]^{3-} \xrightarrow{0.634} [Os(CN)_4(OH)_2]^{4-}$$

(2)9 族(钴、铑、铱)元素

钴： Ⅳ Ⅲ Ⅱ 0

酸性

$$CoO_2 \xrightarrow{1.416} Co^{3+} \xrightarrow{1.92} Co^{2+} \xrightarrow{0.277} Co$$

碱性

$$CoO_2 \xrightarrow{0.7} Co(OH)_3 \xrightarrow{0.17} Co(OH)_2 \xrightarrow{-0.733} Co$$

铑： Ⅲ 0

$$Rh^{3+} \xrightarrow{0.76} Rh$$

铱： Ⅳ Ⅲ 0

$IrO_2 \xrightarrow{0.223} Ir^{3+} \xrightarrow{1.156} Ir$ （IrO_2—Ir：0.926）

$[IrCl_6]^{2-} \xrightarrow{0.867} [IrCl_6]^{3-} \xrightarrow{0.86} Ir$

(3)10 族(镍、钯、铂)元素

镍： Ⅵ Ⅳ Ⅱ 0

酸性 $[NiO_4]^{2-} \xrightarrow{>1.8} NiO_2 \xrightarrow{1.593} Ni^{2+} \xrightarrow{-0.25} Ni$ （$[NiO_4]^{2-}$—Ni：>1.6）

碱性 $[NiO_4]^{2-} \xrightarrow{>0.4} NiO_2 \xrightarrow{0.490} Ni(OH)_2 \xrightarrow{-0.72} Ni$

钯： Ⅵ Ⅳ Ⅱ 0

酸性 $PdO_2 \xrightarrow{1.263} Pd^{2+} \xrightarrow{0.915} Pd$

碱性 $PdO_3 \xrightarrow{2.03} PdO_2 \xrightarrow{1.283} Pd(OH)_2 \xrightarrow{-0.19} Pd$

铂： Ⅵ Ⅳ Ⅱ 0

$PtO_3 \xrightarrow{2.0} PtO_2 \xrightarrow{1.045} PtO \xrightarrow{0.980} Pt$

$PtO_2 \xrightarrow{0.837} Pt^{2+} \xrightarrow{1.188} Pt$

$[PtCl_6]^{2-} \xrightarrow{0.726} [PtCl_4]^{2-} \xrightarrow{0.758} Pt$

(4)11 族(铜、银、金)元素

铜： Ⅱ Ⅰ 0

$Cu^{2+} \xrightarrow{0.159} Cu^+ \xrightarrow{0.520} Cu$ （Cu^{2+}—Cu：0.340）

$[Cu(NH_3)_4]^{2+} \xrightarrow{0.10} [Cu(NH_3)_4]^+ \xrightarrow{-0.100} Cu$

$Cu(CN)_2 \xrightarrow{1.22} [Cu(CN)_2]^- \xrightarrow{-0.44} Cu$

银： Ⅲ Ⅱ Ⅰ 0

酸性 $Ag_2O_3 \xrightarrow{1.360} Ag^{2+} \xrightarrow{1.980} Ag^+ \xrightarrow{0.7991} Ag$ （Ag_2O_3—Ag：1.670）

$Ag_2O_3 \xrightarrow{1.569} AgO$；$AgO \xrightarrow{1.772} Ag^+$；$AgO \xrightarrow{1.398} Ag_2O \xrightarrow{1.173} Ag$

碱性 $Ag_2O_3 \xrightarrow{1.711} Ag_2O_2$

$Ag_2O_3 \xrightarrow{0.793} AgO \xrightarrow{0.604} Ag_2O \xrightarrow{0.342} Ag$

$Ag_2O_3 \xrightarrow{1.757} Ag^+$

金：　Ⅲ　Ⅰ　0

$$\overbrace{Au^{3+} \xrightarrow{1.36} Au^{+} \xrightarrow{1.83} Au}^{1.52}$$

$$\text{酸性}\quad \overbrace{[AuCl_4]^- \xrightarrow{0.926} [AuCl_2]^- \xrightarrow{1.154} Au}^{1.002}$$

$$\overbrace{[Au(SCN)_4]^- \xrightarrow{0.623} [Au(SCN)_2]^- \xrightarrow{0.662} Au}^{0.636}$$

(5)12 族(锌、镉、汞)元素

锌：　Ⅱ　0

酸性　$Zn^{2+} \xrightarrow{-0.7626} Zn$

碱性　$[Zn(OH)_4]^{2-} \xrightarrow{-1.285} Zn$

$Zn(OH)_2 \xrightarrow{-1.246} Zn$

镉：　Ⅱ　0

酸性　$Cd^{2+} \xrightarrow{-0.4025} Cd$

碱性　$Cd(OH)_2 \xrightarrow{-0.824} Cd$

$[Cd(NH_3)_4]^{2+} \xrightarrow{-0.622} Cd$

$[Cd(CN)_4]^{2+} \xrightarrow{-1.09} Cd$

汞：　Ⅱ　Ⅰ　0

$$\text{酸性}\quad \overbrace{Hg^{2+} \xrightarrow{-0.9110} Hg_2^{2+} \xrightarrow{0.7690} Hg}^{0.8535}$$

碱性　$HgO \xrightarrow{0.0977} Hg$

(6)13 族(铝、镓、铟、铊)元素

铝：　Ⅲ　0

酸性　$Al^{3+} \xrightarrow{-1.676} Al$

$[AlF_6]_3^{2-} \xrightarrow{-2.067} Al$

碱性　$Al(OH)_3 \xrightarrow{-2.300} Al$

$[Al(OH)_4]^- \xrightarrow{-2.310} Al$

镓：　Ⅲ　Ⅱ　0

$$\text{酸性}\quad \overbrace{Ga^{3+} \xrightarrow{-0.65} Ga^{2+} \xrightarrow{-0.45} Ga}^{-0.53}$$

铟： Ⅲ　Ⅰ　0

酸性 $In^{3+} \xrightarrow{-0.444} In^{+} \xrightarrow{-0.126} In$

$In^{3+} \xrightarrow{-0.3382} In$

铊： Ⅲ　Ⅰ　0

酸性 $Tl^{3+} \xrightarrow{1.25} Tl^{+} \xrightarrow{-0.3363} Tl$

$Tl^{3+} \xrightarrow{0.72} Tl$

(7)14 族(硅、锗、锡、铅)元素

硅： Ⅳ　Ⅱ　0　-Ⅳ

酸性 $SiO_2 \xrightarrow{-0.967} SiO^{+} \xrightarrow{-0.808} Si \xrightarrow{-0.143} SiH_4$

(碱性溶液含有各不相同的形式)

锗： Ⅳ　Ⅱ　0　-Ⅳ

酸性 $GeO_2 \xrightarrow{-0.370} GeO \xrightarrow{0.255} Ge \xrightarrow{-0.29} GeH_4$

$Ge^{4+} \xrightarrow{0.00} Ge^{2+} \xrightarrow{-0.247} Ge$

(碱性溶液含有各不相同的形式)

锡： Ⅳ　Ⅱ　0　-Ⅳ

酸性 $SnO_2 \xrightarrow{-0.088} SnO \xrightarrow{-0.104} Sn \xrightarrow{-1.071} SnH_4$

$Sn^{4+} \xrightarrow{0.15} Sn^{2+} \xrightarrow{-0.137} Sn$

(碱性溶液中含有多种不同的形式)

铅： Ⅳ　Ⅱ　0　-Ⅳ

酸性 $Pb^{4+} \xrightarrow{1.69} Pb^{2+} \xrightarrow{-0.1251} Pb \xrightarrow{-1.507} PbH_2$

(碱性溶液含有多种不同的形式)

(8)15 族(砷、锑、铋)元素

砷： Ⅴ　Ⅲ　0　-Ⅲ

酸性 $H_3AsO_4 \xrightarrow{0.560} HAsO_2^{-} \xrightarrow{0.240} As \xrightarrow{-0.225} AsH_3$

碱性 $AsO_4^{3-} \xrightarrow{-0.67} AsO_2^{-} \xrightarrow{-0.68} As \xrightarrow{1.37} AsH_3$

锑： Ⅴ Ⅳ Ⅲ 0 －Ⅲ

酸性 $Sb_2O_5 \xrightarrow{0.605} SbO^+ \xrightarrow{0.240} Sb$

$Sb_2O_5 \xrightarrow{1.055} Sb_2O_4 \xrightarrow{0.342} Sb_4O_6 \xrightarrow{0.150} Sb \xrightarrow{0.510} SbH_3$

（Sb_2O_5—Sb_4O_6：0.699）

碱性 $[Sb(OH)_6]^- \xrightarrow{-0.465} [Sb(OH)_4]^- \xrightarrow{-0.639} Sb \xrightarrow{-1.338} SbH_3$

铋： Ⅴ Ⅲ 0 －Ⅲ

$Bi^{5+} \longrightarrow Bi^{3+} \xrightarrow{0.317} Bi \xrightarrow{-0.97} BiH_3$

(9)16 族(氧、硫、硒、碲)元素

氧： 0 －Ⅰ －Ⅱ

酸性 $O_2 \xrightarrow{0.695} H_2O_2 \xrightarrow{1.763} H_2O$ （O_2—H_2O：1.229） $O_3 \xrightarrow{1.246} O_2$

碱性 $O_2 \xrightarrow{-0.0649} HO_2^- \xrightarrow{0.867} OH^-$ （O_2—OH^-：0.401） $O_3 \xrightarrow{2.075} O_2$

硫： Ⅵ Ⅴ Ⅳ Ⅲ Ⅱ 0 －Ⅱ

酸性 $SO_4^{2-} \xrightarrow{-0.07} S_2O_6 \xrightarrow{0.57} H_2SO_3 \xrightarrow{-0.07} HS_2O_4^- \xrightarrow{0.87} S_2O_3^{2-} \xrightarrow{0.60} S \xrightarrow{0.14} H_2S$

（SO_4^{2-}—H_2SO_3：0.16；H_2SO_3—$S_2O_3^{2-}$：0.40；H_2SO_3—S：0.50）

$S_2O_8^{2-} \xrightarrow{2.01} SO_4^{2-}$

碱性 $SO_4^{2-} \xrightarrow{-0.94} SO_3^{2-} \xrightarrow{-0.58} S_2O_3^{2-} \xrightarrow{-0.74} S \xrightarrow{-0.45} S^{2-}$

硒： Ⅵ Ⅳ 0 －Ⅱ

酸性 $SeO_4^{2-} \xrightarrow{1.1} H_2SeO_3 \xrightarrow{0.74} Se \xrightarrow{-0.11} H_2Se$

碱性 $SeO_4^{2-} \xrightarrow{-0.03} SeO_3^{2-} \xrightarrow{-0.36} Se \xrightarrow{-0.67} Se^{2-}$

碲： Ⅵ Ⅳ 0 －Ⅰ －Ⅱ

酸性 $H_2TeO_4 \xrightarrow{0.93} Te^{4+} \xrightarrow{0.57} Te \xrightarrow{-0.74} Te^{2-} \xrightarrow{0.64} H_2Te$

$H_2TeO_4 \xrightarrow{1.00} TeO_2 \xrightarrow{0.53} Te$

碱性 $[TeO_4]^{2-} \xrightarrow{0.07} [TeO_3]^{2-} \xrightarrow{0.42} Te \xrightarrow{-1.14} Te^{2-}$

(10)补遗：碳、氢、钙、镁、锰、铼

碳： Ⅵ　Ⅱ　0　−Ⅱ　−Ⅵ

酸性

$$CO_2 \xrightarrow{-0.106} CO \xrightarrow{0.518} C \xrightarrow{-0.132} CH_4$$

$$CO_2 \xrightarrow{-0.20} HCO_2H \xrightarrow{0.034} HCHO \xrightarrow{0.232} CH_3OH \xrightarrow{0.59} CH_4$$

碱性

$$CO_2 \xrightarrow{-1.01} HCO_2^- \xrightarrow{-1.07} HCHO \xrightarrow{0.59} CH_3OH \xrightarrow{-0.2} CH_4$$

氢： Ⅰ　0　−Ⅰ

酸性

$$H_3O^+ \xrightarrow{0.00} H_2 \xrightarrow{-2.25} H^-$$

碱性

$$H_2O \xrightarrow{0.828} H_2 \xrightarrow{-2.25} H^-$$

钙： Ⅱ　0　−Ⅱ

$$CaO_2^+ \xrightarrow{2.224} Ca^{2+} \xrightarrow{-2.84} Ca \qquad CaH_2$$

$$Ca^{2+} \xrightarrow{-1.045} CaH_2$$

$$CaO_2^+ \xrightarrow{1.574} CaO \xrightarrow{-2.189} Ca$$

(水合物)

$$CaO \xrightarrow{-0.076} CaH_2$$

镁： Ⅱ　Ⅰ　0

酸性

$$Mg^{2+} \xrightarrow{-2.054} Mg^+ \xrightarrow{-2.657} Mg$$

$$Mg^{2+} \xrightarrow{-2.356} Mg$$

碱性

$$Mg(OH)_2 \xrightarrow{-2.687} Mg$$

锰： Ⅶ　Ⅵ　Ⅴ　Ⅳ　Ⅲ　Ⅱ　0

酸性

$$[MnO_4]^- \xrightarrow{0.56} [MnO_4]^{2-} \xrightarrow{0.27} [MnO_4]^{3-} \xrightarrow{4.27} MnO_2 \xrightarrow{0.95} Mn^{3+} \xrightarrow{1.50} Mn^{2+} \xrightarrow{1.18} Mn$$

$$[MnO_4]^- \xrightarrow{1.51} Mn^{2+} \qquad [MnO_4]^- \xrightarrow{1.70} MnO_2 \qquad [MnO_4]^{2-} \xrightarrow{2.27} MnO_2 \qquad MnO_2 \xrightarrow{1.23} Mn^{2+}$$

碱性

$$[MnO_4]^- \xrightarrow{0.56} [MnO_4]^{2-} \xrightarrow{0.27} [MnO_4]^{3-} \xrightarrow{0.96} MnO_2 \xrightarrow{0.15} Mn_2O_3 \xrightarrow{-0.25} Mn(OH)_2 \xrightarrow{-1.56} Mn$$

$$[MnO_4]^- \xrightarrow{0.34} Mn(OH)_2 \qquad [MnO_4]^- \xrightarrow{0.60} MnO_2 \qquad [MnO_4]^{2-} \xrightarrow{0.62} MnO_2 \qquad MnO_2 \xrightarrow{-0.05} Mn(OH)_2$$

铼： Ⅶ　Ⅵ　Ⅳ　Ⅲ　0　−Ⅰ

酸性

$$[ReO_4]^- \xrightarrow{0.768} ReO_3 \xrightarrow{0.63} ReO_2 \xrightarrow{0.22} Re \xrightarrow{0.10} Re^-$$

$$[ReO_4]^- \xrightarrow{0.34} Re \qquad [ReO_4]^- \xrightarrow{0.51} ReO_2$$

$$[ReO_4]^- \xrightarrow{0.12} [ReCl_6]^{2-} \xrightarrow{0.51} Re$$

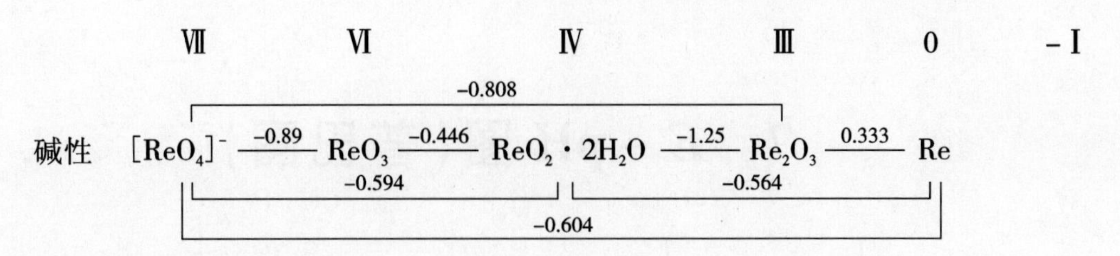
Ⅶ
Ⅵ
Ⅳ
Ⅲ
0
-Ⅰ
-0.808
碱性
[ReO4]-
-0.89
ReO3
-0.446
ReO2·2H2O
-1.25
Re2O3
0.333
Re
-0.594
-0.564
-0.604

7 E - pH 图(普巴图)

E - pH 图是以电位(即氧化还原电势)为纵坐标, pH 为横坐标绘制元素 - 水系中各种反应的平衡条件图。作为水溶液反应热力学分析的一种图解法, 电位 - pH 图已广泛应用于金属腐蚀与防腐、分析化学、地球化学以及湿法冶金等领域。本书按中文文献的习惯仍称为 E - pH 图。

E - pH 图是由比利时人普巴(M. Pourbaix)首创, 有关文献常称为普巴图。普巴图受到相关领域学者的赞赏和肯定, 特别是英国剑桥大学的爱文斯(U. R. Evans)将 E - pH 图对腐蚀学科的贡献比做微分方程的创立对数学的贡献。

元素 - 水系中发生的反应可分为有电子得失的还原 - 氧化反应和无电子得失的非还原 - 氧化反应两类。

(1)有电子得失的还原 - 氧化反应。可表示为:

$$pO_x + nH^+ + ze \Longrightarrow qR_{ed} + cH_2O \tag{7-1}$$

式中: O_x 和 R_{ed} 分别代表物质的氧化态和还原态, p、q、n、c 为化学计量系数, z 为电子 e 的迁移数。

式(7 - 1)所示的半电池反应的平衡电极电位 E 可按能斯特(Nernst)公式计算, 即:

$$E = E^{\ominus} - \frac{2.303nRT}{zF}\text{pH} + \frac{2.303RT}{zF}\lg\frac{a_{O_x}^p}{a_{R_{ed}}^q}$$

式中: $E^{\ominus}$ 称为标准电极电位, 可由参与反应的各物质的标准化学势计算, 其值与温度及压力有关; a_{O_x} 和 $a_{R_{ed}}$ 分别为物质氧化态和还原态的活度, a_{H_2O} 照例取为 1; R 为气体常数, 其值是 8.314 J/(mol · K); F 为法拉第常数, 其值为 96490 C/mol。反应(7 - 1)平衡条件描绘在 E - pH 图上时, 可得到斜率为 $2.303nRT/zF$ 的一条直线。此直线的位置只有在已知压力、温度以及 a_{O_x} 和 $a_{R_{ed}}$ 的条件下才能够确定。所以, 任何 E - pH 图的绘制都以指定的压力、温度以及除 H^+ 以外的其他物质的活度为前提。

如果没有 H^+ 参与半电池反应, 则还原 - 氧化反应可写成:

$$pO_x + ze \Longrightarrow qR_{ed} \tag{7-2}$$

这是反应(7 - 1)在 n 和 c 皆为 0 时的特例。此半电池反应的平衡电极电位为:

$$E = E^{\ominus} + \frac{2.303RT}{zF}\lg\frac{a_{O_x}^p}{a_{R_{ed}}^q}$$

即反应(7 - 2)的平衡条件在指定压力、温度以及 a_{O_x} 和 $a_{R_{ed}}$ 下仅决定于电势而与 pH 无关, 从而描绘在 E - pH 图上为一根水平线。

(2)无电子得失的非还原 - 氧化反应。可表示为:

$$aA + nH^+ \Longrightarrow bB + cH_2O \tag{7-3}$$

式中: A、B 分别为反应物与生成物, a、b、c、n 均为化学计量系数, 此反应的吉布斯自由能

变化 ΔG_T 可按下式计算：

$$\Delta G_T = \Delta G_T^{\ominus} + 2.303RT\lg \frac{a_B^b a_{H_2O}^c}{a_A^a a_{H^+}^n}$$

反应平衡时 $\Delta G_T = 0$，又 $a_{H_2O} = 1$，于是

$$pH = \frac{\Delta G_T^{\ominus}}{2.303nRT} - \frac{1}{n}\lg \frac{a_B^b}{a_A^a}$$

因为 $\Delta G_T^{\ominus}$ 是化学反应的标准吉布斯自由能变化。在压力和温度恒定下为常数。所以在指定压力、温度以及 a_A 和 a_B 的情况下，反应(7-3)的平衡条件决定于 pH，描绘在 E - pH 图上是一条垂直线。

将上述两类共三种反应的平衡条件(直线)绘于一个图上，便构成 E - pH 图。对反应(7-1)和(7-2)而言，若电位高于其平衡电极电位，则反应平衡被破坏。反应向生成物质氧化态的方向移动，有利于物质氧化态的稳定存在。相反，若电位低于反应平衡电极电位，则有利于物质还原态的稳定存在。也就是说，E - pH 图中斜线与水平线的上方为物质氧化态的稳定区(或优势区)，而下方为物质还原态的稳定区。同理，对反应(7-3)而言，若溶液的 pH 低于反应平衡 pH，将有利于 B 的稳定存在；相反，若溶液的 pH 高于反应平衡 pH，则有利于 A 的稳定存在。因而，E - pH 图中垂直线以左的区域为 B 的稳定区，而以右的区域则为 A 的稳定区。可见，E - pH 图不仅以三种不同的线段反映了三种反应的平衡条件，而且由这些线段围成的区域也反映了物质各种形态稳定存在或相对优势的条件范围。从这个意义上，有些文献又称这种图为物质优势范围或优势区图。

7.1　铅锌及其共伴生元素与 H_2O 的二元系 E - pH 图

(按周期表相关位置排列)

(1)H - H_2O 系的 E - pH 图

图 7-1　H - H_2O 系 E - pH 平衡图

(2)8、9、10 族元素 - 水系的 E - pH 图

图 7-2(a,b)　Fe - H_2O 系 E - pH 平衡图

图 7-3　Co - H_2O 系 E - pH 平衡图

图 7-4　Ni - H_2O 系 E - pH 平衡图

图 7-5　Ru - H_2O 系 E - pH 平衡图

图 7-6　Rh - H_2O 系 E - pH 平衡图

图 7-7　Pd - H_2O 系 E - pH 平衡图

图 7-8　Os - H_2O 系 E - pH 平衡图

图 7-9　Ir - H_2O 系 E - pH 平衡图

图 7-10　Pt - H_2O 系 E - pH 平衡图

(3)11 族元素 - 水系的 E - pH 图

图 7-11(a,b)　Cu - H_2O 系 E - pH 平衡图

图 7-12　Ag - H_2O 系 E - pH 平衡图

图 7-13　Au - H_2O 系 E - pH 平衡图

(4)12 族元素 - 水系的 E - pH 图

图 7 - 14　Zn - H_2O 系 E - pH 平衡图

图 7 - 15　Cd - H_2O 系 E - pH 平衡图

图 7 - 16　Hg - H_2O 系 E - pH 平衡图

(5)13 族元素 - 水系的 E - pH 图

图 7 - 17　Al - H_2O 系 E - pH 平衡图

图 7 - 18　Ga - H_2O 系 E - pH 平衡图

图 7 - 19　In - H_2O 系 E - pH 平衡图

图 7 - 20　Tl - H_2O 系 E - pH 平衡图

(6)14 族元素 - 水系的 E - pH 图

图 7 - 21　Si - H_2O 系 E - pH 平衡图

图 7 - 22　Ge - H_2O 系 E - pH 平衡图

图 7 - 23(a,b)　Sn - H_2O 系 E - pH 平衡图

图 7 - 24　Pb - H_2O 系 E - pH 平衡图

(7)15 族元素 - 水系的 E - pH 图

图 7 - 25　As - H_2O 系 E - pH 平衡图

图 7 - 26　Sb - H_2O 系 E - pH 平衡图

图 7 - 27　Bi - H_2O 系 E - pH 平衡图

(8)16 族元素 - 水系的 E - pH 图

图 7 - 28　O - H_2O 系 E - pH 平衡图

图 7 - 29　S - H_2O 系 E - pH 平衡图

图 7 - 30　Se - H_2O 系 E - pH 平衡图

图 7 - 31　Te - H_2O 系 E - pH 平衡图

(9)Mn、Re、Ca、Mg、C - 水系的 E - pH 图

图 7 - 32　Mn - H_2O 系 E - pH 平衡图

图 7 - 33　Re - H_2O 系 E - pH 平衡图

图 7 - 34　Ca - H_2O 系 E - pH 平衡图

图 7 - 35　Mg - H_2O 系 E - pH 平衡图

图 7 - 36　C - H_2O 系 E - pH 平衡图

读者若有兴趣了解绘制上述元素与水的二元系 E - pH 图的原始文献，请查阅 M. Pourbaix 为首的比利时腐蚀研究中心(简称 CE - BELCOR)绘制的《水溶液中的电化学平衡图图集》——M. Pourbaix, Atlas of Electrochemical Equilibria in Aqueous Solutions, NACE, Houston, Taxas, USA, CEBELCOR(1996)。

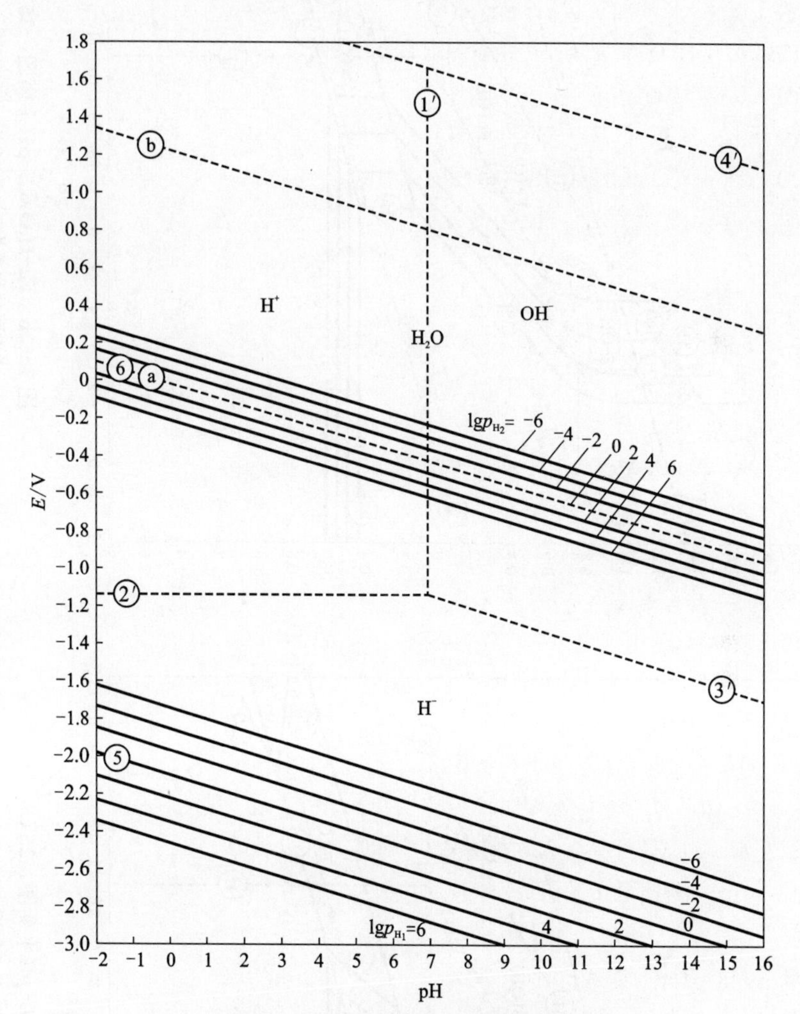

图 7-1　H-H_2O系E-pH平衡图，25℃

（当考虑H_1，H_2，O_2，H_2O和H^+，OH^-，H^-时）

（引自：[12]-198）

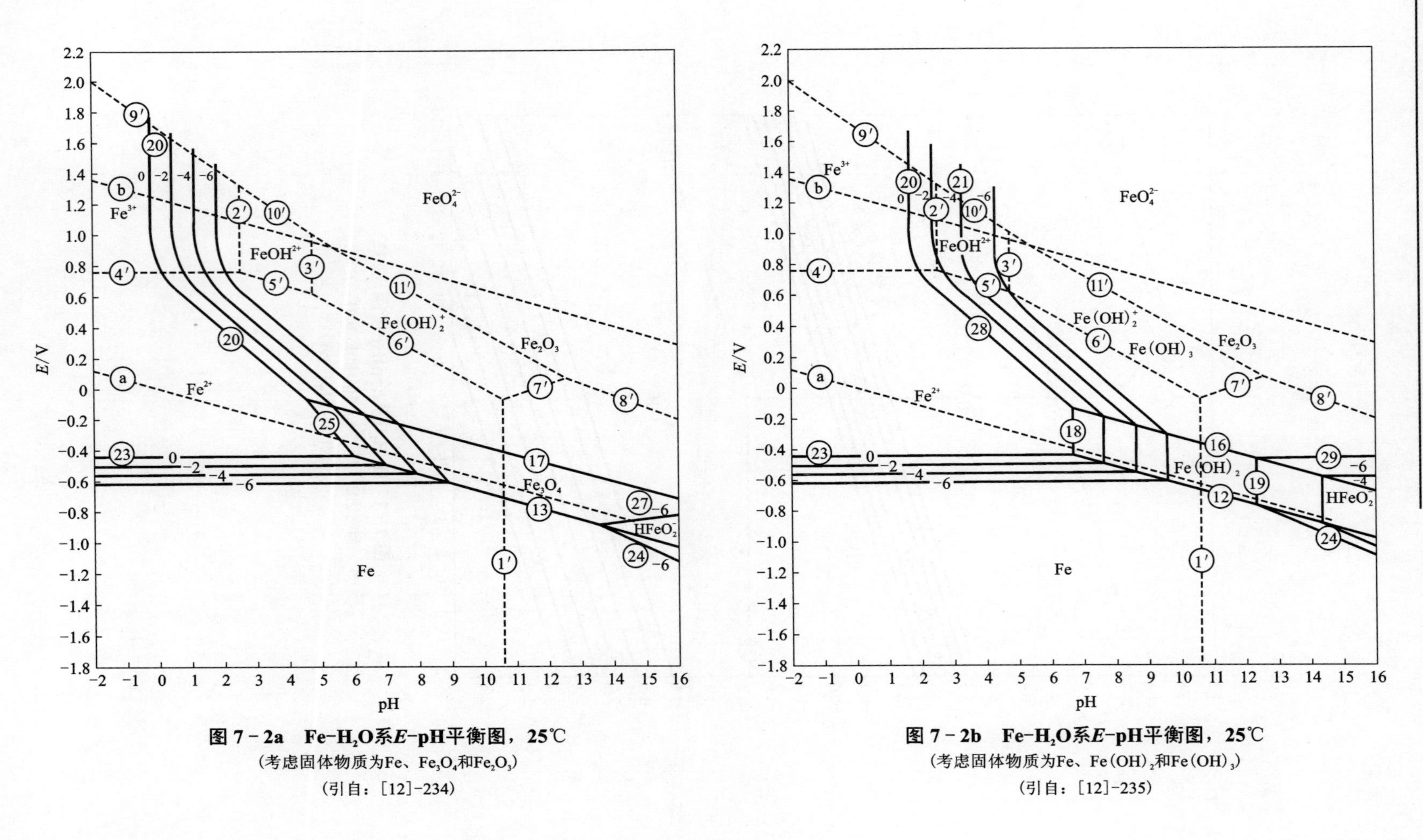

图 7-2a　Fe-H_2O系E-pH平衡图，25℃

（考虑固体物质为Fe、Fe_3O_4和Fe_2O_3）

（引自：[12]-234）

图 7-2b　Fe-H_2O系E-pH平衡图，25℃

（考虑固体物质为Fe、$Fe(OH)_2$和$Fe(OH)_3$）

（引自：[12]-235）

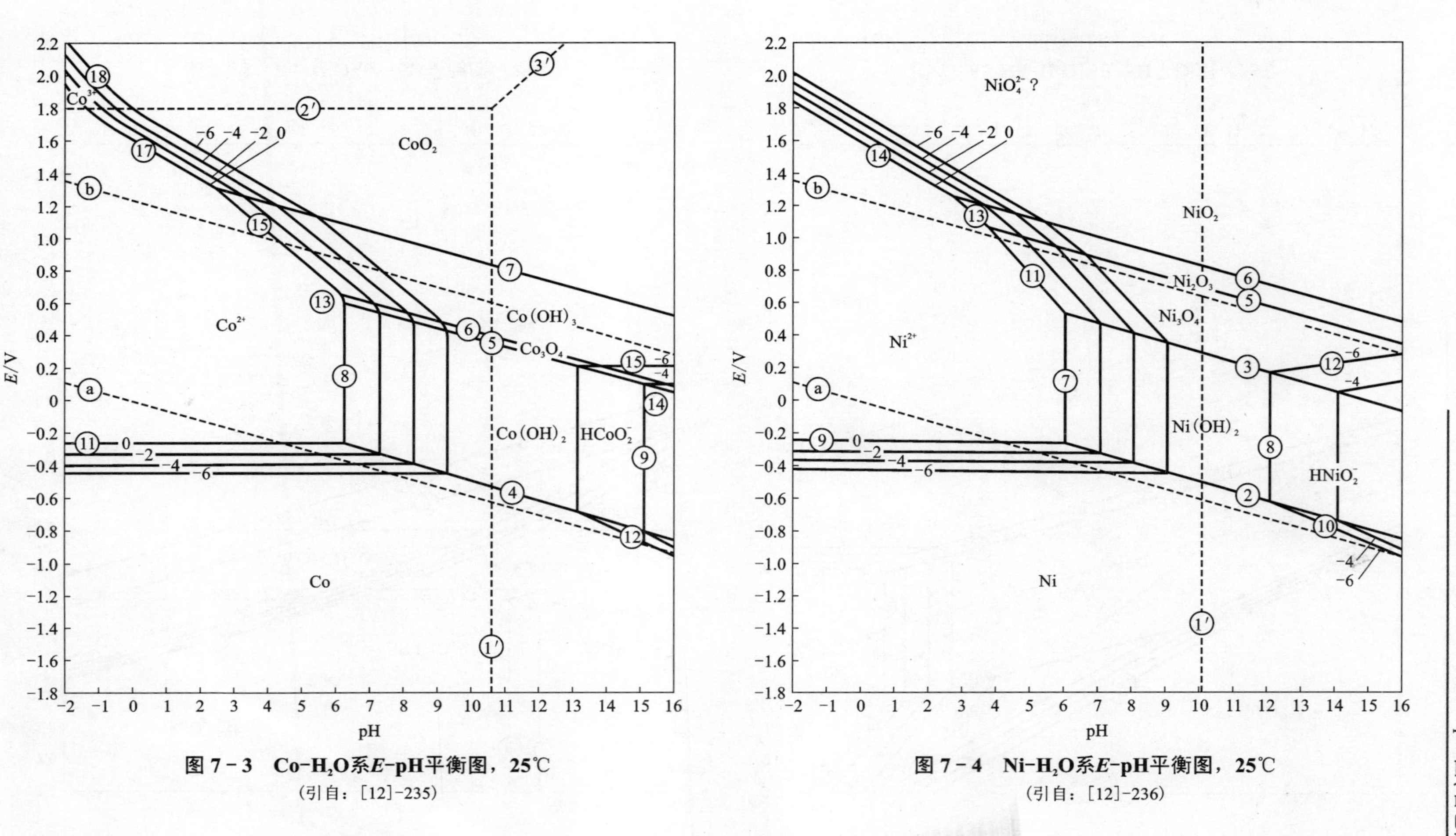

图 7-3　Co-H_2O系E-pH平衡图，25℃

(引自：[12]-235)

图 7-4　Ni-H_2O系E-pH平衡图，25℃

(引自：[12]-236)

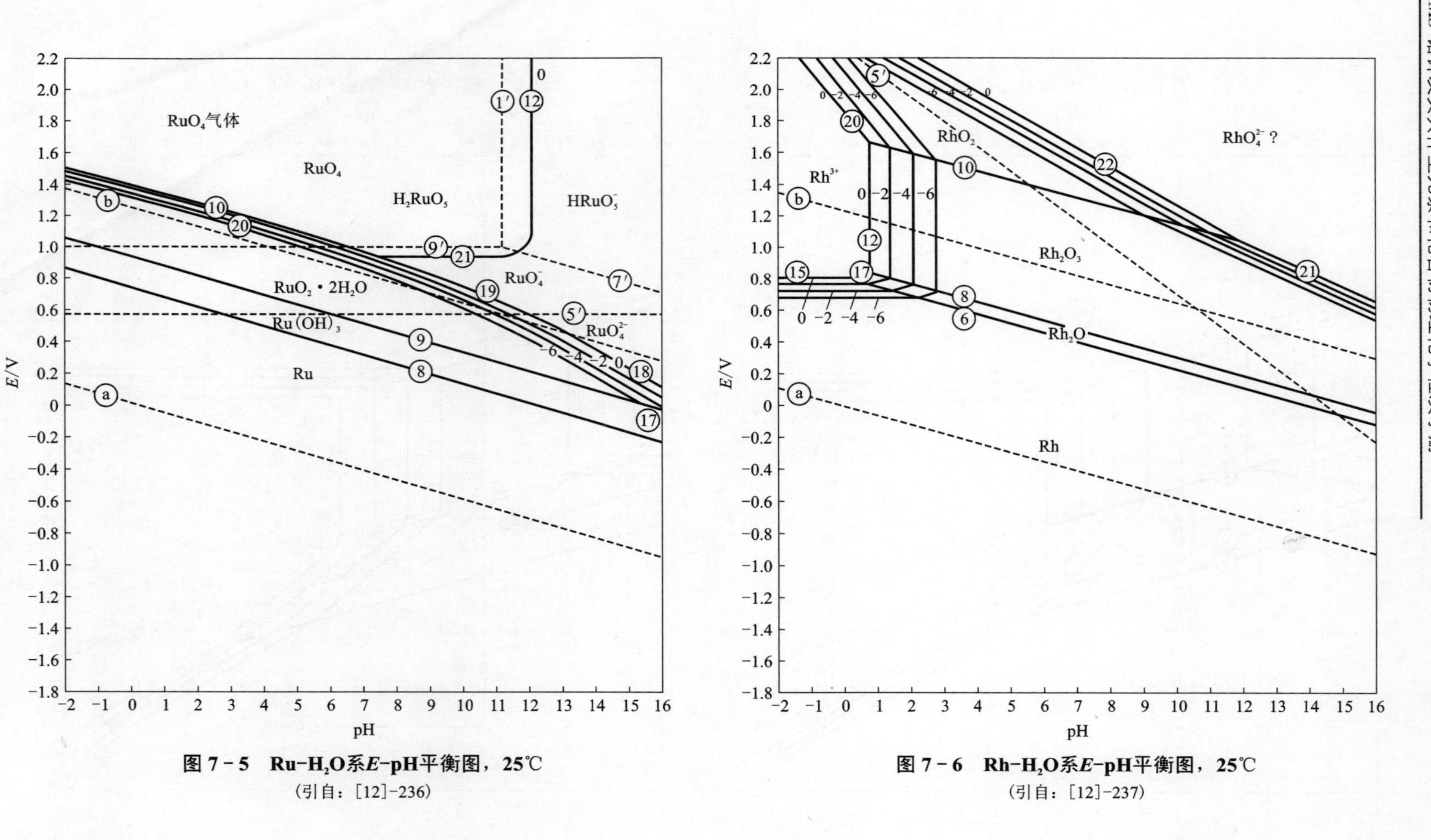

图 7－5　Ru－H_2O系E－pH平衡图，25℃
(引自：[12]-236)

图 7－6　Rh－H_2O系E－pH平衡图，25℃
(引自：[12]-237)

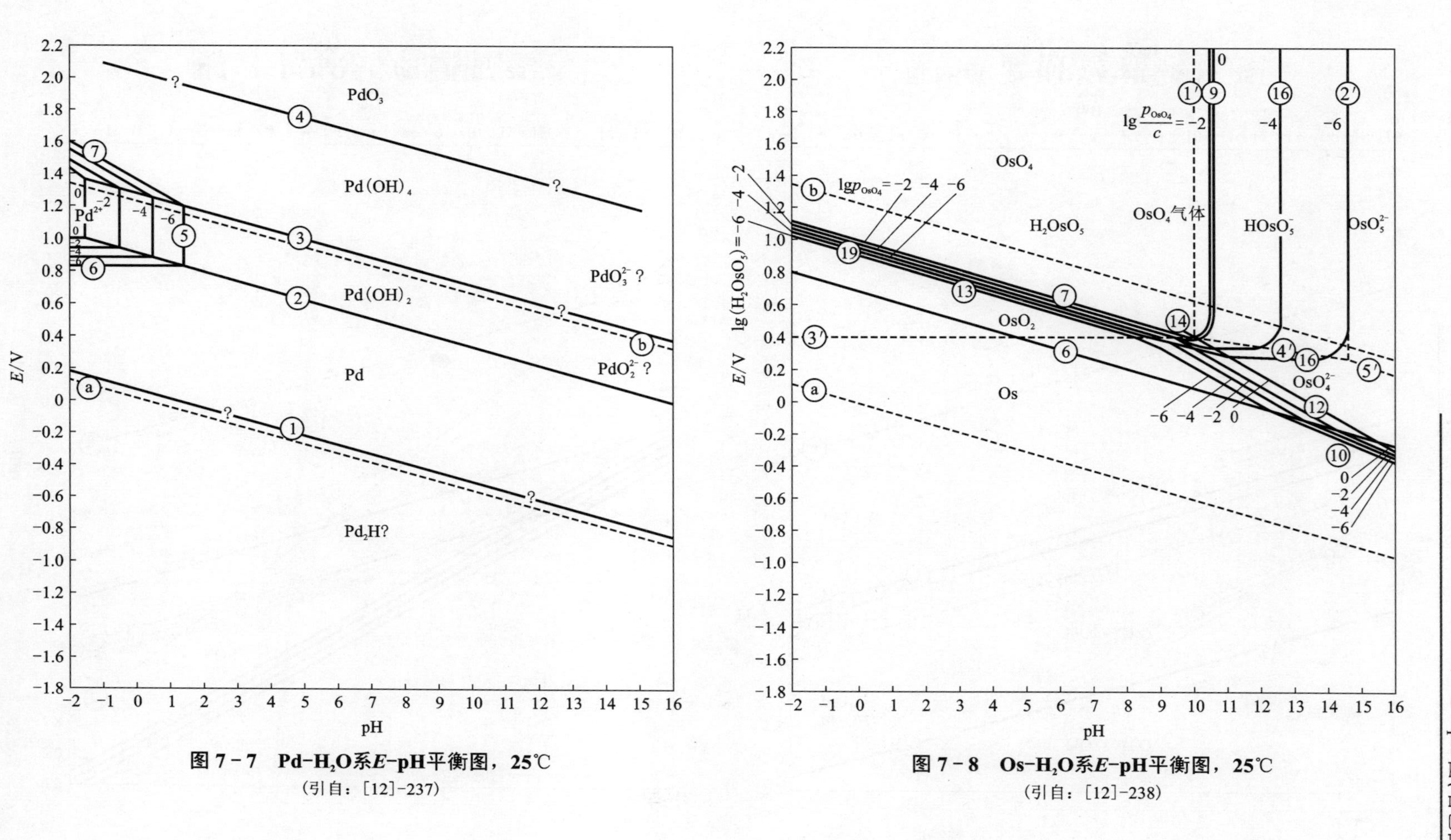

图 7－7 **Pd－H$_2$O系E－pH平衡图，25℃**
(引自：[12]－237)

图 7－8 **Os－H$_2$O系E－pH平衡图，25℃**
(引自：[12]－238)

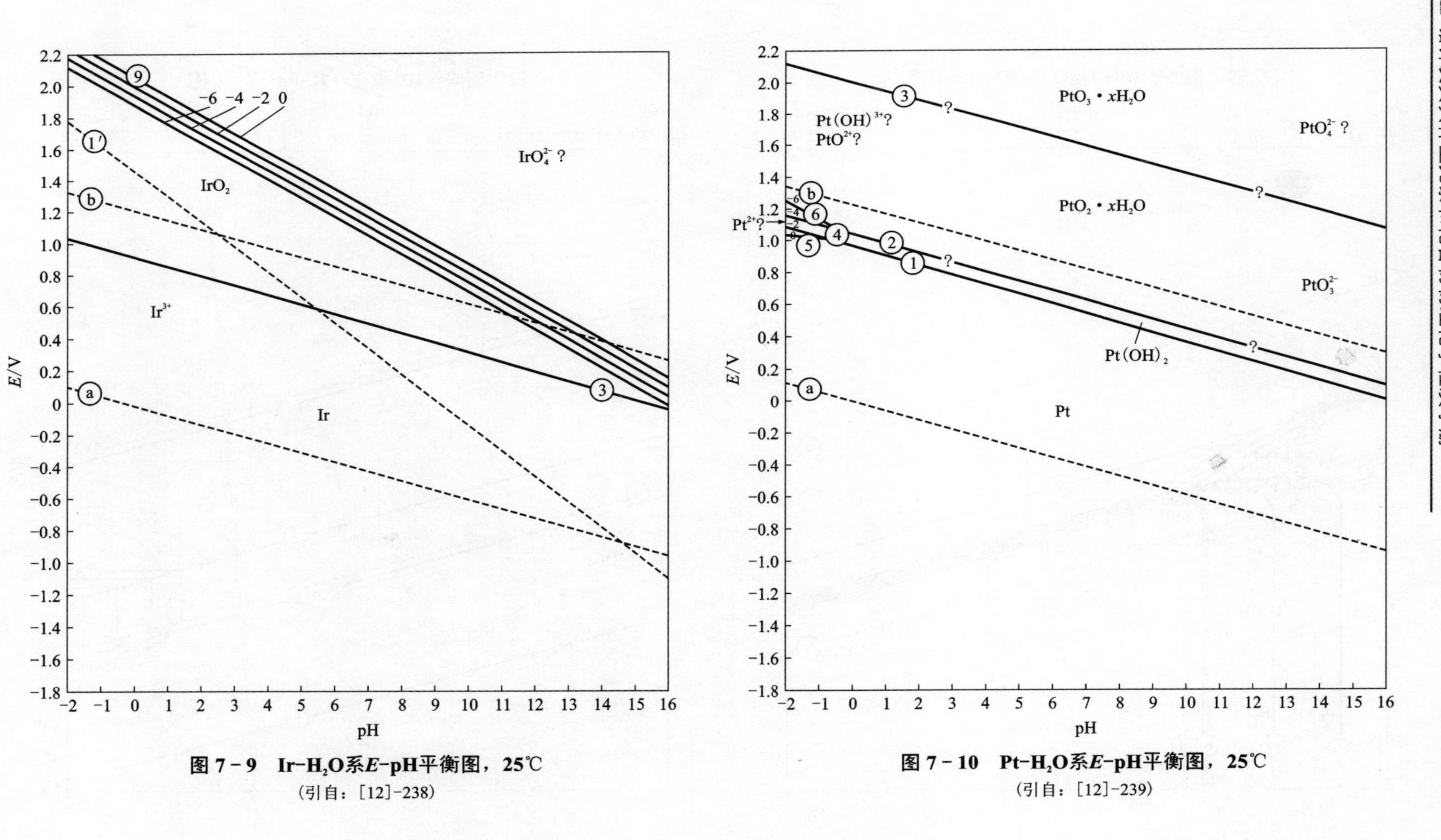

图 7-9　Ir-H_2O系E-pH平衡图，25℃
（引自：[12]-238）

图 7-10　Pt-H_2O系E-pH平衡图，25℃
（引自：[12]-239）

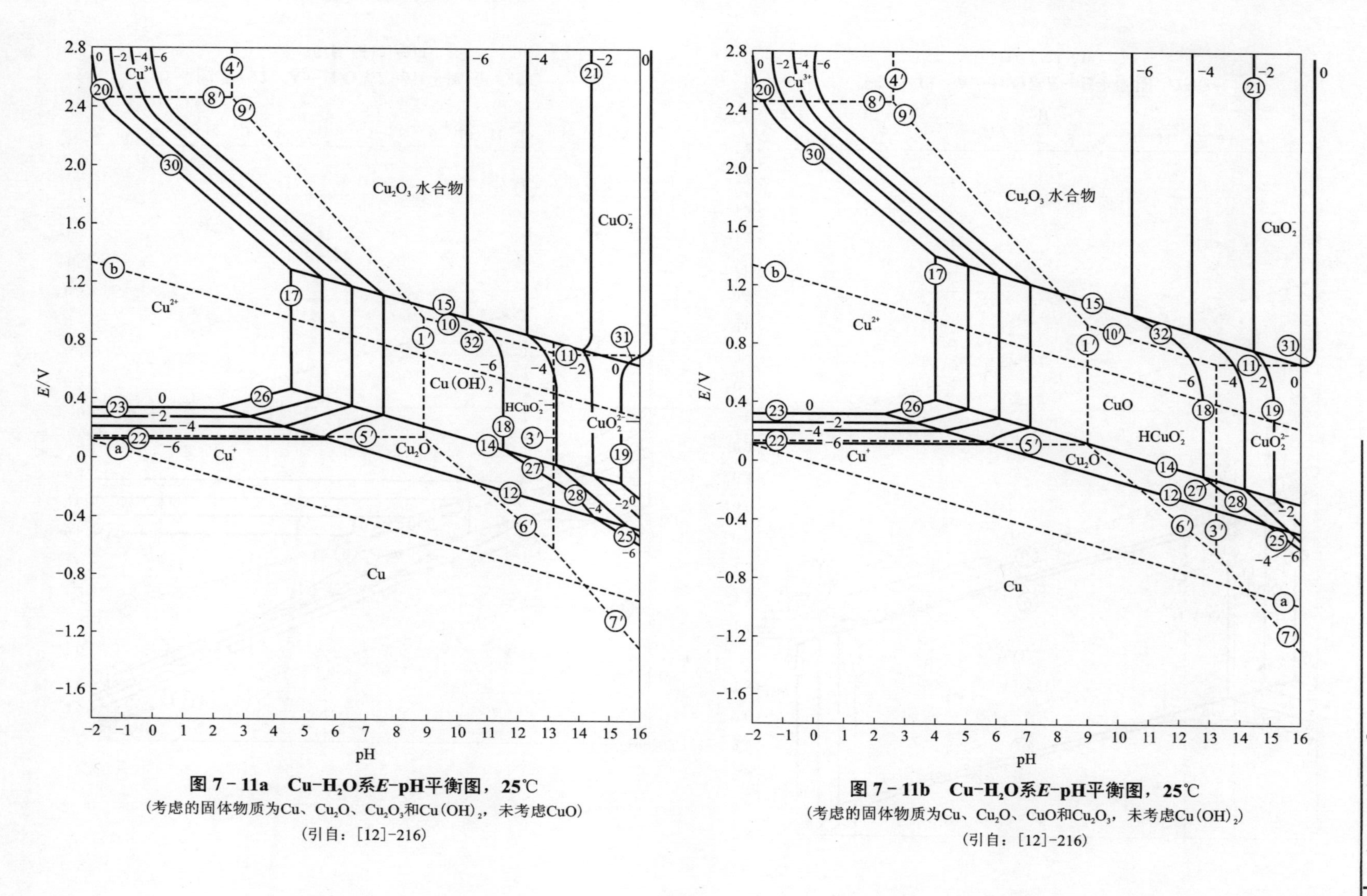

图 7-11a　$Cu-H_2O$系E-pH平衡图，25℃

(考虑的固体物质为Cu、Cu_2O、Cu_2O_3和$Cu(OH)_2$，未考虑CuO)

(引自：[12]-216)

图 7-11b　$Cu-H_2O$系E-pH平衡图，25℃

(考虑的固体物质为Cu、Cu_2O、CuO和Cu_2O_3，未考虑$Cu(OH)_2$)

(引自：[12]-216)

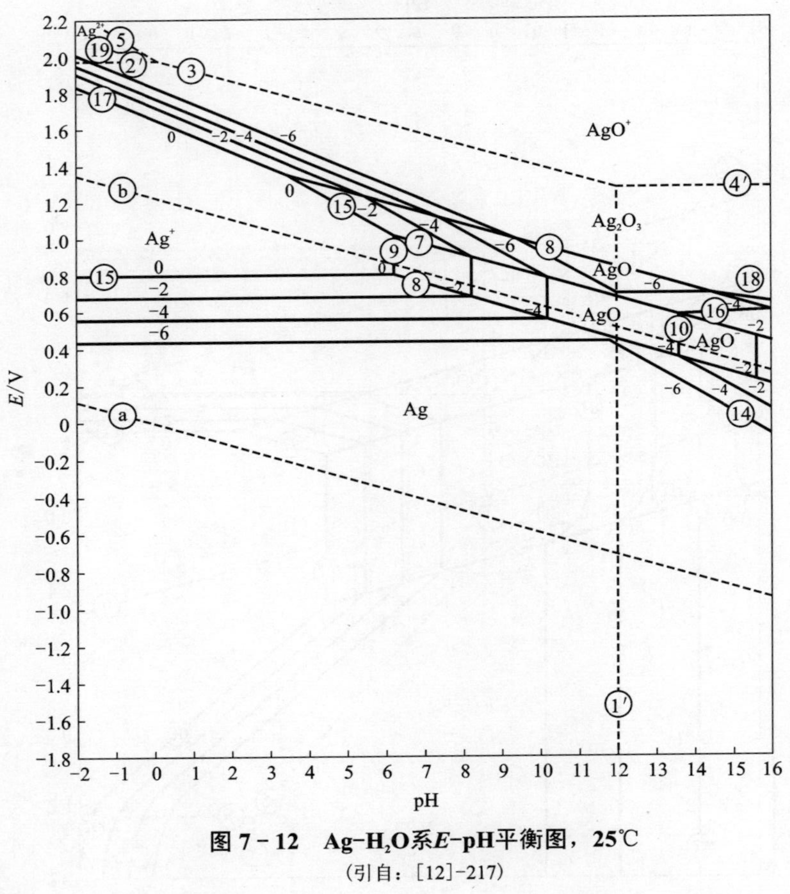

图 7-12　Ag-H$_2$O系*E*-pH平衡图，25℃
（引自：[12]-217）

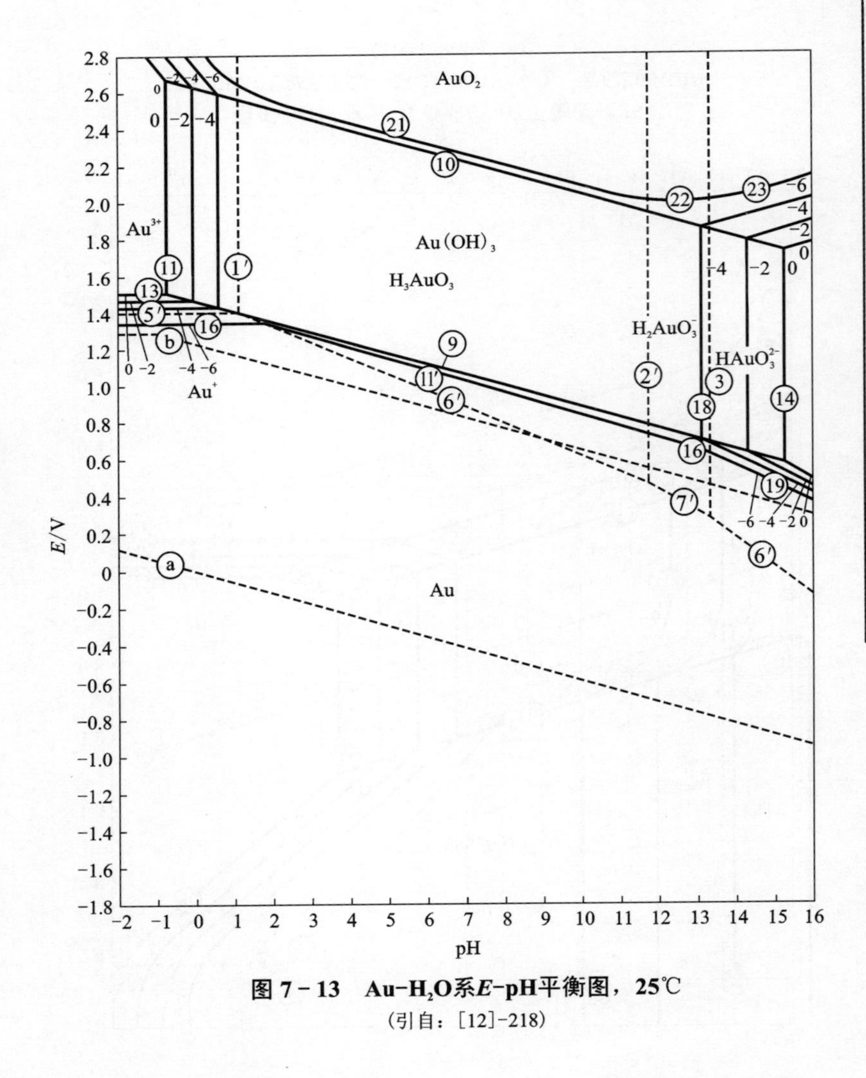

图 7-13　Au-H$_2$O系*E*-pH平衡图，25℃
（引自：[12]-218）

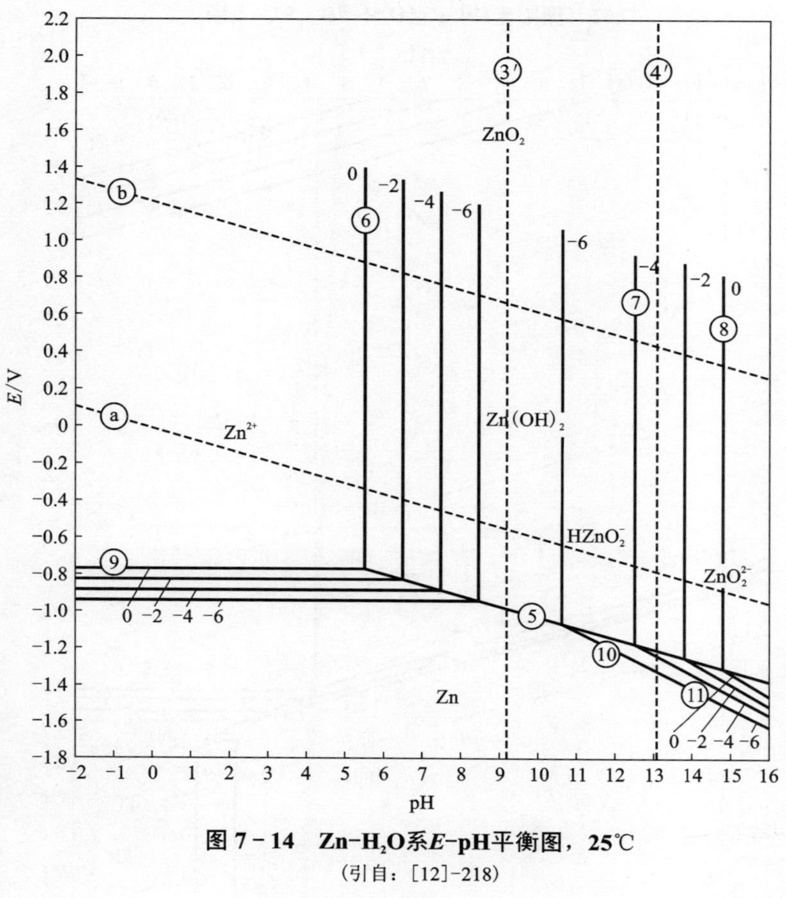

图 7－14　Zn－H_2O系E－pH平衡图，25℃
(引自：[12]-218)

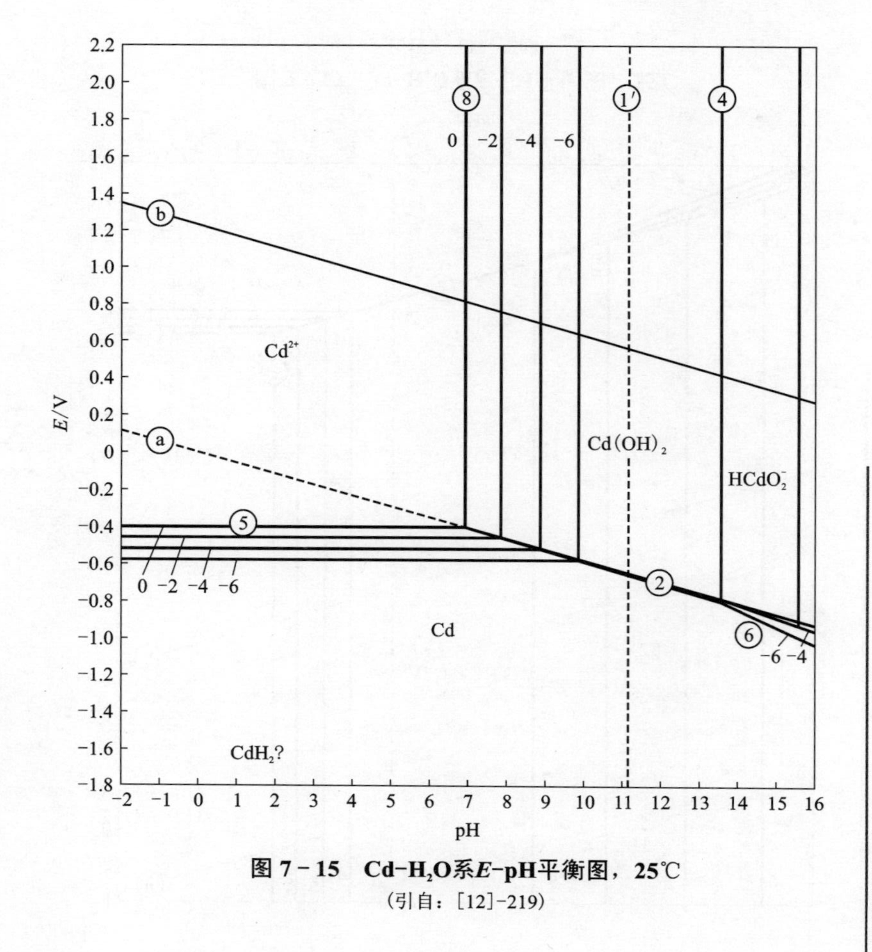

图 7－15　Cd－H_2O系E－pH平衡图，25℃
(引自：[12]-219)

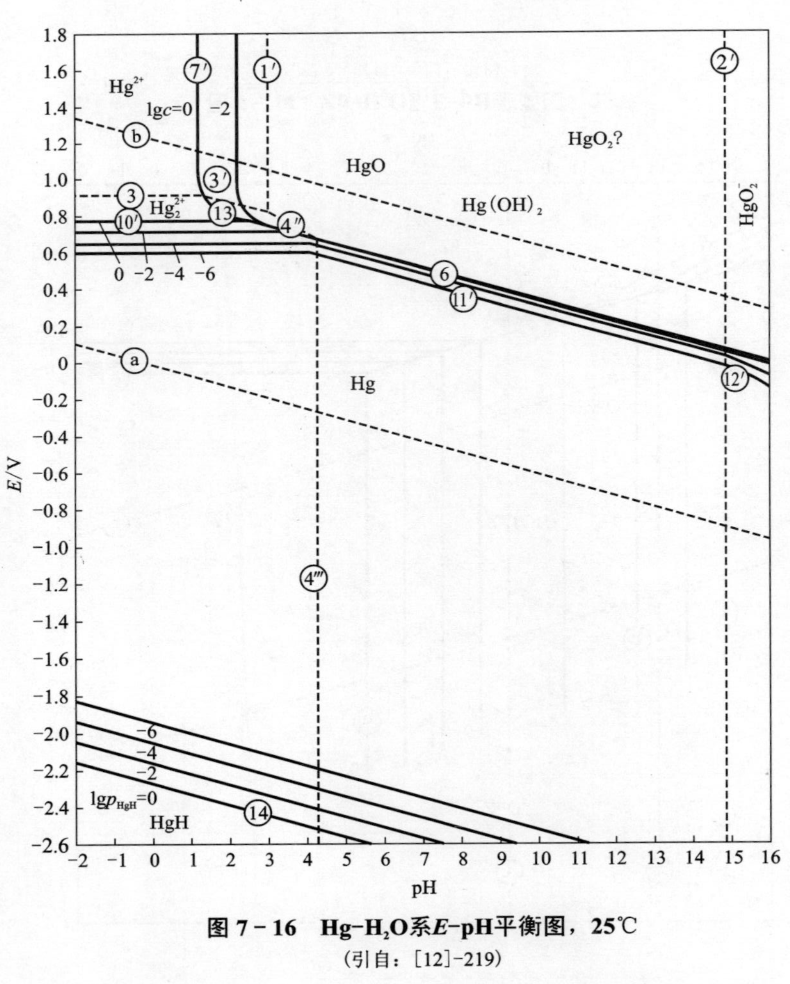

图 7-16　Hg-H_2O系E-pH平衡图，25℃

（引自：［12］-219）

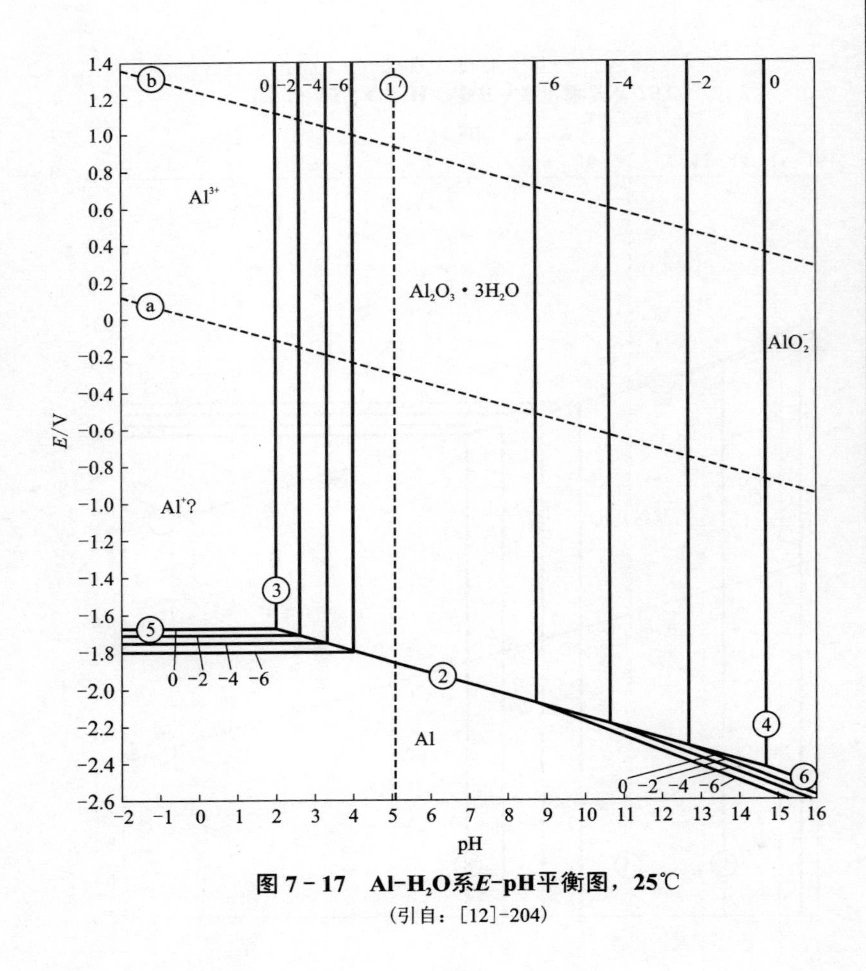

图 7-17　Al-H_2O系E-pH平衡图，25℃

（引自：［12］-204）

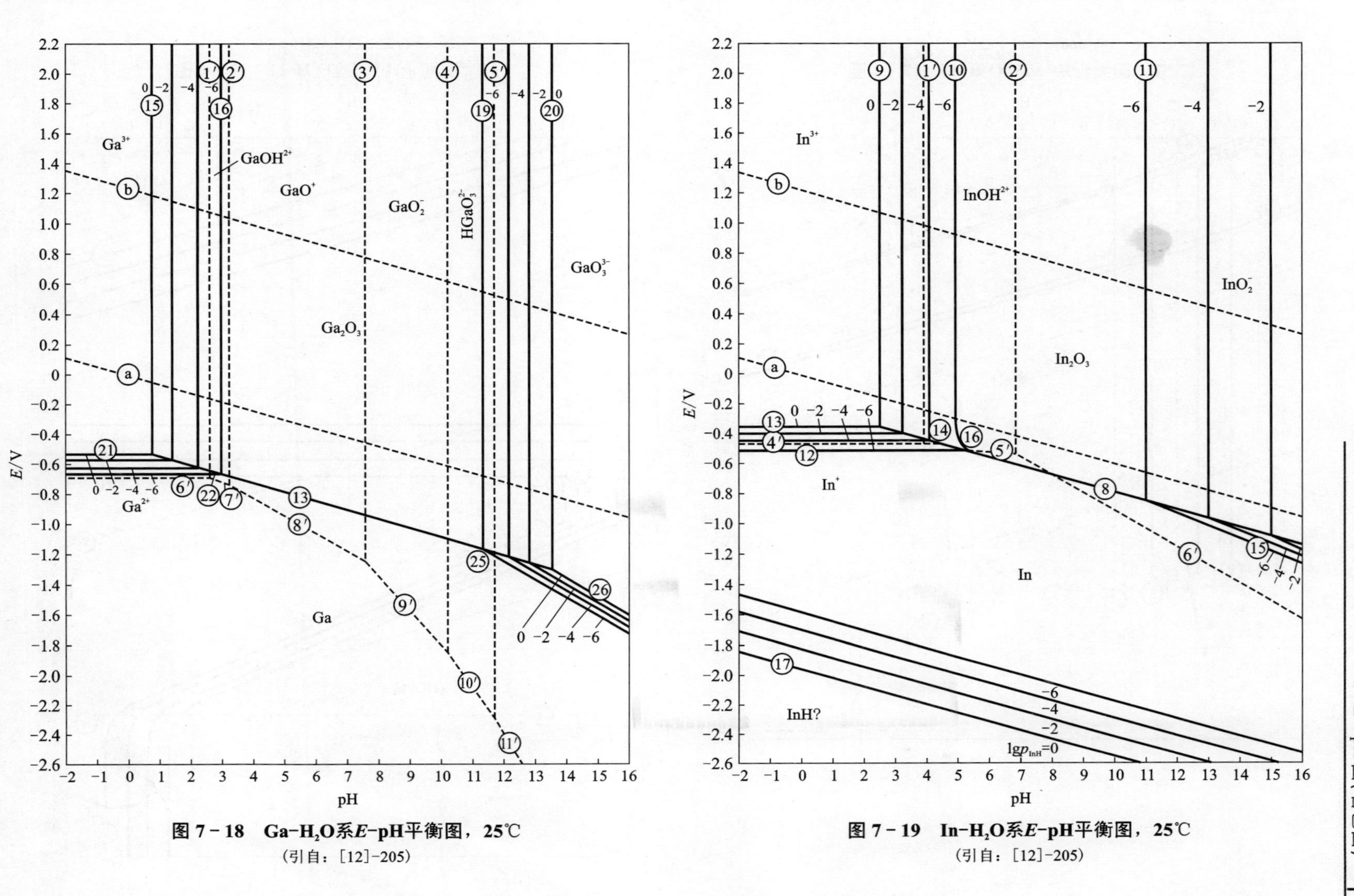

图 7－18 $Ga-H_2O$系E–pH平衡图，25℃

(引自：[12]–205)

图 7－19 $In-H_2O$系E–pH平衡图，25℃

(引自：[12]–205)

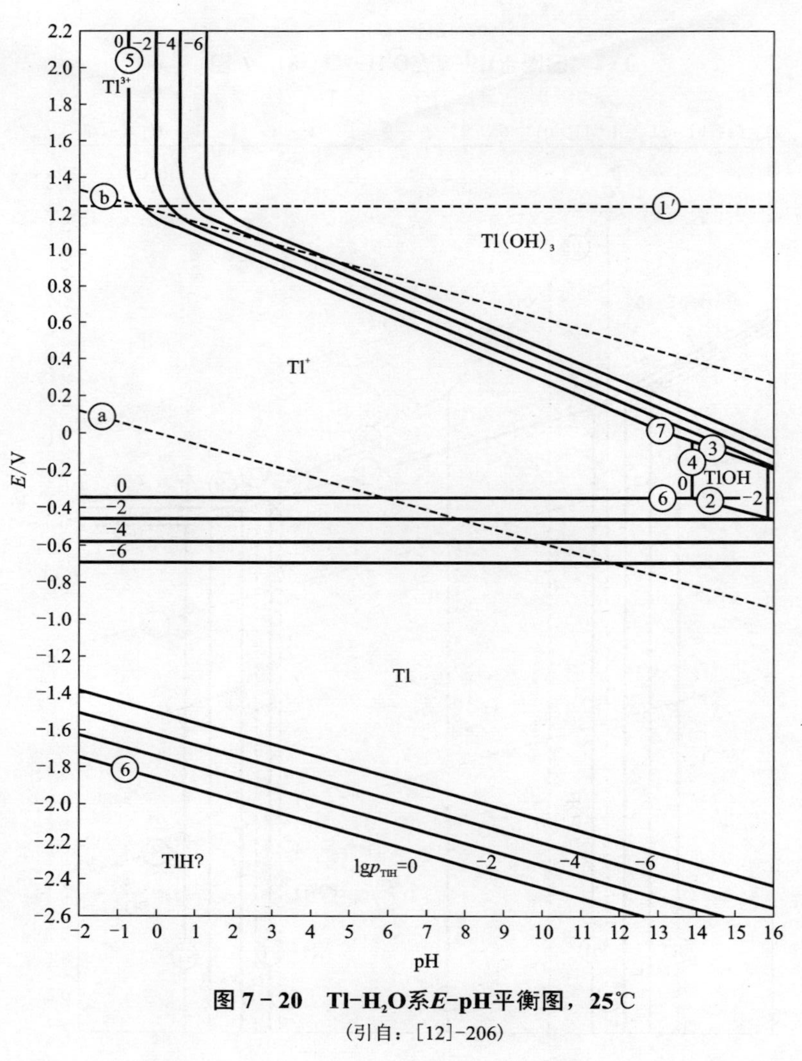

图 7－20　Tl-H_2O系E-pH平衡图，25℃

(引自：[12]-206)

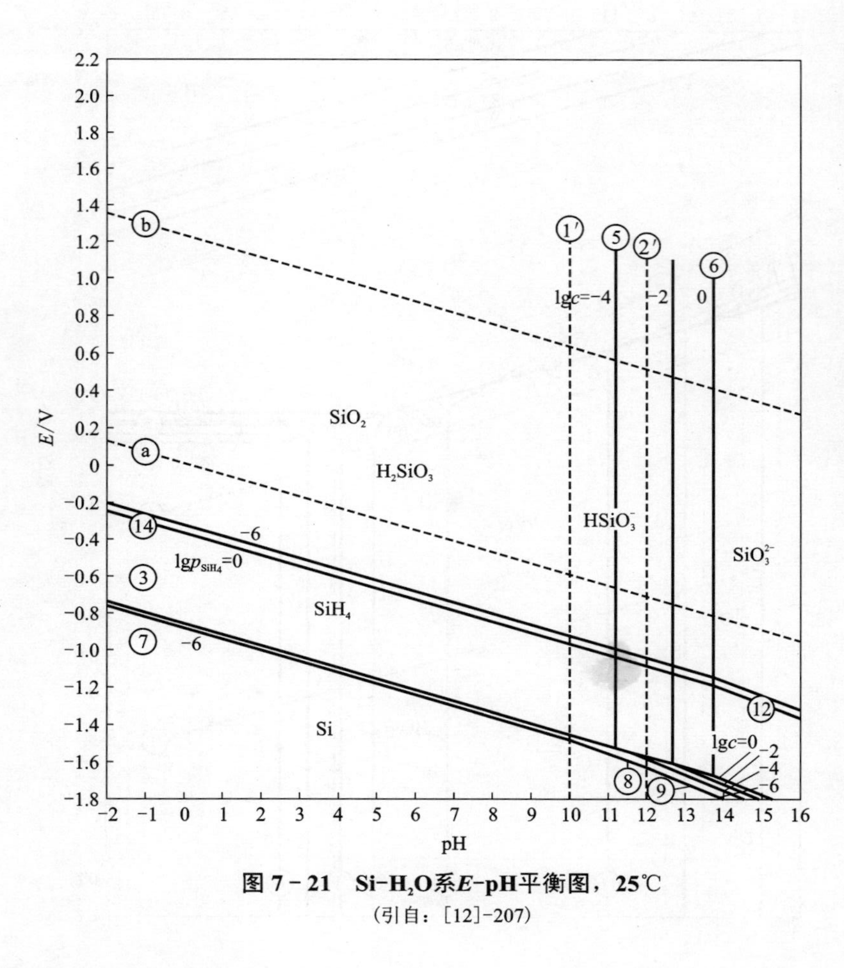

图 7－21　Si-H_2O系E-pH平衡图，25℃

(引自：[12]-207)

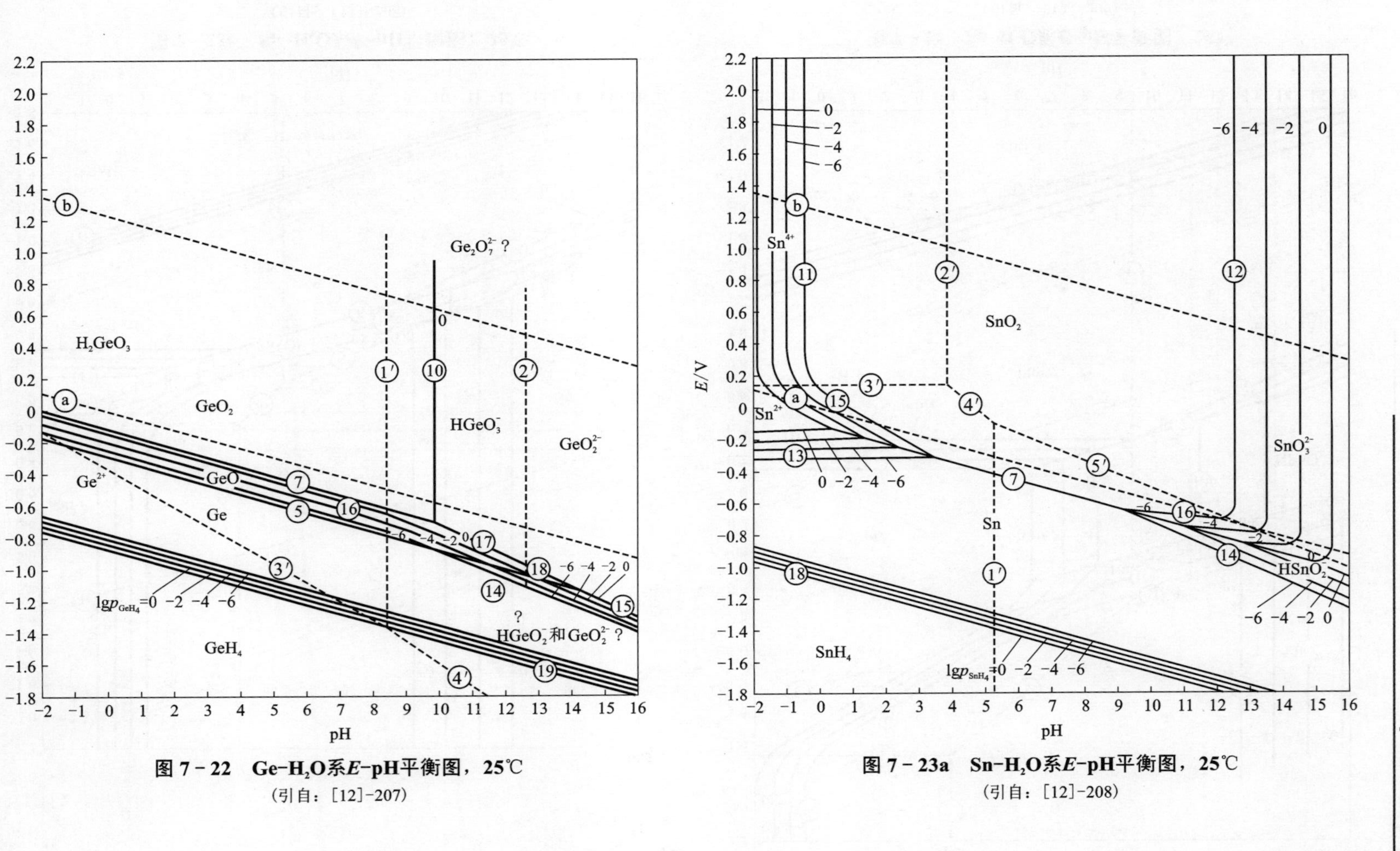

图 7 – 22 Ge–H_2O系E–pH平衡图，25℃

(引自：[12]–207)

图 7 – 23a Sn–H_2O系E–pH平衡图，25℃

(引自：[12]–208)

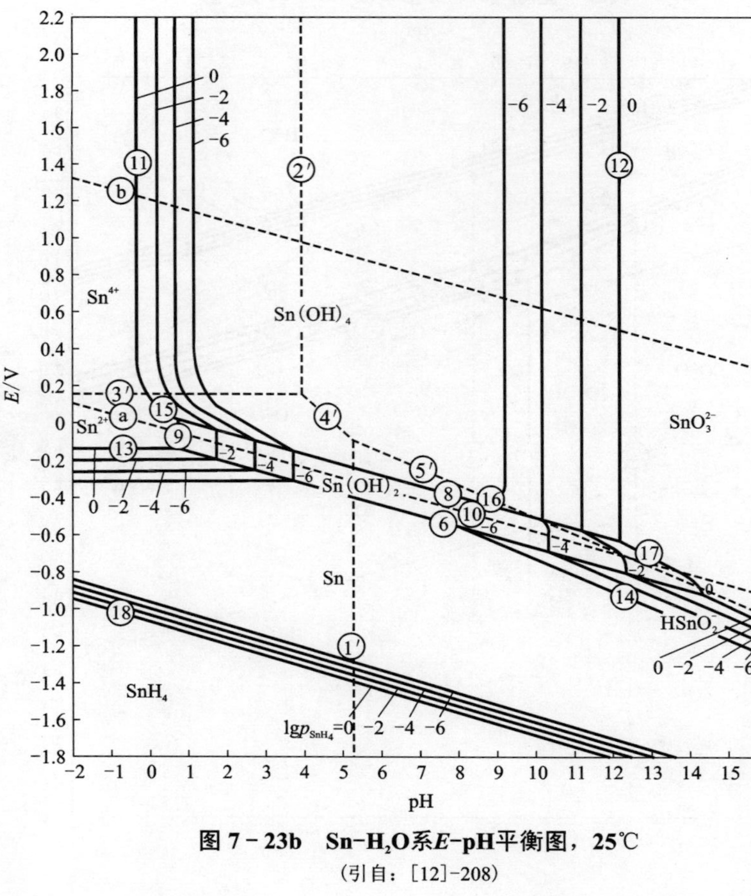

图 7-23b　Sn-H_2O系E-pH平衡图，25℃
(引自：[12]-208)

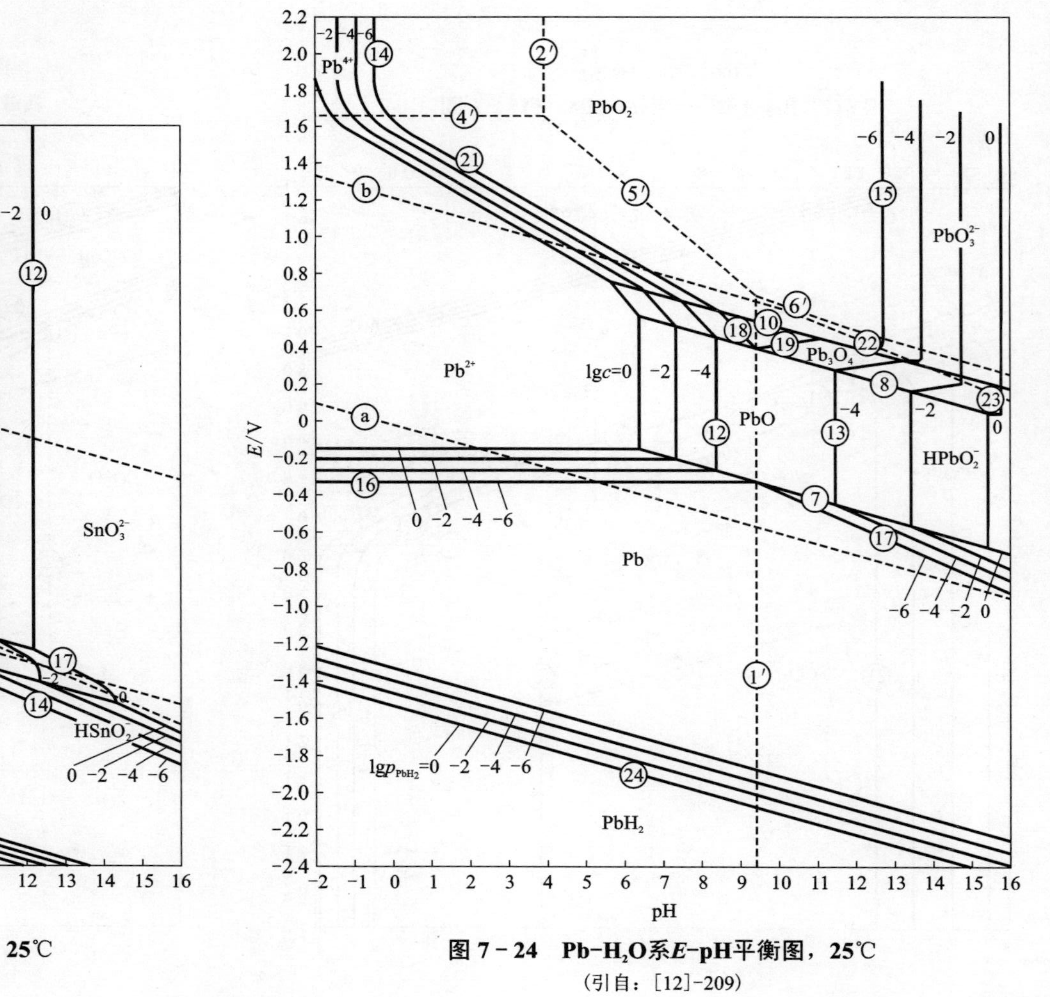

图 7-24　Pb-H_2O系E-pH平衡图，25℃
(引自：[12]-209)

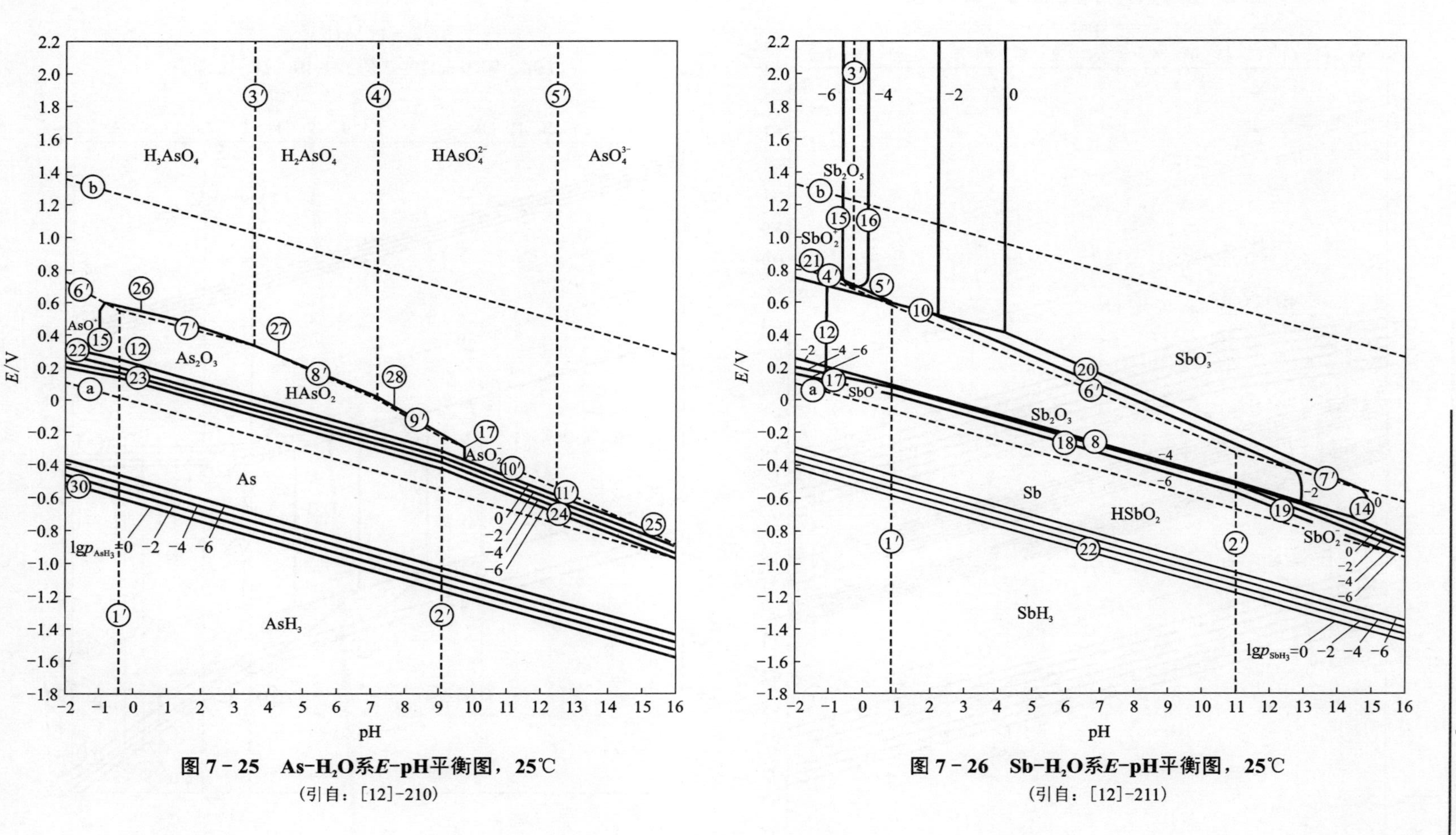

图 7-25 As-H_2O系E-pH平衡图，25℃

（引自：[12]-210）

图 7-26 Sb-H_2O系E-pH平衡图，25℃

（引自：[12]-211）

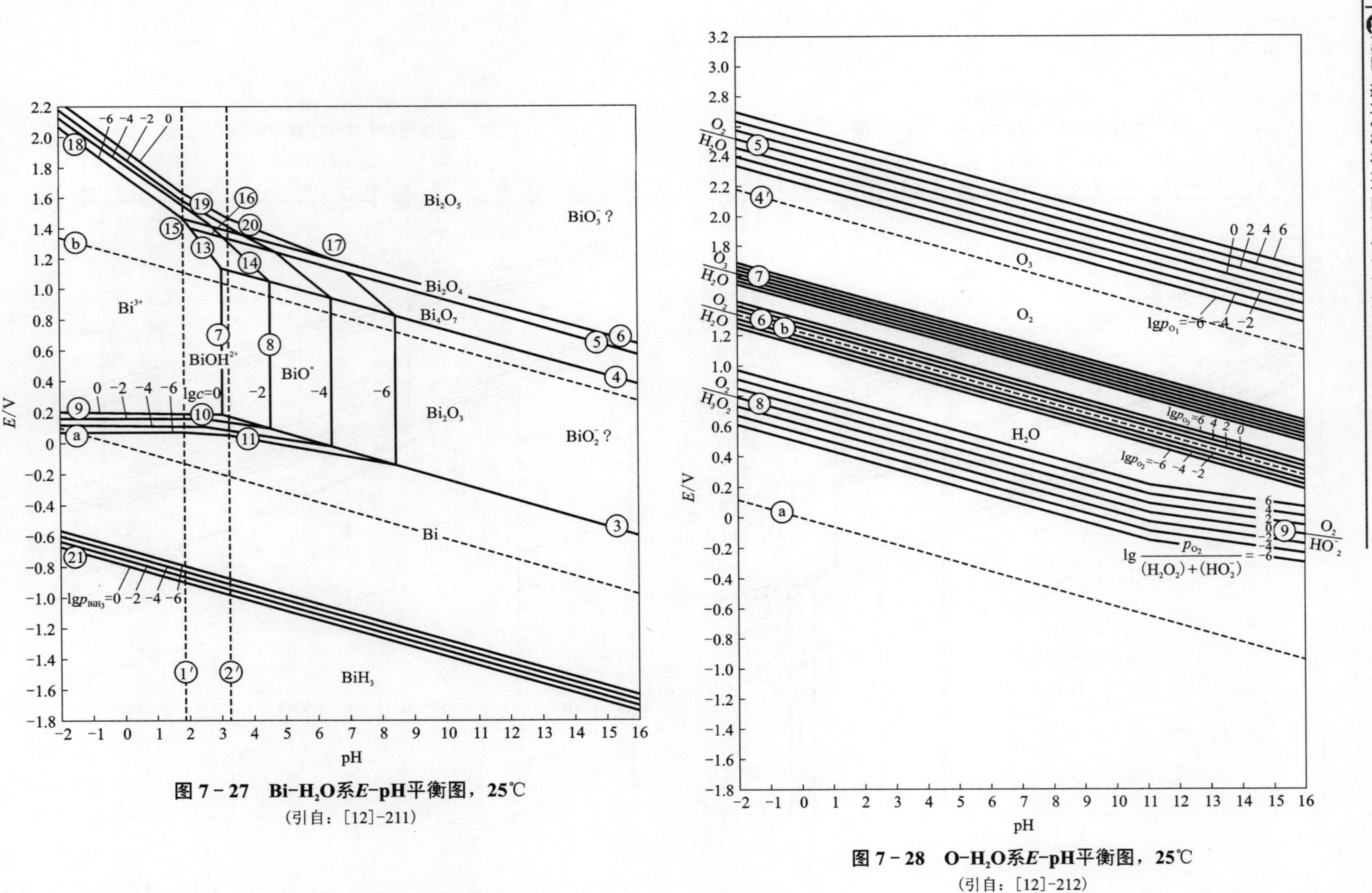

图 7-27 Bi-H_2O系E-pH平衡图，25℃

(引自：[12]-211)

图 7-28 O-H_2O系E-pH平衡图，25℃

(引自：[12]-212)

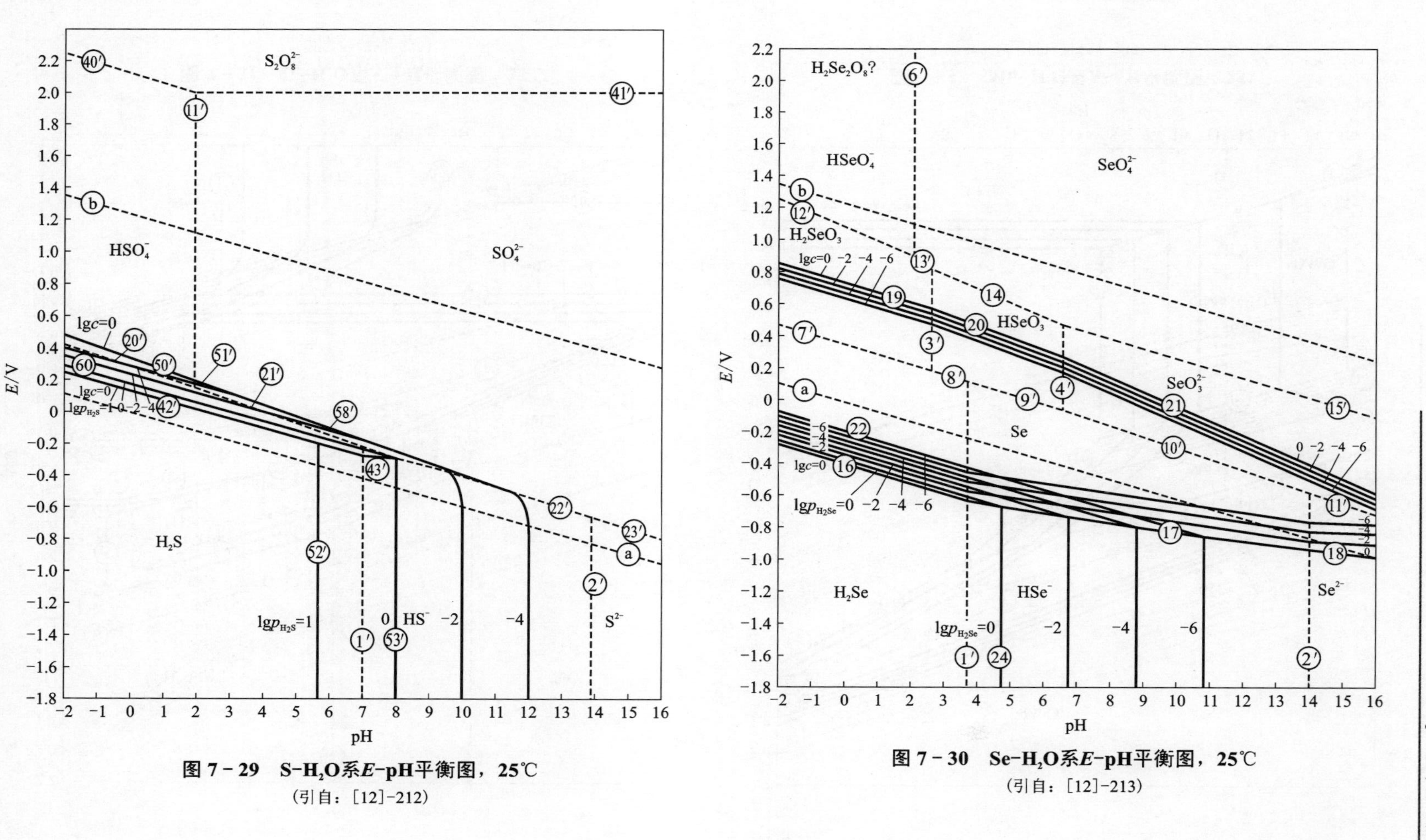

图 7-29　S-H_2O系E-pH平衡图，25℃

(引自：[12]-212)

图 7-30　Se-H_2O系E-pH平衡图，25℃

(引自：[12]-213)

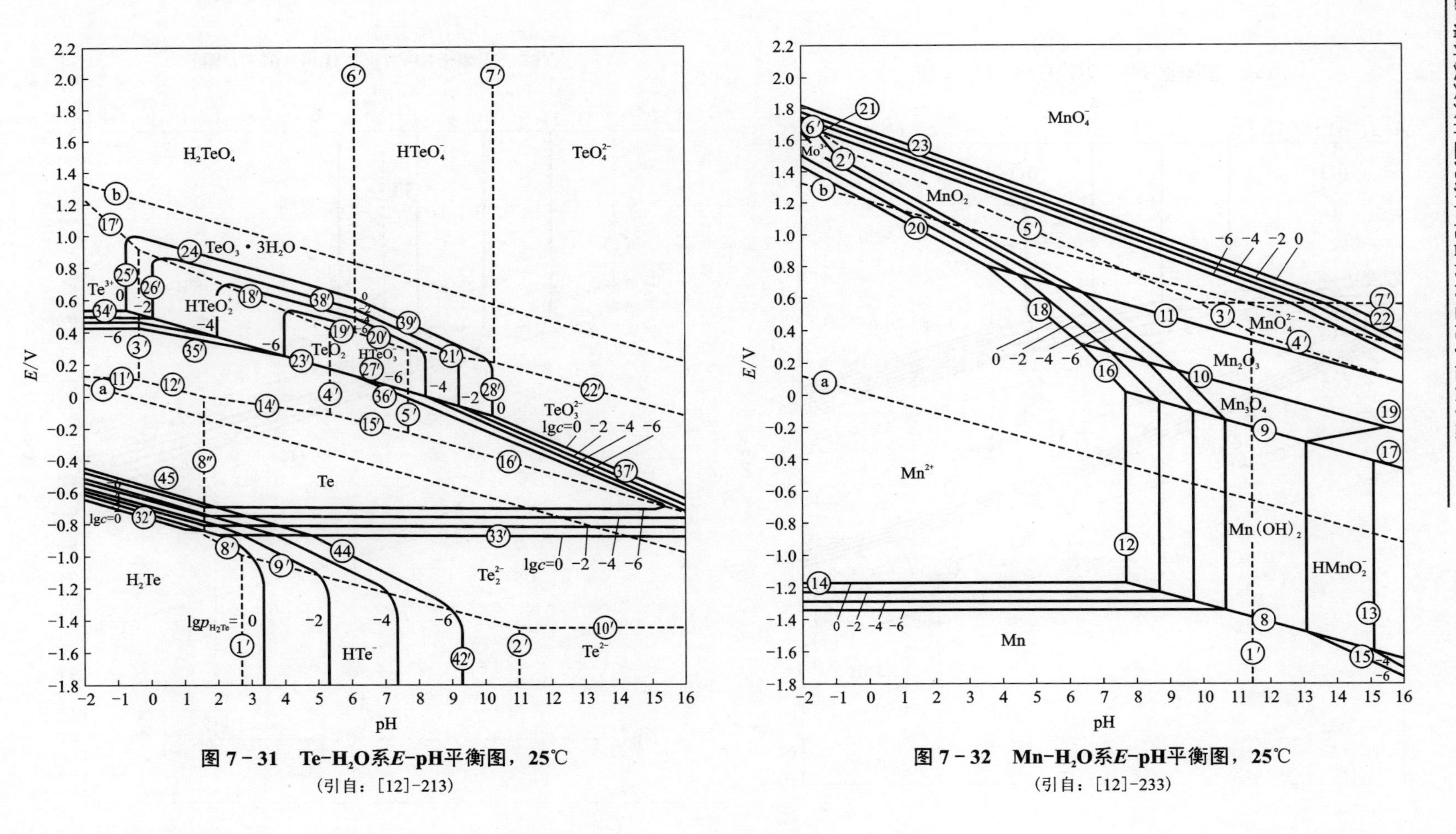

图 7-31　Te-H_2O系E-pH平衡图，25℃
(引自：[12]-213)

图 7-32　Mn-H_2O系E-pH平衡图，25℃
(引自：[12]-233)

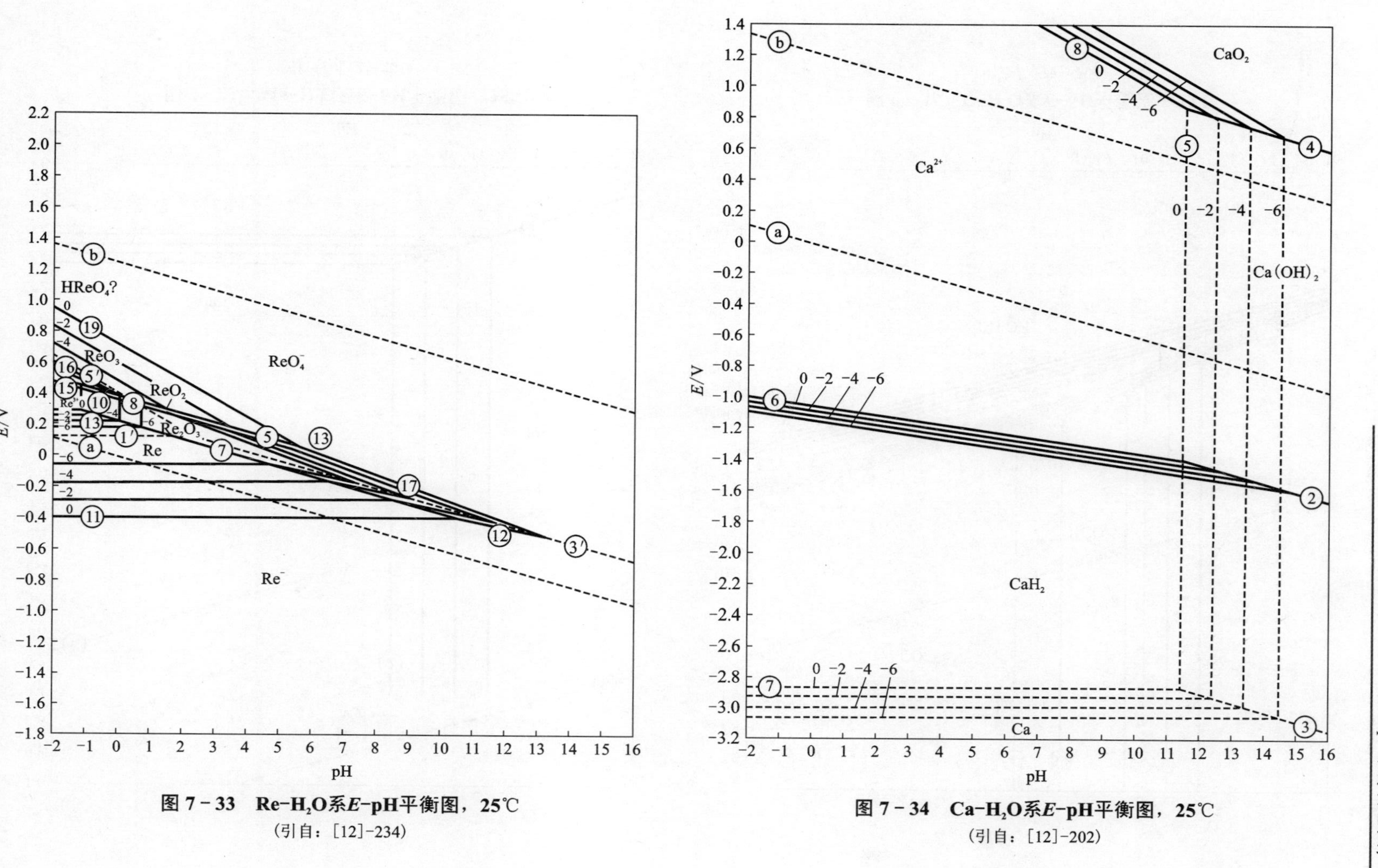

图 7－33　Re－H_2O系E－pH平衡图，25℃

（引自：[12]－234）

图 7－34　Ca－H_2O系E－pH平衡图，25℃

（引自：[12]－202）

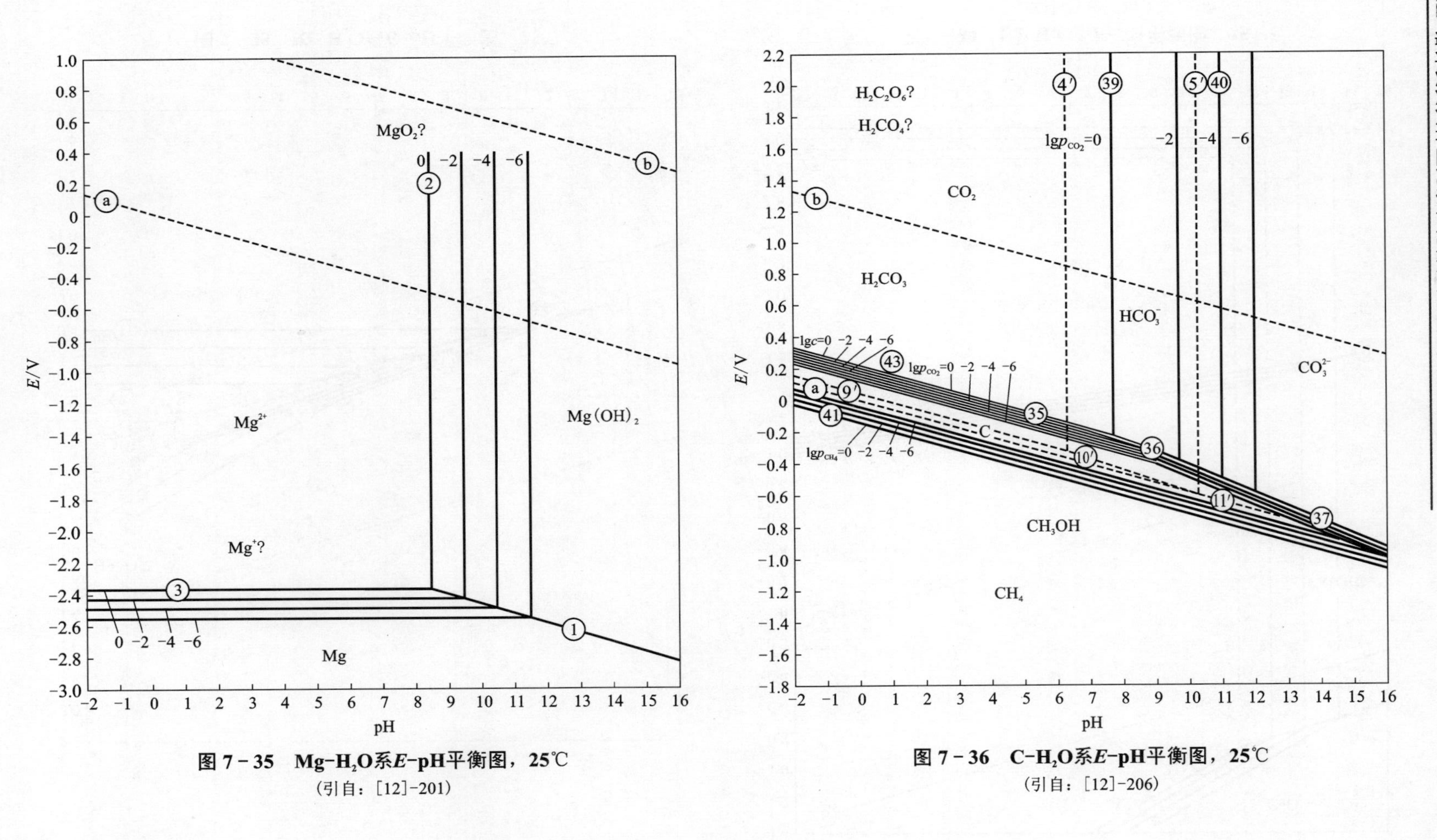

图 7-35　Mg-H_2O系E-pH平衡图，25℃
(引自：[12]-201)

图 7-36　C-H_2O系E-pH平衡图，25℃
(引自：[12]-206)

7.2 某些伴生元素的三元系 E - pH 图(25℃)

图 7 - 37 Fe - S - H_2O 系 E - pH 图(25℃)

图 7 - 38 Cu - S - H_2O 系 E - pH 图(25℃)

图 7 - 39 Ni - S - H_2O 系 E - pH 图(25℃)

图 7 - 40 Cu - Cl^- - H_2O 系 E - pH 图(25℃)

图 7 - 41 Cu - Cl^- - H_2O 系 E - lg[Cl^-]图(25℃)

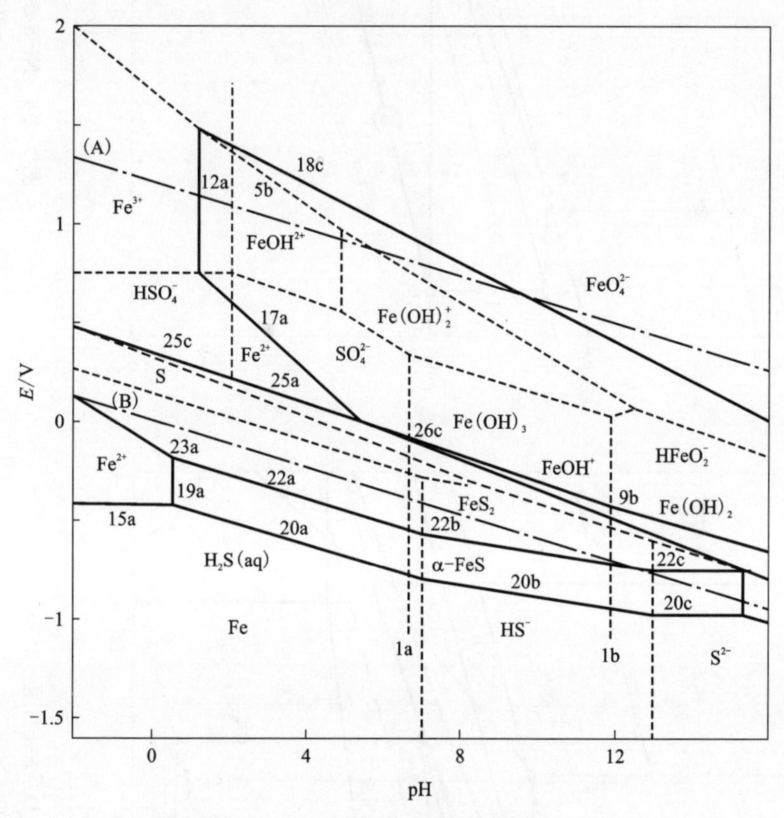

图 7 - 37 Fe - S - H_2O 系 E - pH 图, 25℃

(引自: [12] - 263)

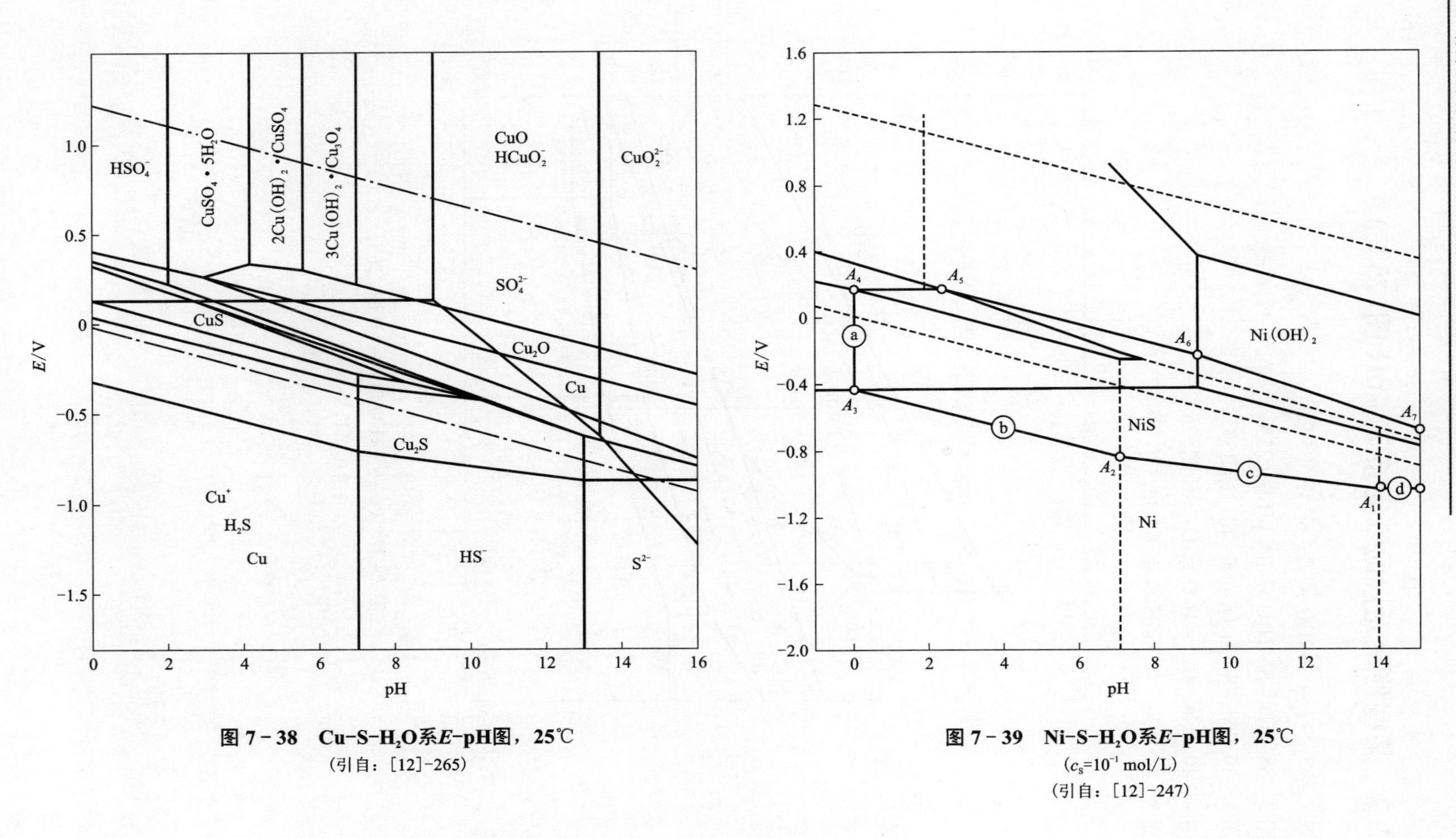

图 7-38　Cu-S-H$_2$O系E-pH图，25℃
（引自：[12]-265）

图 7-39　Ni-S-H$_2$O系E-pH图，25℃
（c_S=10^{-1} mol/L）
（引自：[12]-247）

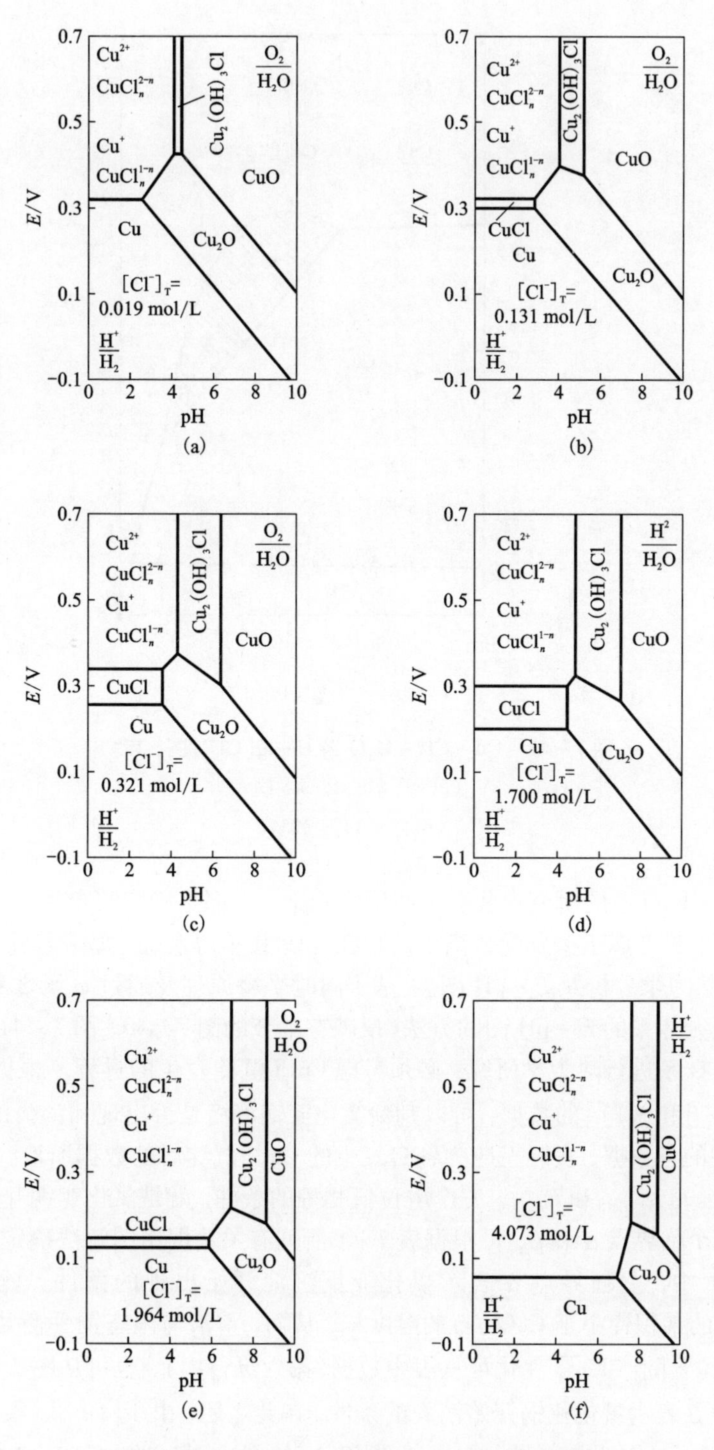

图 7 - 40　Cu - Cl^- - H_2O 系 E - pH 图, 25℃

($[Cu]_T$ = 0.315 mol/L)

(引自:[14] - 131)

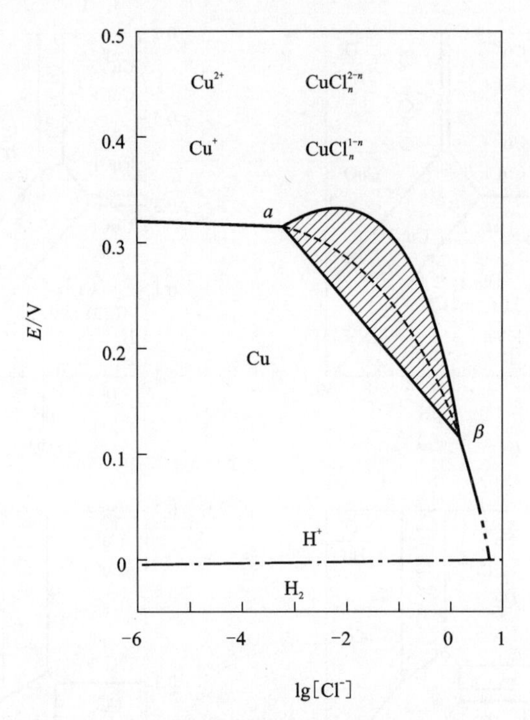

图 7-41　Cu-Cl⁻-H₂O 系 E-lg[Cl⁻]图，25℃

($[Cu]_T = 0.315$ mol/L)

(引自：[14]-125)

在 $Cu-Cl^- -H_2O$ 系的研究中曾有一些研究论文，大都是确定简单离子和配合离子各自的热力学稳定区，只考虑了个别配合离子的存在。1980 年傅崇说、郑蒂基发表了《关于 $Cu-Cl^- -H_2O$ 系的热力学分析及 E-pH 图》，基于同时平衡原理及通过 φ 函数和 ψ 函数进行全面分析以绘制复杂体系的 E-pH 图的方法(反映在本节的图 7-40、图 7-41 及表 7-1 中)。对 $Cu-Cl^- -H_2O$ 系进行热力学研究，必须考虑 CuCl 沉淀发生的过程。根据表 7-1 第六纵行所列有关$[Cu^+]$和$[Cl^-]$的数据，可以判断氯化亚铜沉淀是否出现和消失的问题。表 7-1 中用粗线条框住的各数据，实际上应为各自发生的 CuCl 沉淀后的数据所取代。从表 7-1 可以看出，$E_{Cu^{2+}/Cu}$、$E_{Cu^{2+}/CuCl}$和$E_{CuCl/Cu}$三个电位值相等的条件，就是氯化亚铜开始出现和消失的条件，这上下两个临界点 α 和 β，可根据表 7-1 所列有关数据用图解法确定，如图 7-41 所示。在图 7-41 中，上临界点 α 表示氯化亚铜沉淀开始出现的条件。此前，在溶液中，$[Cu^+]$与$[Cl^-]$的乘积皆小于 CuCl(s)的溶度积，从而，溶液与固态铜平衡共存，$[Cu]_T = 0.315$ mol/L 时，其 E 随$[Cl^-]_T$ 变化可从表中数据(第六纵行内)，也可从图 7-41 左上部曲线看出。下临界点 β 表示氯化亚铜开始消失的条件，在此之后，由于$[Cl^-]_T$ 很大，足以使 CuCl(s)重新溶入溶液。在这些溶液中，$[Cu^+]$与$[Cl^-]$的变化则列举在表 7-1 的第六纵行内的下部，也可从图 7-41 右下部曲线变化看出。在湿法冶金过程，例如硫化铜精矿的氧化氯化浸出，希望避免 CuCl 发生沉淀，但对生产氯化亚铜的还原过程，又力求得到最大的氯化亚铜产出率，可借助这种图形确切地预示或进行过程控制。

表 7-1 Cu - Cl^- - H_2O 系 25℃以及$[Cu]_T$ = 0.315 mol/L 的有关数据

$[Cl^-]$ /(mol·L^{-1})	φ_1	φ_2	ψ_1	ψ_2	溶液与固态铜的平衡				溶液与固态氯化亚铜的平衡				$E_{CuCl/Cu}$	ΔE	备注
					$[Cu^{2+}]$ mol/L	$[Cu^+]$ mol/L	$[Cl^-]_T$ mol/L	$E_{Cu^{2+}/Cu}$	$[Cu^+]$ mol/L	$[Cu^{2+}]$ mol/L	$[Cl^-]_T$ mol/L	$E_{Cu^{2+}/CuCl}$			
0	1	1	0	0	$10^{-0.5023}$	$10^{-3.3562}$	0	0.322							
10^{-6}	1.00063	1.00004	$10^{-3.2000}$	$10^{-4.3636}$	$10^{-0.5025}$	$10^{-3.3516}$	0.0002	0.322							
10^{-4}	$10^{0.0266}$	$10^{0.0031}$	$10^{-1.1965}$	$10^{-1.9751}$	$10^{-0.5290}$	$10^{-3.3809}$	0.019	0.321							
$10^{-3.2}$	$10^{0.1485}$	$10^{0.0618}$	$10^{-0.3787}$	$10^{-0.5542}$	$10^{-0.6509}$	$10^{-3.4305}$		0.318	$10^{-3.43}$	$10^{-0.6509}$	0.094	0.318	0.318	0	α 点
10^{-3}	$10^{0.2191}$	$10^{0.1332}$	$10^{-0.1666}$	$10^{-0.1697}$	$10^{-0.7216}$	$10^{-3.4737}$		0.316	$10^{-3.63}$	$10^{-0.7212}$	0.131	0.326	0.305	0.021	
$10^{-2.5}$	$10^{0.5116}$	$10^{0.6348}$	$10^{0.3988}$	$10^{0.8133}$	$10^{-1.0148}$	$10^{-3.6180}$		0.307	$10^{-4.13}$	$10^{-1.0138}$	0.246	0.338	0.276	0.062	
$10^{-2.209}$	$10^{0.7691}$	$10^{1.1274}$	$10^{0.7690}$	$10^{1.3923}$	$10^{-1.2742}$	$10^{-3.7421}$		0.299	$10^{-4.421}$	$10^{-1.2715}$	0.321	0.340	0.258	0.082	
10^{-2}	$10^{0.9958}$	$10^{1.5257}$	$10^{1.0640}$	$10^{1.8141}$	$10^{-1.5039}$	$10^{-3.8633}$		0.293	$10^{-4.63}$	$10^{-1.4985}$	0.379	0.339	0.246	0.093	
$10^{-1.5}$	$10^{1.6897}$	$10^{2.5243}$	$10^{1.8988}$	$10^{2.8411}$	$10^{-2.2200}$	$10^{-4.2150}$		0.272	$10^{-5.13}$	$10^{-2.1948}$	0.543	0.328	0.217	0.111	
$10^{-1.1567}$	$10^{2.3079}$	$10^{3.2332}$	$10^{2.6089}$	$10^{3.5546}$	$10^{-2.8832}$	$10^{-4.5466}$		0.252	$10^{-5.4733}$	$10^{-2.3176}$	0.700	0.311	0.196	0.115	
10^{-1}	$10^{2.6381}$	$10^{3.5645}$	$10^{2.9845}$	$10^{3.8939}$	$10^{-3.2451}$	$10^{-4.7352}$		0.241	$10^{-5.63}$	$10^{-3.1518}$	0.799	0.300	0.187	0.113	
10^{0}	$10^{5.7162}$	$10^{5.9125}$	$10^{6.2903}$	$10^{6.3297}$	$10^{-6.8494}$	$10^{-6.5297}$		0.135	$10^{-6.63}$	$10^{-6.6253}$	1.964	0.154	0.128	0.026	
$10^{0.075}$	$10^{5.9989}$	$10^{6.1100}$	$10^{6.5786}$	$10^{6.5337}$	$10^{-7.2041}$	$10^{-6.7071}$		0.124	$10^{-6.705}$	$10^{-7.2143}$	2.093	0.124	0.124	0	β 点
$10^{0.4}$	$10^{7.2551}$	$10^{6.9972}$	$10^{7.8474}$	$10^{7.4442}$	$10^{-8.8627}$	$10^{-7.5344}$	3.421	0.076							
$10^{0.5}$	$10^{7.6474}$	$10^{7.2792}$	$10^{8.2420}$	$10^{7.7313}$	$10^{-9.4110}$	$10^{-7.8052}$	4.073	0.059							

数据引自：[14] - 123(表 2-1)。

8　状态图

8.1　水的状态图

图 8－1 是水的状态图，纵坐标为温度，横坐标为压强。图中三相点的温度和压强分别是：Ⅰ－Ⅲ水是－21.99℃，209.9 MPa；Ⅲ－Ⅴ水是－16.99℃，305.1 MPa；Ⅴ－Ⅵ水是 0.16℃，632.4 MPa；Ⅵ－Ⅶ水是 82℃，2216 MPa。

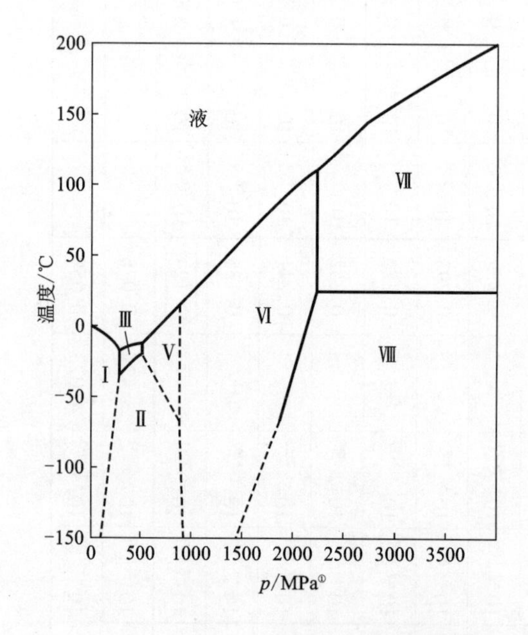

冰的相	晶系	密度/(g·cm^{-3})
ⅠA	六方	0.93
ⅠC	立方	0.94
Ⅱ	菱形	1.18
Ⅲ	四方	1.15
Ⅳ	菱形	1.27
Ⅴ	单斜	1.24
Ⅵ	四方	1.31
Ⅶ	立方	1.56
Ⅷ	四方	1.56
Ⅸ	四方	1.16
Ⅹ	立方	2.51

图 8－1　水的状态图(引自[7]－12－202)

图中实线是稳定相之间的界线，虚线是外延的，冰Ⅳ是准稳态相存在冰Ⅴ区内，冰Ⅸ存在低于－100℃和压强 200～400 MPa，冰Ⅹ存在于压强高于 44 GPa 区。

8.2　碳的状态图

图 8－2 是碳的状态图，纵坐标为压强，横坐标为温度。图中 A 区(画有斜线)是石墨转变金刚石的区域，B 区(画有斜线)是石墨快速转变为金刚石的区域(已有高温高压法工业化生产粉状金刚石)，C 区(画有斜线)是金刚石快速转变为石墨的区域(在 3500℃以上高温裂解石墨化，最终可完全石墨化)。

注：① 横坐标原文印刷可能有误，应是 MPa。

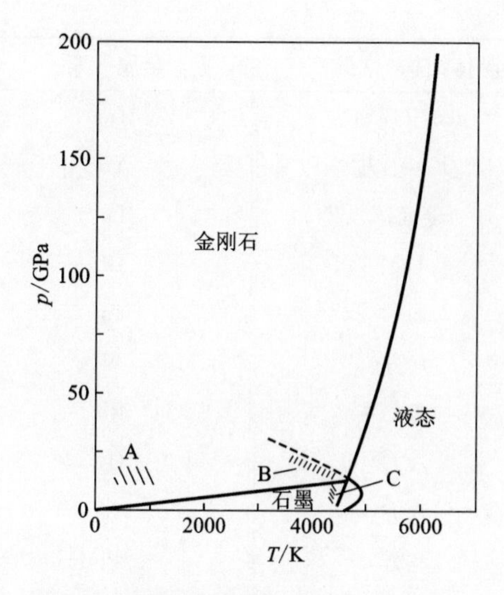

图 8-2 碳的状态图(引自[7]-12-201)

8.3 纯金属的晶体结构

首先看看表 8-1,表中表示的是金属在常温下的晶体结构。从这个表可看出 fcc、bcc 及 hcp 占绝大多数。

表 8-1 常温下金属的晶体结构

(bcc、fcc、hcp 占绝大多数)

金属元素	晶体结构(常温)	金属元素	晶体结构(常温)
Li	bcc	Cu	fcc
Be	hcp	Zn	hcp
Na	bcc	Ga	斜方
Mg	hcp	Ge	金刚石型
Al	fcc	Rb	bcc
K	bcc	Sr	fcc
Ca	fcc	Y	hcp
Sc	fcc	Zr	hcp
Ti	hcp	Nb	bcc
V	bcc	Mo	bcc
Cr	bcc	Ru	hcp
Mn	等轴(复杂)	Rh	fcc
Fe	bcc	Pd	fcc
Co	hcp	Ag	fcc
Ni	fcc	Cd	hcp

续表 8 – 1

金属元素	晶体结构(常温)	金属元素	晶体结构(常温)
In	fct(正方)	Tm	hcp
Sn	体心正方	Yb	fcc
Sb	菱面体	Lu	hcp
Cs	bcc	Hf	hcp
Ba	bcc	Ta	bcc
La	六方	W	bcc
Ce	fcc	Re	hcp
Pr	六方	Os	hcp
Nd	六方	Ir	fcc
Sm	三方	Pt	fcc
Eu	bcc	Au	fcc
Gd	hcp	Hg	菱面体(–39℃)
Tb	hcp	Tl	hcp
Dy	hcp	Pb	fcc
Ho	hcp	Bi	三方
Er	hcp	U	斜方

注：bcc—体心立方晶格；fcc—面心立方晶格；hcp—密排六方晶格；fct—面心正方晶格。

(引自[28] –2 –21)

在常温下，Fe、W、Mo、V、Li 等具有图 8 –3(a)那样晶胞的晶体结构。晶胞是构成晶体的基本格子，以这种晶胞为基本单元进行移动而形成整个晶体。在立方体的各个角上有一个原子，另外在立方体的中心有一个原子，所以叫体心立方晶格(Body centered cubic lattice)，取英文的头一个字母缩写为 bcc。另外，Al、Cu、Au、Ag、Pb 等具有图 8 –3(b)那样晶胞的晶体结构。在立方体的各个角上有一个原子，在立方体的 6 个面的中心也各有一个原子。因为刚好在面的中心有一个原子，所以叫面心立方晶格(Face centered cubic lattice)，取英文的头一个字母缩写为 fcc。

Zn、Mg、Cd、α – Ti、Zr 等具有图 8 –3(c)那样晶胞的晶体结构。这是使原子球最紧密堆积的方法之一，如图所示首先将原子球无间隙地紧密摆上一层，在其上面再摆上一层原子球，之后再在其上面摆上与第一层完全对称的一层原子球。这样的晶体结构的晶胞如图所示是一个六角柱形。这叫密集六方晶格或密排六方晶格(Hexagonal close – packed lattice)，取第一个字母缩写成 hcp。几乎所有纯金属的晶格结构都属于上述三种晶格之一。

也有少数金属形成另外的晶胞，具有 3 个价电子的 In 等为面心正方晶格晶胞，不是立方体而是正方体；含有价电子为 2 个的 Hg 等为菱面体。其他含有价电子为 4 个的 Ge 为金刚石型结构；价电子为 5 个的 Sb 为菱面体结构，这些金属难于塑性变形，是具有半金属性质的元素。

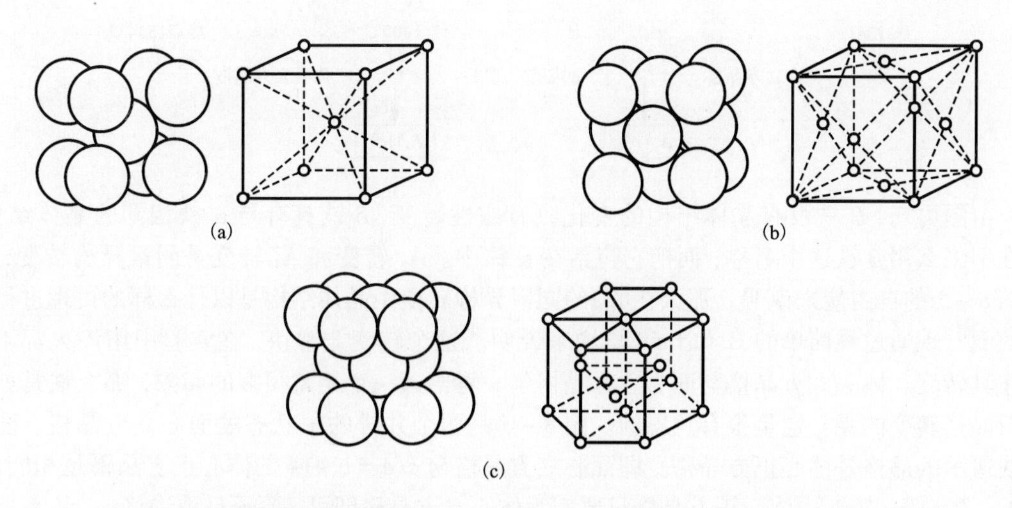

图 8－3 纯金属常见晶体结构(大部分金属属于这三种晶格之一，引自[28]－2－20)

(a)体心立方晶格(bcc)；(b)面心立方晶格(fcc)；(c)密排六方晶格(hcp)

8.4 同素异构转变

在元素中也有在固态下发生晶体结构变化的元素，如 Fe、Co、Ti 等。在固态下以某一温度为界，从已有的晶体结构变为另一种晶体结构的可逆转变现象，叫做同素异构转变。这种现象将导致物质的自由能变化。这种同素异构转变在金属及合金的状态图中具有实际应用的价值，作为发现性能更好的合金和确定热处理方法的根据是必不可少的。为了理解状态图，也必须了解这种转变的特点。

现以纯铁为例说明这种现象。测定纯铁的热膨胀时，得到如图 8－4 所示的曲线。温度升高时，热膨胀曲线在 910℃下一度发生收缩，之后以稍大于前面的热膨胀系数膨胀，到 1400℃又发生一个急剧的膨胀，然后以正常的膨胀系数达到熔点。将 910℃以下的曲线延长时与 1400℃以上的曲线完全在同一条曲线上。

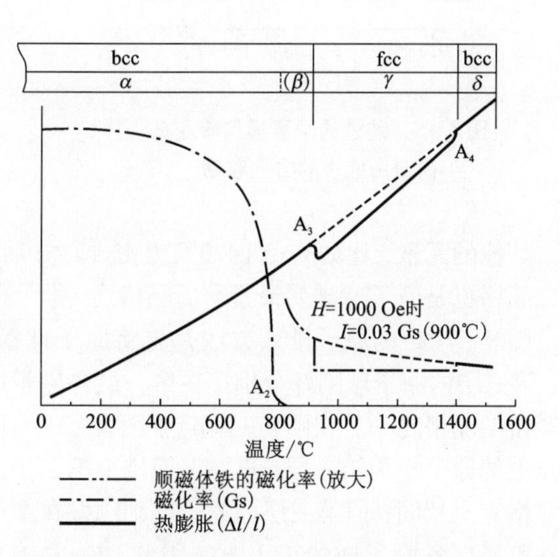

图 8－4 纯铁的热膨胀曲线与磁化曲线出现拐点，证明内部发生了某种变化(引自[28]－2－23)

纯铁在常温下是铁磁体，但由于 768℃的磁性转变变为顺磁体。放大后的顺磁体的磁强度表示在该图中，可看出在 910℃下急剧地变弱，在 1400℃下又恢复到与 910℃以下曲线的延长线一致的曲线。由于存在的这些变化可将铁的固态分为 α、β、γ、δ 四种，$\alpha \leftrightarrows \beta$ 转变叫 A_2 转变，$\beta \leftrightarrows \gamma$ 转变叫 A_3 转变，$\gamma \leftrightarrows \delta$ 转变叫 A_4 转变。纯铁中不存在 A_1 转变。通过 X 射线衍射得到的晶体结构如下。

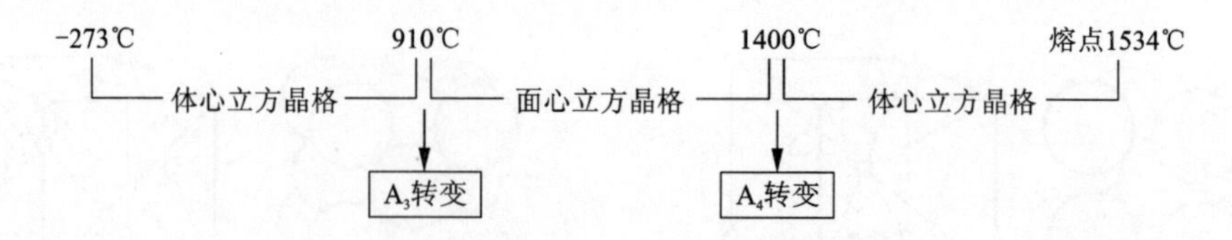

由图可知，β 铁没有晶体结构的变化只有磁性转变，δ 铁具有与 α 铁相同的晶体结构。现在不怎么用 β 铁这个名称，而把它包括在 α 铁中。A_3 转变和 A_4 转变是同素异构转变，可用图 8-5 的自由能来说明。那么在 A_3 的同素异构转变中晶体结构是以什么样的机理进行转变的呢？现通过最简单的 E. C. Bain 学说来说明。这个转变非常快，在实验中用淬火都不能阻止其转变。体心立方晶格与面心立方晶格乍一看给人一个相差很多的印象，那么铁是如何进行晶格转变的呢？这是很有意思的。图 8-6 是两个并排的 γ 状态的面心立方晶格。图中粗线所示的晶格是体心正方晶格。即面心立方晶格与 $c/a=1.414$ 的体心正方晶格是相同的。因此，在 $\gamma\rightarrow\alpha$ 转变中体心正方晶格只要变为体心立方晶格即可，原子只稍许移动，不需要改变晶格。这就是 E. C. Bain 学说(即 $c:a=3.62:2.56\approx1.414:1$)。

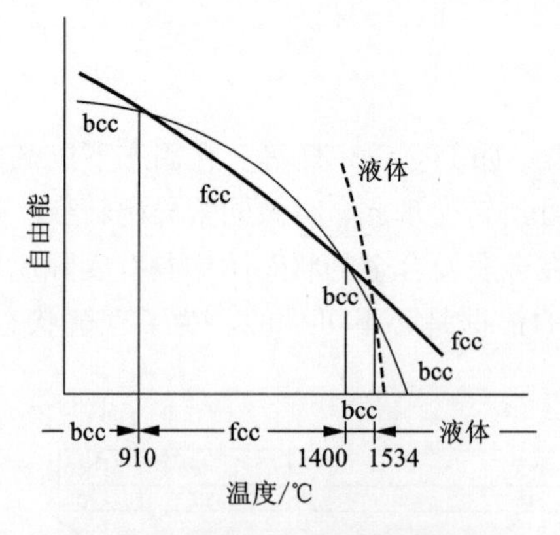

图 8-5　纯铁的同素异构转变是向自由能小的方向移动

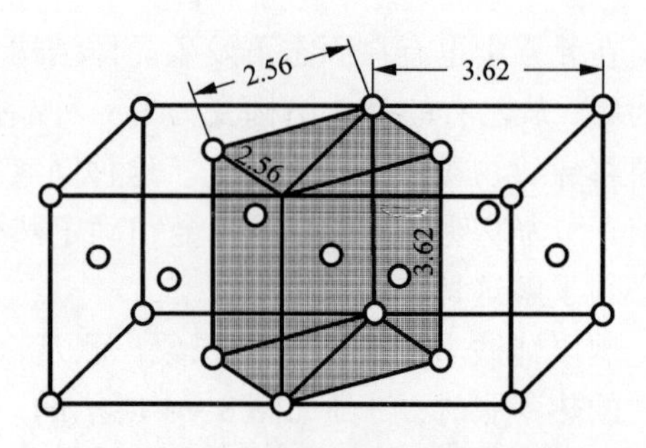

图 8-6　γ 状态铁的面心立方晶格，也是体心正方晶格(单位 Å)

其他的元素，比如 Co 到 420℃ 为密排六方晶格，超过 420℃ 则变为面心立方晶格。密排六方晶格也是原子球排列最紧密的晶格之一。

图 8-7(a)的原子排列方法是先将原子球摆成一层，第二层如图所示在第一层上面排列，第三层的原子球刚好分别摆在第一层各原子球的正上方。面心立方晶格也是原子球排列最紧密的晶格之一。在图 8-7(b)中图 8-3(b)的面心立方晶格的一个顶点朝下。将这个下顶点上的原子作为第一层，再在上面排上第二层原子球，这和图 8-7(b)图解所示的密排六方晶格完全相同；但第三层的原子球则刚好在图中 B、C、D 三个凹坑中；第四层原子球分别摆在第一层各原子球的正上方。因此，Co 虽有同素异构转变，但通常具有最紧密的原子排列。

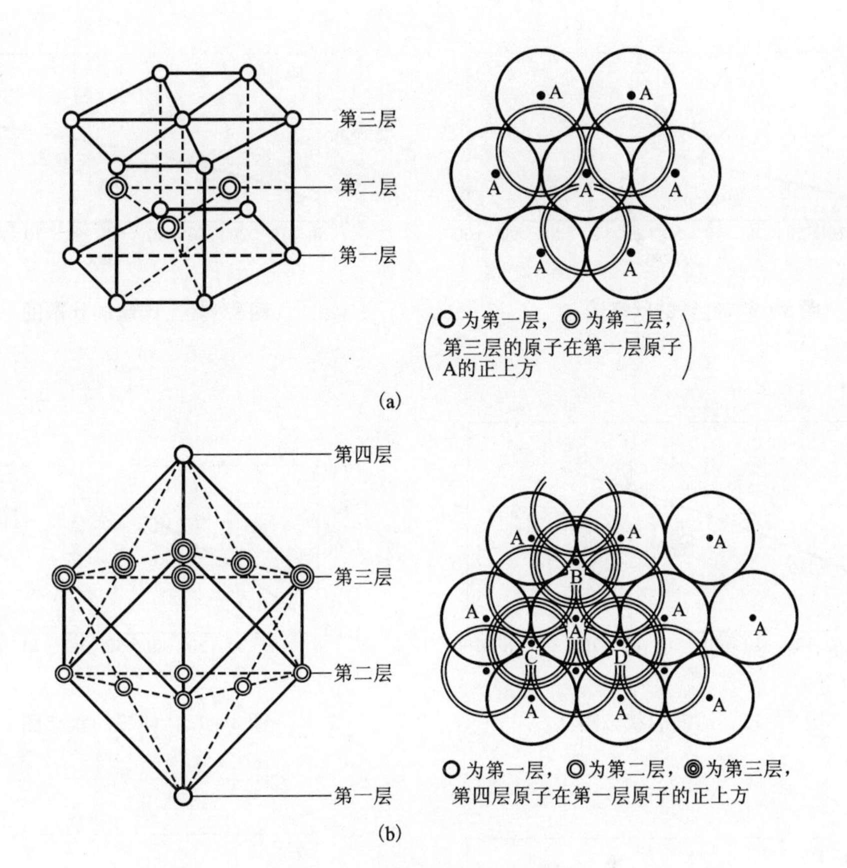

图 8-7　晶格的原子堆积状态

(a)密排六方晶格原子的堆积状态；(b)面心立方晶格原子的堆积状态

8.5　纯金属的状态图

纯金属的状态图是一元系。以铁为例，压力为 200 kbar(1 bar = 10^5 Pa)左右，可看出在高压下同素异构转变的情况是很显著的，但在 100 kbar 的压力下熔点变化约200℃。另外，还明确了在高压下也存在有密排六方晶格结构的铁。

图 8-9 ~ 图 8-16 均引自[15]-3-409。

图 8-17 ~ 图 8-24 均引自[15]-3-410。

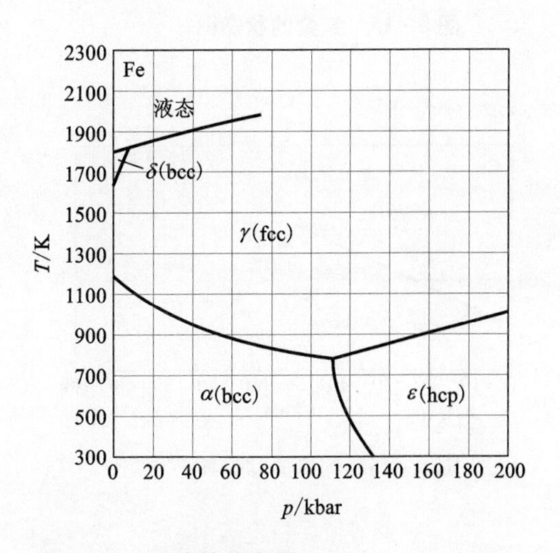

图 8-8　纯铁的状态图(引自[15]-3-409)

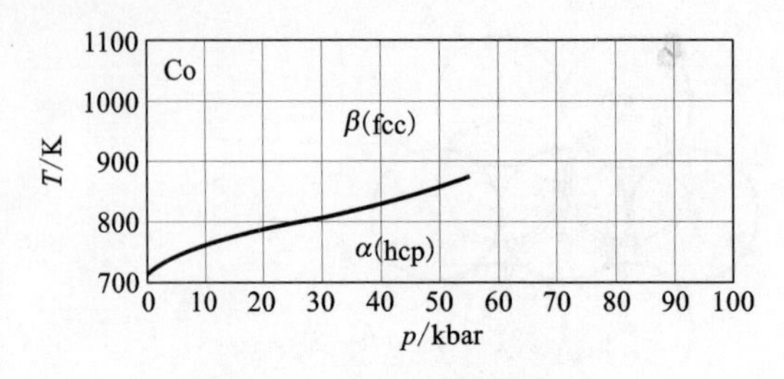

图 8-9　纯钴的状态图

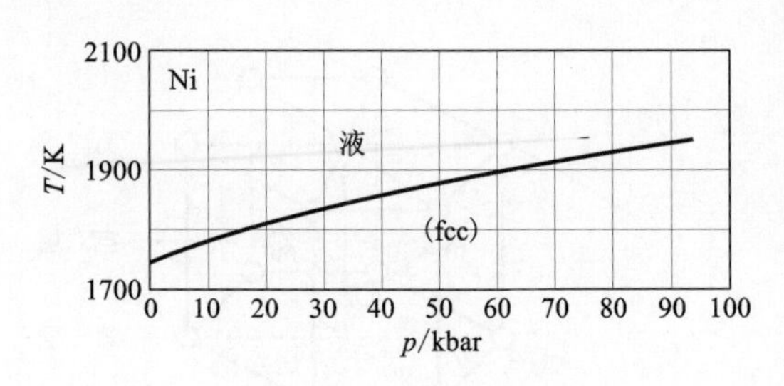

图 8-10　纯镍的状态图

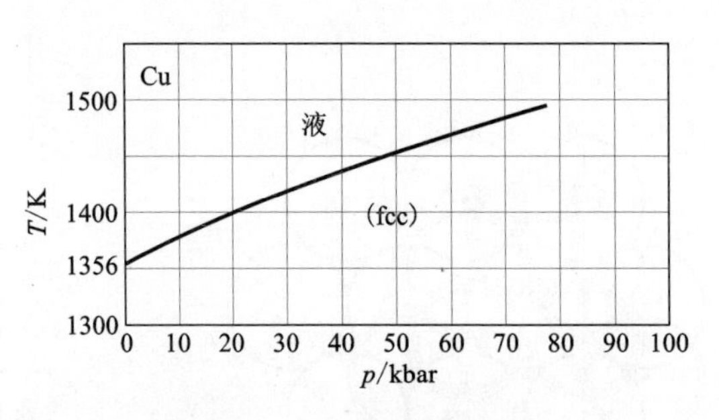

图 8-11　纯铜的状态图

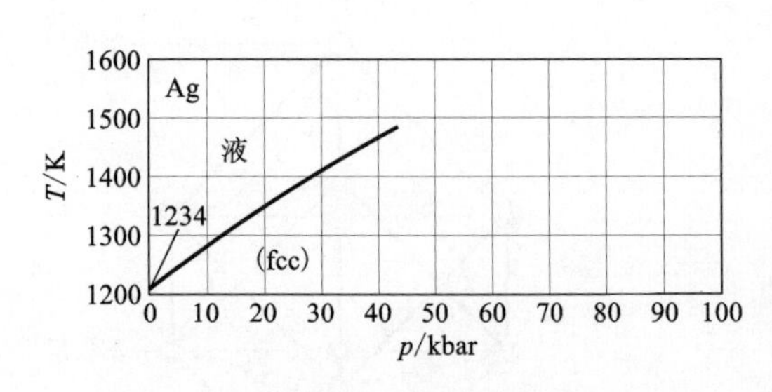

图 8-12　纯银的状态图

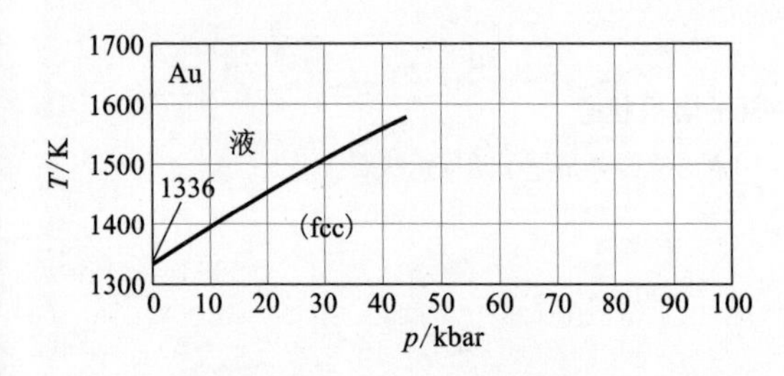

图 8-13　纯金的状态图

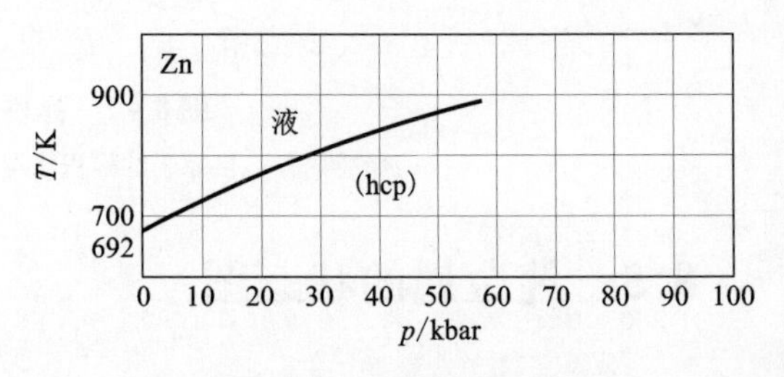

图 8-14　纯锌的状态图

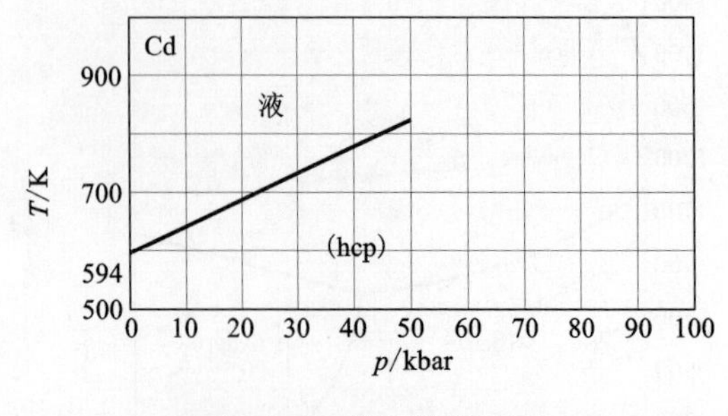

图 8-15　纯镉的状态图

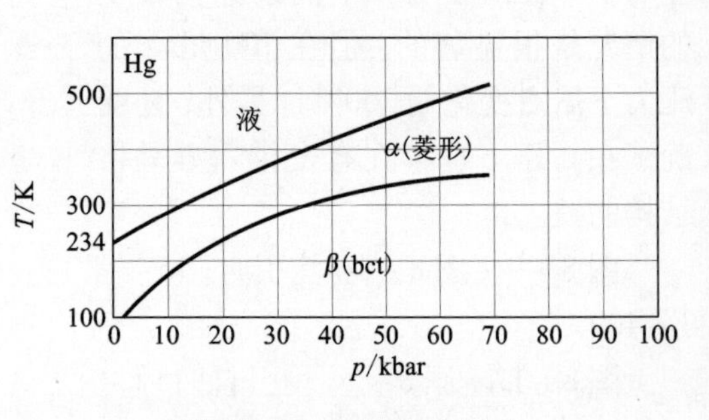

图 8-16　纯汞的状态图

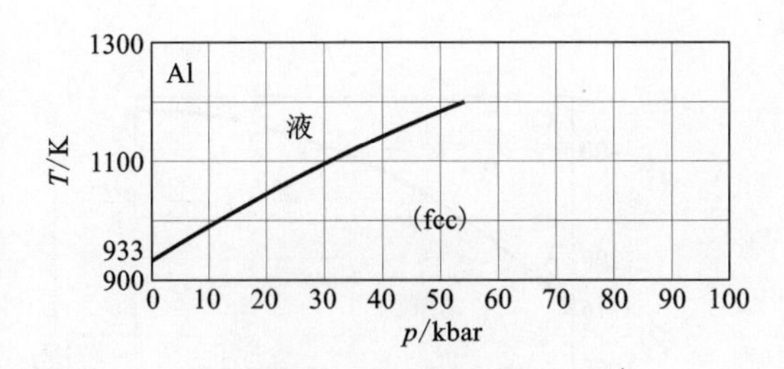

图 8－17 纯铝的状态图

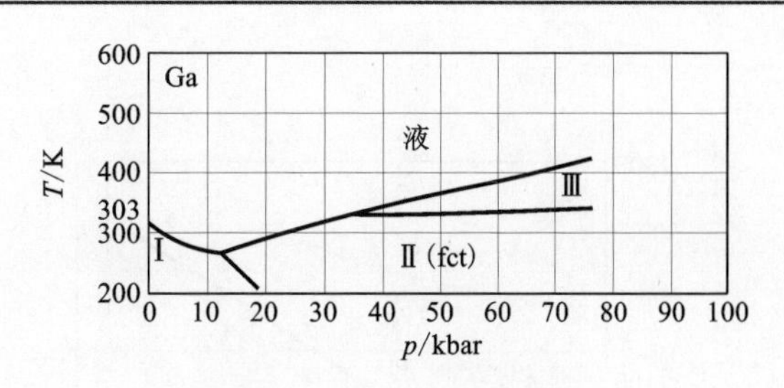

图 8－18 纯镓的状态图

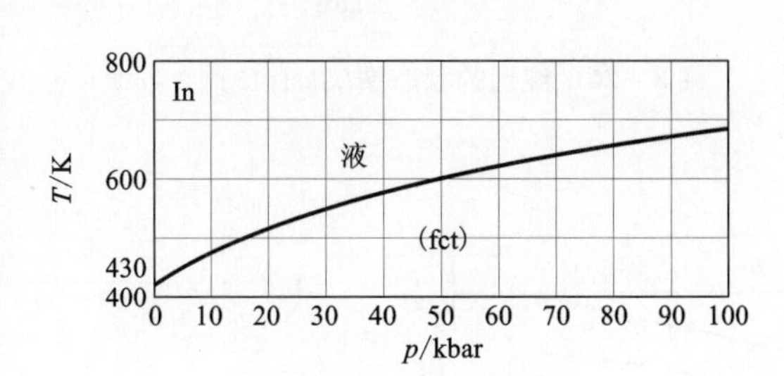

图 8－19 纯铟的状态图

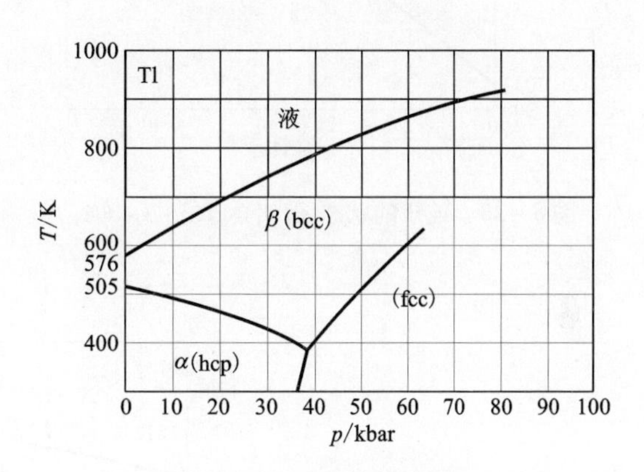

图 8－20 纯铊的状态图

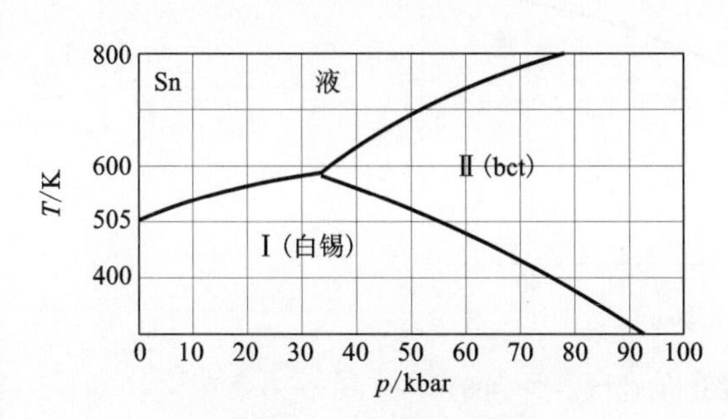

图 8－21 纯锡的状态图

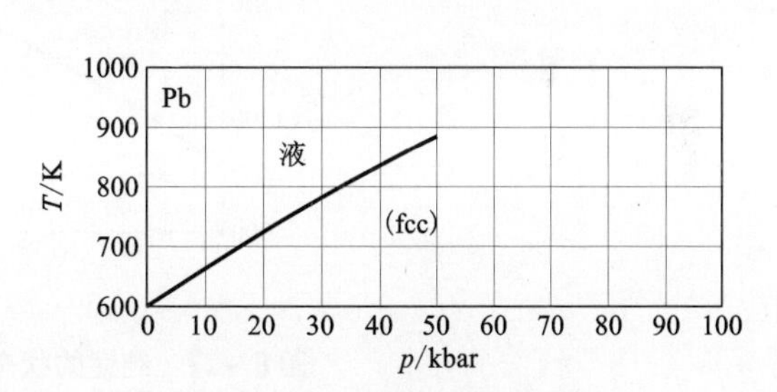

图 8－22 纯铅的状态图

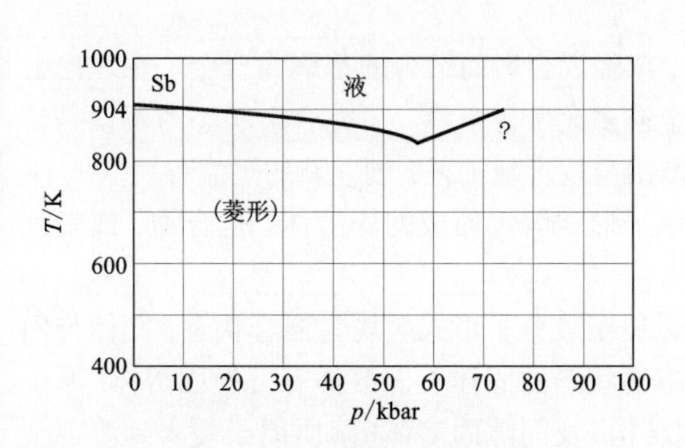

图 8－23 纯锑的状态图

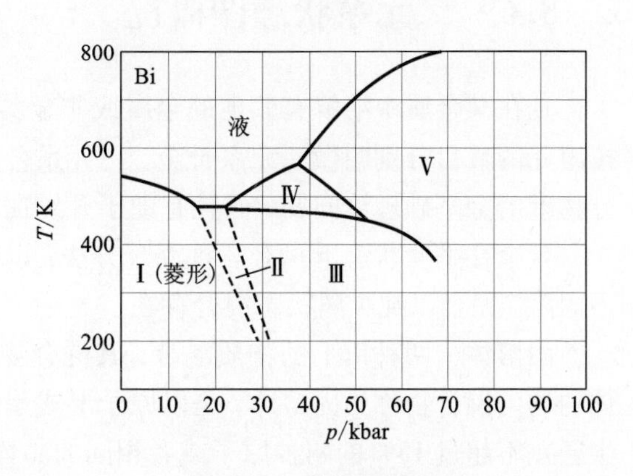

图 8－24 纯铋的状态图

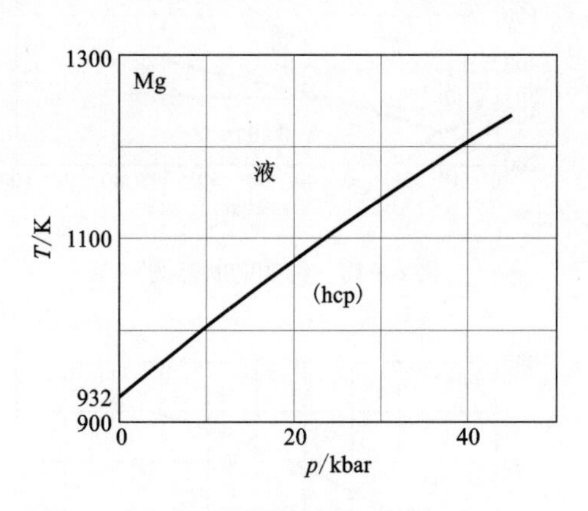

图 8-25 纯镁的状态图(引自[15]-3-408)

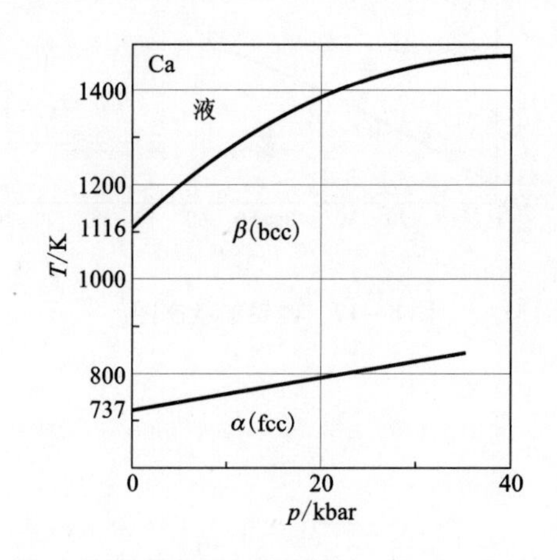

图 8-26 纯钙的状态图(引自[15]-3-408)

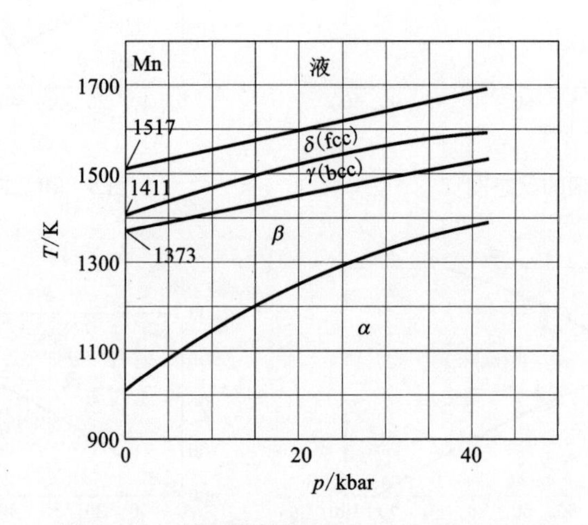

图 8-27 纯锰的状态图(引自[15]-3-408)

8.6 二元系状态图概况

凡在某金属中溶解有其他的金属或非金属，或经混合后而结合的都称为合金。在理论上按组元的数目分别叫做二元系合金、三元系合金或多元系合金等。研究合金状态图不仅是研究物理冶金基础理论问题，而且有助于开发提取冶金技术新工艺，创立新的短流程。

合金在平衡状态下只有三种混合方法：以原子形式溶解而成的固溶体，化合物，或者互不固溶、完全以纯金属状态混合存在。

固溶体 两种以上的物质混合，其混合物以原子或分子形式呈均匀混合状态，固体与固体的均匀混合物称为固溶体，是以原子形式呈溶解状态的固体。固溶体有置换固溶体(原子半径差不超过15%的两种原子或者相同的晶体结构)及间隙固溶体(溶质原子侵入到溶剂金属晶格的间隙形成的固溶体)两种。表 8-2 是二元系合金的固溶度的例子。

表8-2 二元系合金的固溶度分类举例

(a)晶格相同形成无限固溶体的合金系

金属元素	Au-Ag		Au-Pd		Pd-Ag		Pd-Ni		Ni-Cu		Ir-Pt	
原子半径/Å	1.44	1.44	1.44	1.37	1.37	1.44	1.37	1.25	1.25	1.28	1.36	1.38
晶格	fcc	fcc	fcc	fcc	fcc	fcc	fcc	fcc	fcc	fcc	fcc	fcc

(b)在低温下形成化合物并能有序转变，在高温下为无限固溶体的合金系

金属元素	Au-Cu		Au-Pt		Pt-Cu		Au-Zn		Cu-Pd		Ni-Pt	
原子半径/Å	1.44	1.28	1.44	1.38	1.38	1.28	1.44	1.37	1.28	1.37	1.25	1.38
晶格	fcc	fcc	fcc	fcc	fcc	fcc	fcc	hcp	fcc	fcc	fcc	fcc

(c)固溶度大的合金系(30%~70%)

金属元素	Cd-Ag		Ni-Cr		Pt-Ag		In-Pb		Zn-Cu		Zn-Ni	
原子半径/Å	1.52	1.44	1.25	1.28	1.38	1.44	1.57	1.75	1.37	1.28	1.37	1.25①
晶格	fcc	fcc	fcc	bcc	fcc	fcc	fcc	fcc	hcp	fcc	hcp	fcc

(d)固溶度小的合金系(10%~20%)

金属元素	W-Ni		Be-Cu		Zn-Fe		Ta-Ni		Be-Ni		Al-Ni	
原子半径/Å	1.41	1.25	1.13	1.27	1.37	1.27	1.47	1.25	1.13	1.25	1.43	1.25
晶格	bcc	fcc	hcp	fcc	hcp	bcc	bcc	fcc	hcp	fcc	fcc	fcc

(e)固溶度极小(1%~2%)或几乎不固溶的合金系

金属元素	Ti-Cu		Zr-Cu		Ag-Ni		Mg-Zn		Ni-Mg		Pb-Ni	
原子半径/Å	1.47	1.28	1.60	1.28	1.44	1.25	1.60	1.37	1.25	1.60	1.75	1.25
晶格	hcp	fcc	hcp	fcc	fcc	fcc	hcp	hcp	fcc	hcp	fcc	fcc

数据引自：[28]-5-54。

表8-3中示出原子半径很小的原子与表8-2中的原子半径相比较，不难理解这样的原子可侵入溶剂金属或合金的晶格间隙而形成间隙固溶体。

表8-3 原子半径小的元素列举(固体状态)

元素	原子半径/Å	元素	原子半径/Å
H	0.46	N	0.71
B	0.46	O	0.50
C	0.71		

数据引自：[28]-5-64。

金属间化合物 使A、B二组元混合时，有以A_mB_n的形式形成金属间化合物的情形，这种例子相当多。一般地m、n是简单的整数。其整数比虽然也有例外，但大部分是2:1或3:1这样的简单比。不管是金属之间形成的化合物还是金属与非金属之间形成的化合物，一般都叫金属间化合物。

Fe_3C也叫渗碳体，是存在于碳素钢或铸铁中的金属间化合物。碳素钢对我们具有极大

的实用价值的原因之一就在于有渗碳体这个金属间化合物。$CuAl_2$ 是将 Cu 加到溶剂的 Al 中形成合金时生成的金属间化合物。这个化合物是使制造飞机用的硬铝成为高强材料的原因。

其他还有 Bi - Te 系中的 Bi_2Te_3、Al - Sb 系中的 AlSb 等许多金属间化合物的例子，这些化合物一般都硬、脆且熔点高，另外还具有半导体的性质，所以现在作为电子材料也引起了重视。

在这里还必须提及的是金属间化合物与 NaCl 那样的无机化合物有本质的不同。无机化合物是由离子键或共价键结合成的，而金属间化合物是以金属键形成的化合物。其特点如下：

(1)不遵循无机化合物那样的原子价规律；

(2)金属间化合物是以 A_mB_n 表示，但 A_mB_n 一般是固溶 A 或 B，存在于相当宽的成分范围内；

(3)A_mB_n 的 m、n 也存在相当复杂的数。例如 Ni_5Cd_{21}、$Cu_{31}Sn_8$ 等，像这样的化合物不能认为是无机化合物。关于这些化合物现在还正在进行大量的研究。

另外在固溶体合金中，还有其原子排列从冷却过程中的某一温度开始变为不同原子之间的有序排列的情形。它好像是金属间化合物，但是在其有序度为温度的函数这一点上又不同于金属间化合物。这种情况主要在 A、B 二元系合金中，一般在 AB、A_3B、AB_3 这样简单的组织中产生。

在固态下完全不固溶的二元系　Cu - Pb 系、Pb - Zn 系、Ge - Sn 系、Fe - Hg 系、Pb - Ni 系等即属于这种例子。用不融洽这个词来形容比较恰当。但是，在它们之中也有像 Cu - Pb 系中的 Pb 30% ~40%，余量为 Cu 的合金，在液态下分成两相，只有在 990℃以上时才完全为一相的情况，急冷到常温可得到单相的合金，可作轴承合金用。当作轴承用时，如果缺少润滑油则变成固体摩擦，被摩擦热加热的铅渗出，能起润滑的作用。

二元系合金的基本状态图主要有下列六种类型：

(1)在液态下完全溶解，在固态下也完全固溶的无限固溶型(例如 Ni - Cu 系、Au - Ag 系和 Ge - Si 系等)。

(2)在液态下完全溶解，但在固态下完全不固溶的共晶反应型(例如 Au - Si 系、Ag - Si 系、Al - Sn 系和 Cd - Bi 系等)。

(3)在液态下完全溶解，在固态下部分固溶的共晶反应型、包晶反应型(例如 Au - Ag 系、Au - Pd 系、Ag - Pd 系、Ni - Cu 系、Ir - Pt 系、Au - Pt 系、Pb - Sn 系等)。

(4)在液态下部分溶解，在固态下完全不固溶或部分固溶的偏晶反应型(例如 Cu - Pb 系、Zn - Pb 系、Al - Cd 系等)。

(5)在液态下完全不溶解或稍许溶解，在固态下完全不固溶的情况(例如 Fe - Bi 系、Al - Tl 系、Pb - Si 系等)。

(6)生成金属间化合物或中间相的情况(例如 Ni - Co 系、Mg - Pb 系、Pb - Bi 系、Pb - Te 系等)。

8.7　铜合金的状态图(二元系、三元系及四元系)

铜中氧的溶解度：在 600 ~800℃时氧含量为 0.001% ~0.002%，在 900 ~1050℃时为 0.009% ~0.01%。铜含氧 0.39%(质量分数)时，其熔体铜的晶体结构主要是在铜的基体中均匀分布着圆形的 Cu_2O 晶体。

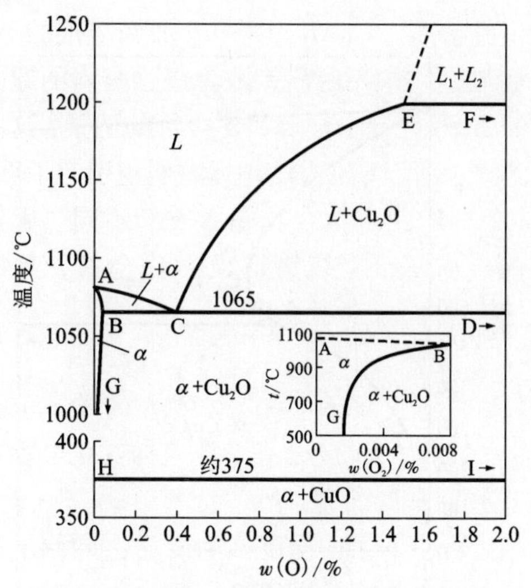

（近似换算值，用氧化亚铜百分数×9.0）

点	A	B	C	D	E
温度/℃	1083	1065	1065	1065	1200
$w(O_2)/\%$	0	约0.008	0.39	11.2	1.5
点	F	G	H	I	
温度/℃	1200	600	约375	约375	
$w(O_2)/\%$	10.2	约0.0017	*	11.2	

图 8－28 Cu－O 系状态图(引自[16]－4－103)

注：*原文有误，故删去。CuO 在 >375℃时稳定，低于375℃形成化合物 CuO。

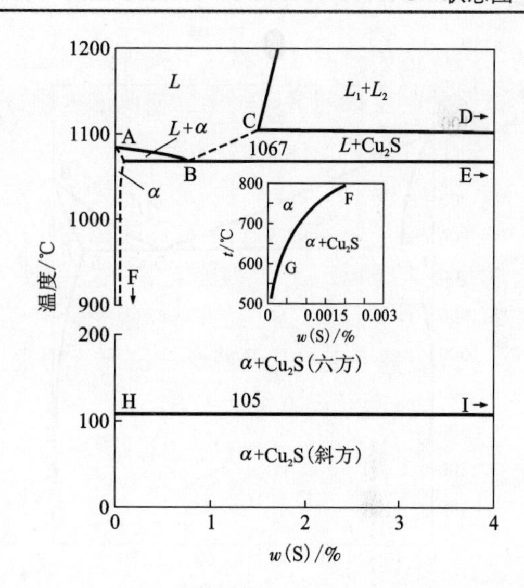

点	A	B	C	D	E
温度/℃	1083	1067	1103	1103	1067
w(S)/%	0	0.77	1.5	19.8	20.1
点	F	G	H	I	
温度/℃	300	600	105	105	
w(S)/%	0.002	0.0002	约0	20.5	

图 8－29 Cu－S 系状态图(引自[16]－4－105)

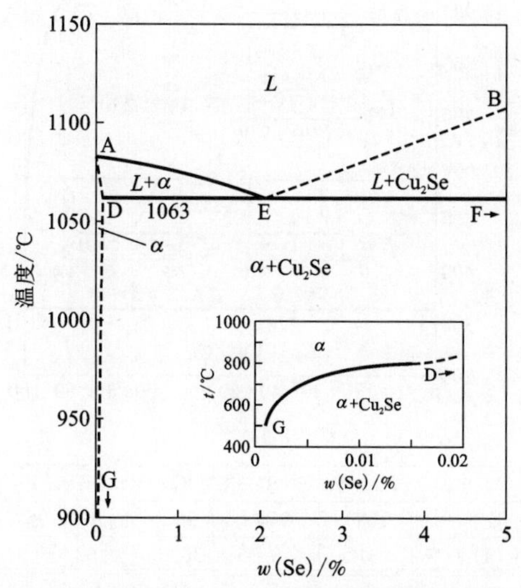

点	A	B	C	D	E	F	G
温度/℃	1083	1107	1107	1063	1063	1063	500
w(Se)/%	0	约5	约37.5	>0.02	约2	38.22	<0.001

图 8－30 Cu－Se 系平衡图(引自[16]－4－106)

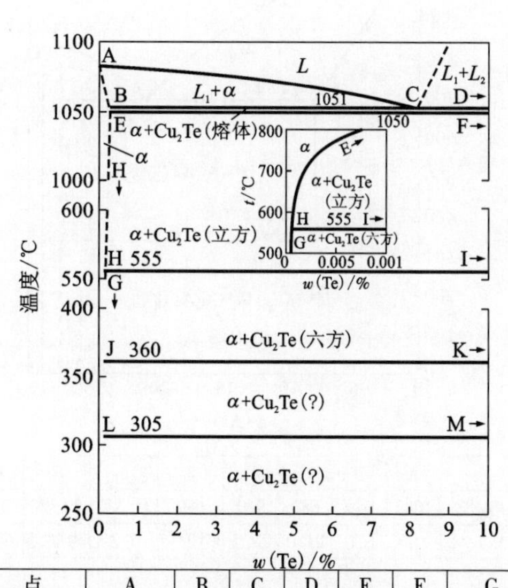

点	A	B	C	D	E	F	G
温度/℃	1083	1051	1051	1050	1050	1050	500
w(Te)/%	0	?	8.2	46.2	?	50	<0.0004
点	H	I	J	K	L	M	
温度/℃	555	555	360	360	305	305	
w(Te)/%	<0.0004	约50	约0	约50	约0	约50	

图 8－31 Cu－Te 系状态图(引自[16]－4－107)

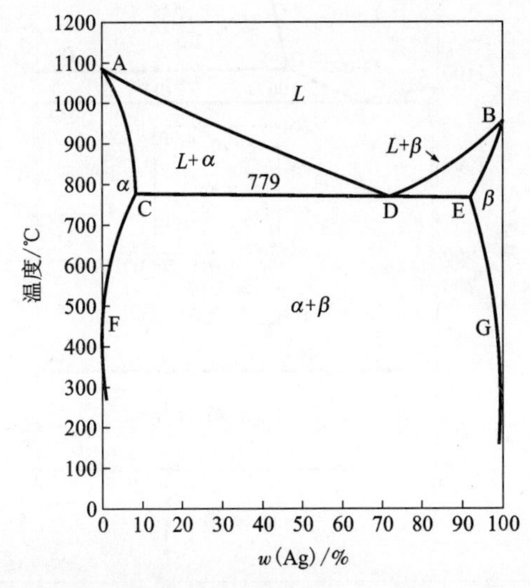

点	A	B	C	D	E	F	G
温度/℃	1083	960.5	779	779	779	450	450
w(Ag)/%	0	100	8.0	71.9	91.2	0.85	98.7

图 8－32　Cu－Ag 系状态图(引自[16]－4－108)

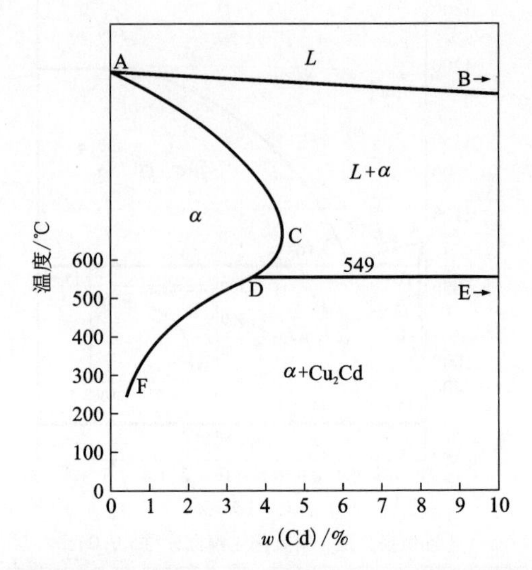

点	A	B	C	D	E	F
温度/℃	1083	549	650	549	549	300
w(Cd)/%	0	58.1	4.5	3.7	46.9	0.5

图 8－33　Cu－Cd 系状态图(引自[16]－4－109)

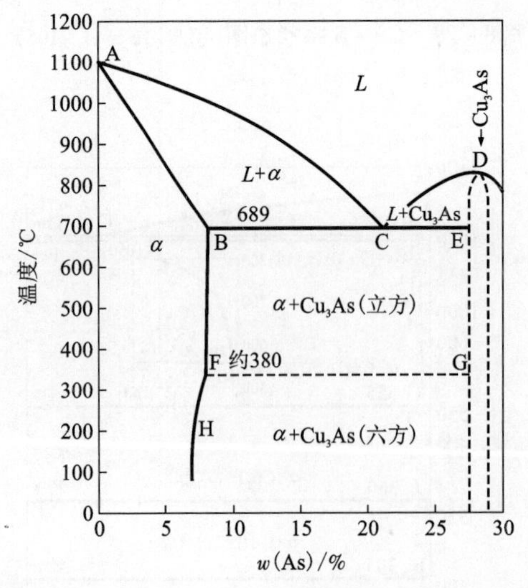

点	A	B	C	D	E	F	G	H
温度/℃	1083	689	689	830	689	约380	约380	200
w(As)/%	0	8.0	21.0	28.2	约27.5	7.3	约27.5	6.9

图 8－34　Cu－As 系状态图(引自[16]－4－110)

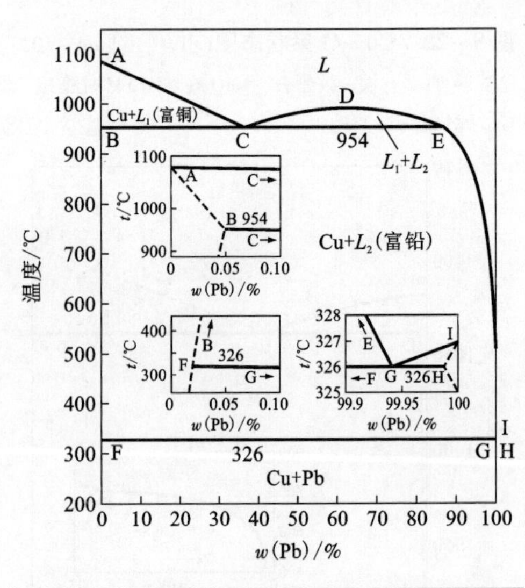

点	A	B	C	D	E
温度/℃	1083	954	954	约990	954
w(Pb)/%	0	约0.05	36.0	约63	约87
点	F	G	H	I	
温度/℃	326	326	326	327	
w(Pb)/%	约0.02	约99.94	约99.99	100	

图 8－35　Cu－Pb 系状态图(引自[16]－4－111)

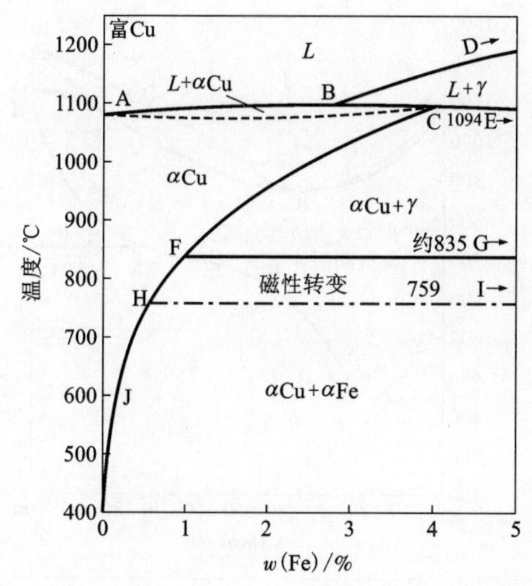

点	A	B	C	D	E
温度/℃	1083	1094	1094	1477	1094
w(Fe)/%	0	2.8	4	88.4	87
点	F	G	H	I	J
温度/℃	约835	约835	759	759	600
w(Fe)/%	1	96.5	0.6	99.1	0.15

图 8－36　Cu－Fe 系状态图(引自[16]－4－112)

点	A	B	C	D	E	F	G	H
温度/℃	1083	约 1020	714	714	714	600	500	300
w(P)/%	0	14	1.75	8.4	14	1.4	1.1	0.6

图 8－37　Cu－P 系状态图(引自[16]－4－113)

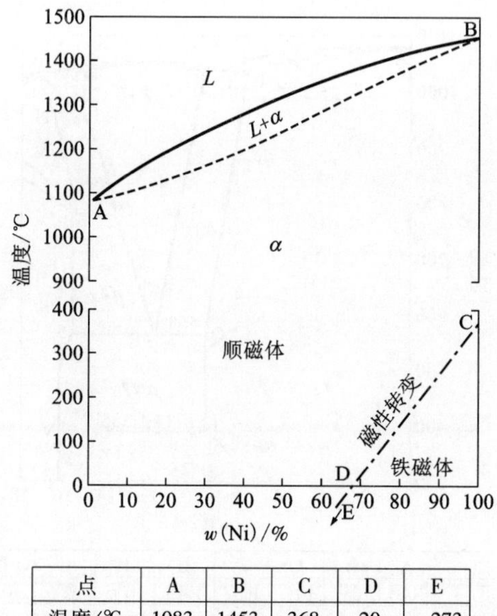

点	A	B	C	D	E
温度/℃	1083	1453	368	20	－273
w(Ni)/%	0	100	100	68.5	41.5

图 8－38　Cu－Ni 系状态图(引自[16]－4－137)

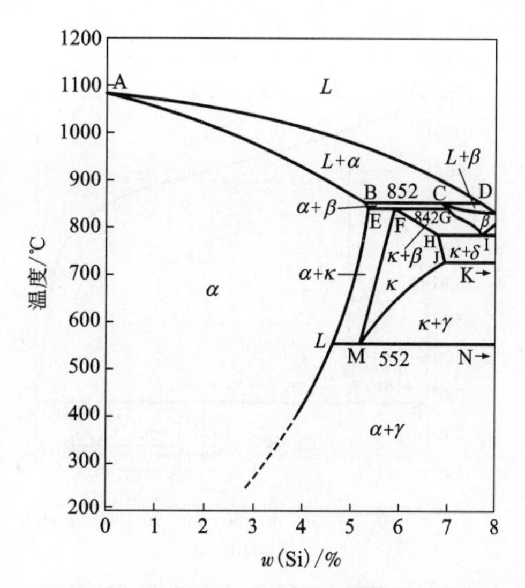

点	A	B	C	D	E	F	G
温度/℃	1083	852	852	852	842	842	842
w(Si)/%	0	5.25	6.9	7.7	5.3	5.9	6.95
点	H	I	J	K	L	M	N
温度/℃	785	785	729	729	552	552	552
w(Si)/%	6.85	7.75	6.95	8.4	4.65	5.2	8.4

图 8－39　Cu－Si 系平衡图(引自[16]－4－140)

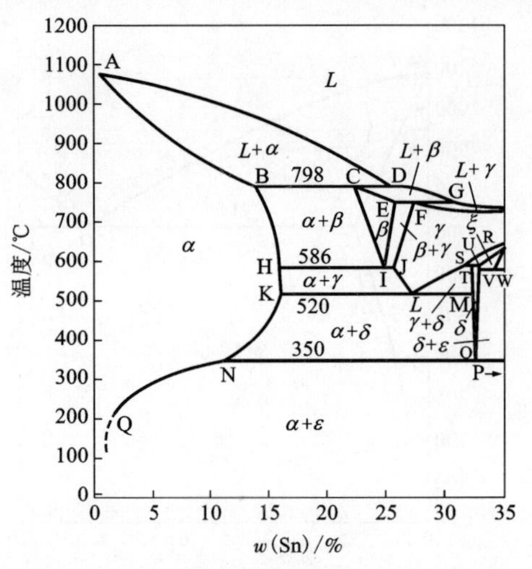

点	A	B	C	D	E	F	G	H
温度/℃	1083	798	798	798	755	755	755	586
w(Sn)/%	0	13.5	22.0	25.5	25.9	27	30.6	15.8
点	I	J	K	L	M	N	O	P
温度/℃	586	586	520	520	520	约350	约350	约350
w(Sn)/%	24.6	25.4	15.8	27.0	32.4	11	32.55	37.8
点	Q	R	S	T	U	V	W	
温度/℃	200	640	590	590	590	582	582	
w(Sn)/%	1.2	34.2	31.6	32.3	33.1	32.9	34.1	

图 8-40 Cu-Sn 系状态图(引自[16]-4-123)

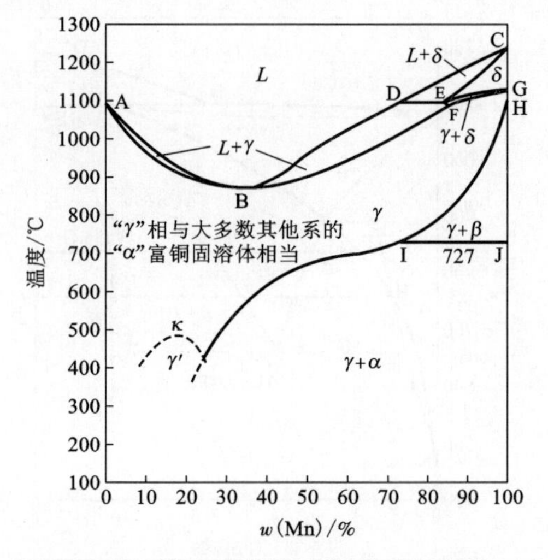

点	A	B	C	D	E	F
温度/℃	1083	870	1244	1098	1098	1098
w(Mn)/%	0	34	100	73.3	85.5	86.6
点	G	H	I	J	K	
温度/℃	1133	1095	727	727	约480	
w(Mn)/%	100	100	75	100	约18	

图 8-41 Cu-Mn 系状态图(引自[16]-4-145)

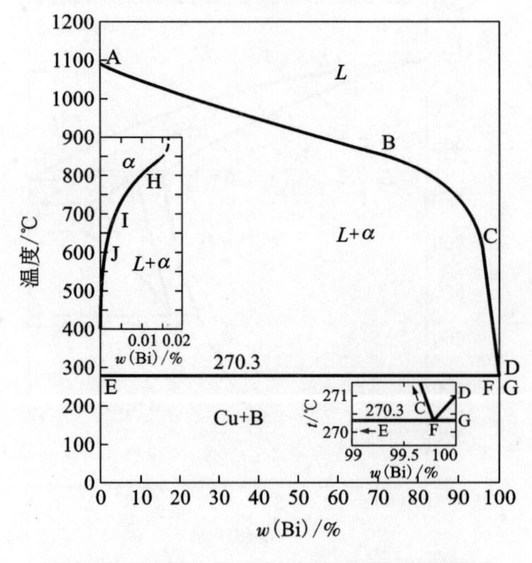

点	A	B	C	D	E
温度/℃	1083	850	650	271	270.3
w(Bi)/%	0	70	95	100	约0
点	F	G	H	I	J
温度/℃	270.3	270.3	800	700	600
w(Bi)/%	99.8	约100	0.01	0.003	0.001

图 8-42 Cu-Bi 系状态图(引自[16]-4-147)

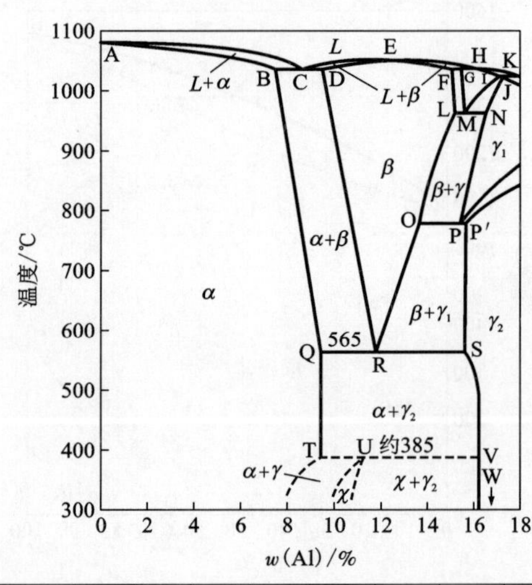

点	A	B	C	D	E	F	G	H
温度/℃	1083	1037	1037	1037	1048	1036	1036	1036
w(Al)/%	0	7.5	8.5	9.5	12.4	14.95	15.25	16
点	I	J	K	L	M	N	O	P,P′
温度/℃	1022	1022	1022	963	963	963	780	780
w(Al)/%	16.9	17.1	18	15.1	15.45	16.40	13.6	约15.6
点	Q	R	S	T	U	V	W	
温度/℃	565	565	565	约385	约385	约385	0	
w(Al)/%	9.4	11.8	15.6	9.4	<11.3	16.2	16.2	

图 8-43 Cu-Al 系状态图(引自[16]-4-128)

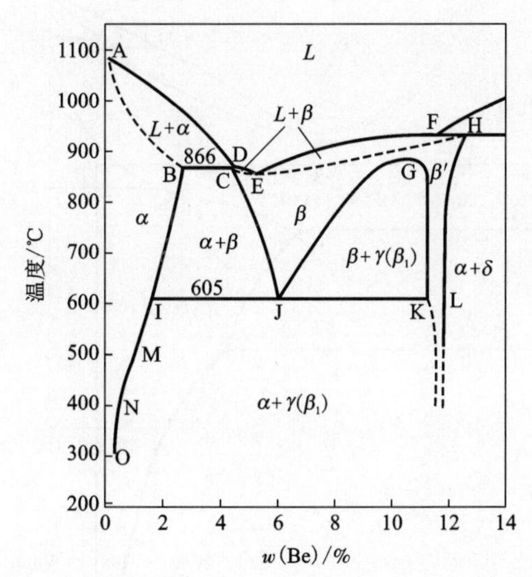

点	A	B	C	D	E	F	G	H
温度/℃	1083	866	866	866	约854	930	885	930
w(Be)/%	0	2.7	4.2	4.3	约5.2	11.5	约10.6	12.5
点	I	J	K	L	M	N	O	
温度/℃	约605	约605	约605	605	500	400	300	
w(Be)/%	1.6	6.0	11.3	11.8	1.0	0.4	0.2	

图8-44 Cu-Be系状态图(引自[16]-4-142)

点	A	B	C	D	E	F	G
温度/℃	996	996	约983	约904	约904	525	435
w(Zn)/%	11.7	17.5	约17	约46	41.3	20.5	31.7

图8-45 Cu-Zn-Al三元系

6%Al垂直截面图(引自[16]-4-116)

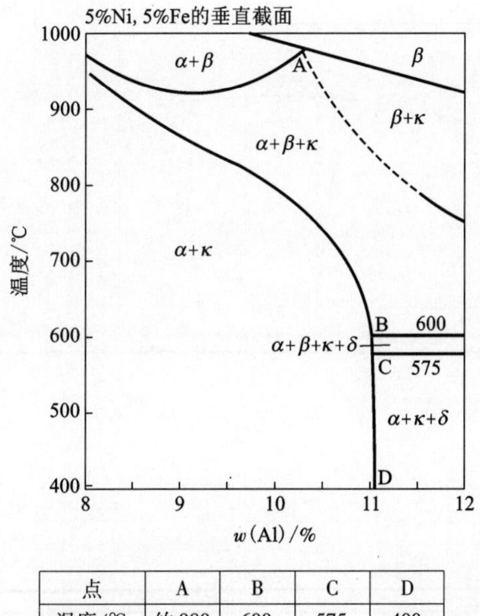

点	A	B	C	D
温度/℃	约980	600	575	400
w(Al)/%	约10.3	11	11	11

图8-46 四元Cu-Al-Fe-Ni合金系的

垂直截面(5%铁，5%镍处)(引自[16]-4-132)

8.8 铅合金的状态图(二元系)

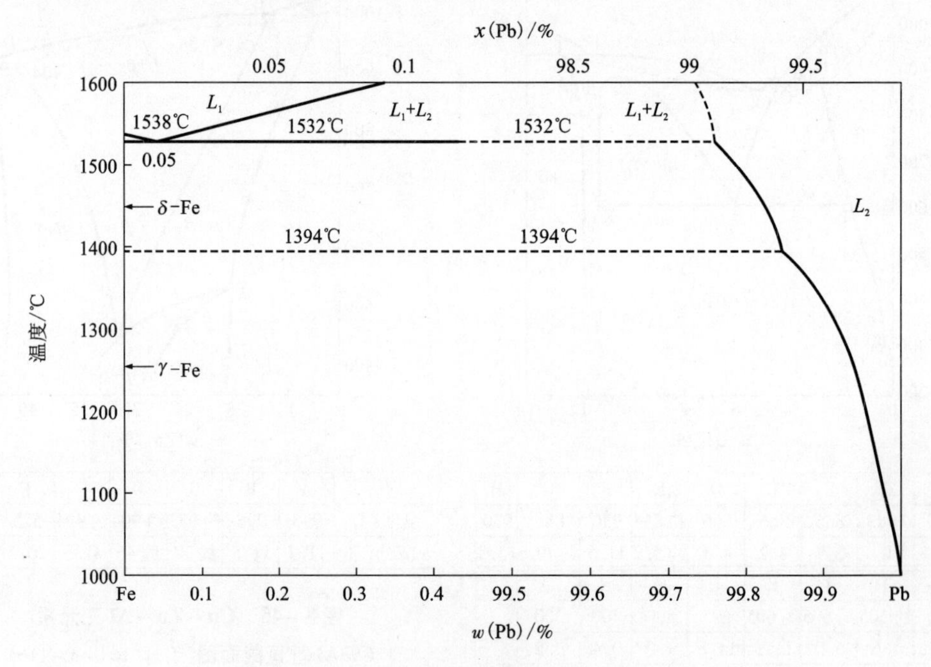

图 8-47 Pb-Fe 系状态图(引自[17]-2-20)

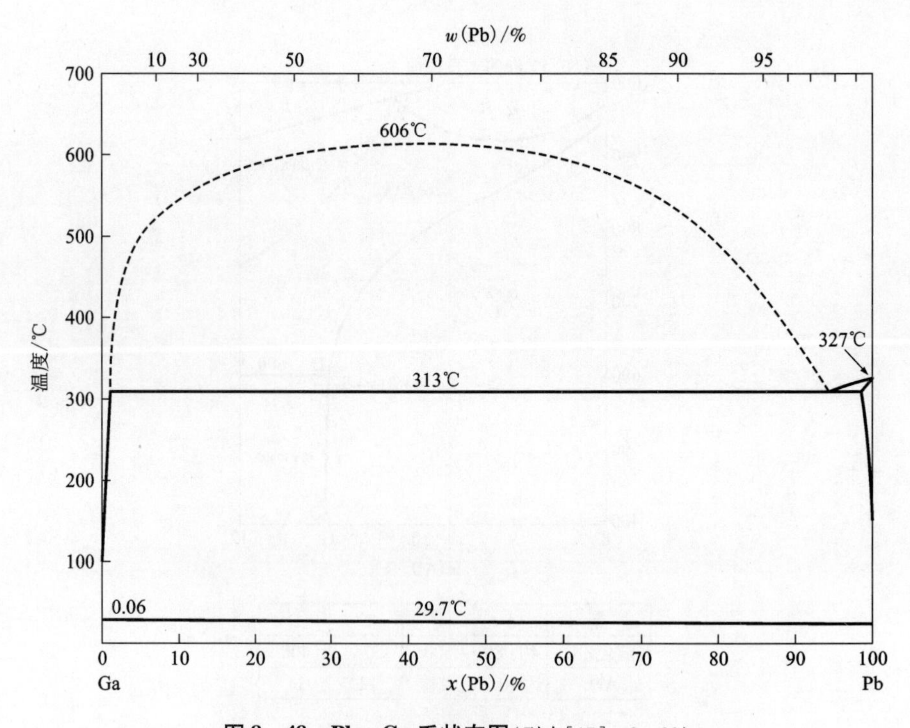

图 8-48 Pb-Ga 系状态图(引自[17]-2-20)

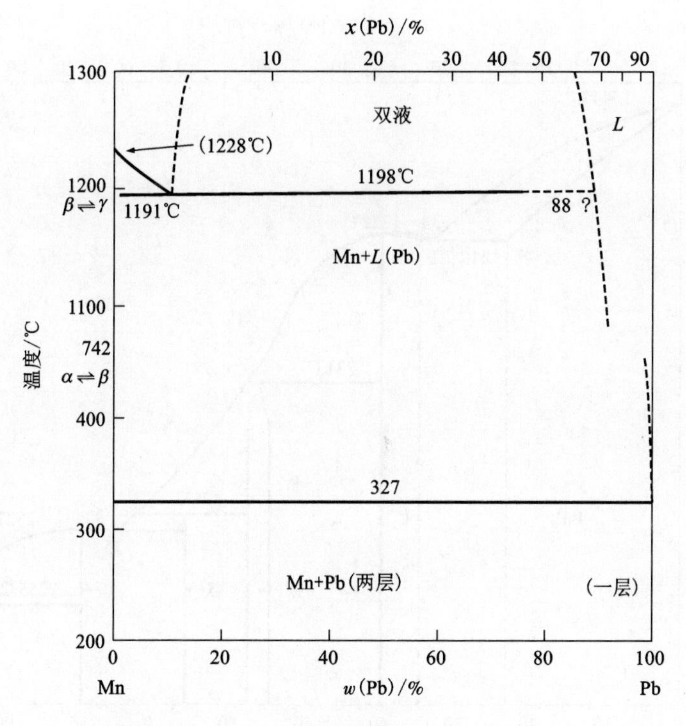

图 8-49 Pb-Mn 系状态图(引自[17]-2-21)

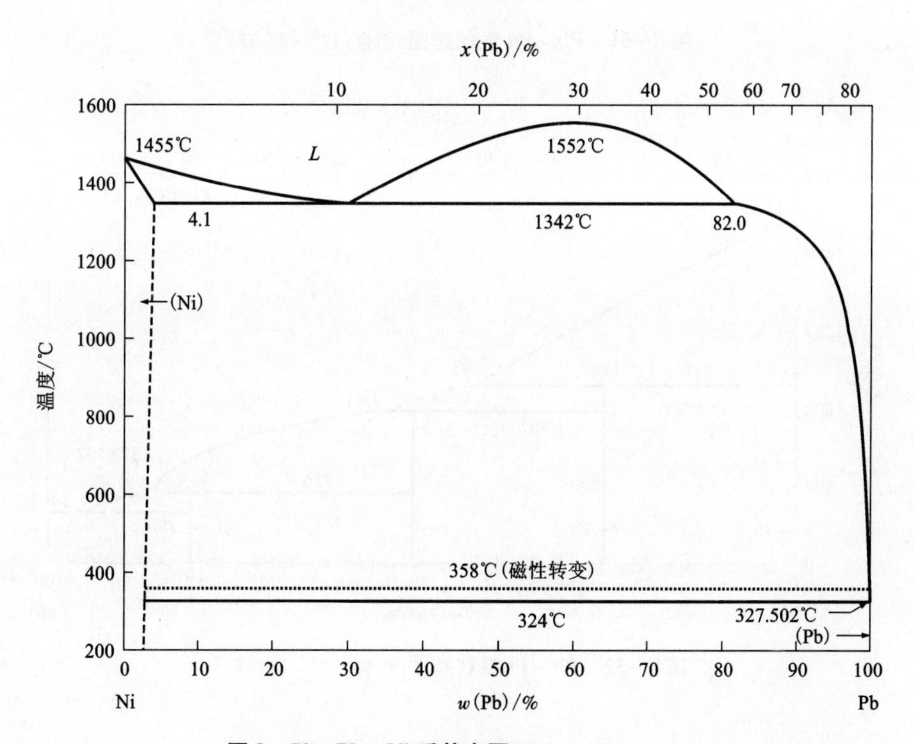

图 8-50 Pb-Ni 系状态图(引自[17]-2-21)

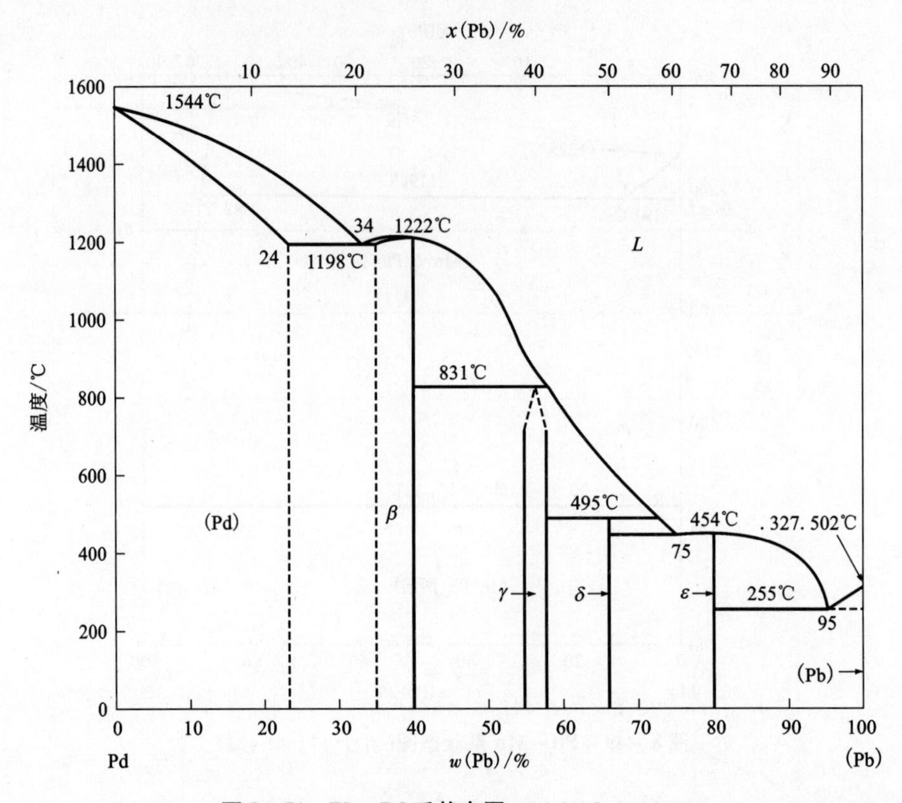

图 8-51 Pb-Pd 系状态图(引自[17]-2-35)

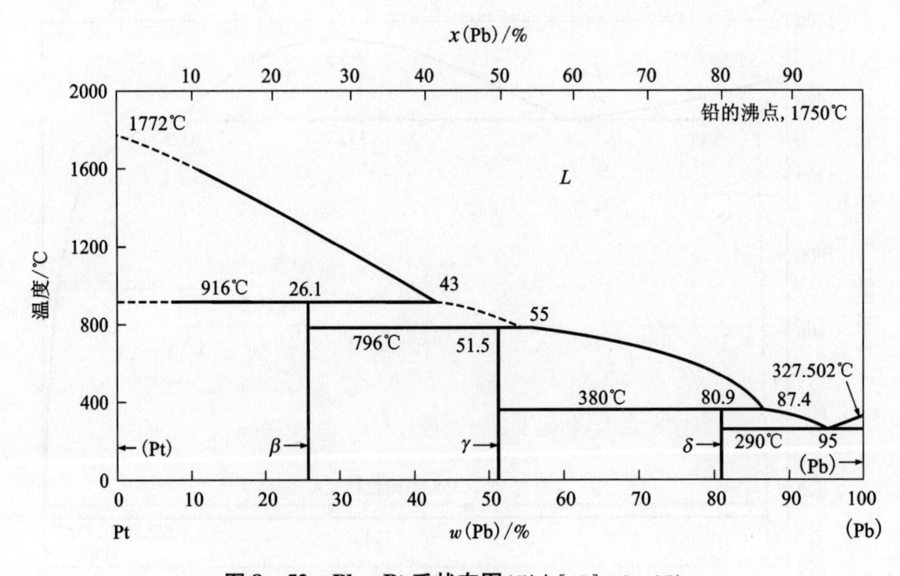

图 8-52 Pb-Pt 系状态图(引自[17]-2-35)

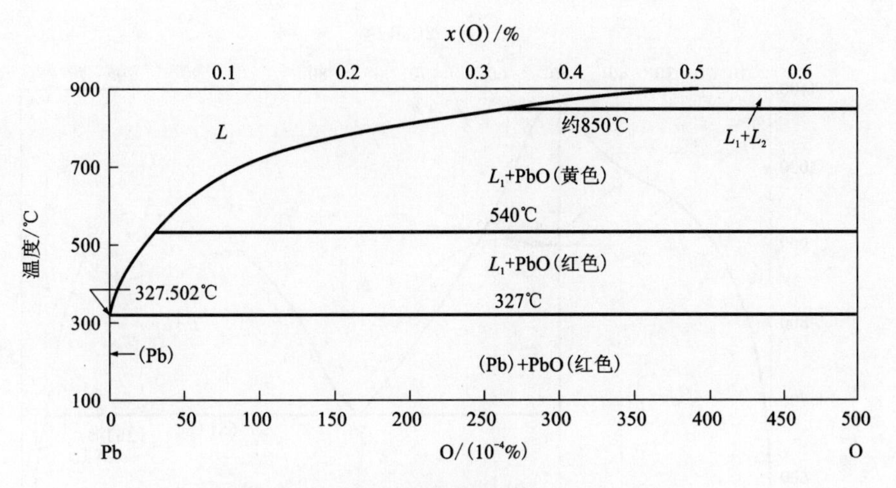

图 8-53　Pb-O 系状态图(引自[17]-2-39)

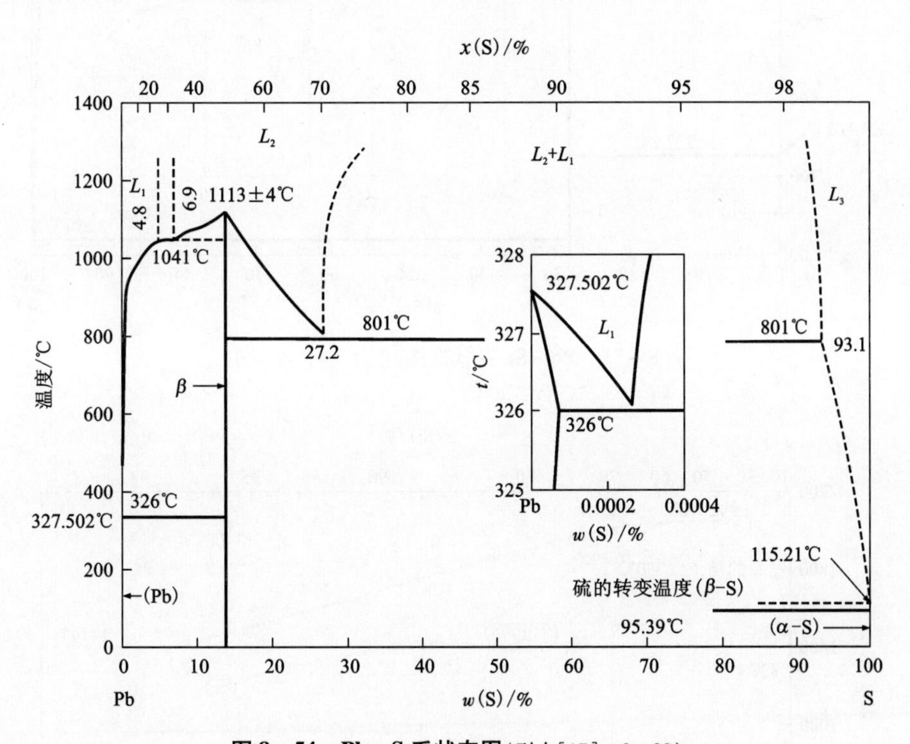

图 8-54　Pb-S 系状态图(引自[17]-2-39)

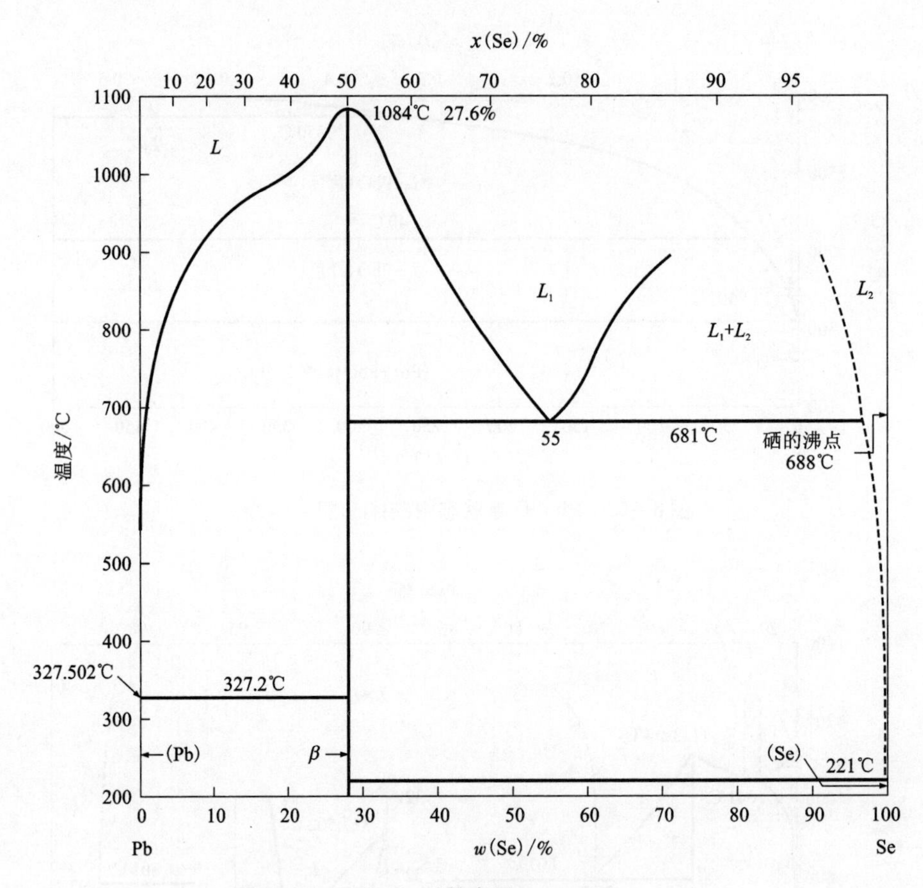

图 8-55 Pb-Se 系状态图(引自[17]-2-40)

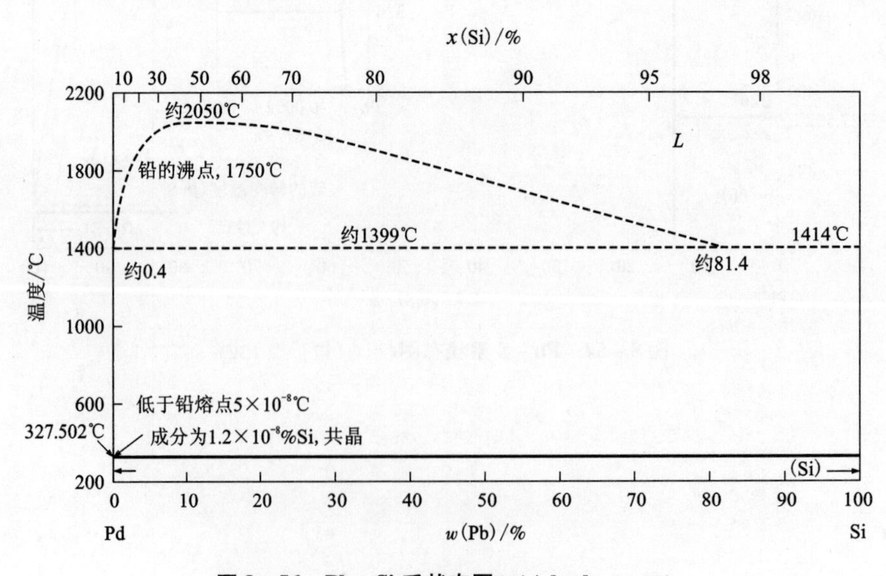

图 8-56 Pb-Si 系状态图(引自[17]-2-22)

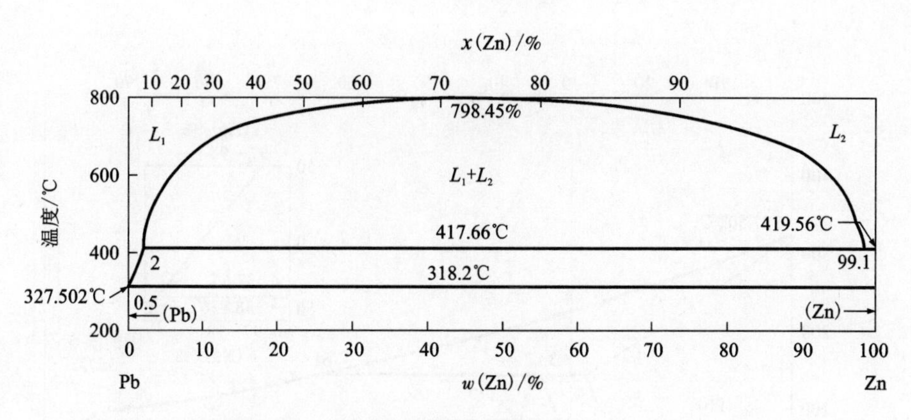

图 8-57 Pb-Zn 系状态图(引自[17]-2-23)

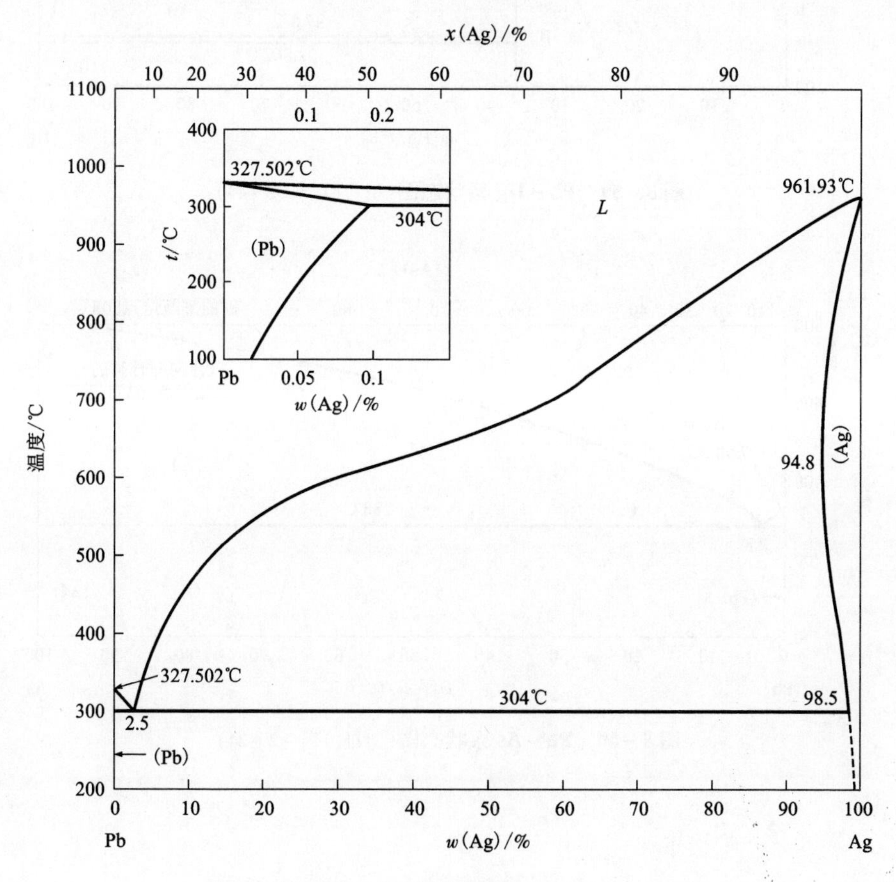

图 8-58 Pb-Ag 系状态图(引自[17]-2-23)

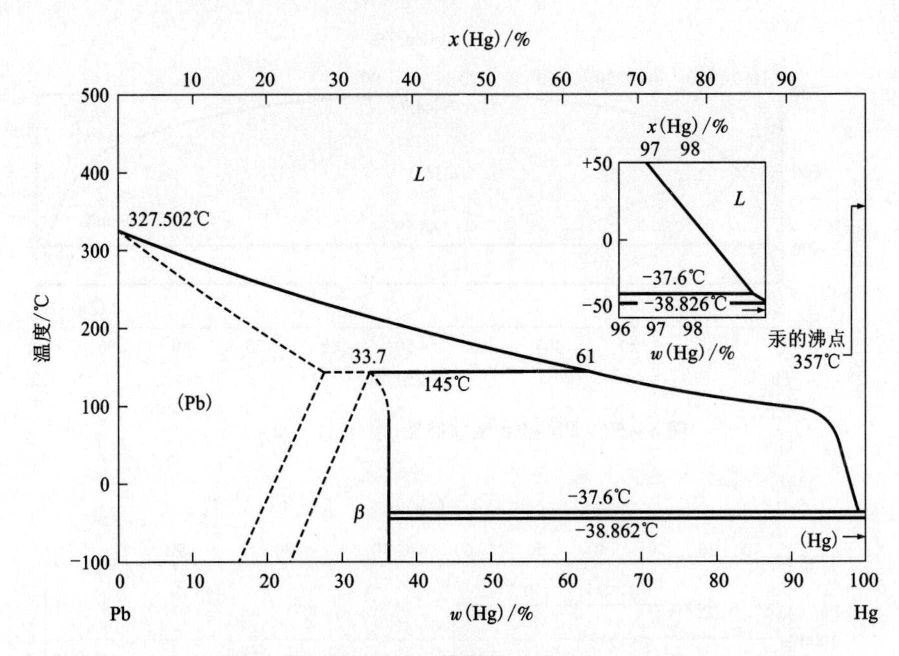

图 8-59 Pb-Hg 系状态图(引自[17]-2-44)

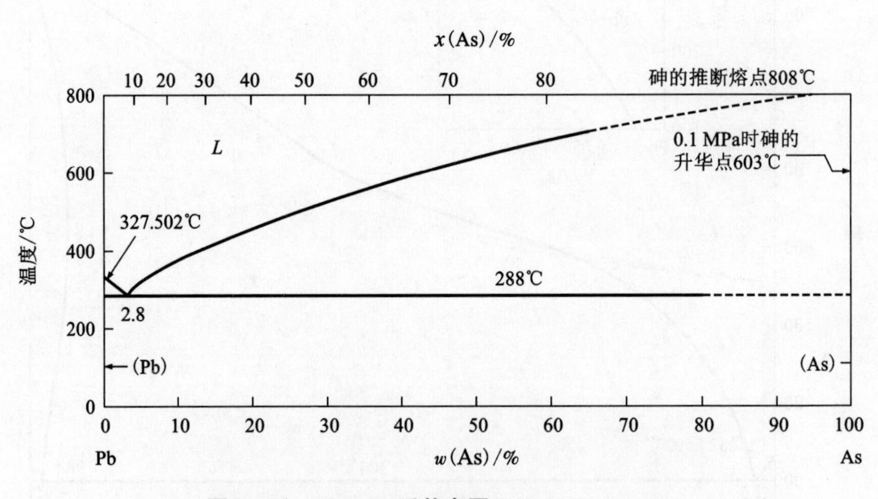

图 8-60 Pb-As 系状态图(引自[17]-2-24)

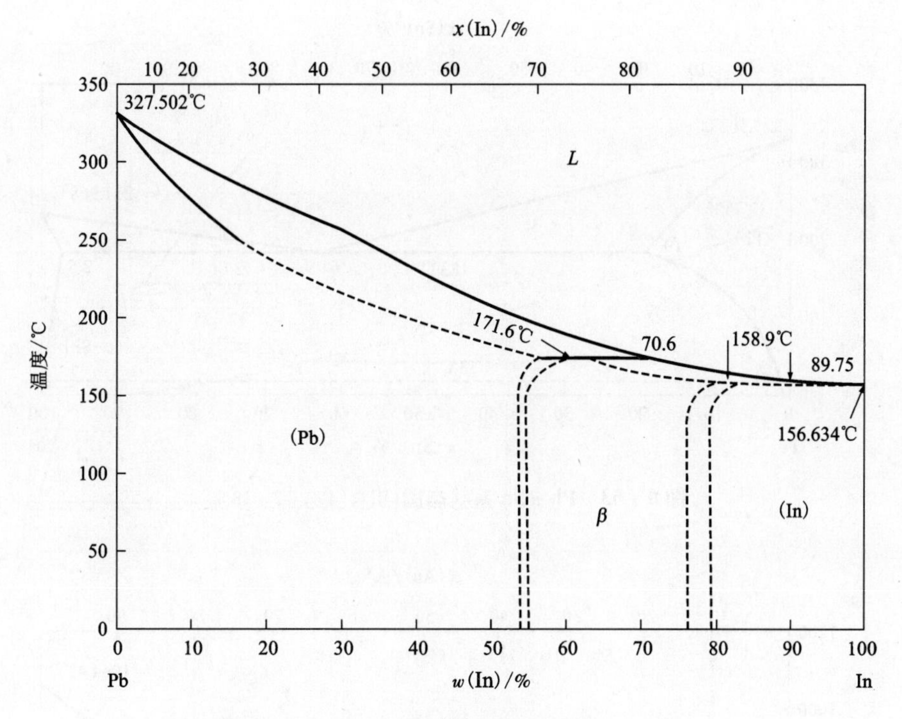

图 8-61 Pb-In 系状态图(引自[17]-2-45)

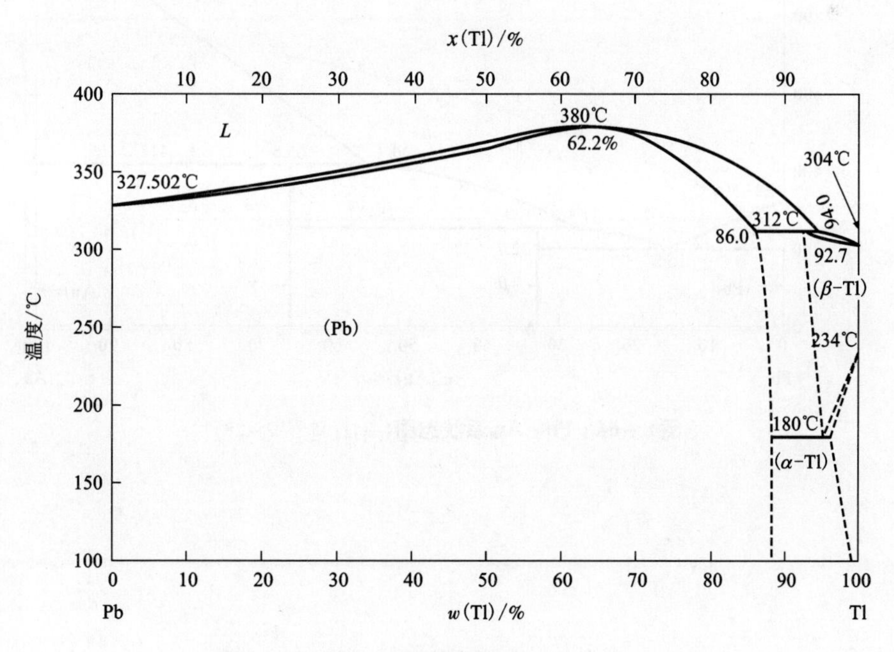

图 8-62 Pb-Tl 系状态图(引自[17]-2-45)

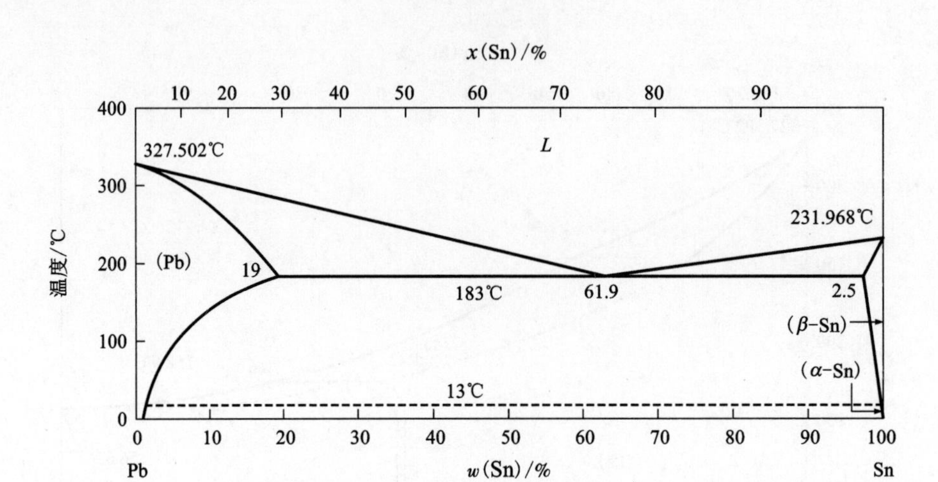

图 8-63　Pb-Sn 系状态图(引自[17]-2-28)

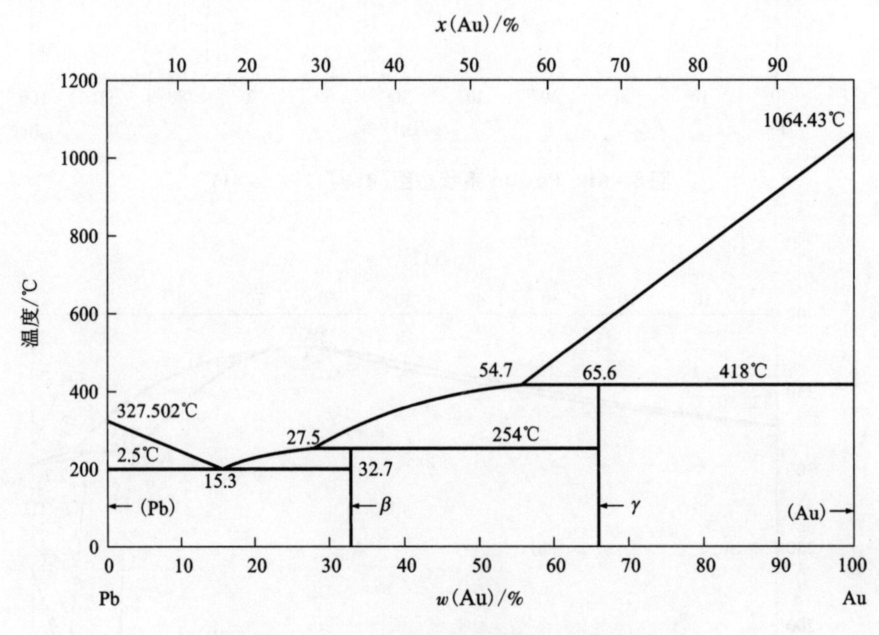

图 8-64　Pb-Au 系状态图(引自[17]-2-28)

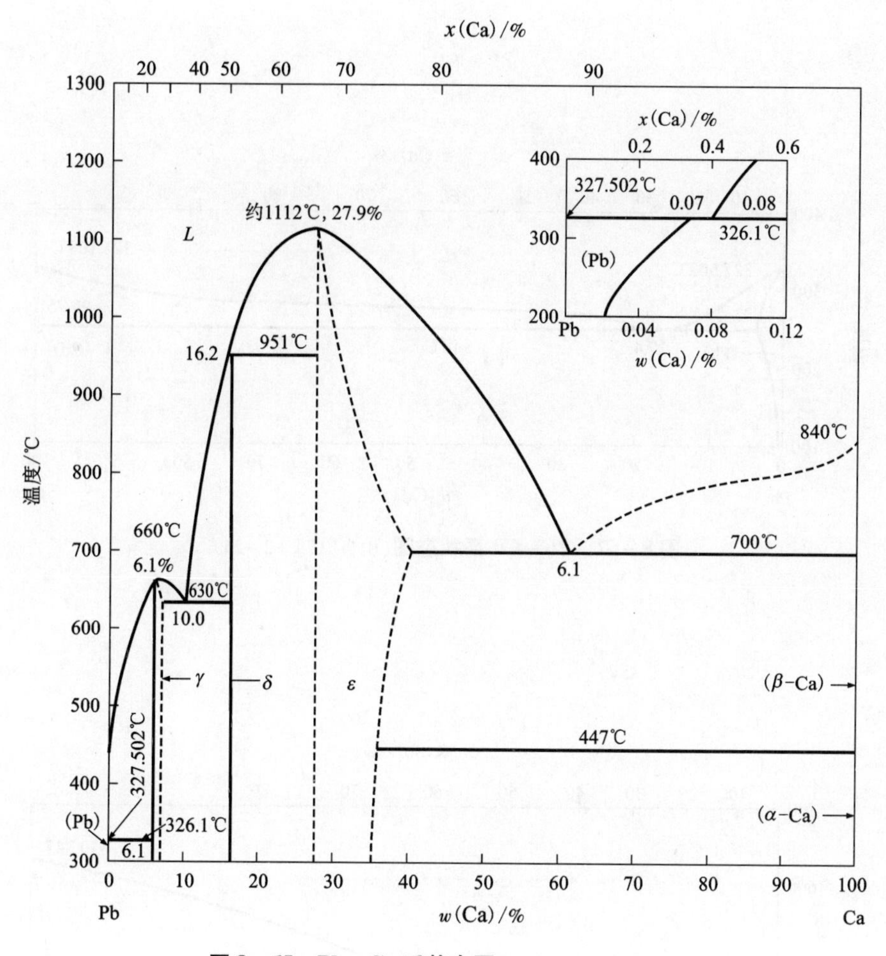

图 8-65　Pb-Ca 系状态图(引自[17]-2-30)

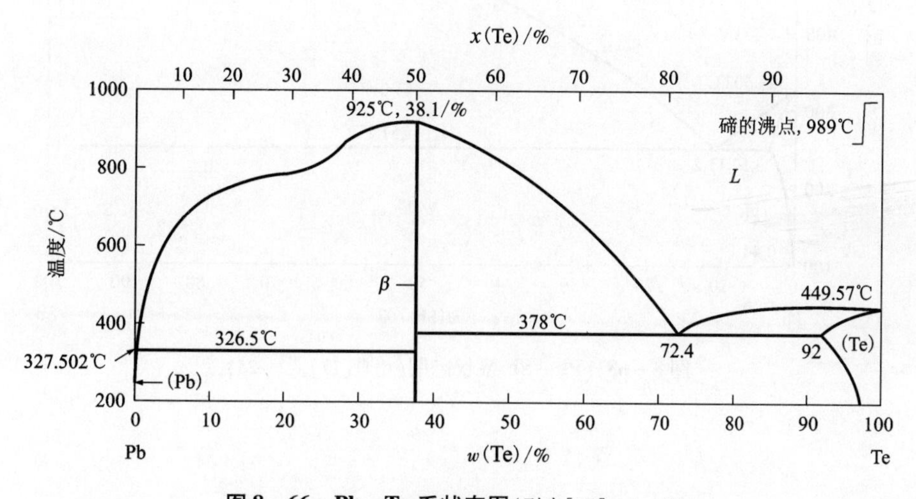

图 8-66　Pb-Te 系状态图(引自[17]-2-42)

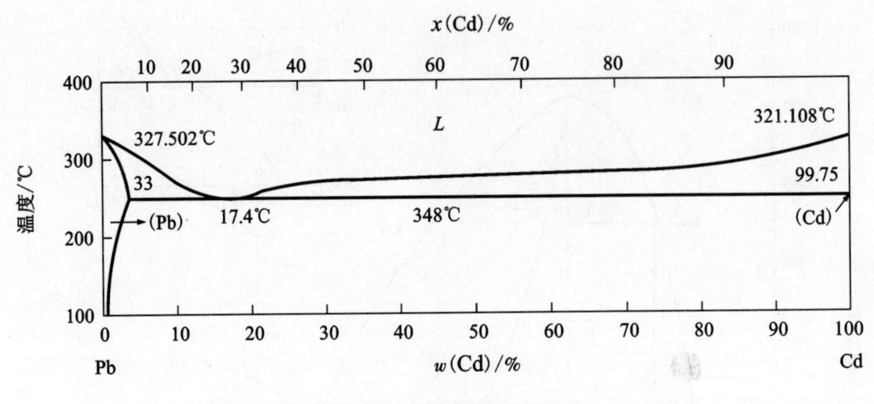

图 8－67　Pb－Cd 系状态图(引自[17]－2－25)

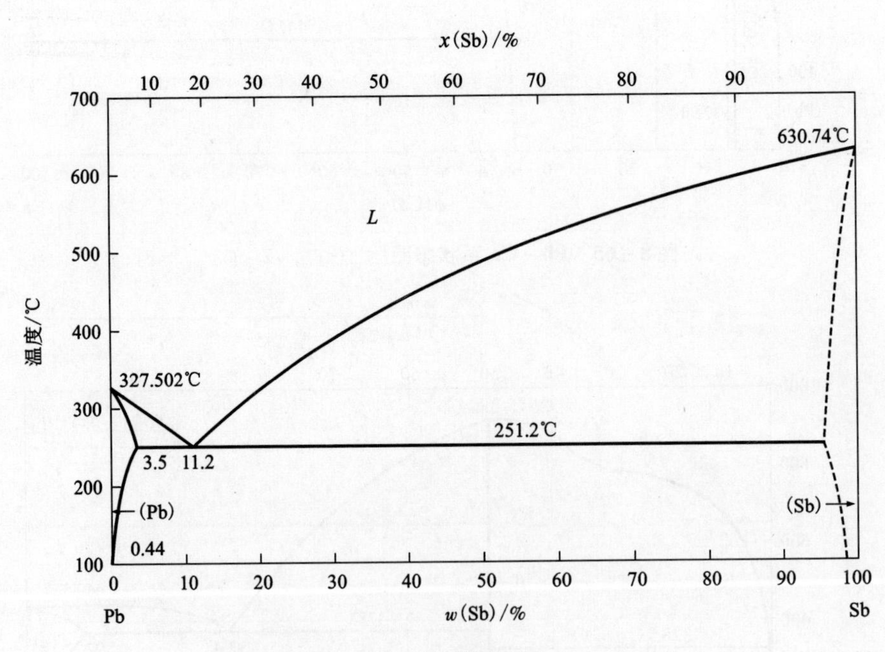

图 8－68　Pb－Sb 系状态图(引自[17]－2－25)

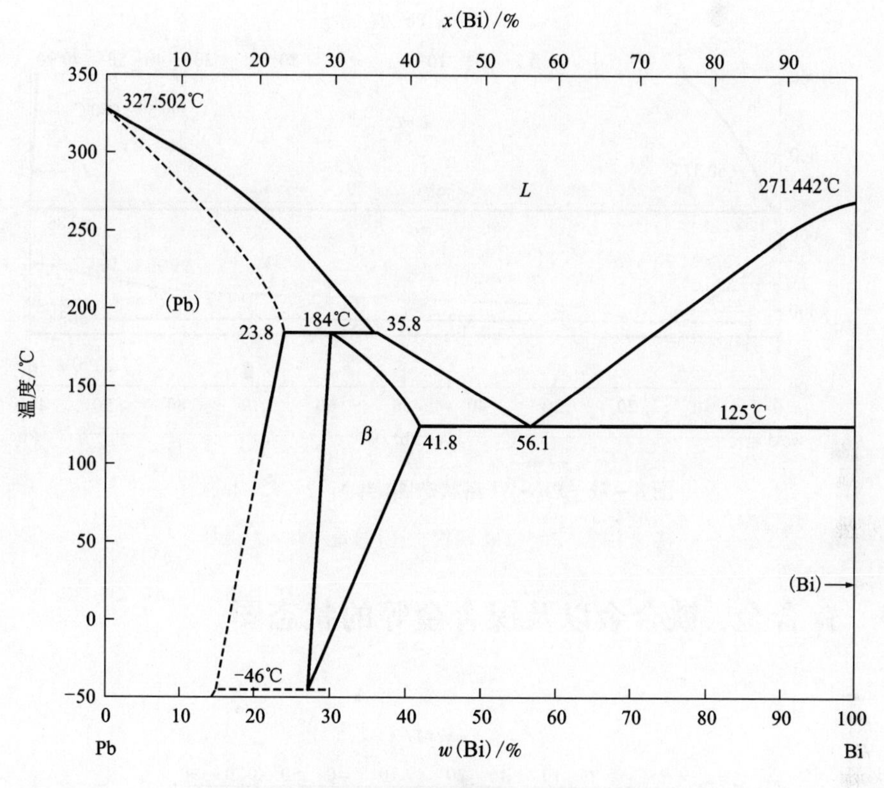

图 8-69 Pb-Bi 系状态图(引自[17]-2-43)

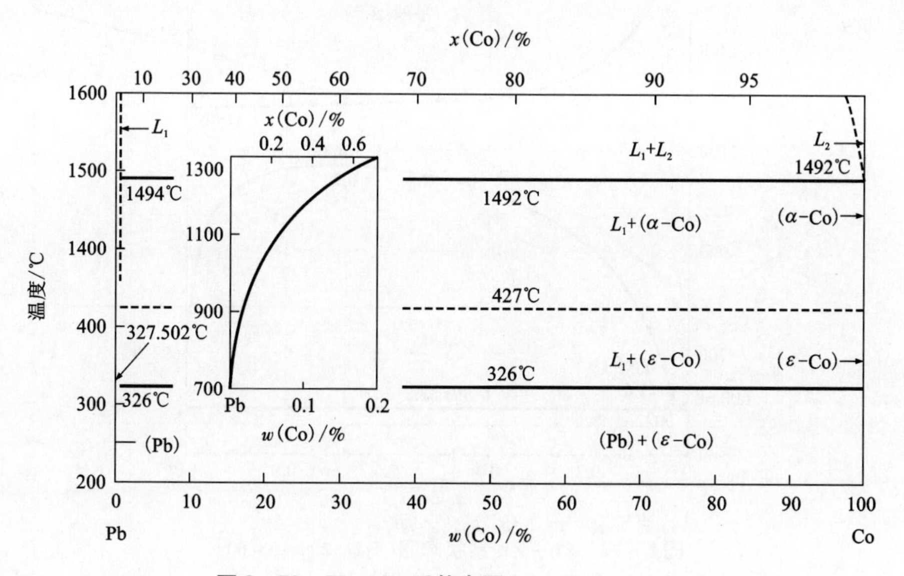

图 8-70 Pb-Co 系状态图(引自[17]-2-17)

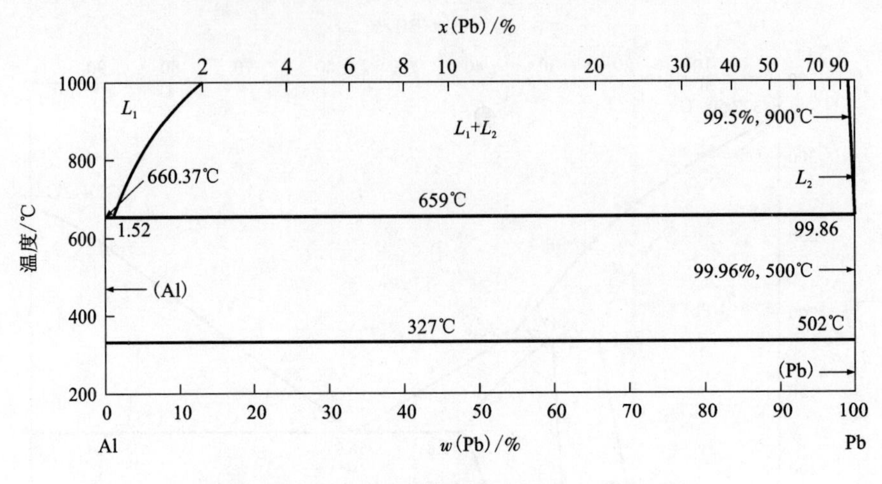

图 8-71　Pb-Al 系状态图(引自[17]-2-16)

8.9　锌合金、铁合金以及镍合金等的状态图

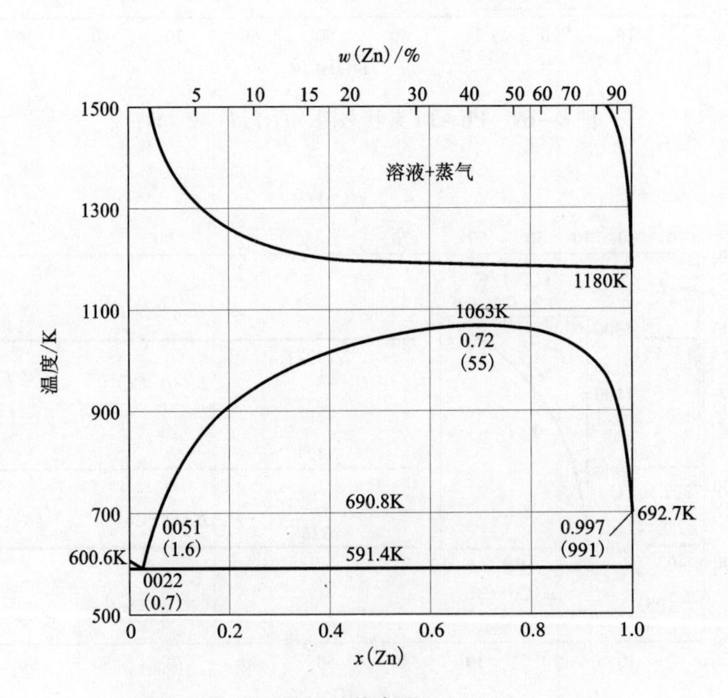

图 8-72　Pb-Zn 系状态图(引自[20]-3-60)

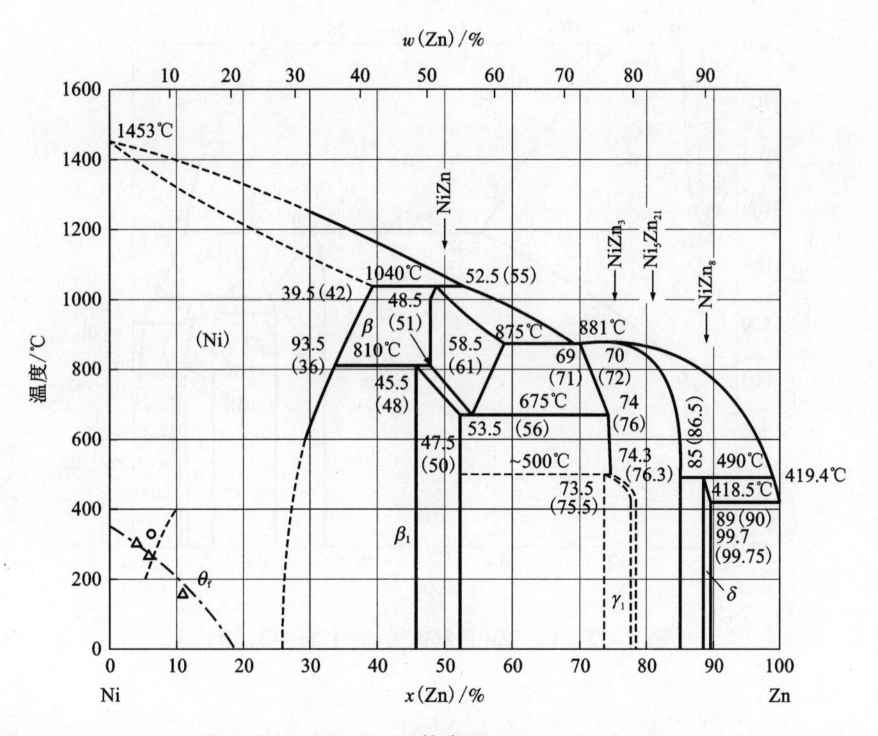

图 8-73 Ni-Zn 系状态图(引自[19]-7-90)

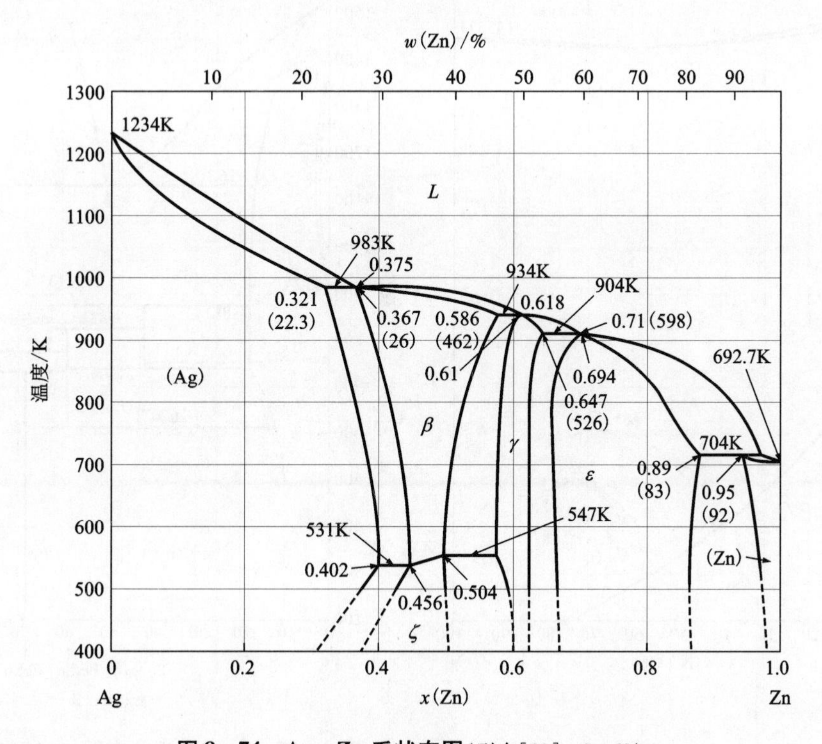

图 8-74 Ag-Zn 系状态图(引自[20]-3-62)

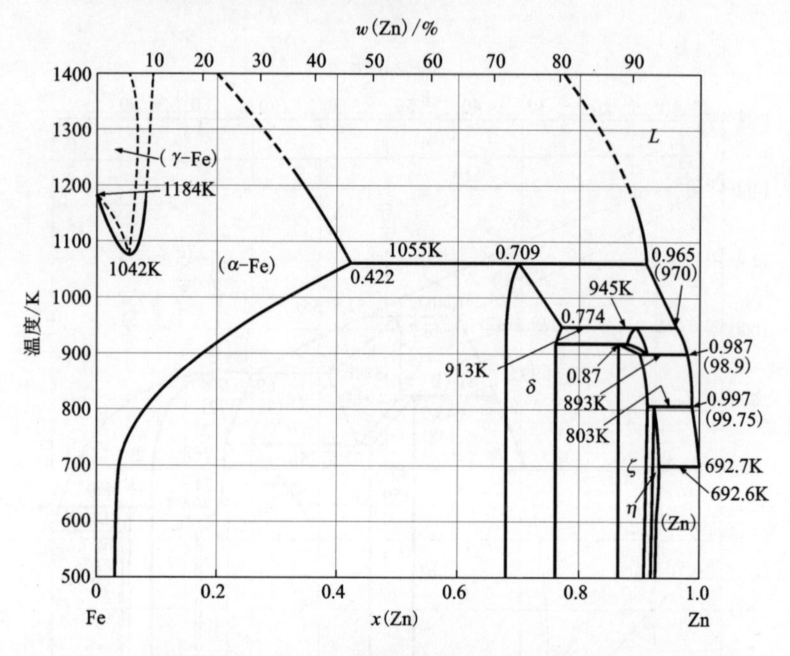

图 8-75 Fe-Zn 系状态图(引自[20]-3-61)

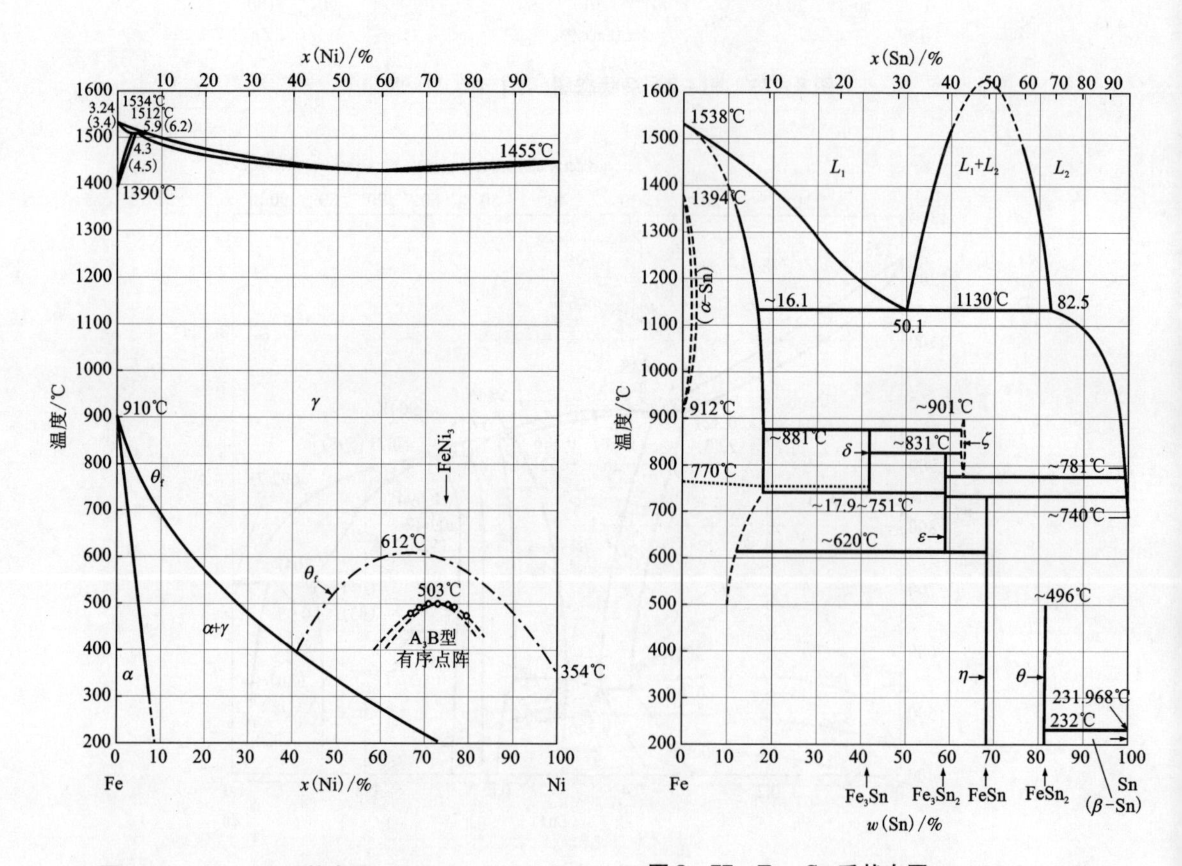

图 8-76 Fe-Ni 系状态图(引自[19]-7-83)

图 8-77 Fe-Sn 系状态图(引自[31]-1-69)

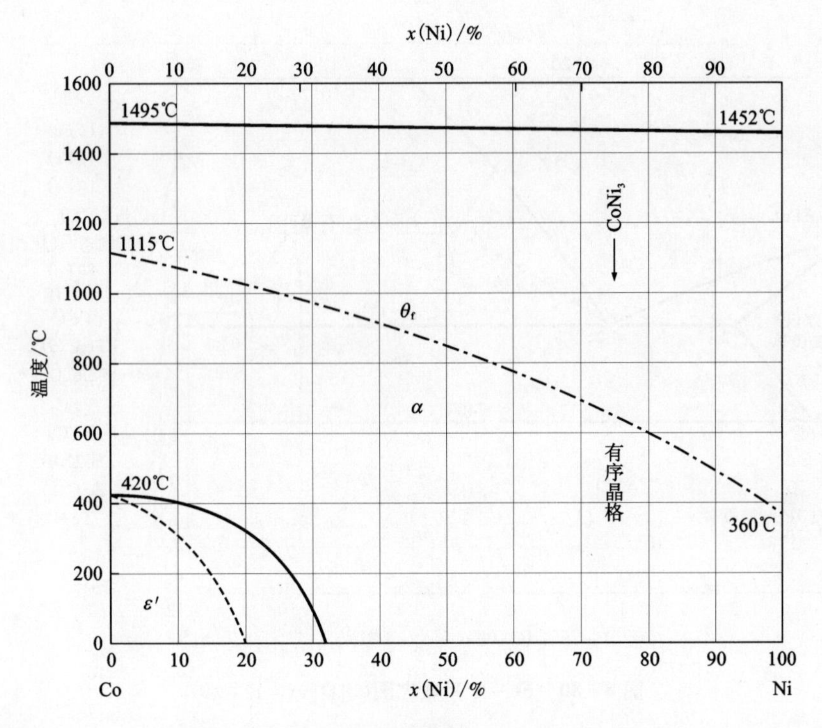

图 8-78 Ni-Co 系状态图(引自[19]-7-86)

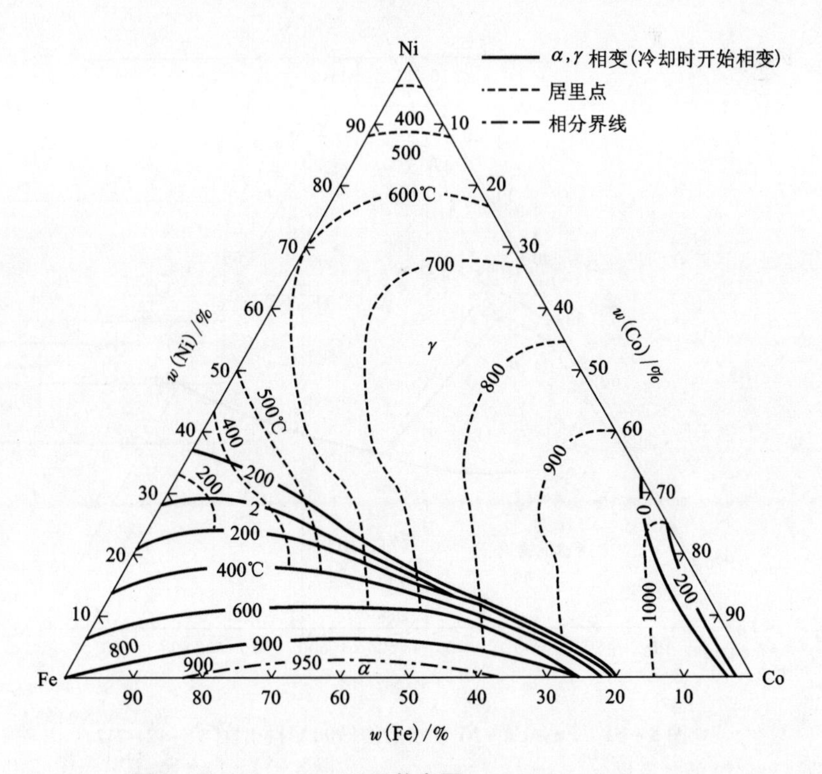

图 8-79 Fe-Co-Ni 系状态图(引自[19]-7-91)

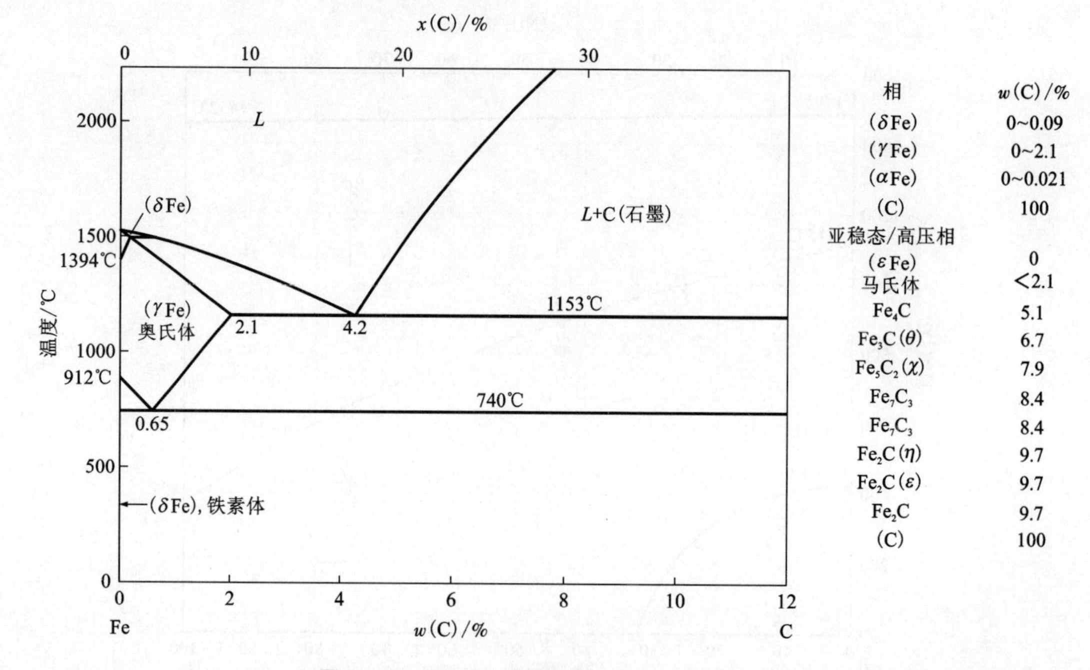

图 8-80 Fe-C 系状态图(引自[7]-12-210)

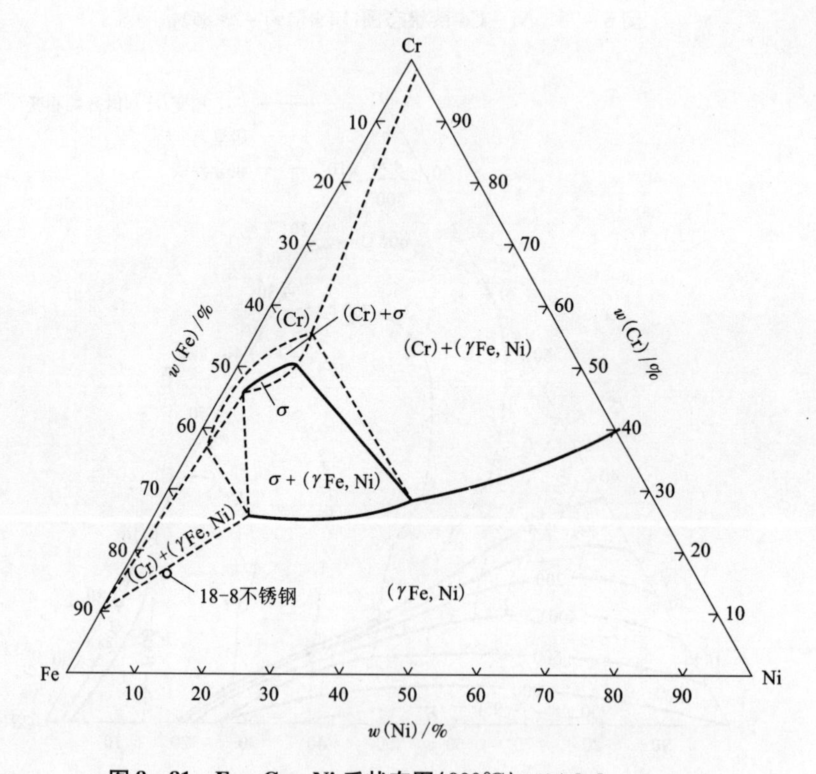

图 8-81 Fe-Cr-Ni 系状态图(900℃)(引自[7]-12-217)

8.10 锍系和渣系的状态图

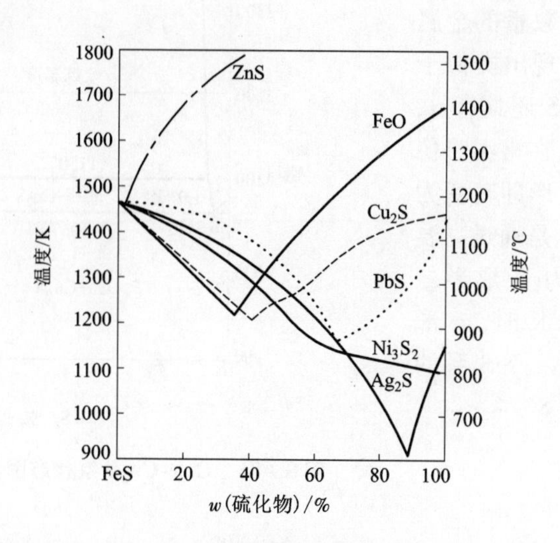

图 8－82 FeS－MS 二元系的液相线（引自[22]－3－92）

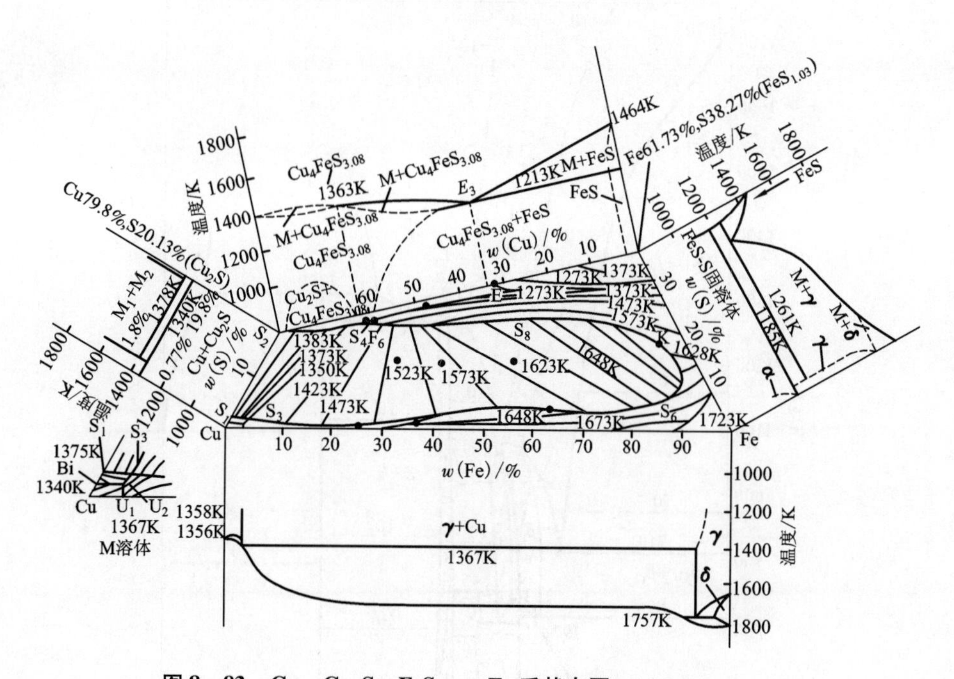

图 8－83 Cu－Cu_2S－$FeS_{1.08}$－Fe 系状态图（引自[22]－3－92）

在 Ni－S 及 Cu－S 系中值得着重提的是 Ni－S 系组成状态图，许多人对它进行过研究，图 8－85 是其中比较全面的。该体系是经克吕格和斯卡特更正过，又经夏曼等用缔合溶液理论校正过的。图 8－85 表明该体系中有 8 个固体相，其中 Ni_3S_2、Ni_7S_6、NiS、Ni_3S_4 及 NiS_2 在室温时，基本上可看作是符合化学计量的化合物；而 $NiS_{2\pm x}$ 及 $Ni_{1-x}S$ 只在较高温时稳定存在，其化学组成变化很大。NiS 与 FeS、CoS 等类似，其晶体中金属与金属间距离为2.60～2.68 Å。在这样的晶体中，存在一定数量的金属键，因而这些硫化物表现出类似于合金或半金属特征。NiS 还具有 α、β、γ 三种形态，β－NiS 在常温时稳定；温度高于652 K，β 形即转变为 α 形，常温下的 α－NiS 是通过高温下淬冷得到的，表现为 N 形半导体；但当温度低于 266 K 时，α 形 NiS 转变为 P 型半导体。NiS 系的硫化物主要特性列于表 8－4。

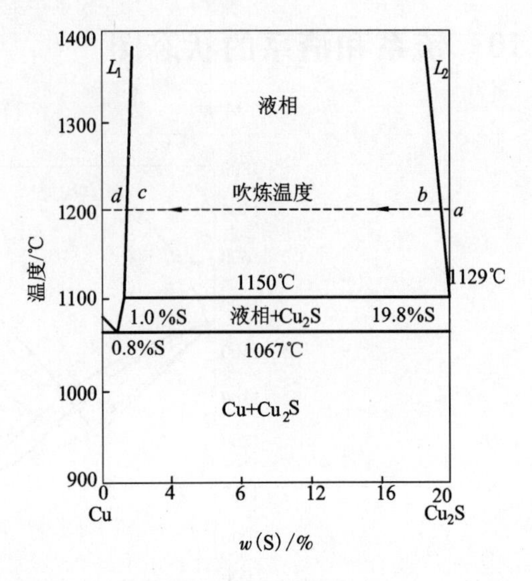

图 8－84　Cu－Cu_2S 系状态图（引自[22]－3－163）

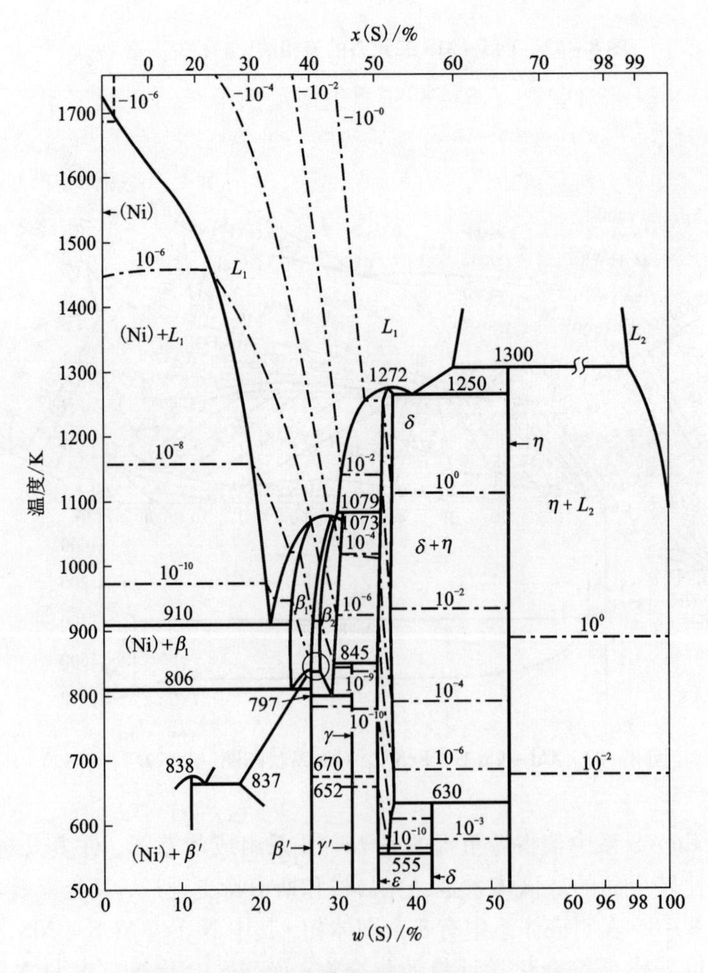

图 8－85　Ni－S 系状态图（引自[29]－2－25）

表 8-4 Ni-S 系中的矿物及固体相

名称		稳定温度/K 最大	稳定温度/K 最小	晶体结构	密度 /(g·cm^{-3})	$\Delta G^{\ominus}_{298}$ /(kJ·mol^{-1})	外观
黄镍铁矿	Ni_4S_2	829	—	六方	5.82	-85.30	淡黄色
	$Ni_3S_2 \pm x$	1079	797	正方			
斜方硫镍矿	αNi_7S_6	673	—	斜方			
	Ni_7S_6	846	673	—		-97.00	
针硫镍矿	NiS	652	—	六方	5.36	-76.92	黑色
	$\alpha Ni_{1-x}S$	1272	555	—	5.60		黑色
辉镍矿	Ni_3S_4	630	—	正方	4.70		暗灰色
方硫镍矿	NiS_2	1300	—	正方	4.45	-154.1	深灰色

在工业生产上，一般镍锍的吹炼只有 FeS 氧化的造渣期，得到镍高锍之后不再进行吹炼产生金属镍。加拿大铜岩镍精炼厂在氧气顶吹的条件下开创了高温吹炼高镍锍得到金属镍的先例。

Cu-Ni 锍吹炼产出的高铜镍锍系由 Cu_2S 与 Ni_3S_2 所组成，$Cu_2S-Ni_3S_2$ 系相图(图 8-86)表明，在液相时完全互溶冷凝析出组成范围很窄的 α 相(Cu_2S)和 β 相(Ni_3S_2)。故任何组成范围的高 Cu-Ni 锍进行缓冷与凝固时，便会从熔体中析出含镍不多的 Cu_2S 粒和含铜很少的 Ni_3S_2 粒子。将缓冷固化后的高铜镍锍再细磨后，可以机械地将 Cu_2S 粒子与 Ni_3S_2 粒子分开，然后经浮选分出富铜和富镍的两种硫化精矿，是以缓冷—磨浮法分离出 Cu_2S 与 Ni_3S_2，避开了如同高镍锍吹炼时出现的困难。

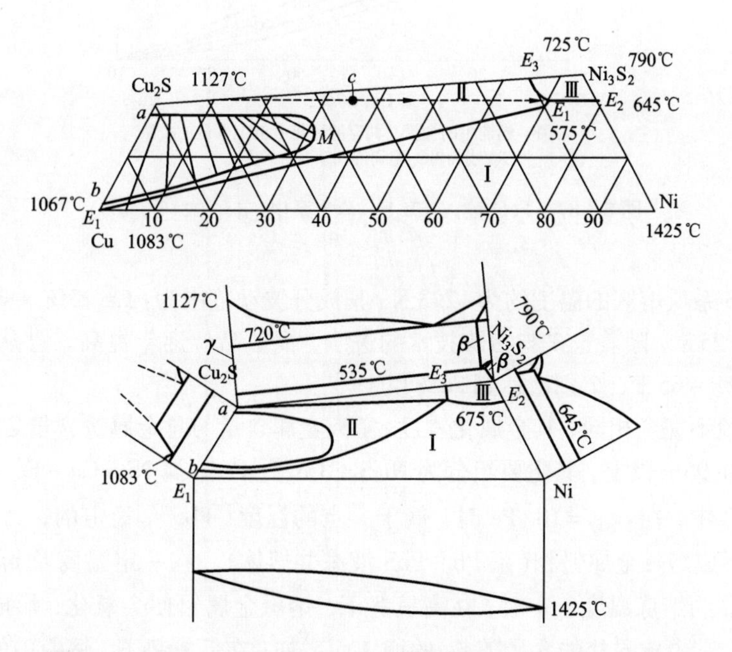

图 8-86 Cu-Cu_2S-Ni_3S_2-Ni 系状态图(引自[22]-3-165)

当工业高铜镍锍缓冷时，除了分别析出 Cu_2S 和 Ni_3S_2 外，还会产生金属相。锍中的贵金属特别是铂族元素会富集在金属相中，有利于回收。

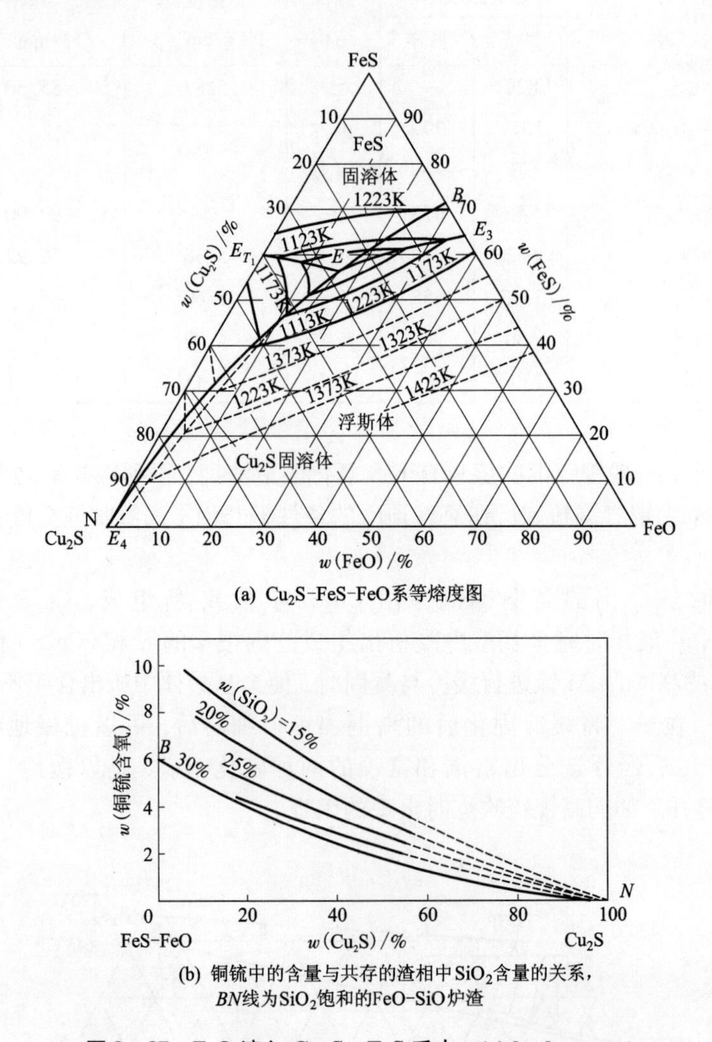

图 8-87 FeO 溶入 Cu_2S-FeS 系中(引自[22]-3-93)

Cu-Fe-S 系低熔区的温度约为1223 K，其成分波动范围为：Cu 25%～40%，Fe 30%～45%，S 22%～25%，随着选矿与冶炼技术的进步，铜锍品位逐年提高。已从过去的30%～45%提高到50%～65%，个别已达到70%以上。

镍锍与铜锍不完全相同，其金属化程度(游离金属含量与总金属量含量之比)高，铁和镍及硫含量之和在95%以上，其主要组分为 Ni_3S_2、Cu_2S、FeS，属 Ni-Cu-Fe-S 系。

在图8-92中，在 $p_{SO_2}=10^5$ Pa 时，低于 y 点的温度，PbS 是稳定的；高于 y 点的温度，PbS 便会氧化形成熔融金属铅相(系 Pb-PbS 液态共熔体)。在一定温度及 p_{O_2} 的范围内金属铅相是稳定的。当熔炼温度一定时，在高氧势下，熔融金属铅便会氧化，形成 PbO 和 $PbSO_4$ 的熔体混合物，其中硫酸盐的含量随 p_{O_2} 的增大而增加；在低氧势下，熔铅中的硫含量便会增加，所以直接熔炼产生的金属铅含有硫，并与炉渣中的 PbO 保持平衡。

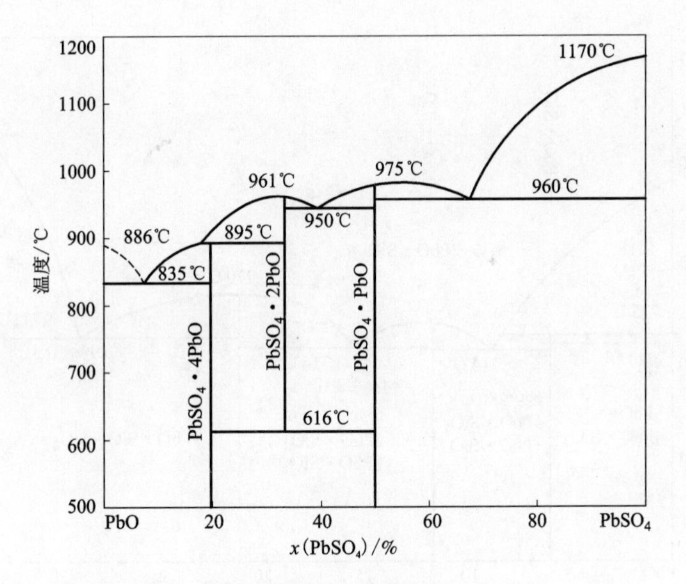

图 8-88 $PbO-PbSO_4$ 系状态图(引自[22]-1-5)

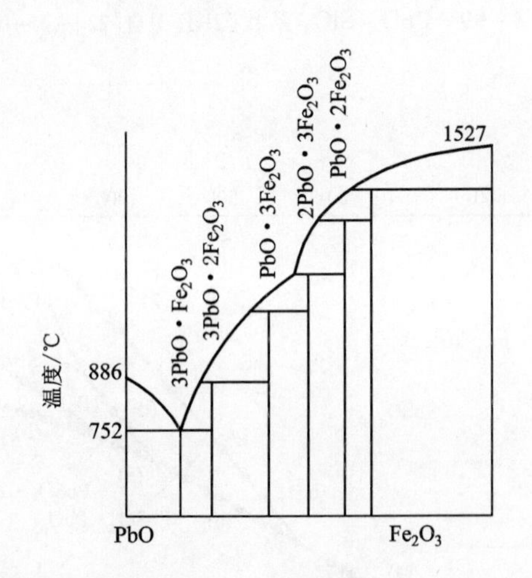

图 8-89 $PbO-Fe_2O_3$ 系状态图(引自[22]-1-8)

在直接熔炼的熔池反应中，PbS 按下式发生反应：

$$PbS_{(液)} + 2PbO_{(液)} = 3Pb_{(液)} + SO_2$$

$$K = \frac{a_{Pb}^3 \cdot p_{SO_2}}{a_{PbS} \cdot a_{PbO}^2}$$

视粗铅为稀溶液，$a_{Pb}=1$。用铅液中含硫量的百分量表示 a_{PbS}，上式平衡常数可写成：

$$K' = \frac{p_{SO_2}}{w(S) \cdot a_{PbO}^2}$$

这表明在一定温度和 p_{SO_2} 条件下，铅液中的含硫量与共轭炉渣相中 a_{PbO} 平方成反比。

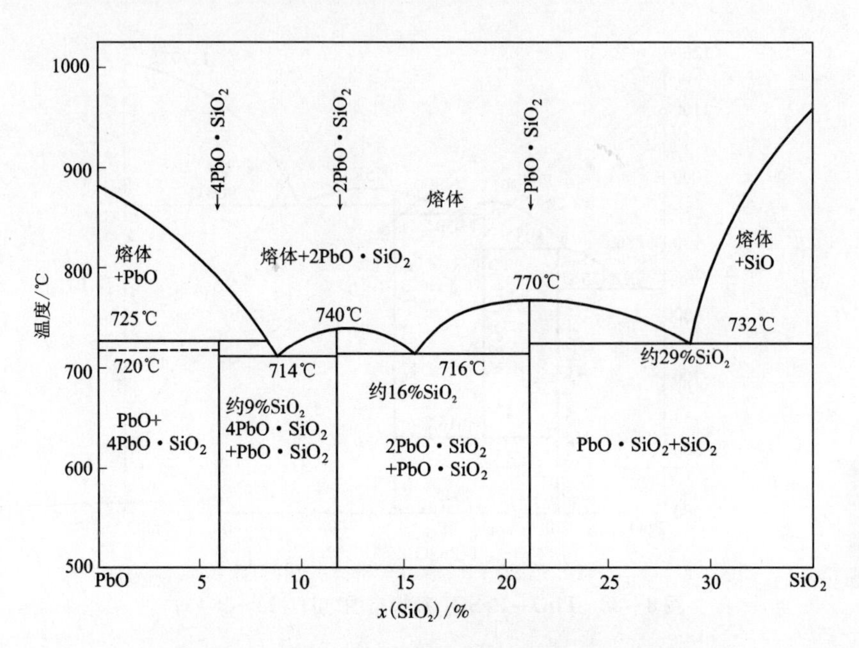

图 8-90 PbO-SiO$_2$ 系状态图(引自[22]-1-10)

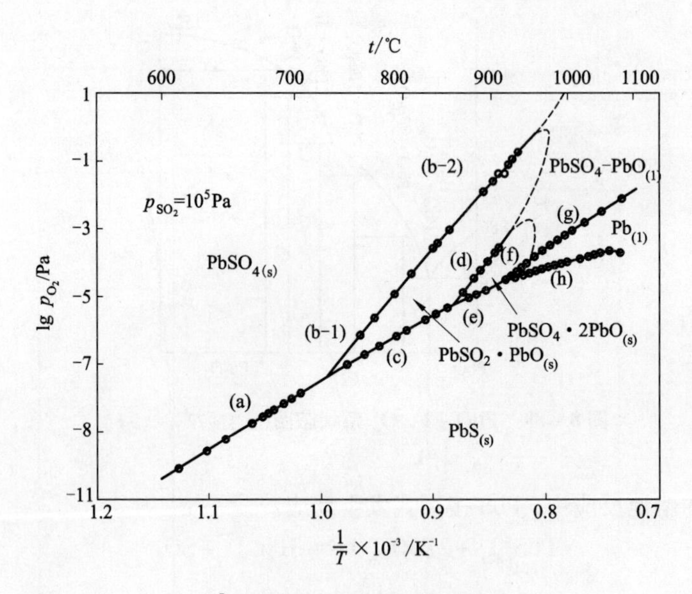

图 8-91 $p_{SO_2}=10^5$ Pa 时 Pb-S-O 系状态图(引自[22]-4-183)

$p_{SO_2}=1\times10^5$ Pa　$t=960$℃　$\lg p_{O_2}=-4.5$ Pa

$p_{SO_2}=0.1\times10^5$ Pa　$t=860$℃　$\lg p_{O_2}=-5.7$ Pa

$p_{SO_2}=0.05\times10^5$ Pa　$t=830$℃　$\lg p_{O_2}=-6.3$ Pa

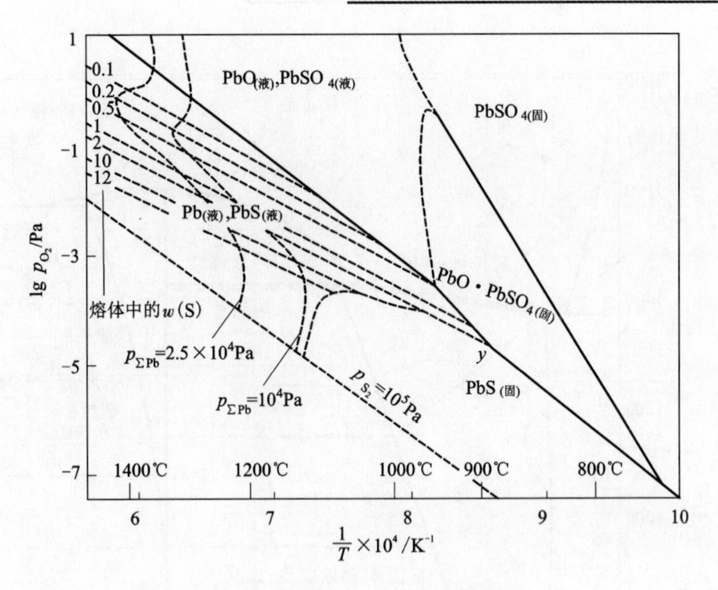

图8-92 $p_{SO_2}=10^5$ Pa 时 Pb-S-O 系状态图(引自[22]-4-184)

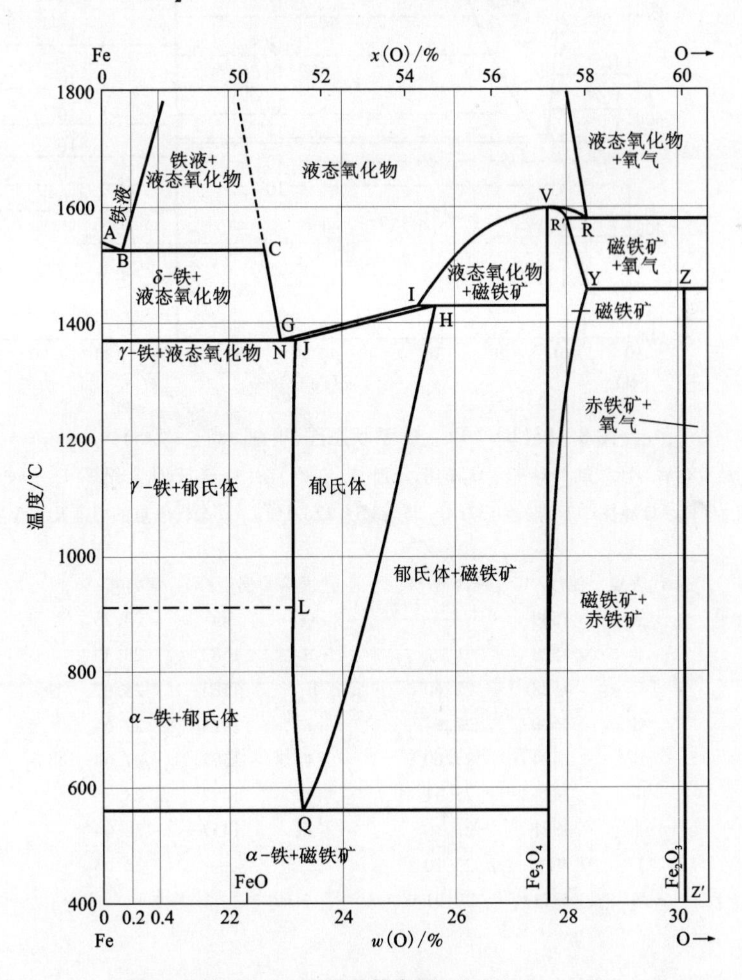

图8-93(a) Fe-O 系状态图(引自[18]-2-44)

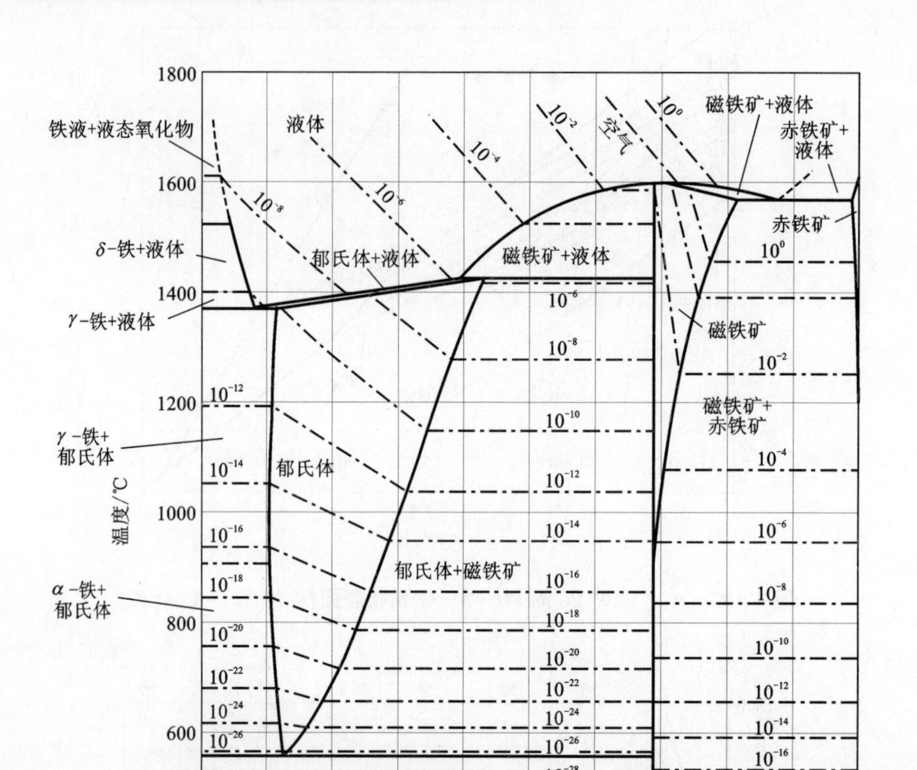

图 8-93(b)　Fe-O 系状态图(引自[18]-2-45)

(b)是带有氧等压线的 $FeO-Fe_2O_3$ 的部分相图，在(a)图中(就"FeO_n"来说，Fe-FeO 的共晶点(Fe-O 相图中 N 点)在1371℃，氧含量为22.91%)，其余代表点的温度及氧含量如下：

代表点	温度/℃	氧含量/%	代表点	温度/℃	氧含量/%
A	1539	—	Q	560	23.26
B	1528	0.16	R	1583	28.30
C	1528	22.60	R′	1583	28.07
G	1400	22.84	S	1424	27.64
H	1424	25.60	V	1597	27.64
I	1424	25.31	Y	1457	28.36
J	1371	23.16	Z	1457	30.04
L	911	23.10	Z′	—	30.06
N	1371	22.91			

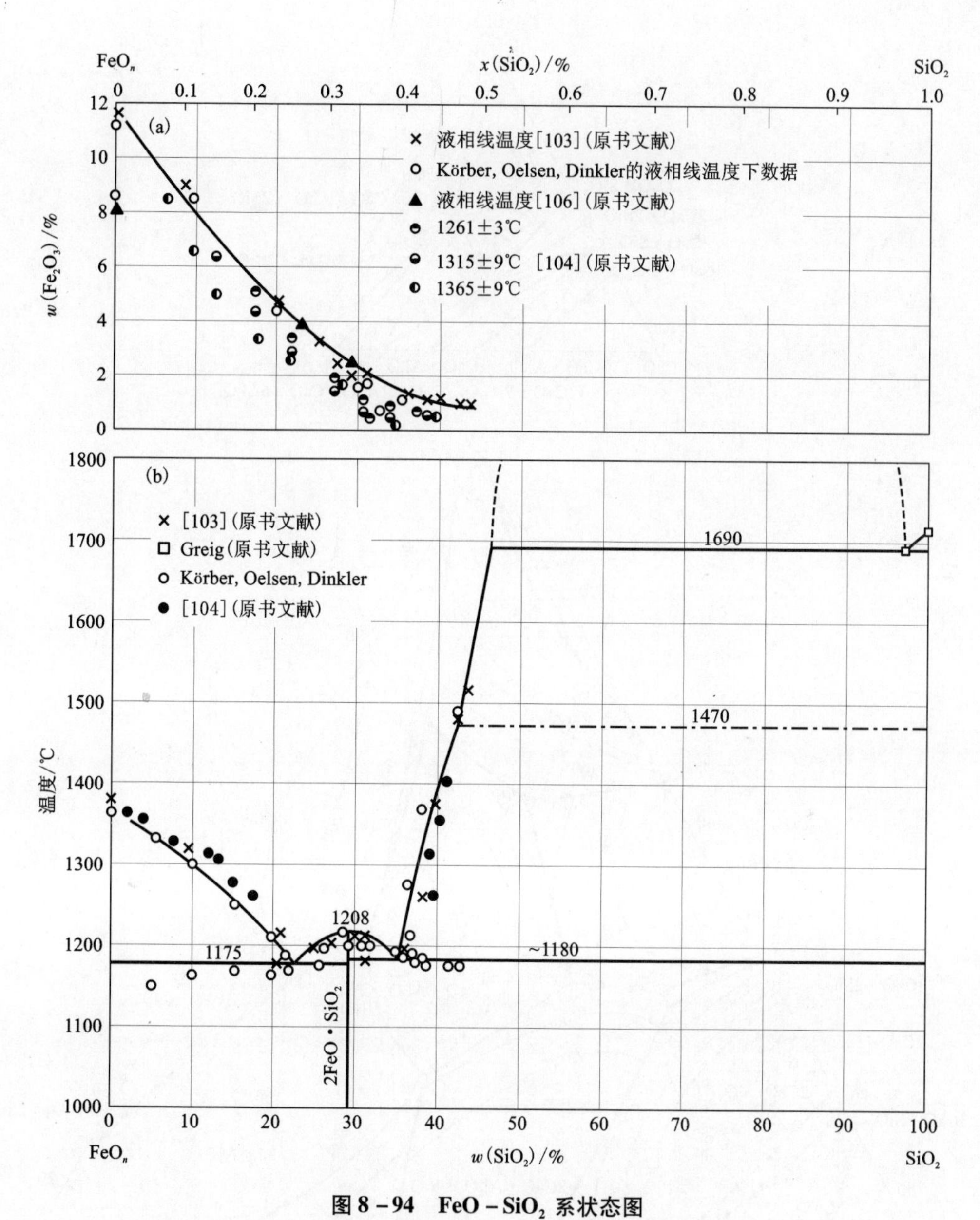

图 8-94 FeO-SiO_2 系状态图

(a)铁饱和熔体中的 Fe_2O_3；(b)根据文献的结果重新绘制

(引自[18]-2-50)

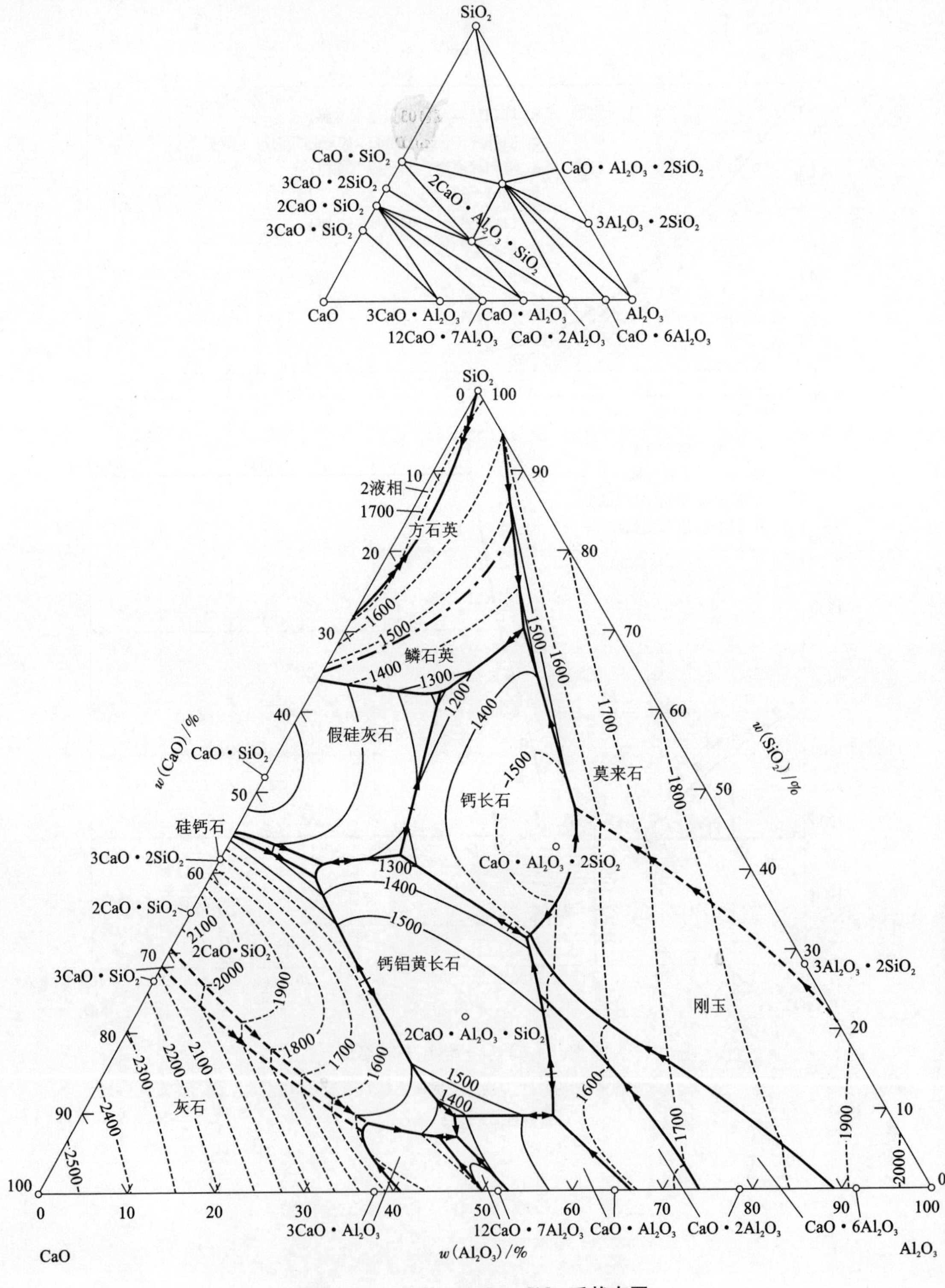

图 8-95　$CaO-Al_2O_3-SiO_2$ 系状态图

（引自[18]-2-65）

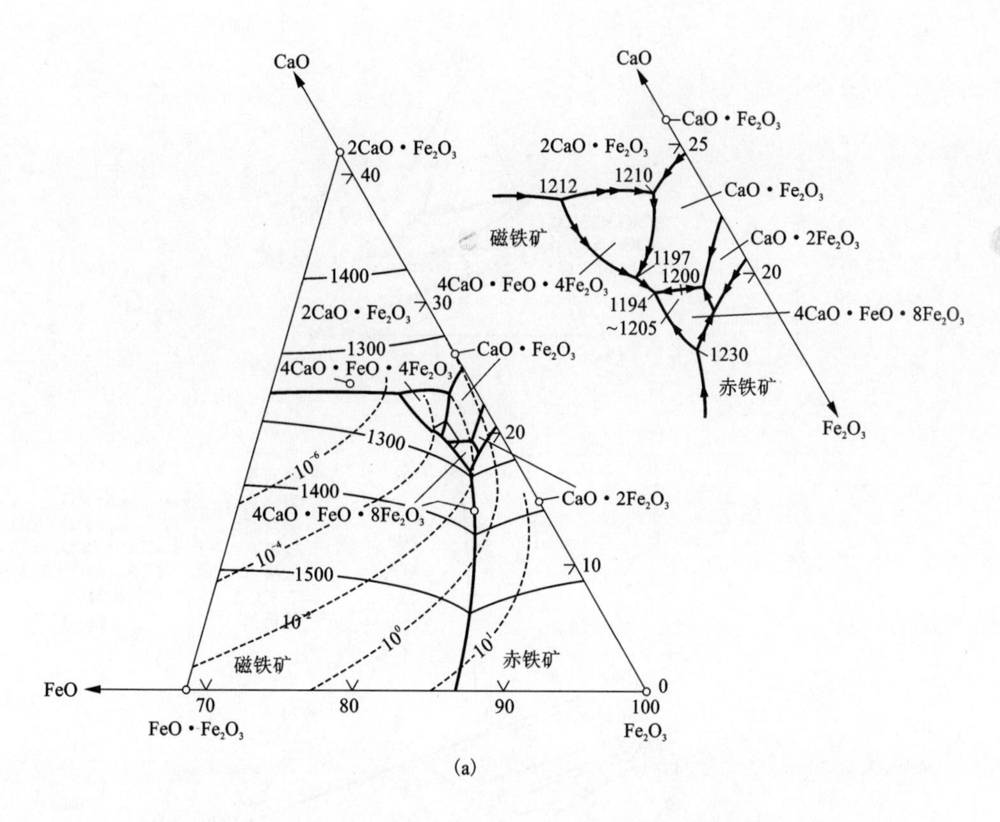

(a)

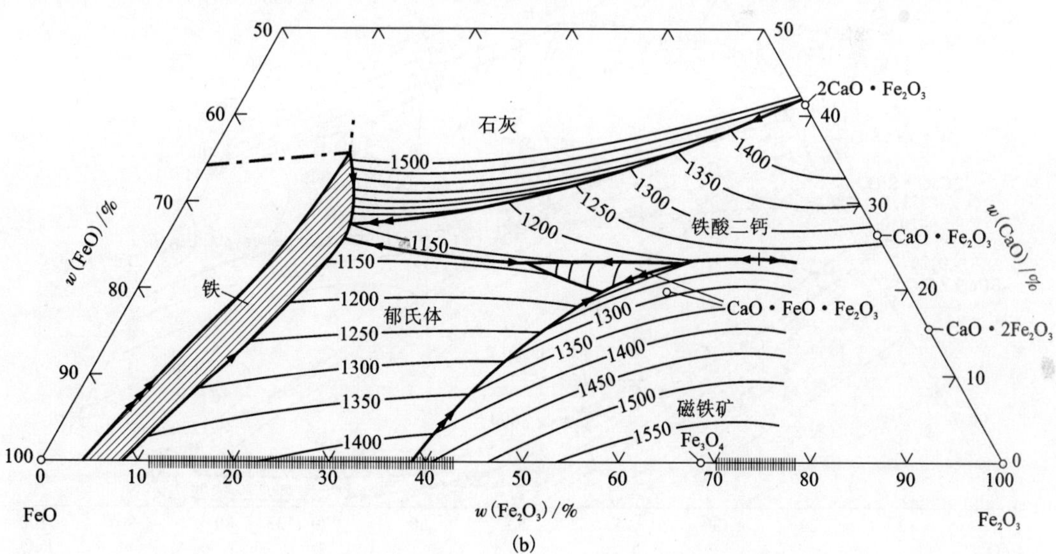

(b)

图 8-96 FeO-Fe$_2$O$_3$-CaO 系部分相图

(a)带有液相线温度下氧分压的等压线的 FeO·Fe$_2$O$_3$-Fe$_2$O$_3$-2CaO·Fe$_2$O$_3$ 面图；(b)固液相平衡图

(引自[18]-2-77)

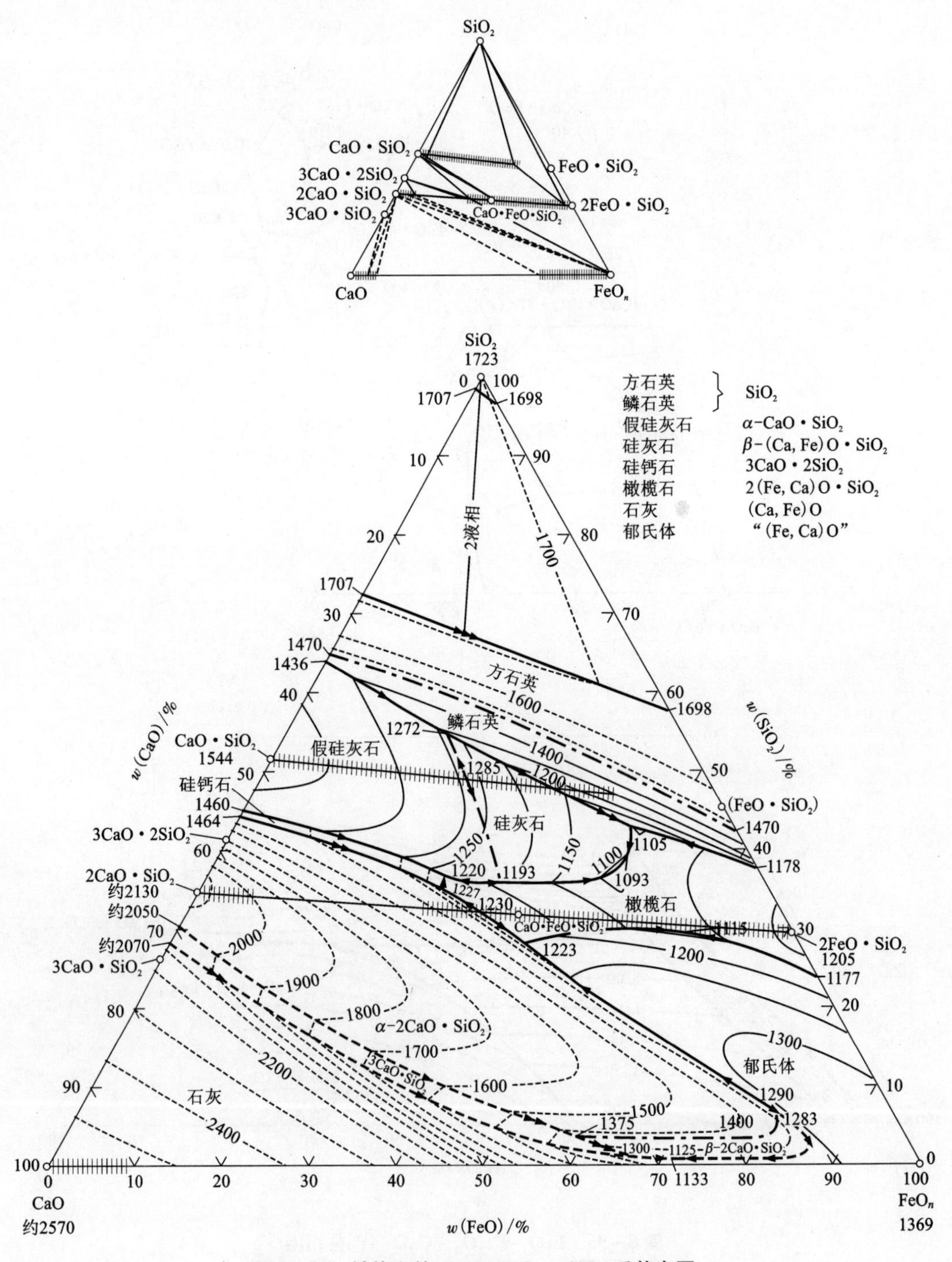

图 8-97 铁饱和的 $CaO-FeO_n-SiO_2$ 系状态图

（引自[18]-2-81）

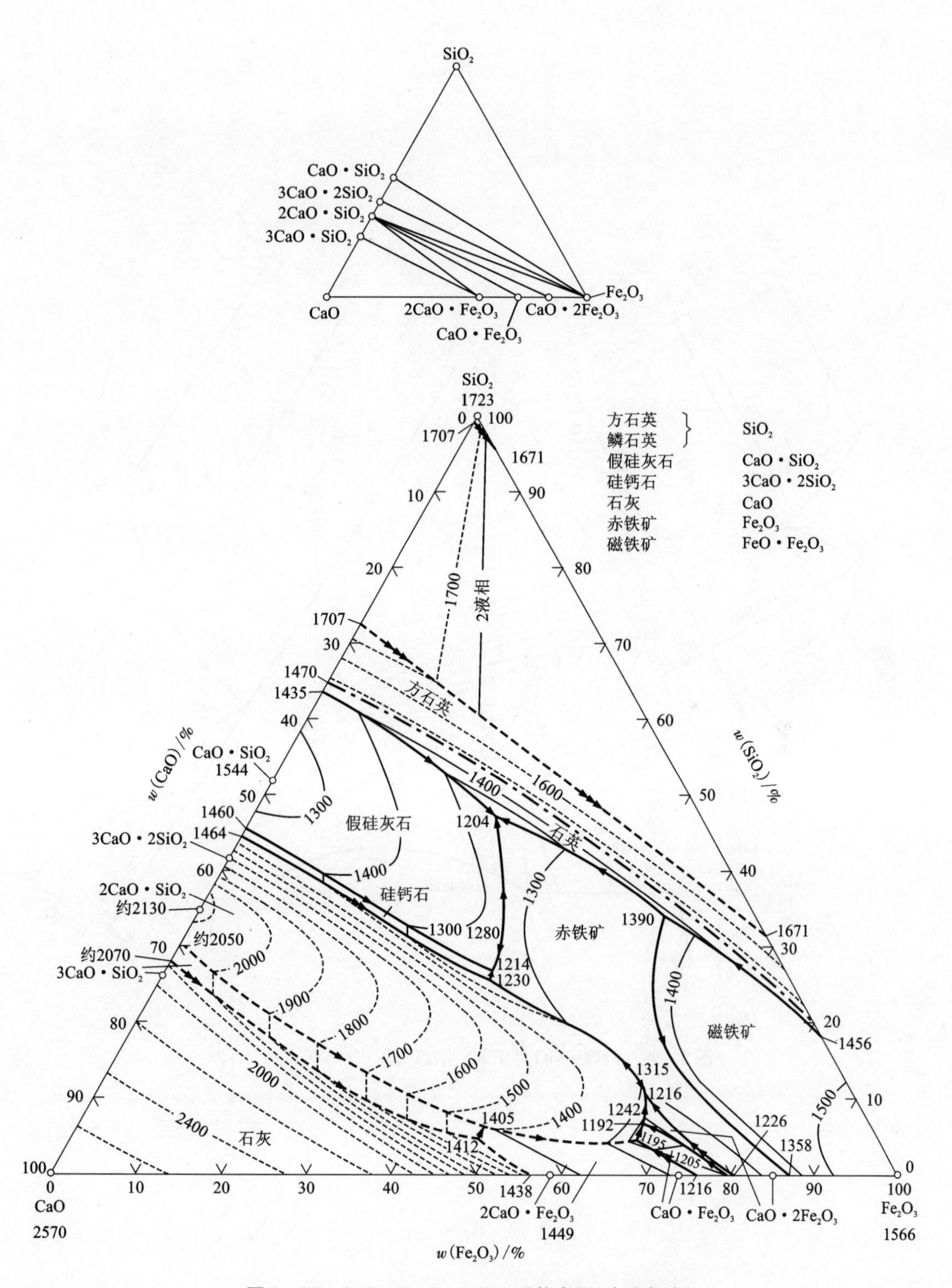

图 8－98 $CaO-Fe_2O_3-SiO_2$ 系状态图(在空气中)

(引自[18]－2－85)

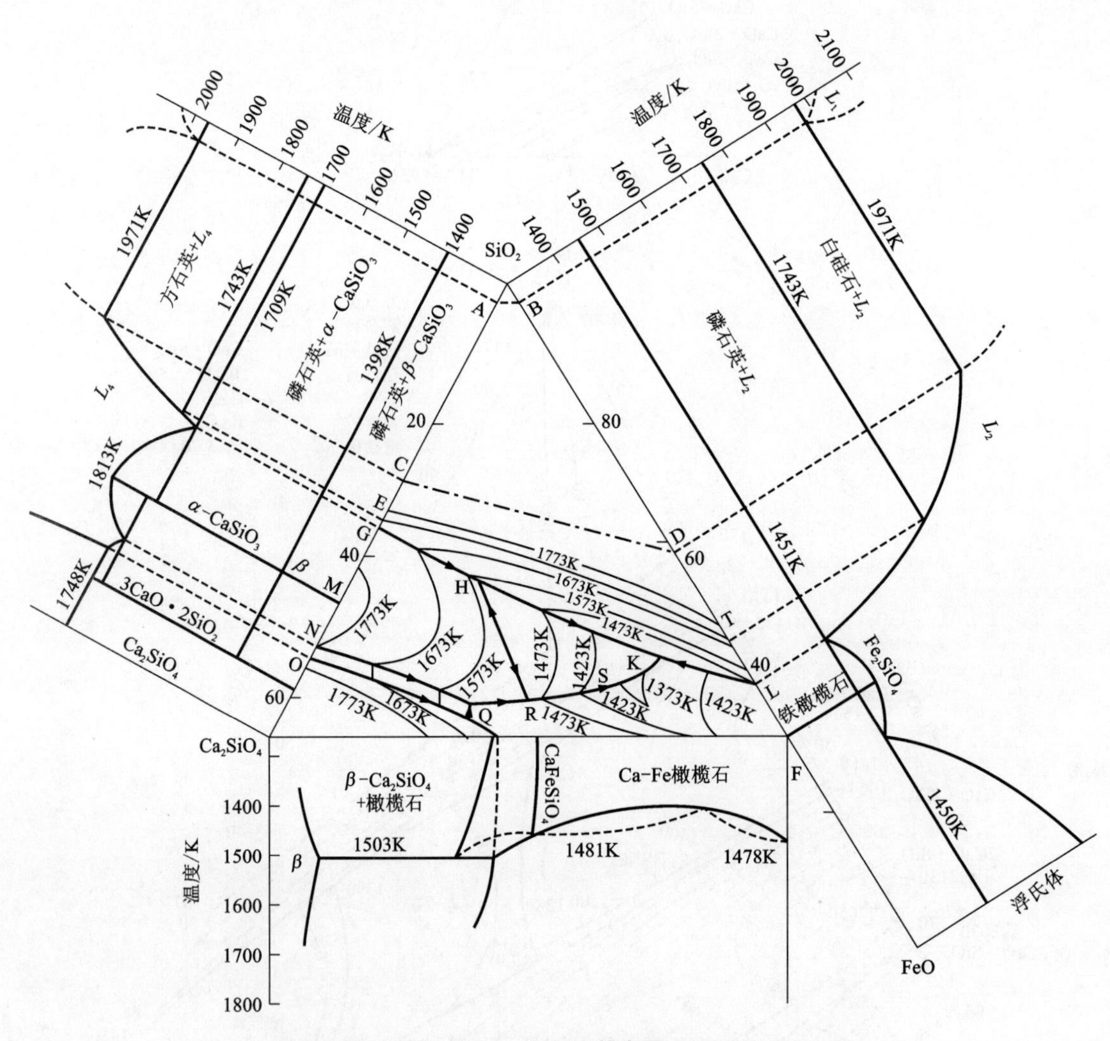

图 8-99 FeO-SiO$_2$-CaO 系状态图(引自[20]-3-74)

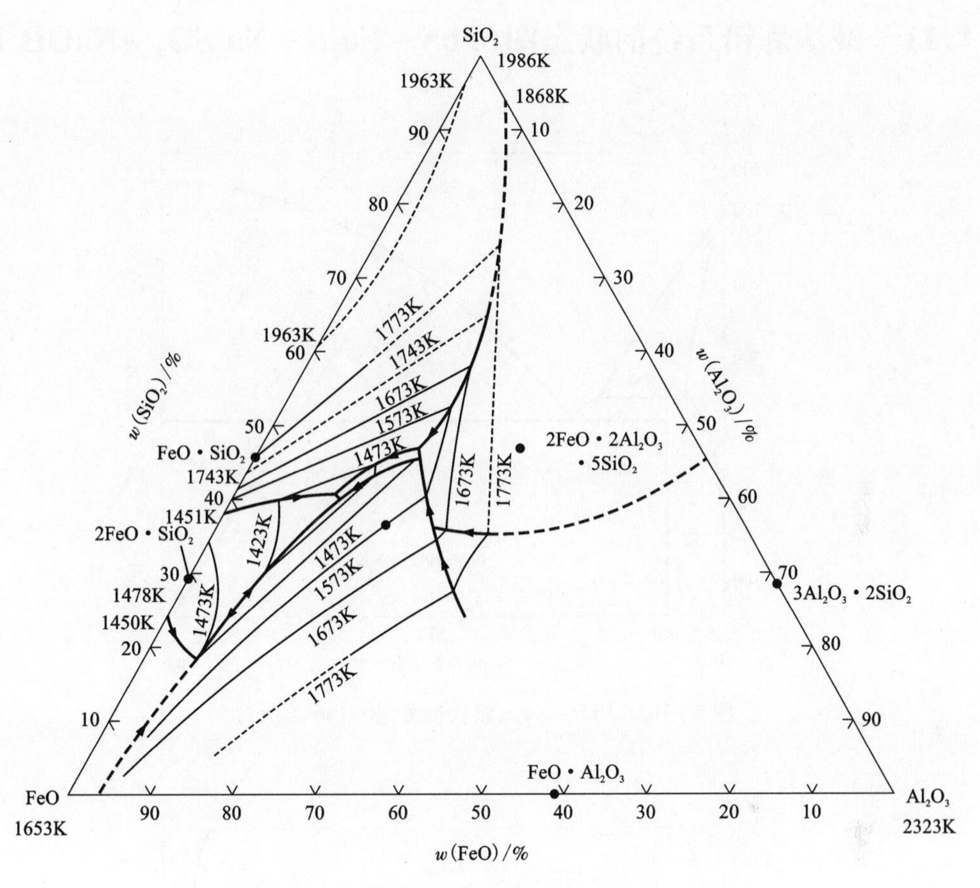

图 8－100　FeO－SiO$_2$－Al$_2$O$_3$ 系液面状态图（引自[20]－3－75）

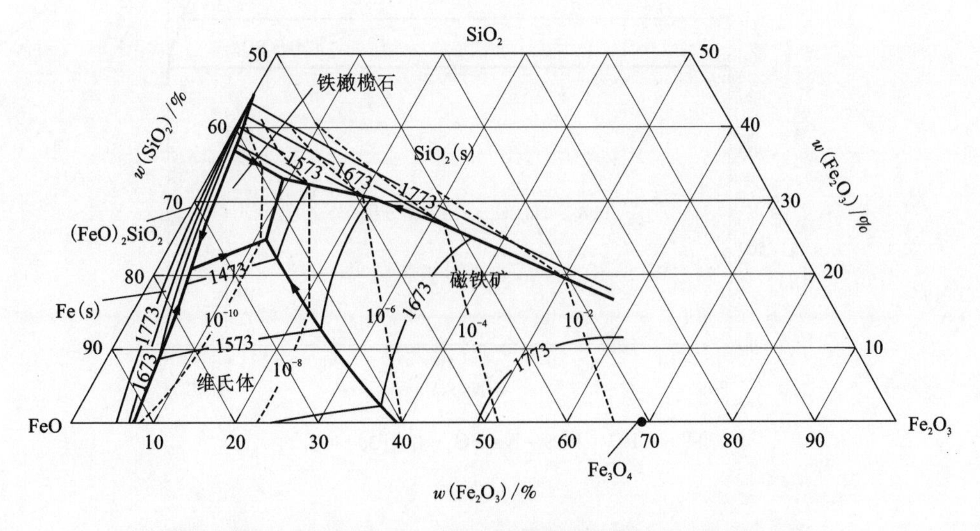

图 8－101　FeO－Fe$_2$O$_3$－SiO$_2$ 系液相状态图（引自[20]－3－75）

粗实线表示液相界面界线；细实线表示等温线；虚线表示氧的等压线

8.11 碱法炼铅系统的状态图($PbS-Na_2S-Na_2SO_4-NaOH$ 系)

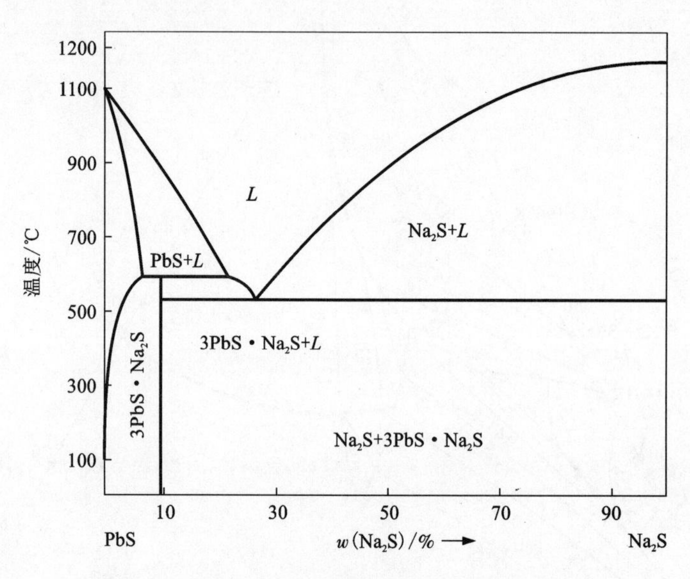

图 8-102 $PbS-Na_2S$ 系状态图(引自[30]-图 1)

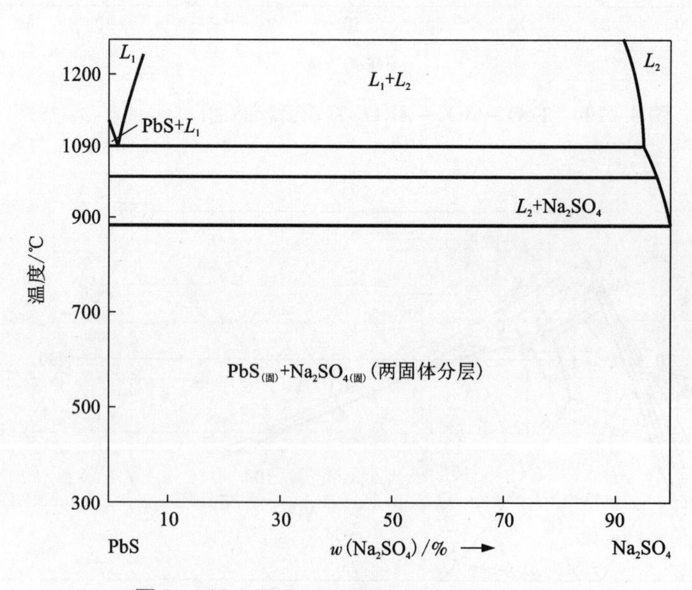

图 8-103 $PbS-Na_2SO_4$(引自[30]-图 2)

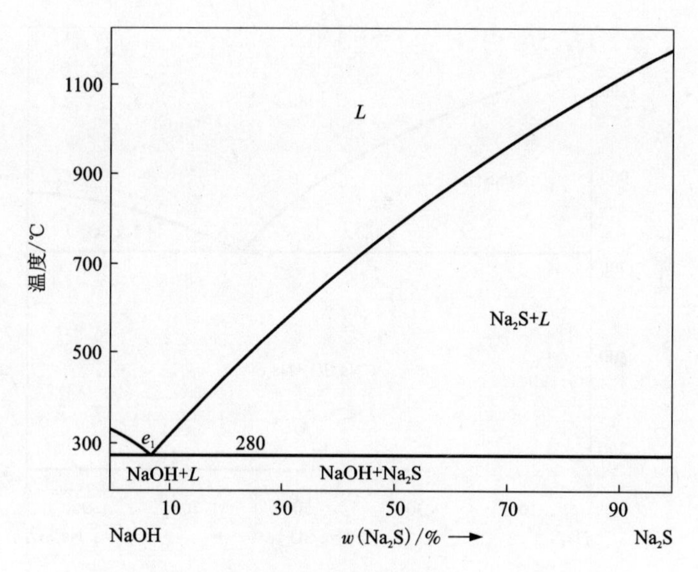

图 8-104 NaOH-Na_2S 系状态图(引自[30]-图 3)

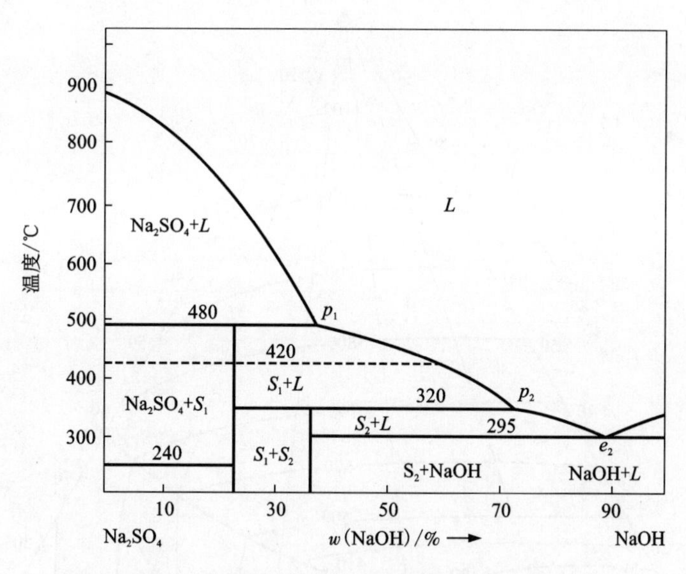

图 8-105 NaOH-Na_2SO_4 系状态图(引自[30]-图 4)

S_1—$Na_2SO_4 \cdot NaOH$ 化合物；S_2—$Na_2SO_4 \cdot 2NaOH$

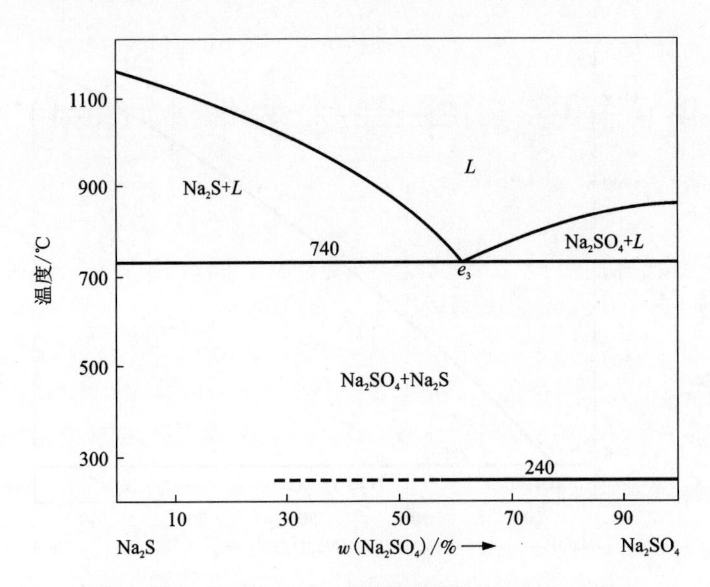

图 8-106　Na_2SO_4 - Na_2S 系状态图(引自[30]-图5)

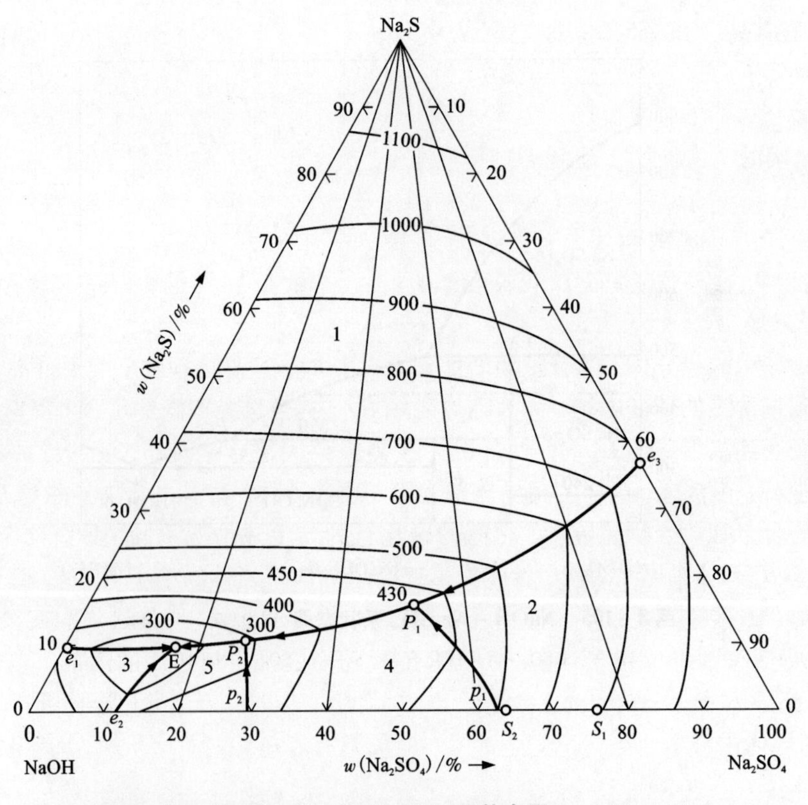

图 8-107　NaOH - Na_2S - Na_2SO_4 系状态图(引自[30]-图6)

图中符号：1—结晶 Na_2S；2—Na_2SO_4；3—NaOH；4—化合物 Na_2SO_4 · NaOH(S_1)；5—化合物 Na_2SO_4 · 2NaOH(S_2)；p_1 和 P_1—双晶和三元系包晶相应点，结晶化合物 S_1；类似化合物(S_2)；e_1，e_2，e_3—二元系共晶的点；E—三元系共晶点(260℃)

9 超导和半导体的特性数据

9.1 超导(Superconductivity)

金属的电学性质中的最大特色是超导现象，即当材料温度降低时，其电阻消失的现象。该现象用一系列临界参数来描述，包括临界温度 T_c、临界磁场 H_c 和临界电流 I_c。

9.1.1 超导体的基本性质

(1)零电阻和临界温度

超导现象是以零电阻为特征的，图 9-1 示出 1911 年昂内斯(Onnes)测量水银电阻的原始数据，可以看到在温度约 4.25 K 以下电阻从 0.125 Ω 突然下降为零，后来人们把这种电阻降为零的转变温度称为超导体的临界温度，以 T_c 表示。实际上，后来精确的实验证明了超导态的电阻率可以小于 10^{-25} Ω · cm，以致一个超导环中的感应电流至少需要十万年的时间才会有明显的衰减。对大多数纯材料，临界温度只比 0 K 高几度。

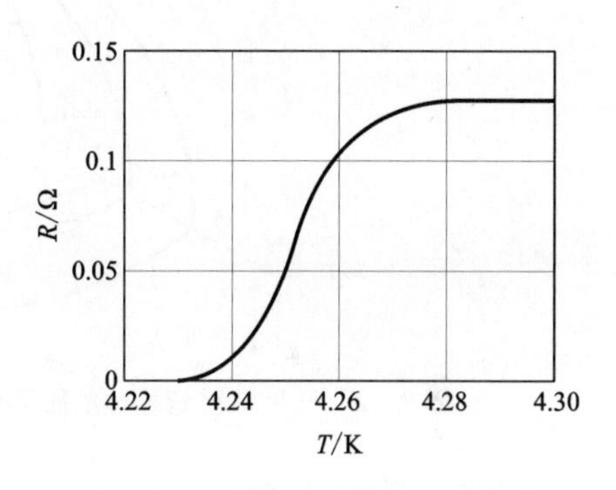

图 9-1 水银电阻随温度变化的曲线

(2)临界磁场

置于外磁场中的超导体，随着磁场增加到 $H=H_c$ 时，超导体很快回复到正常态，这种使超导体回复到正常态的转变磁场，称为临界磁场 H_c。其数量级大概是几百个奥斯特。

当外磁场达到临界磁场 H_c 时，外部磁力线很快穿入超导体内部，使超导体内的磁化强度变为零，进入了正常态，这样的超导体即为第一类超导体，只有一个临界磁场 H_c。

对大量的合金和化合物超导体，它们的磁化行为与上述情况不同，具有两个临界磁场，即下临界磁场 H_{c1} 和上临界磁场 H_{c2}，称为第二类超导体。当外场小于 H_{c1} 时，磁力线不能进入超导体内部，磁感应强度为零。而当外场超过 H_{c1} 时，磁通线(又称磁通涡旋线)以具有磁通量子 $\phi_0=hc/2e=2.07\times10^{-11}$ T · cm^2 的涡旋线的形式进入超导体的内部、直到外磁场达到 H_{c2} 以后，超导体才完全转变为正常态。当 $H_{c1}<H<H_{c2}$ 时，第二类超导体处于所谓的混合态，这时，超导体内部磁通虽然不完全为零，但仍具有零电阻特性。大部分实用超导体都是第二类超导体。

(3)临界电流

除了磁场能破坏超导性外，在超导体中通过大电流也会使超导态向正常态转变，这个电流就叫临界电流 I_c。单位面积上的临界电流称临界电流密度 J_c。处于混合态的超导体通过一输运电流时，有洛伦兹力作用在超导体内的磁通涡旋线上。只要晶体缺陷或者杂质等磁通钉扎中心对磁通涡旋线的钉扎力能保持后者不运动，则材料中就没有能量损耗。所以，J_c 也定义为使磁通涡旋线开始运动的电流密度，称临界电流密度。J_c 是一个对结构敏感的参量，一般可以用增加晶体缺陷和添加有效杂质等加强磁通钉扎的方法来提高超导体的 J_c。实验中也发现，当超导体中的电流超过临界电流强度 I_c 时，超导态被破坏，这种现象被认为主要由电流产生的磁场诱发，而非电流本身的效应。

图 9-2 表示了一些具有实用价值的第二类超导体的电流密度(J)-磁场(H)-温度(T)相图，在临界曲面内部是超导态区域，外部则是正常态区域。

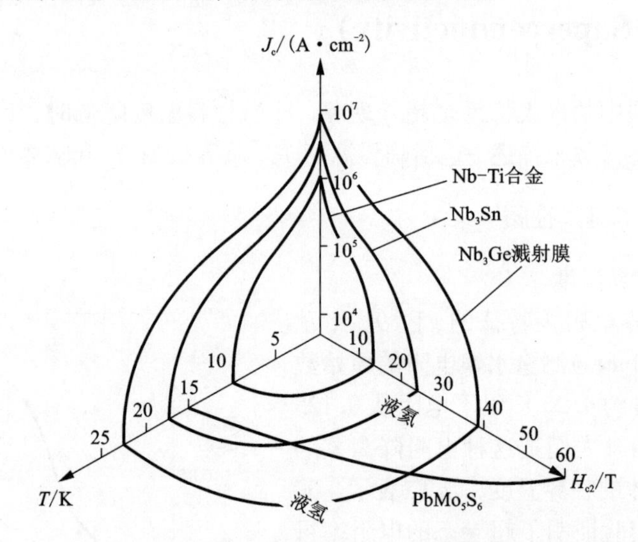

图 9-2　三种常见超导体的临界电流密度 J_c、上临界磁场 H_{c2} 和温度 T 的关系

(4)迈斯纳(Meissner)效应

超导体不是一种经典意义上的理想导电体，在很小的外磁场中，将超导体冷却到 T_c 以下的温度时，原先存在的磁通量(外磁场的磁力线)会被从超导体内排斥出来，使体内的磁通为零，这种完全抗磁性的效应称为 Meissner 效应，它是超导体的另一个基本性质。处于超导态的物质，外加磁场之所以无法穿透到它的内部，是因为在样品的表面上感生一个分布和大小刚好使其内部磁通为零的抗磁超导电流，这个电流所产生的磁场，正好和外磁场相抵消，所以超导体内部磁通为零，呈现出完全抗磁性的性质。

9.1.2　BCS 理论

J·巴丁(J. Bardeen)、L·N·库珀(L. N. Cooper)和 J·R·施里弗(J. R. Schrieffer)提出了以他们名字命名的理论，简称 BCS 理论，它很好地解释了超导现象。该理论的基本思想是：在其他电子的高密度流中，无论相互作用的强弱，两个电子相互吸引并“绑定”在一起形成库珀对(Cooper pair)。库珀对是由相反自旋的电子组成的，所以库珀对的总自旋为零。库珀对遵守波色-爱因斯坦统计，即它们在低温下都集聚到同一基态上。

库珀对的相互作用太弱以至于对中的两个电子之间分隔开一段距离，也即相干长度。但不在一个库珀对中的两个电子之间的平均距离则是相干长度的约 1/100。当施加外电场时，一对的电子将一起运动，库珀对之间的电子也随之运动，直到它们通过激励相互作用而互相感知。一个局域的扰动可能使一个正常态的单电子偏转，从而产生电阻，但在超导态时，除非能一次扰动所有处于超导基态的电子，电阻才会产生。这不是不可能，但确实很难做到，所以与电流对应的相干超导电子的集体漂移将不会耗散。

BCS 理论通过公式 $R_B T_e = 1.13 h\omega D \exp[-1/(VNE_F)]$ 给出三个决定临界温度的参数：德拜频率 ωD，在固体中电子和声子间的耦合强度 V 和费米能级上的电子态密度 $N(E_F)$。

先前由 F·伦敦(F. London)、H·伦敦(H. London)、V·L·金兹堡(V. L. Ginzburg)和 L·D·朗道(L. D. Landau)等提出的关于超导的许多理论也能够在 BCS 理论中找到逻辑性的解释。不过，BCS 理论在解释铜氧化物的高温超导时遇到了一些困难。

1972 年，J·巴丁、L·N·库珀和 J·R·施里弗凭借他们共同发展的 BCS 超导理论而获得诺贝尔物理学奖。

9.1.3 部分元素和超导体的超导特性和 T_c 值

表 9-1 部分元素的超导特性

元素	T_c/K	H_0/Oe	θ_D/K	γ/(mJ · mol^{-1} · K^{-1})
Al	1.175 ±0.002	104.9 ±0.3	420	1.35
Cd	0.517 ±0.002	28 ±1	209	0.69
Ga	1.083 ±0.001	58.3 ±0.2	325	0.60
Ga(β)	5.962	560		
Ga(γ)	7	950		
Ga(Δ)	7.85	815		
Hg(α)	4.154 ±0.001	411 ±2	87.719	1.81
Hg(β)	3.949	339	93	1.37
In	3.408 ±0.001	281.5 ±2	109	1.672
Ir	0.1125 ±0.001	16 ±0.05	425	3.19
Os	0.66 ±0.03	70	500	2.35
Pb	7.196 ±0.006	803 ±1	96	3.1
Ru	0.49 ±0.015	69 ±2	580	2.8
Sn	3.722 ±0.001	305 ±2	195	1.78
Tl	2.38 ±0.02	178 ±2	78.5	1.47
Zn	0.85 ±0.01	54 ±0.3	310	0.66

数据引自：[7]-12-65。

表 9-2 某些超导体临界磁场强度数据实例

物质	H_0/Oe	物质	H_0/Oe
Bi_2Pt	10	$PbTl_{0.27}$	756
$BaBi_3$	740	$PbTl_{0.17}$	796
Bi_3Sr	530	$PbTl_{0.12}$	849
Bi_5Tl_3	>400	$PbTl_{0.075}$	880
		$PbTl_{0.04}$	864

数据引自：[7]-12-86。

表 9-3 含铅超导材料的 T_c 值

物质	T_c/K	物质	T_c/K
Pb_2Pd	2.95	$PbTl_{0.12}$	6.88
Pb_4Pt	2.80	$PbTl_{0.075}$	6.98
PbSb	6.6	$PbTl_{0.04}$	7.06
PbTe(加 0.1% Pb, w)	5.19	$Pb_{1\sim0.26}Tl_{0\sim0.74}$	7.20~3.68
PbTe(加 0.1% Te, w)	5.24~5.27	$PbTl_2$	3.75~4.1
$PbTl_{0.27}$	6.43	$PbZr_5$	4.60
$PbTl_{0.17}$	6.73	$PbZr_3$	0.76

数据引自：[7]-12-80。

表 9-4 含钼超导材料的 T_c 值

物质	T_c/K	物质	T_c/K
$Cu_{0.15}In_{0.85}$(薄膜)	3.75	CuSeTe	1.6~2.0
$Cu_{0.04\sim0.08}In_{0.94\sim0.92}$	4.4	Cu_xSn_{1-x}	3.2~3.7
CuLa	5.85	Cu_xSn_{1-x}(薄膜，在 10 K 时制备)	3.6~7
$Cu_2Mo_6O_2S_6$	9	Cu_xSn_{1-x}(薄膜，在 300 K 时制备)	2.8~3.7
$Cu_2Mo_6S_{28}$	5.9	$CuTe_2$	<1.25~1.3
Cu_xPb_{1-x}	5.7~7.7	$CuTh_2$	3.49
CuS	1.62	$Cu_{0\sim0.027}V$	3.9~5.3
CuS_2	1.48~1.53	CuY	0.33
CuSSe	1.5~2.0	Cu_xZn_{1-x}	0.5~0.845
$CuSe_2$	2.3~2.43		

数据引自：[7]-12-73。

表 9-5 含铋超导材料的 T_c 值

物质	T_c/K	物质	T_c/K
Bi_3Ca	2.0	$Bi_{0.5}Pb_{0.31}Sn_{0.19}$	8.5
$Bi_{0.5}Cd_{0.13}Pb_{0.25}Sn_{0.12}$	8.2	$Bi_{0.5}Pb_{0.25}Sn_{0.25}$	8.5
BiCo	0.42~0.49	$BiPd_2$	4.0
Bi_2Cs	4.75	$Bi_{0.4}Pd_{0.6}$	3.7~4.0
Bi_xCu_{1-x}	2.2	BiPd	3.7
BiCu	1.33~1.40	$Bi_2Pd(\alpha)$	1.70
Bi_3Fe	1.0	$Bi_2Pd(\beta)$	4.25
$Bi_{0.019}In_{0.981}$	3.86	$BiPd_{0.45}Pt_{0.55}$	3.7
$Bi_{0.05}In_{0.95}$	4.65	BiPdSe	1.0
$Bi_{0.10}In_{0.90}$	5.05	BiPdTe	1.2
$Bi_{0.15\sim0.30}In_{0.85\sim0.70}$	5.3~5.4	BiPt	1.21
$Bi_{0.34\sim0.48}In_{0.66\sim0.52}$	4.0~4.1	$Bi_{0.1}PtSb_{0.9}$	2.05; 1.5
Bi_3In_5	4.1	BiPtSe	1.45
$BiIn_2$	5.65	BiPtTe	1.15
Bi_2Ir	1.7~2.3	Bi_2Pt	0.155
Bi_2Ir(淬火)	3.0~3.96	Bi_2Rb	4.25
BiK	3.6	$BiRe_2$	1.9~2.2
Bi_2K	3.58	BiRh	2.06
BiLi	2.47	Bi_3Rh	3.2
$Bi_{4\sim9}Mg$	0.7~1.0	Bi_4Rh	2.7
Bi_3Mo	3~3.7	BiRu	5.7
BiNa	2.25	Bi_2Sn	3.6~3.8
$BiNb_3$	4.5	BiSn	3.8
$BiNb_3$(高温高压)	3.05	Bi_xSn_y	3.85~4.18
BiNi	4.25	Bi_3Sr	5.62
Bi_3Ni	4.06	Bi_3Te	0.75~1.0
$BiNi_{0.5}Rh_{0.5}$	3.0	Bi_5Tl_3	6.4
$Bi_{0.5}NiSb_{0.5}$	2.0	$Bi_{0.26}Tl_{0.74}$(无序的)	4.4
$Bi_{1\sim0}Pb_{0\sim1}$	7.26~9.14	$Bi_{0.26}Tl_{0.74}$(有序?)	4.15
$Bi_{1\sim0}Pb_{0\sim1}$(薄膜)	7.25~8.67	Bi_2Y_3	2.25
$Bi_{0.05\sim0.40}Pb_{0.95\sim0.60}$	7.35~8.4	Bi_3Zn	0.8~0.9
Bi_2Pb	4.25	$Bi_{0.3}Zr_{0.7}$	1.51
BiPbSb	8.9	$BiZr_3$	2.4~2.8

数据引自：[7]-12-70 及 12-71。

表 9-6 含铊超导材料的 T_c 值

物质	T_c/K	物质	T_c/K
$Hg_xTl_{(1-x)}$	2.30 ~ 4.19①	$Pb_{1\sim0.26}Tl_{0\sim0.74}$	7.20 ~ 3.68④
Hg_5Tl_2	3.86①	$PbTl_{0.17}$	6.73④
$ThTl_3$	0.87①	$PbTl_{0.27}$	6.43⑤
Sn_xTl_{1-x}	2.37 ~ 5.2②	$PbTl_{0.12}$	6.88⑤
Mo_6Se_8Tl	12.2③	$PbTl_{0.075}$	6.98⑤

数据引自：[7]，①为 12-75；②为 12-83；③为 12-85；④为 12-88；⑤为 12-80。

表 9-7 含钇超导材料的 T_c 值

物质	T_c/K	物质	T_c/K
B_2OsY	2.22①	OsReY	2.0⑤
R_2Ru_3Y	2.85	Os_2Y	4.7
B_2RuY	7.80	Pd_2SnY	4.92⑥
B_4Ru_4Y	1.4	Pt_2Y_3	0.90
B_6Y	6.5 ~ 7.1	Pt_2Y	1.57; 1.70
$Ge_{10}Rh_4Y_5$	1.35②	Pt_3Y_7	0.82
$Ge_{13}Ru_4Y_3$	1.7	Rh_2Si_2Y	3.11⑦
Ge_2Y	3.80	$Rh_3Si_5Y_2$	2.7
$Ge_{1.62}Y$	2.4	$Rh_4Si_{13}Y_3$	3.2
IrOsY	2.6③	RhY_3	0.65
IrSiY	2.7	Rh_2Y_3	1.48
Ir_2SiY	2.6	Rh_3Y	1.07
$Ir_4Si_{10}Y_5$	3.1	Rh_5Y	0.56
$Ir_3Si_5Y_2$	2.83	Rh_3Y_7	0.32
Ir_2Y_3	1.61④	Ru_2Si_2Y	3.51
Ir_3Y	3.50	$Ru_{1.1}Sn_{3.1}Y$	1.3
Ir_xY_{1-x}	0.3 ~ 3.7	TeY	1.02⑧
La_xY_{1-x}	1.7 ~ 5.4	Tl_3Y	1.52
Ir_2Y	2.18; 1.38	YZn	0.33
$Ir_{0.69}Y_{0.31}$	1.98; 1.44	$Th_{0\sim0.55}Y_{1\sim0.45}$	1.2 ~ 1.8
$Ir_{0.70}Y_{0.30}$	2.16	$YBaSrCu_3O_7$	84⑨

注：此表数据中 T_c = 84 K 为最大值。数据均来自[7]：分别是①为 12-69；②为 12-75；③为 12-76；④为 12-77；⑤为 12-80；⑥为 12-81；⑦为 12-82；⑧为 12-83；⑩为 12-92。

9.2 半导体(Semiconductor)

9.2.1 材料的电学性能

材料的电学性能完全取决于其原子的价电子、电子与离子的热振动以及施加的电压。材料根据其电学特性分为导体、绝缘体和半导体。

(1)导体

大部分金属材料都是导体，它们有两个电子带的配置方式，都可以使金属具有导电性。一种是价带与传导带重叠，如图 9-3(a)所示；另一种是电子处于同一能带的下部，如加上电场，价电子借热振动即可转移到上部能级上，如图 9-3(b)所示，致使电流流通。这种配置方式成为导体的原始条件。

任何原子排列或晶体点阵的不规则(如出现间隙或置换式杂质原子、空位、晶界、畸变等)，都将增加电子的散射和降低金属的导电性，也会降低金属的导电性和增大电阻。

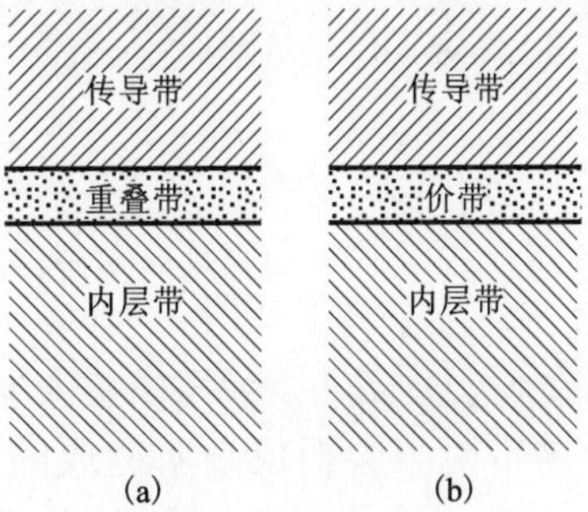

传导带 重叠带 内层带 (a)　传导带 价带 内层带 (b)

图 9-3　金属的能级

(2)绝缘体

施加电压不产生电流的固体称为绝缘体。大部分陶瓷、塑料都是绝缘体。对于晶态材料，为使晶态固体能够导电，必须借热激动将电子由价带跃迁到导带。虽然，晶态绝缘体的价带上充满了电子，但由于价带与导带之间的能量差相当大，无法因常温的热激动使之跃迁，如图 9-4 所示。因为热激动所提供的能量只为 0.02~0.1 eV，而绝缘体的价带与传导带之间的能位差，一般都大于 3 eV，甚至大于 4 eV，所以施加较小的电场也不能使电子穿过能隙(禁带)跃迁到传导带，而无电流流通。

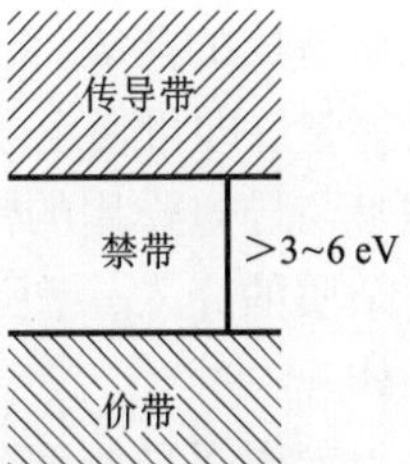

传导带 禁带 >3~6 eV 价带

图 9-4　绝缘体的能带

高分子聚合物的绝缘性，则与分子的配置和分子键合的特性有关。这类材料的绝缘性是由于电子完全充满价带，无自由电子和离子，而且与传导带间的能隙差距很大。

陶瓷类的绝缘性，对温度的稳定性较好；塑料类的绝缘性，因随温度升高会发生热分解而使绝缘性变坏。

(3)半导体

导电性在金属与绝缘体之间的材料称为半导体。半导体的价带充满电子，而传导带与价带之间有约 1.0 eV 的能隙分离，属非导体性质。当施加电场时，价带的电子可以在激烈热激动的情况下，跃过能隙而进入传导带，从而出现导电性。

半导体在周期表上属第 14 族，常为金刚石立方结构。某些金属化合物如 PbS、GaAs、$PbSb_3$ 等以及 Si、Ge 均属于金刚石结构，都是半导体材料。

某些半导体的导电如因电子受到热激动而由价带跃迁到传导带上，并形成空穴，从而显示出稍许导电性，这时空穴数目同跃迁的电子数目相同，这种半导体称为本征半导体。如本征半导体 Si 和 Ge 的价带与传导带之间的能隙，在常温下 Si 为 1.1 eV、Ge 为 0.6 eV。在室温下平均热能为 0.025 eV，不能使价电子跃迁到传导带。当温度升至 700℃时，平均热能为 0.1 eV，是 Si 能隙的 9%，但是其中的部分电子受到较为剧烈的热激动，超出该能隙的平均能量，因此电子可以跃迁至传导带，如图 9 - 5(a)所示。一个半导体的载流子浓度是它本身的特征量，而不是依赖掺杂和缺陷浓度，那么这个半导体称之为本征半导体。若是施加电压，则有电流流通。

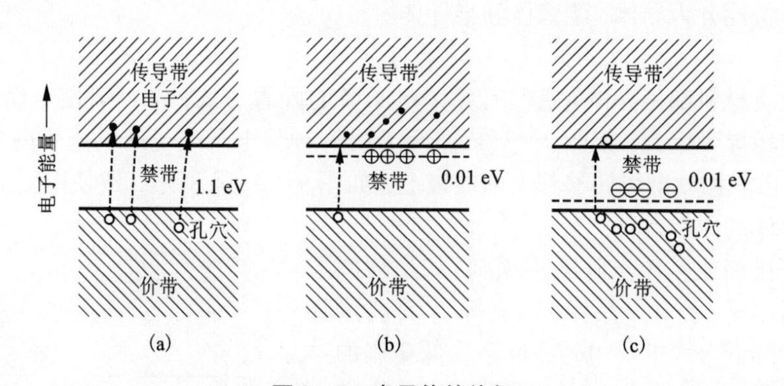

图 9 - 5　半导体的能级

(a)纯 Si(本征半导体)；(b)掺 P 的 Si(n 型)；(c)掺 Al 的 Si(p 型)

在 Si、Ge 等 4 价元素中掺入少量 5 价元素(如 P、Sb、Bi、As 等)，因价电子数多出 1 个，在传导带附近会形成杂质造成的能级，这种杂质能级与传导带之间的能隙很窄(约 0.01 eV)，所以多余的 1 个电子，因价带已充满电子，所以在室温下即可跃迁到传导带上去。其能级如图 9 - 5(b)所示。

在 Si、Ge 等 4 价元素中掺入少量 3 价元素(如 Al、B、Ga、In 等)时，在价带附近也会形成杂质造成的能级(约为 0.01 eV)，但因缺少 1 个电子，其结构中将留下 1 个空穴，给价带以少许能量，即可使电子跃迁到掺杂能级上，在价带上形成相应数目的空穴。这种空穴可以看成是参与导电作用的带有(+)电的载流子，如图 9 - 5(c)所示。

杂质的介入，增强了导电性，这类半导体称为增强半导体，或称掺杂半导体或者非本征半导体。

引起电子导电型(n 型)的杂质称为施主(Donor)，而引起空穴导电型(p 型)的杂质为受主(Acceptor)。施主杂质元素的化合价高于它们所替换成分的化合价，而受主杂质元素的化合物比它们所替代成分低。在 $A^{III}B^{IV}$ 复合半导体中，类似 Si 和 Ge 这样的 4 价成分，当它替代 3 价成分时是施主杂质，当它替代 5 价成分时便是受主杂质，这样的杂质称为两性杂质。

半导体的电阻率为 $10^{-4} \sim 10^{9}\ \Omega \cdot cm$，具有负的电阻温度系数。

各种已被研究的单原子和二元混合半导体(共 55 种)的主要特征已在科学出版社 2010 年 3 月出版的《认知纳米世界——纳米科学技术手册》(原书为[白俄]V·E·鲍里生科，[意]S·奥西奇尼著，原书第二版的中译本由李斌译)，其附录三中以 19 个表详细列出，请读者自行查阅。

9.2.2　原子在半导体中的扩散数据

扩散系数 D 可由下列公式计算

$$D = D_0 \exp(-Q/kT)$$

式中：D_0 为频率系数（由数据表中查找），$cm^2 \cdot s^{-1}$；Q 为扩散活化能，eV；k 为玻尔兹曼常数（1.380622×10^{-23} J/K）；T 为绝对温度，K。

表 9-8 中收集了有关原子在半导体中的扩散数据。

表 9-8　原子在半导体中的扩散数据

半导体	扩散元素	频率系数 D_0 /($cm^2 \cdot s^{-1}$)	活化能 /eV	温度范围 /℃	测量方法
Si	H	6×10^{-1}	1.03	120～1207	电学方法和离子质谱法
	Li	2.5×10^{-3}	0.65	25～1350	电学方法
	Na	1.65×10^{-3}	0.72	530～800	电学方法和火焰光度计
	K	1.1×10^{-3}	0.76	740～800	电学方法和火焰光度计
	Cu	4×10^{-2}	1.0	800～1100	放射性方法
		4.7×10^{-3}	0.43(i)	300～700	放射性方法
	Ag	2×10^{-3}	1.6	1100～1350	放射性方法
	Au	2.4×10^{-4}	0.39(i)	700～1300	放射性方法
		2.75×10^{-3}	2.05(s)		
	Be	(D 10^{-7})	—	1050	电学方法
	Ca	(D 6×10^{-14})	—	1100	电学方法
	Zn	1×10^{-1}	1.4	980～1270	电学方法
	B	2.46	3.59	1100～1250	电学方法
	B	2.4×10^{1}	3.87	840～1250	电学方法
	Al	1.38	3.41	1119～1390	电学方法
		1.8	3.2	1025～1175	电学方法
	Ga	3.74×10^{-1}	3.39	1143～1393	电学方法
		6×10^{1}	3.89	900～1050	放射性方法
	In	7.85×10^{-1}	3.63	1180～1389	电学方法
		1.94×10^{1}	3.86	1150～1242	放射性方法
	Tl	1.37	3.7	1244～1338	电学方法
		1.65×10^{1}	3.9	1105～1360	电学方法

续表 9-8

半导体	扩散元素	频率系数 D_0 /($cm^2 \cdot s^{-1}$)	活化能 /eV	温度范围 /℃	测量方法
Si	Sc	8×10^{-2}	3.2	1100 ~ 1250	放射性方法
	Ce	(D 3.9×10^{-13})	—	1050	离子质谱法
	Pr	2.5×10^{-7}	1.74	1100 ~ 1280	电学方法
	Pm	7.5×10^{-9}	1.2(s)	730 ~ 1270	放射性方法
		4.2×10^{-12}	0.13(f)		
	Er	2×10^{-3}	2.9	1100 ~ 1250	放射性方法
	Tm	8×10^{-3}	3.0	1100 ~ 1280	放射性方法
	Yb	2.8×10^{-5}	0.95	947 ~ 1097	中子活化方法
	Ti	1.45×10^{-2}	1.79	950 ~ 1200	深水平瞬间分光法
	C	3.3×10^{-1}	2.92	1070 ~ 1400	放射性方法
	Si(自扩散)	1.54×10^{2}	4.65	855 ~ 1175	离子质谱法
		1.6×10^{3}	4.77	1200 ~ 1400	放射性方法
	Ge	3.5×10^{-1}	3.92	855 ~ 1000	放射性方法
		2.5×10^{3}	4.97	1030 ~ 1302	放射性方法
		7.55×10^{3}	5.08	1100 ~ 1300	离子质谱法
	Sn	3.2×10^{1}	4.25	1050 ~ 1294	中子活化法
	N	2.7×10^{-3}	2.8	800 ~ 1200	外扩散法和离子质谱法
	P	2.02×10^{1}	3.87	1100 ~ 1250	电学方法
		1.1	3.4	900 ~ 1200	放射性方法
		7.4×10^{-2}	3.3	1130 ~ 1405	电学方法
	As	6.0×10^{1}	4.2	950 ~ 1350	放射性方法
		6.55×10^{-2}	3.44	1167 ~ 1394	电学方法
		2.29×10^{1}	4.1	900 ~ 1250	电学方法
	Sb	1.29×10^{1}	3.98	1190 ~ 1398	放射性方法
		2.19×10^{-1}	3.65	1190 ~ 1405	电学方法
	Bi	1.03×10^{3}	4.64	1220 ~ 1380	电学方法
		1.08	3.85	1190 ~ 1394	电学方法
	Cr	1×10^{-2}	1	1100 ~ 1250	放射性方法
	Mo	(D 2×10^{-10})	—	1000	深水平瞬间分光法
	W	(D 10^{-12})	—	1100	深水平瞬间分光法
	O	7×10^{-2}	2.44	700 ~ 1250	离子质谱法
		1.4×10^{-1}	2.53	700 ~ 1160	离子质谱法

续表 9-8

半导体	扩散元素	频率系数 D_0 /($cm^2 \cdot s^{-1}$)	活化能 /eV	温度范围 /℃	测量方法
Si	S	5.95×10^{-3}	1.83	975 ~ 1200	放射性方法
	Se	9.5×10^{-1}	2.6	1050 ~ 1250	电学方法
	Te	5×10^{-1}	3.34	900 ~ 1250	离子质谱法
	Mn	6.9×10^{-4}	0.63	900 ~ 1200	放射性方法
	Fe	1.3×10^{-3}	0.68	30 ~ 1250	放射性方法
	Co	2×10^{-3}	0.69	700 ~ 1300	放射性方法
	Ni	2×10^{-3}	0.47	800 ~ 1300	放射性方法
	Ru	($D\ 5 \times 10^{-7}$ ~ 5×10^{-6})	—	1000 ~ 1280	电学方法
	Rh	($D\ 10^{-6}$ ~ 10^{-4})	—	1000 ~ 1200	电学方法
	Pd	2.95×10^{-4}	0.22(i)	702 ~ 1320	中子活化法
	Pt	1.5×10^{2}	2.22	800 ~ 1000	电学方法
	Os	($D\ 2 \times 10^{-6}$)	—	1280	电学方法
	Ir	4.2×10^{-2}	1.3	950 ~ 1250	电学方法
Ge	Li	1.3×10^{-3}	0.46	350 ~ 800	电学方法
		9.1×10^{-3}	0.57	500 ~ 800	电学方法
	Na	3.95×10^{-1}	2.03	700 ~ 850	放射性方法
	Cu	1.9×10^{-4}	0.18(i)	750 ~ 900	放射性方法
		4×10^{-2}	0.99(s)	600 ~ 700	
		4×10^{-3}	0.33(i)	350 ~ 750	放射性方法
	Ag	4.4×10^{-2}	1.0(i)	700 ~ 900	放射性方法
		4×10^{-2}	2.23(s)	800 ~ 900	放射性方法
	Au	2.25×10^{2}	2.5	600 ~ 900	放射性方法
	Be	5×10^{-1}	2.5	720 ~ 900	电学方法
	Mg	($D\ 8 \times 10^{-9}$)	—	900	电学方法
	Zn	5	2.7	600 ~ 900	放射性方法及电学方法
	Cd	1.75×10^{9}	4.4	760 ~ 915	放射性方法
	B	1.8×10^{9}	4.55	600 ~ 900	电学方法
	Al	1.0×10^{3}	3.45	554 ~ 905	电学方法
		1.6×10^{2}	-3.24	750 ~ 850	电学方法
	Ga	1.4×10^{2}	3.35	554 ~ 916	离子质谱法
		3.4×10^{1}	3.1	600 ~ 900	电学方法

续表 9-8

半导体	扩散元素	频率系数 D_0 /($cm^2 \cdot s^{-1}$)	活化能 /eV	温度范围 /℃	测量方法
Ge	In	1.8×10^4	3.67	554~919	离子质谱法
		3.3×10^1	3.02	700~855	放射性方法
	Tl	1.7×10^3	3.4	800~930	放射性方法
	Si	2.4×10^{-1}	2.9	650~900	(γ)共振法
	Ge(自扩散)	2.48×10^1	3.14	549~891	放射性方法
		7.8	2.95	766~928	放射性方法
	Sn	1.7×10^{-2}	1.9	—	放射性方法
	P	3.3	2.5	600~900	电学方法
	As	2.1	2.39	700~900	电学方法
	Sb	3.2	2.41	700~855	放射性方法
		1.0×10^1	2.5	600~900	放射性方法和电学方法
	Bi	3.3	2.57	650~850	—
	O	4×10^{-1}	2.08	—	光学法
	S	(D 10^{-9})	—	920	—
	Se	(D 10^{-10})	—	920	—
	Te	5.6	2.43	750~900	放射性方法
	Fe	1.3×10^{-1}	1.08	750~900	放射性方法
	Co	1.6×10^{-1}	1.12	750~850	放射性方法
	Ni	8×10^{-1}	0.9	670~900	电学方法
GaAs	Li	5.3×10^{-1}	10	250~500	电学法和化学法
	Cu	3×10^{-2}	0.53	100~500	放射性方法
		6×10^{-2}	0.98	450~750	超声波法
		1.5×10^{-3}	0.6	800~1000	放射性方法
	Ag	4×10^{-4}	0.8	500~1150	放射性方法
	Au	1×10^{-3}	1.0	740~1025	放射性方法
	Be	7.3×10^{-6}	1.2	800~990	电学方法
	Mg	4×10^{-5}	1.22	800~1200	电学方法
	Zn	1.5×10^1	2.49	600~980	放射性方法
		2.5×10^{-1}	3.0	750~1000	放射性方法
	Cd	1.3×10^{-3}	2.2	800~1100	放射性方法
		5×10^{-2}	2.43	868~1149	放射性方法
	Hg	(D 5×10^{-14})	—	1100	放射性方法

续表 9－8

半导体	扩散元素	频率系数 D_0 /($cm^2 \cdot s^{-1}$)	活化能 /eV	温度范围 /℃	测量方法
GaAs	Al	($D\ 4 \times 10^{-18} \sim 10^{-14}$)	4.3	850～1100	AES
	Ga(自扩散)	4×10^{-5}	2.6	1025～1100	放射性方法
		1×10^{7}	5.6	1125～1230	放射性方法
	In	($D\ 7 \times 10^{-11}$)	—	1000	放射性方法
	C	($D\ 1.04 \times 10^{-16}$)	—	825	离子质谱法
	Si	1.1×10^{-1}	2.5	850～1050	离子质谱法
	Ge	1.6×10^{-5}	2.06	650～850	离子质谱法
	Sn	6×10^{-4}	2.5	1060～1200	放射性方法
		1×10^{-5}	2	800～1000	放射性方法
	P	($D\ 10^{-12} \sim 10^{-10}$)	2.9	800～1150	反射测量法
	As(自扩散)	7×10^{-1}	3.2	—	放射性方法
	Cr	2.04×10^{-6}	0.83	750～1000	离子质谱法
			1.7	700～900	
		7.9×10^{-3}	2.2	800～1100	化学分析法
	O	2×10^{-3}	1.1	700～900	质谱法
	S	1.85×10^{-2}	2.6	1000～1300	放射性方法
		1.1×10^{-1}	2.95	750～900	电学方法
	Se	3×10^{3}	4.16	1025～1200	放射性方法
	Te	1.5×10^{-1}	3.5	1000～1150	放射性方法
	Mn	6.5×10^{-1}	2.49	850～1100	放射性方法
	Fe	4.2×10^{-2}	1.8	850～1150	放射性方法
		2.2×10^{-3}	2.32	750～1050	放射性方法
	Co	5×10^{2}	2.5	800～1000	放射性方法
		1.2×10^{-1}	2.64	750～1050	放射性方法
	Tm	2.3×10^{-16}	1.0	800～1000	放射性方法
GaSb	Li	2.3×10^{-4}	1.9(s)	527～657	电学和火焰光度法
		1.2×10^{-1}	0.7	277～657	
	Cu	4.7×10^{-3}	0.9	470～650	放射性方法
	Zn	($D\ 2 \times 10^{-13} \sim 1 \times 10^{-11}$)	2	510～600	放射性方法
	Cd	1.5×10^{-6}	0.72	640～800	电学方法
	Ga(自扩散)	3.2×10^{3}	3.15	658～700	放射性方法

续表 9－8

半导体	扩散元素	频率系数 D_0 /($cm^2 \cdot s^{-1}$)	活化能 /eV	温度范围 /℃	测量方法
GaSb	In	1.2×10^{-7}	0.53	320～650	放射性方法
	Sn	2.4×10^{-5}	0.8	320～650	放射性方法
		1.3×10^{-5}	1.1	500～650	放射性方法
	Sb(自扩散)	3.4×10^{4}	3.45	658～700	放射性方法
	Se	(D 2.4×10^{-13} ～ 1.37×10^{-11})	—	400～500	放射性方法
	Te	3.8×10^{-4}	1.20	320～650	放射性方法
	Fe	5×10^{-2}	1.9(Ⅰ)	500～650	放射性方法
		5×10^{2}	2.3(Ⅱ)	500～650	
GaP	Ag	—	—	1000～1300	放射性方法
	Au	8	2.5(Ⅰ)	1050～1250	放射性方法
		20	2.4(Ⅱ)	1100～1250	扩散法
	Be	(D_{max} 2.4×10^{-9} ～8.5×10^{-8})	—	900～1000	原子吸收分析
	Mg	5×10^{-5}	1.4	700～1050	电学方法
	Zn	1.0	2.1	700～1300	放射性方法
	Ge	—	—	900～1000	放射性方法
	Cr	6.2×10^{-4}	1.2	900～1130	放射性方法 电子自旋共振法
	S	3.2×10^{3}	4.7	1120～1305	放射性方法
	Mn	2.1×10^{9}	4.7	$t < 950$	放射性方法 电子自旋共振法
		1.1×10^{-6}	0.9	950～1130	
	Fe	1.6×10^{-1}	2.3	980～1180	放射性方法
	Co	2.8×10^{-3}	2.9	850～1100	放射性方法
InP	Cu	3.8×10^{-3}	0.69	600～900	放射性方法
	Ag	3.6×10^{-4}	0.59	500～900	放射性方法
	Au	1.32×10^{-5}	0.48	600～820	放射性方法
		1.37×10^{-4}	0.73	600～900	放射性方法
	Zn	1.6×10^{-8}	0.3	750～900	电学方法
		(D 2×10^{-9} ～ 4×10^{-8})	—	700～900	放射性方法
	Cd	1.8	1.9	700～900	放射性方法
		1.1×10^{-7}	0.72	700～900	电学方法

续表 9-8

半导体	扩散元素	频率系数 D_0 /($cm^2 \cdot s^{-1}$)	活化能 /eV	温度范围 /℃	测量方法
InP		($D\ 7 \times 10^{-13}$ ~ 2×10^{-10})	—	450 ~ 650	电学方法
	In(自扩散)	1×10^{5}	3.85	830 ~ 990	放射性方法
	Sn	($D\ 3 \times 10^{-8}$)	—	550	侵蚀法和阴极发光法
	P(自扩散)	7×10^{10}	5.65	900 ~ 1000	放射性方法
	Cr	—	—	600 ~ 900	放射性方法
	S	3.6×10^{-4}	1.94	585 ~ 708	电学方法
	Se	($D\ 2 \times 10^{-8}$)	—	550	阴极发光法
	Mn	—	2.9	650 ~ 750	离子质谱法
	Fe	3	2	600 ~ 950	放射性方法
		6.8×10^{5}	3.4	600 ~ 700	离子质谱法
	Co	9×10^{-1}	1.8	600 ~ 950	放射性方法
InAs	Cu	3.6×10^{-3}	0.52	342 ~ 875	放射性方法
		2.2×10^{-2}	0.54	525 ~ 890	放射性方法
	Ag	7.3×10^{-4}	0.26	450 ~ 900	放射性方法
	Au	5.8×10^{-3}	0.65	600 ~ 900	电学方法
	Mg	1.98×10^{-6}	1.17	600 ~ 900	放射性方法
	Zn	4.2×10^{-3}	0.96	600 ~ 900	放射性方法
		3.11×10^{-3}	1.17	600 ~ 900	电学方法
	Cd	7.4×10^{-4}	1.15	650 ~ 900	放射性方法
	Hg	1.45×10^{-5}	1.32	650 ~ 850	放射性方法
	In(自扩散)	6×10^{5}	4.0	740 ~ 900	放射性方法
	Ge	3.74×10^{-6}	1.17	600 ~ 900	电学方法
	Sn	1.49×10^{-6}	1.17	600 ~ 900	电学方法
	As(自扩散)	3×10^{7}	4.45	740 ~ 900	放射性方法
	S	6.78	2.2	600 ~ 900	电学方法
	Se	12.6	2.2	600 ~ 900	电学方法
	Te	3.43×10^{-5}	1.28	600 ~ 900	电学方法
InSb	Li	7×10^{-4}	0.28	0 ~ 210	电学方法
	Cu	9×10^{-4}	1.08	200 ~ 500	放射性方法
		3×10^{-5}	0.37	230 ~ 490	放射性方法
	Ag	1×10^{-7}	0.25	440 ~ 510	放射性方法

续表 9－8

半导体	扩散元素	频率系数 D_0 /(cm^2·s^{-1})	活化能 /eV	温度范围 /℃	测量方法
InSb	Au	7×10^{-4}	0.32	140～510	放射性方法
	Zn	5×10^{-1}	1.35	362～508	放射性方法
		—	1.5	355～455	离子质谱法
	Cd	1×10^{-5}	1.1	250～500	放射性方法
		1.3×10^{-4}	1.2	360～500	电学方法
	Hg	4×10^{-6}	1.17	425～500	放射性方法
	In(自扩散)	6×10^{-7}	1.45	400～500	放射性方法
		1.8×10^{13}	4.3	475～517	放射性方法
	Sn	5.5×10^{-8}	0.75	390～512	放射性方法
	Pb	(D 2.7×10^{-15})	—	500	放射性方法
	Sb(自扩散)	5.35×10^{-4}	1.91	400～500	放射性方法
		3.1×10^{13}	4.3	475～517	放射性方法
	S	9×10^{-2}	1.4	360～500	电学方法
	Se	1.6	1.87	380～500	电学方法
	Te	1.7×10^{-7}	0.57	300～500	放射性方法
	Fe	1×10^{-7}	0.25	440～500	放射性方法
	Co	2.7×10^{-11}	0.39	420～500	放射性方法
AlAs	Ga	(D 2×10^{-18} ～10^{-15})	3.6	850～1100	俄歇电子光谱法
	Zn	(D 9×10^{-11})	—	557	扫描电子显微镜法
AlSb	Cu	3.5×10^{-3}	0.36	150～500	放射性方法
	Zn	3.3×10^{-1}	1.93	660～860	放射性方法
	Cd	(D 4×10^{-12} ～3×10^{-10})	—	900	放射性方法
	Al(自扩散)	2	1.88	570～620	X 射线法
	Sb(自扩散)	1	1.7	570～620	X 射线法
ZnS	Cu	2.6×10^{-3}	0.79	470～750	放射性方法
		4.3×10^{-4}	0.64	250～1200	电发光法
		9.75×10^{-3}	1.04	400～800	发光法
	Au	1.75×10^{-4}	1.16	500～800	放射性方法
	Zn(自扩散)	3×10^{-4}	1.5	$925<t<940$	放射性方法
		1.5×10^{4}	3.26	$940<t<1030$	

续表 9－8

半导体	扩散元素	频率系数 D_0 /($cm^2 \cdot s^{-1}$)	活化能 /eV	温度范围 /℃	测量方法
ZnS		1×10^{16}	6.5	$1030<t<1075$	
	Cd	($D\ 10^{-10}$)	—	1100	发光法
	Al	5.69×10^{-4}	1.28	800～1000	发光法
	In	3×10^{1}	2.2	750～1000	放射性方法
	S(自扩散)	2.16×10^{4}	3.15	600～800	放射性方法
		8×10^{-5}	2.2	740～1100	放射性方法
	Se	($D\ 5\times10^{-13}$)	—	1070	X 射线显微探针法
	Mn	2.3×10^{3}	2.46	500～800	放射性方法
ZnSe	Li	2.66×10^{-6}	0.49	950～980	电学方法
	Cu	1×10^{-4}	0.66	400～800	发光法
		1.7×10^{-5}	0.56	200～570	放射性方法
	Ag	2.2×10^{-2}	1.18	400～800	发光法
	Zn(自扩散)	9.8	3.0	760～1150	放射性方法
	Cd	6.39×10^{-4}	1.87	700～950	光致发光法
	Al	2.3×10^{-2}	1.8	800～1100	发光法
	Ga	1.81×10^{2}	3.0	900～1100	发光法
		—	1.3	700～850	电子探针法
	In	($D\ 2\times10^{-12}$)	—	940	—
	S	($D\ 8\times10^{-12}$)	—	1060	X 射线显微探针法
	Se(自扩散)	1.3×10^{1}	2.5	860～1020	放射性方法
		2.3×10^{-1}	2.7	1000～1050	放射性方法
	Ni	($D\ 1.5\times10^{-8}$～1.7×10^{-7})	—	740～910	发光法
ZnTe	Li	2.9×10^{-2}	1.22(s)	400～700	核反应分析和化学分析
		1.7×10^{-4}	0.78(f)		
	Zn(自扩散)	2.34	2.56	760～860	放射性方法
		1.4×10^{1}	2.69	667～1077	放射性方法
	Al	—	2.0	700～1000	电学和光学法
	In	4	1.96	1100～1300	放射性方法
	Te(自扩散)	2×10^{4}	3.8	727～977	放射性方法
CdS	Li	3×10^{-6}	0.68	610～960	显微硬度法
	Na	($D\ 3\times10^{-7}$)	—	800	放射性方法

续表 9-8

半导体	扩散元素	频率系数 D_0 /($cm^2 \cdot s^{-1}$)	活化能 /eV	温度范围 /℃	测量方法
CdS	Cu	1.5×10^{-3}	0.76	400 ~ 700	放射性方法
		1.2×10^{-2}	1.05	300 ~ 700	超声波法
		8×10^{-5}	0.72	20 ~ 200	电学方法
	Ag	2.5×10^{1}	1.2(s)	300 ~ 500	放射性方法
		2.4×10^{-1}	0.8(f)		
	Au	2×10^{2}	1.8	500 ~ 800	放射性方法
	Zn	1.27×10^{-9}	0.86(s)	720 ~ 1000	放射性方法
		1.22×10^{-8}	0.66(f)		
	Cd(自扩散)	3.4	2.0	700 ~ 1100	放射性方法
	Ga	—	—	667 ~ 967	光学法和显微探针法
	In	6×10^{1}	2.3(∥)	650 ~ 930	光学法和显微探针法 放射性方法
		1×10^{1}	2.03(⊥)		
	P	6.5×10^{-4}	1.6	800 ~ 1100	放射性方法
	S(自扩散)	1.6×10^{-2}	2.05	800 ~ 900	放射性方法
		—	2.4	750 ~ 1050	放射性方法
	Se	($D\ 1.2 \times 10^{-9}$)	—	900	放射性方法
	Te	1.3×10^{-7}	10.4	700 ~ 1000	放射性方法
	Cl	($D\ 3 \times 10^{-10}$)	—	800	电学方法
	I	($D\ 5 \times 10^{-12}$)	—	1000	放射性方法
	Ni	6.75×10^{-3}	10.9	570 ~ 900	发光法
	Yb	($D\ 1.3 \times 10^{-9}$)	—	960	光致发光法
CdSe	Ag	2×10^{-4}	0.53	22 ~ 400	超声波法
	Cd(自扩散)	1.6×10^{-3}	1.5	700 ~ 1000	放射性方法
		6.3×10^{-2}	1.25(Ⅰ)	600 ~ 900	放射性方法
		4.12×10^{-2}	2.18(Ⅱ)	600 ~ 900	放射性方法
	P	($D\ 5.3 \times 10^{-12}$ ~ 6×10^{-11})	—	900 ~ 1000	放射性方法
	Se(自扩散)	2.6×10^{3}	1.55	700 ~ 1000	放射性方法
CdTe	Li	($D\ 1.5 \times 10^{-10}$)	—	300	离子显微探针法
	Cu	3.7×10^{-4}	0.67	97 ~ 300	放射性方法
		8.2×10^{-8}	0.64	290 ~ 350	离子反散射方法
	Ag	—	—	700 ~ 800	电学和光致发光法

续表 9-8

半导体	扩散元素	频率系数 D_0 /($cm^2 \cdot s^{-1}$)	活化能 /eV	温度范围 /℃	测量方法
CdTe	Au	6.7×10^1	2.0	600~1000	放射性方法
	Cd(自扩散)	1.26	2.07	700~1000	放射性方法
		3.26×10^2	2.67(Ⅰ)	650~900	放射性方法
		1.58×10^1	2.44(Ⅱ)		放射性方法
	In	8×10^{-2}	1.61	650~1000	放射性方法
		1.17×10^2	2.21(Ⅰ)	500~850	放射性方法
		6.48×10^{-4}	1.15(Ⅱ)		放射性方法
	Sn	8.3×10^{-2}	2.2	700~925	放射性方法
	P	(D 1.2×10^{-10})	—	900	放射性方法
	As	—	—	850	—
	O	5.6×10^{-9}	1.22	200~650	质谱法
		6.0×10^{-10}	0.29	650~900	
	Se	1.7×10^{-4}	1.35	700~1000	放射性方法
	Te(自扩散)	8.54×10^{-7}	1.42(Ⅰ)	600~900	放射性方法
		1.66×10^{-4}	1.38(Ⅱ)	500~800	
	Cl	7.1×10^{-2}	1.6	520~800	放射性方法
	Fe	(D 4×10^{-8})	0.77	900	放射性方法
HgSe	Sb	6.3×10^{-5}	0.85	540~630	放射性方法
	Se(自扩散)	—	—	200~400	放射性方法
HgTe	Ag	6×10^{-4}	0.8	250~350	放射性方法
	Zn	5×10^{-8}	0.6	250~350	放射性方法
	Cd	3.1×10^{-4}	0.66	250~350	放射性方法
	Hg(自扩散)	2×10^{-8}	0.6	200~350	放射性方法
	In	6×10^{-6}	0.9	200~300	放射性方法
	Sn	1.72×10^{-6}	0.66(s)	200~300	放射性方法
		1.8×10^{-3}	0.80(f)		
	Te(自扩散)	10^{-6}	1.4	200~400	放射性方法
	Mn	1.5×10^{-4}	1.3	250~350	放射性方法
PbS	Cu	4.6×10^{-4}	0.36	150~450	电学方法
		5×10^{-3}	0.31	100~400	电学方法
	Pb(自扩散)	8.6×10^{-5}	1.52	500~800	放射性方法
	S(自扩散)	6.8×10^{-5}	1.38	500~750	放射性方法

续表 9 - 8

半导体	扩散元素	频率系数 D_0 /($cm^2 \cdot s^{-1}$)	活化能 /eV	温度范围 /℃	测量方法
PbS	Ni	1.78×10^1	0.95	200 ~ 500	电学方法
PbSe	Na	1.5×10^1	1.74(s)	400 ~ 850	放射性方法
		5.6×10^{-6}	0.4(f)		
	Cu	2×10^{-5}	0.31	93 ~ 520	放射性方法
	Ag	7.4×10^{-4}	0.35	400 ~ 850	放射性方法
	Pb(自扩散)	4.98×10^{-6}	0.83	400 ~ 800	放射性方法
	Sb	3.4×10^{-1}	2.0	650 ~ 850	放射性方法
	Se(自扩散)	2.1×10^{-5}	1.2	650 ~ 850	放射性方法
	Cl	1.6×10^{-8}	0.45	400 ~ 850	放射性方法
	Ni	($D\ 1 \times 10^{-10}$)	—	700	放射性方法
PbTe	Na	1.7×10^{-1}	1.91	600 ~ 850	放射性方法
	Sn	3.1×10^{-2}	1.56	500 ~ 800	放射性方法
	Pb(自扩散)	2.9×10^{-5}	0.6	250 ~ 500	放射性方法
	Sb	4.9×10^{-2}	1.54	500 ~ 800	放射性方法
	Te	2.7×10^{-6}	0.75	500 ~ 800	放射性方法
	Cl	($D > 2.3 \times 10^{-10}$)	—	700	放射性方法
	Ni	($D > 1 \times 10^{-6}$)	—	700	放射性方法

10 太阳能电池材料的光学性能

10.1 新能源和太阳能的直接应用

新能源 主要是指太阳能、风能、海洋热能、潮汐和地热发电以及核燃料和“二次能源”氢、甲醇等。其中太阳能发电及风力发电是发展速度快、最受世界各国高度重视的、可再生的清洁能源。

太阳能是取之不尽的，太阳辐射能，虽然仅有二十二亿分之一到达地球大气的最高层，并且还有一部分被大气反射和用以加热空气，然而每秒钟到达地面上的总能量已高达80万亿千瓦，相当于60万t标准煤燃烧产生的能量，这是一个非常巨大并且能连续供应的能源。

太阳能的直接应用 基本上有三种方式：(1)太阳辐射能直接转换成热能。光－热转换需要用高效率的聚光集热材料制造聚光集热器以及储存热能。(2)太阳辐射能直接转换成电能。利用光电效应使太阳能转换成电能是通过太阳能电池来实现的。太阳能电池的关键是光电转换材料，硅、硫化镉、砷化镓等材料，都可用来制造这种电池。(3)太阳辐射能直接转换成化学能。绿色植物的光合作用就是光－化转换，但它不能完全受人控制。人们正在努力寻找完全可控的光－化转换方法。所以，直接利用太阳能的关键是提供各种转换效率高的光－热、光－电和光－化转换材料。

10.2 光电转换材料的工作原理

A·爱因斯坦(A. Einstein)凭借对于理论的贡献，特别是发现光电效应的原理而获得1921年诺贝尔物理学奖。而光电效应(Photoelectric effect)是指物质在光照下电子特性的变化。它可以是外部的(当光照射时固体的表面释放出电子)，或者是内部的(当物质受到照射时它内部的电子特性发生改变)。外部光电效应也被称为光电效应。所谓光电发射是固体吸收光子(代表光的一个量子的粒子，它具有能量 $E = h\nu$，其中 ν 是辐射能光子的频率，h 是普朗克常数，$h = 6.626076 \times 10^{-34}\ \mathrm{J \cdot s}$)并放出电子的过程。而光发射电子脱离固体需有一个最大能量 $E = h\nu - E_1$，其中 E_1 是电离能。

故可以这样理解，具有能量 $h\nu$ 的光子，射到固体表面时，将能量传给了固体中的电子，一部分能量用于电子脱离表面所需要的功(电离能)，另一部分能量转换成脱出固体表面的电子的动能。

从公式 $E = h\nu - E_1$ 可以看出：照射光的频率越大，光子的能量也越大，因而从固体中释放出的电子速度和动能也越大，和光的强度无关。但光的强度(光子通量)大，表示光子数量多，所以照射光越强，吸收光子并从固体表面释放的电子数也越多，光电流也就越强。由此可见，太阳能电池产生电能的大小，不仅与光子频率有关，而且还与光线的强度有关。

10.3 太阳能电池发展的三次技术革新浪潮

美国内诺索洛尔公司(Nanosolar)提出太阳能产业的“三次技术革命新浪潮”概念，如表10-1所示。

第一次技术革新浪潮发生在30年前，是以太阳能级硅和硅片为原料的晶体硅电池(Crystalline silicon solar cell)，它目前仍然是太阳能产业的主流。但是，该技术想要继续大幅地降低成本，难度不小。因为需要通过改良西门子法提纯多晶硅，所以硅棒和硅片的价格居高不下。而且由于硅材料对太阳光的吸收系数不高，硅片必须有一定的厚度，也不利于降低成本。另外，硅片和电池片易碎，就更增加整个生产过程的操作难度。

表10-1 太阳能电池发展的三次技术革新浪潮

三次技术革新浪潮	第一次	第二次	第三次
	晶体硅电池	玻璃衬底、真空沉积的薄膜电池	卷对卷柔性电池
工艺	以太阳能级硅为原材料	真空溅射和沉积	不需要真空条件的印刷技术
工艺特点	硅片、电池片易碎	设备昂贵	易于规模化
生产良率	高	较高	高
材料使用率	30%	30%~50%	>95%
衬底材料	硅片	导电玻璃	导电塑料或金属箔片
电流	高	低	高
能源回收期	3年	1.7年	<1个月
产出/投入	1	2~5	10~25

注：数据来源：Nanosolar，引自[35]-1-7。

第二次技术革新浪潮发生在10年前，薄膜太阳能电池从此开始了产业化。10年以来，以a-Si/μc-Si、CIGS和CdTe为代表的薄膜电池，工艺日趋成熟。薄膜电池的吸收层厚度是晶体硅电池的1/100，相对来说产品成本较低。但是，薄膜电池的设备和导电玻璃的高成本也很难回避：

(1)半导体吸收层的制备需要真空沉积，工艺过程较慢，设备昂贵。

(2)由于采用前壁型结构需要溅射背电极，也增加了一部分的设备成本。

(3)因为薄膜必须沉积在导电玻璃上，而导电玻璃的成本仍然较高，一般占到产品成本的1/3。

第三次技术革新浪潮发生在2007年，以柔性电池为代表，原材料成本低廉，运用成熟的高速报纸印刷卷对卷技术，与薄膜电池一样，无机柔性电池的薄膜厚度也是晶体硅电池的1/100，原材料成本较低。但是，不同的是，原材料不是硅烷气体，而是含有半导体材料的纳米油墨，设备也不需要真空条件。因此，可以称为是成本最低廉的太阳能电池。美国Nanosolar公司，在铝箔上印刷无机半导体CIGS薄膜，2007年12月实现\$1/W_p的成本(W_p为峰值功率Watt-peak)。太阳能组件的平均价格以1975年的\$100/W_p下降至2007年底的\$4/W_p。若成本下降至\$1/W_p，使太阳能发电成本低于火电，理论上实现了所谓的平价上网。

此外，测试结果表明，柔性电池在屋顶光伏系统中应用的寿命>25年。

早在2000年，全世界太阳能行业就定下了2020年的行业目标：

(1)把单晶硅电池的转换效率从16.5%提高到22%；

(2)多晶硅电池的转换效率从14.5%提高到20%；

(3)a－Si/μc－Si、CIGS和CdTe薄膜电池的转换效率提高到10%～15%；

(4)发展有机电池和GaAs电池；

(5)鼓励BIPV，以降低系统成本。

能源危机和全球气候变暖两大问题，促使各国政府推动可再生能源的发展，而太阳能在可再生能源行业的地位举足轻重。2001年全球电力需求是15.578 TWh，2040年将达36.346 TWh，其中太阳能将占主导地位，如图10－1所示。

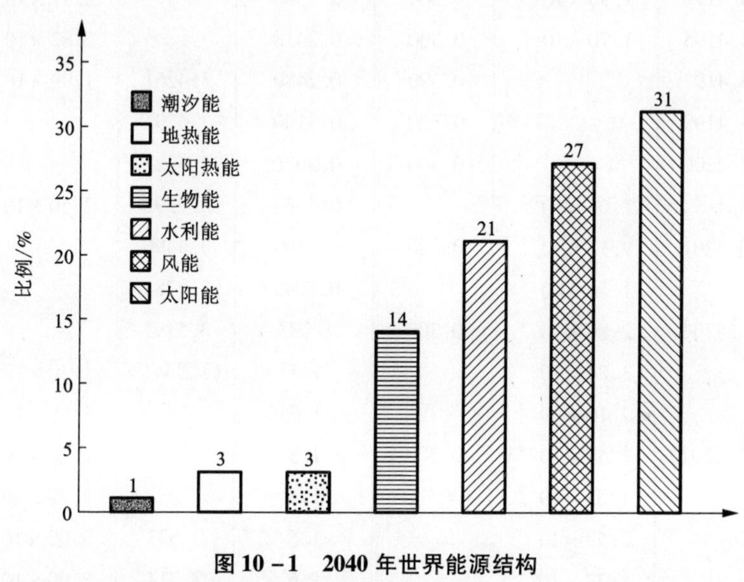

图10－1 2040年世界能源结构

（数据来源：IEA、EREC）

10.4 单晶硅电池的光学性能

单晶硅电池的光学性能数据列于表10－2中。

表10－2及表10－3中表头符号的说明：

光子能量photon energy，E/eV，光子是代表光的一个量子的粒子，它具有能量$E=h\nu$，其中ν是辐射能的频率。光子的静止质量为零。

在光子能量和真空中波长之间的关系中：波长$\lambda=1$ μm时光子能量$E=1.240$ eV。

波数wave mumber，$\bar{v}$/cm^{-1}，单位长度内波的数目。它是波长λ的倒数，即$\bar{v}=\frac{1}{\lambda}=\frac{\gamma}{c}$，其中$\gamma$是频率，也是波的传播的速度。

折射率index of refraction，n。

消光系数k，extinction coefficient k，是材料的一种特性，用以表征材料在其中传播的光衰减的能力。

入射光的反射率R，incidence reflection $R(p=0)$，是指总的反射辐射强度和总的入射辐射强度的比率。(例如硅的相应数据表明，有30%以上的入射光将被反射掉，从制取高效率太阳能电池的观点来看，这显然是不理想的。为了尽可能减小这个数值，在制造太阳能电池过程将采用减反射膜以及其他措施来应对)。

表10-2 单晶硅电池的光学性能

光子能量 /eV	折射率 n	消光系数 k	反射率 $R(\phi=0)$	光子能量 /eV	折射率 n	消光系数 k	反射率 $R(\phi=0)$
0.01240	3.4185	2.90×10^{-4}	0.300	0.2232		3.94×10^{-7}	
0.01488	3.4190	2.30×10^{-4}	0.300	0.2294		3.26×10^{-7}	
0.01736	3.4192	1.90×10^{-4}	0.300	0.2356		2.97×10^{-7}	
0.01984	3.4195	1.70×10^{-4}	0.300	0.2418		2.82×10^{-7}	
0.02480	3.4197		0.300	0.2480	3.4261	1.99×10^{-7}	0.300
0.03100	3.4199		0.300	0.3100	3.4294		0.301
0.04092	3.4200		0.300	0.3626	3.4327		0.301
0.04463		1.08×10^{-4}		0.4568	3.4393	2.50×10^{-9}	0.302
0.04959	3.4201	9.15×10^{-5}	0.300	0.6199	3.4490		0.303
0.05703		1.56×10^{-4}		0.8093	3.4784		0.306
0.06199	3.4204	2.86×10^{-4}	0.300	1.033	3.5193		0.311
0.06943		3.84×10^{-4}		1.1	(3.5341)	1.30×10^{-5}	0.312
0.07439		7.16×10^{-4}		1.2		1.80×10^{-4}	
0.08059	(3.4207)	1.52×10^{-4}	0.300	1.3		2.26×10^{-3}	
0.08679		1.02×10^{-4}		1.4		7.75×10^{-3}	
0.09299		2.59×10^{-4}		1.5	3.673	5.00×10^{-3}	0.327
0.09919		1.77×10^{-4}		1.6	3.714	8.00×10^{-3}	0.331
0.1054		1.53×10^{-4}		1.7	3.752	1.00×10^{-2}	0.335
0.1116		2.02×10^{-4}		1.8	3.796	0.013	0.340
0.1178		1.22×10^{-4}		1.9	3.847	0.016	0.345
0.1240	3.4215	6.76×10^{-5}	0.300	2.0	3.906	0.022	0.351
0.1364		5.49×10^{-5}		2.1	3.969	0.030	0.357
0.1488		2.41×10^{-5}		2.2	4.042	0.032	0.364
0.1612		2.49×10^{-5}		2.3	4.123	0.048	0.372
0.1736	(3.4230)	1.68×10^{-5}	0.300	2.4	4.215	0.060	0.380
0.1798		2.45×10^{-5}		2.5	4.320	0.073	0.390
0.1860		2.66×10^{-6}		2.6	4.442	0.090	0.400
0.1984		8.46×10^{-7}		2.7	4.583	0.130	0.412
0.2046		5.64×10^{-7}		2.8	4.753	0.163	0.426
0.2108	(3.4244)	4.17×10^{-7}	0.300	2.9	4.961	0.203	0.442
0.2170		4.05×10^{-7}		3.0	5.222	0.269	0.461

续表 10 - 2

光子能量 /eV	折射率 n	消光系数 k	反射率 $R(\phi=0)$	光子能量 /eV	折射率 n	消光系数 k	反射率 $R(\phi=0)$
3.1	5.570	0.387	0.486	5.8	1.133	3.045	0.672
3.2	6.062	0.630	0.518	5.9	1.083	2.982	0.673
3.3	6.709	1.321	0.561	6.0	1.010	2.909	0.677
3.4	6.522	2.705	0.592	6.5	0.847	2.73	0.688
3.5	5.610	3.014	0.575	7.0	0.682	2.45	0.691
3.6	5.296	2.987	0.564	7.5	0.563	2.21	0.693
3.7	5.156	3.058	0.563	8.0	0.478	2.00	0.691
3.8	5.065	3.182	0.568	8.5	0.414	1.82	0.688
3.9	5.016	3.346	0.577	9.0	0.367	1.66	0.683
4.0	5.010	3.587	0.591	9.5	0.332	1.51	0.672
4.1	5.020	3.979	0.614	10.0	0.306	1.38	0.661
4.2	4.888	4.639	0.652	12.0	0.257	0.963	0.590
4.3	4.086	5.395	0.703	14.0	0.275	0.641	0.460
4.4	3.120	5.344	0.726	16.0	0.345	0.394	0.297
4.5	2.451	5.082	0.740	18.0	0.455	0.219	0.159
4.6	1.988	4.678	0.742	20.0	0.567	0.0835	0.079
4.7	1.764	4.278	0.728	22.14	0.675	0.0405	0.038
4.8	1.658	3.979	0.710	24.31	0.752	0.0243	0.020
4.9	1.597	3.749	0.693	26.38	0.803	0.0178	0.012
5.0	1.570	3.565	0.675	28.18	0.834	0.0152	0.008
5.1	1.571	3.429	0.658	30.24	0.860	0.0138	0.006
5.2	1.589	3.354	0.646	31.79	0.877	0.0132	0.004
5.3	1.579	3.353	0.647	34.44	0.899	0.0121	0.003
5.4	1.471	3.366	0.663	36.47	0.913	0.0113	0.002
5.5	1.340	3.302	0.673	38.75	0.925	0.0104	0.002
5.6	1.247	3.206	0.675	40.00	0.930	0.0100	0.001
5.7	1.180	3.112	0.673				

注：数据引自[7] - 12 - 150。

10.5　太阳能薄膜电池的光学性能

CdTe、GaAs、InP、Ga(l)及 Ge 等薄膜电池的光学性能数据列于表 10 - 3 中。

表 10-3　太阳能薄膜电池的光学性能

光子能量 E/eV	波数 $\bar{v}$/cm^{-1}	波长 λ/μm	折射率 n	消光系数 k	反射率 R
CdTe					
4.9	39520	0.2530	2.48	2.04	0.39
4.1	33070	0.3024	2.33	1.59	0.32
3.9	31450	0.3179	2.57	1.90	0.37
3.5	28230	0.3542	2.89	1.52	0.34
3.1	25000	0.4000	3.43	1.02	0.34
3.0	24200	0.4133	3.37	0.861	0.32
2.755	22220	0.45	3.080	0.485	0.27
2.75	22180	0.4509	3.23	0.636	0.29
2.610	21050	0.475	3.045		
2.5	20160	0.4959	3.14	0.525	0.28
2.25	18150	0.5510	3.05	0.411	0.26
1.771	14290	0.70	2.861	0.210	0.23
1.512	12200	0.82	2.880	0.040	0.23
1.5	12100	0.8266	2.98	0.319	0.25
1.475	11900	0.840	2.905	0.00134	0.24
1.47	11860	0.8434		0.000671	
1.465	11820	0.8463		3.37	
1.46	11780	0.8492		1.89	
1.459	11760	0.850	2.948		0.24
1.455	11740	0.8521		1.08×10^{-4}	
1.45	11690	0.8551	2.9565	5.10×10^{-5}	0.24
1.445	11650	0.8580		2.73	
1.442	11630	0.860	2.952		0.24
1.44	11610	0.8610	2.9479	1.37	0.32
1.43	11530	0.8670	2.9402		0.24
1.30	10490	0.9537	2.8720		0.23
1.24	10000	1.0	2.840		0.23
1.20	9679	1.033	2.8353		0.23
1.10	8872	1.127	2.8050		0.23
1.00	8065	1.240	2.7793		0.22
0.90	7259	1.378	2.7537		0.22
0.80	6452	1.550	2.7384		0.22

续表 10－3

光子能量 E/eV	波数 $\bar{v}$/cm^{-1}	波长 λ/μm	折射率 n	消光系数 k	反射率 R
0.70	5646	1.771	2.7223		0.21
0.60	4839	2.066	2.7086		0.21
0.50	4033	2.480	2.6972		0.21
0.40	3226	3.100	2.6878		0.21
0.30	2420	4.133	2.6800		0.21
0.20	1613	6.199	2.6722		0.21
0.10	806.5	12.40	2.6335		0.20
0.09	725.9	13.78	2.6482		0.20
0.06819	550	18.18	2.623		0.20
0.0573	462	21.6		3.8×10^{-6}	0.20
0.05	403.3	24.80	2.5801		0.19
0.0469	378	26.5		8.0×10^{-5}	
0.04592	370.3	27		9.80×10^{-4}	
0.04133	333.3	30	2.55916	2.86×10^{-4}	0.19
0.04092	330	30.30	2.531	3.34	0.57
0.03720	300	33.33	2.494	4.97	0.73
0.03647	294.1	34.00		8.93	
0.03596	290	34.48	2.478	5.77×10^{-3}	0.18
0.03493	281.7	35.5		7.91	
0.03472	280	35.71	2.459	6.76	0.83
0.03100	250	40	2.378	1.18×10^{-2}	0.17
0.02917	235.3	42.5		6.93	
0.02852	230	43.48	2.289	1.87	0.36
0.02728	220	45.45	2.224	2.47×10^{-2}	0.14
0.02604	210	47.62	2.137	3.4×10^{-2}	0.13
0.02480	200	50.00	2.013	4.97×10^{-2}	0.11
0.02384	192.3	52.0		6.21	
0.01798	145	68.97	1.8	5.2	0.79
0.01736	140	71.43	6.778	4.50	0.66
0.01550	125	80.0	4.598	0.294	0.41
0.01364	110	90.91	3.868	9.47×10^{-2}	0.35
0.01240	100	100	3.649	5.68×10^{-2}	0.32

续表 10-3

光子能量 E/eV	波数 $\bar{v}$/cm^{-1}	波长 λ/μm	折射率 n	消光系数 k	反射率 R
0.009919	80	125	3.415	0.0262	0.30
0.008679	70	142.9	3.348	0.0189	0.29
0.007439	60	166.7	3.299	1.39	0.35
0.006199	50	200	3.263	1.03	0.32
0.004959	40	250	3.236	7.52×10^{-3}	0.28
0.003720	30	333.3	3.217		0.28
0.023015	18.563		538.71	3.2096	0.28
0.001550	12.50	80		6.18	0.28
GaAs					
155		0.007999		0.0181	
145		0.008551		0.0203	
130		0.009537		0.0224	
110		0.01127		0.0278	
90		0.01378		0.0323	
70		0.01771		0.0376	
40		0.03100		0.0426	
23		0.05391	1.037	0.228	
7.0		0.1771	1.063	1.838	
6.0	48390	0.2066	1.264	2.472	0.61
5.00	40330	0.2480	2.273	4.084	0.67
4.00	32260	0.3100	3.601	1.920	0.42
3.00	24200	0.4133	4.509	1.948	0.47
2.50	20160	0.4959	4.333	0.441	0.39
2.00	16130	0.6199	3.878	0.211	0.35
1.80	14520	0.8888	3.785	0.151	0.34
1.60	12900	0.7749	3.700	0.091	0.33
1.50	12100	0.8266	3.666	0.080	0.33
1.40	11290	0.8856	3.6140	1.69×10^{-3}	0.32
1.20	9679	1.033	3.4920		0.31
1.00	8065	1.240	3.4232		0.30
0.80	6452	1.550	3.3737		0.29
0.50	4033	2.480	3.3240		0.29

续表 10-3

光子能量 E/eV	波数 $\bar{v}$/cm^{-1}	波长 λ/μm	折射率 n	消光系数 k	反射率 R
0.25	2016	4.959	3.2978		0.29
0.15	1210	8.266	3.2831		0.28
0.100	806.5	12.40	3.2597	4.93×10^{-6}	0.28
0.090	725.9	13.78	3.2493	1.64×10^{-5}	0.28
0.070	564.6	17.71	3.2081	2.32×10^{-4}	0.28
0.060	483.9	20.66	3.1609	3.45×10^{-3}	0.27
0.0495	399.2	25.05	3.058	2.07×10^{-3}	0.26
0.03968	320	31.25	2.495	2.43×10^{-2}	0.18
0.03496	282	35.46	0.307	2.94×10^{-2}	
0.02976	240	41.67	4.57	4.26×10^{-2}	0.41
0.02066	166.7	60	3.77	3.89×10^{-3}	0.34
0.01550	125	80	3.681	1.84×10^{-3}	0.33
0.008266	66.67	150	3.62	2.14×10^{-3}	0.32
0.002480	20	500	3.607	1.30×10^{-3}	0.32
0.001240	10	1000	3.606		0.32
		InP			
20		0.06199	0.793	0.494	
15		0.08266	0.695	0.574	
10		0.1240	0.806	1.154	
5.5	44360	0.2254	1.426	2.562	0.79
5.0	40330	0.2480	2.131	3.495	0.61
4.0	32260	0.3100	3.141	1.730	0.38
3.0	24200	0.4133	4.395	1.247	0.43
2.0	16130	0.6199	3.549	0.317	0.32
1.5	12100	0.8266	3.456	0.203	0.31
1.25	10085	0.9915	3.324		0.29
1.00	8068	1.239	3.220		0.28
0.50	4034	2.479	3.114		0.26
0.30	2420	4.131	3.089		0.26
0.10	806.8	12.39	3.012		0.25
0.075	605.1	16.53	2.932		0.24
0.060	484.1	20.66	2.780	1.46×10^{-2}	0.22

续表 10-3

光子能量 E/eV	波数 $\bar{\nu}$/cm^{-1}	波长 λ/μm	折射率 n	消光系数 k	反射率 R
0.050	403.4	24.79	2.429	3.35×10^{-2}	0.17
0.03992	322	31.06	0.307	3.57	
0.03496	282	35.46	3.89	0.282	0.35
0.03100	250	40.00	4.27	3.0×10^{-2}	0.39
0.02728	220	45.45	3.93	1.3×10^{-2}	0.35
0.02480	200	50.0	3.81	8.7×10^{-3}	0.34
0.02418	195	51.28	3.19		0.27
0.02232	180	55.56	3.19		0.27
0.01860	150	66.67	3.65		0.32
0.01240	100	100	3.57		0.32
0.009919	80	125.0	3.551		0.31
0.007439	60	166.7	3.538		0.31
0.004959	40	250.0	3.529		0.31
0.002480	20	500	3.523		0.31
0.001240	10	1000.0	3.522		0.31
Ga(l)					
1.425			2.40	9.20	0.900
1.550			2.09	8.50	0.898
1.771			1.65	7.60	0.898
2.066			1.25	6.60	0.897
2.480			0.89	5.60	0.898
3.100			0.59	4.50	0.896
Ge					
0.01240			(4.0065)	3.00×10^{-3}	0.361
0.01360			4.0063	2.40×10^{-3}	0.361
0.01488			(4.0060)	1.70×10^{-3}	0.361
0.01612			(4.0060)	1.55×10^{-3}	0.361
0.01736			(4.0060)	1.50×10^{-3}	0.361
0.01860				1.50×10^{-3}	
0.01984				1.60×10^{-3}	
0.02108				1.60×10^{-3}	
0.02232				1.55×10^{-3}	

续表 10 - 3

光子能量 E/eV	波数 $\bar{v}$/cm^{-1}	波长 λ/μm	折射率 n	消光系数 k	反射率 R
0.02356				1.53×10^{-3}	
0.02480				1.50×10^{-3}	
0.02604				1.25×10^{-3}	
0.02728				8.50×10^{-4}	
0.02852				6.50×10^{-4}	
0.02976				7.00×10^{-4}	
0.03100			3.9827	8.50×10^{-4}	0.358
0.03224				1.55×10^{-3}	
0.03348				2.75×10^{-3}	
0.03472				3.55×10^{-3}	
0.03596			(3.9900)	3.05×10^{-3}	0.359
0.03720				2.75×10^{-3}	
0.03844				2.70×10^{-3}	
0.03968			(3.9930)	2.90×10^{-3}	0.359
0.04092				2.95×10^{-3}	
0.04215				3.20×10^{-3}	
0.04339				6.30×10^{-3}	
0.04463				3.40×10^{-3}	
0.04587			(3.9955)	2.50×10^{-3}	0.360
0.04711				2.10×10^{-3}	
0.04835				2.00×10^{-3}	
0.04959				8.00×10^{-4}	
0.05083				1.40×10^{-3}	
0.05207				1.35×10^{-3}	
0.05331				1.10×10^{-3}	
0.05455				8.00×10^{-4}	
0.05579				6.00×10^{-4}	
0.05703				9.00×10^{-4}	
0.05827				6.5×10^{-4}	
0.05951				4.6×10^{-4}	
0.06075				4.0×10^{-4}	
0.06199			3.9992	3.98×10^{-4}	0.360

续表 10-3

光子能量 E/eV	波数 $\bar{v}$/cm^{-1}	波长 λ/μm	折射率 n	消光系数 k	反射率 R
0.06323				4.0×10^{-4}	
0.06447				4.3×10^{-4}	
0.06571				4.4×10^{-4}	
0.06695			(4.0000)	4.3×10^{-4}	0.360
0.06819				3.1×10^{-4}	
0.06943				3.3×10^{-4}	
0.07067				3.8×10^{-4}	
0.07191				3.3×10^{-4}	
0.07315				2.5×10^{-4}	
0.07439				1.9×10^{-4}	
0.07514				1.58×10^{-4}	
0.07749			4.0009	9.55×10^{-5}	0.360
0.07999			4.0011	1.71×10^{-4}	0.360
0.08266			4.0013	9.78×10^{-5}	0.360
0.08551			4.0015	5.77×10^{-5}	0.360
0.08920				3.98×10^{-5}	
0.09460				4.59×10^{-5}	
0.09840				3.51×10^{-5}	
0.1			4.0063	3.70×10^{-5}	0.361
0.2			4.0108		0.361
0.3			4.0246		0.362
0.4			4.0429		0.364
0.5			(4.074)		0.367
0.6			(4.104)	6.58×10^{-7}	0.370
0.7			4.180	1.27×10^{-4}	0.377
0.8			4.275	5.67×10^{-3}	0.385
0.9			4.285	7.45×10^{-2}	0.386
1.0			4.325	8.09×10^{-2}	0.390
1.1			4.385	0.103	0.395
1.2			4.420	0.123	0.398
1.3			4.495	0.167	0.405
1.4			4.560	0.190	0.411

续表 10-3

光子能量 E/eV	波数 $\bar{v}$/cm^{-1}	波长 λ/μm	折射率 n	消光系数 k	反射率 R
1.5			4.635	0.298	0.418
1.6			4.763	0.345	0.428
1.7			4.897	0.401	0.439
1.8			5.067	0.500	0.453
1.9			5.380	0.540	0.475
2.0			5.588	0.933	0.495
2.1			5.748	1.634	0.523
2.2			5.283	2.049	0.516
2.3			5.062	2.318	0.519
2.4			4.610	2.455	0.508
2.5			4.340	2.384	0.492
2.6			4.180	2.309	0.480
2.7			4.082	2.240	0.471
2.8			4.035	2.181	0.464
2.9			4.037	2.140	0.461
3.0			4.082	2.145	0.463
3.1			4.141	2.215	0.471
3.2			4.157	2.340	0.482
3.3			4.128	2.469	0.490
3.4			4.070	2.579	0.497
3.5			4.020	2.667	0.502
3.6			3.985	2.759	0.509
3.7			3.958	2.863	0.517
3.8			3.936	2.986	0.527
3.9			3.920	3.137	0.539
4.0			3.905	3.336	0.556
4.1			3.869	3.614	0.579
4.2			3.745	4.009	0.612
4.3			3.338	4.507	0.659
4.4			2.516	4.669	0.705
4.5			1.953	4.297	0.713
4.6			1.720	3.960	0.702
4.7			1.586	3.709	0.690

续表 10－3

光子能量 E/eV	波数 $\bar{v}$/cm^{-1}	波长 λ/μm	折射率 n	消光系数 k	反射率 R
4.8			1.498	3.509	0.677
4.9			1.435	3.342	0.664
5.0			1.394	3.197	0.650
5.1			1.370	3.073	0.636
5.2			1.364	2.973	0.622
5.3			1.371	2.897	0.609
5.4			1.383	2.854	0.600
5.5			1.380	2.842	0.598
5.6			1.360	2.846	0.602
5.7			1.293	2.163	0.479
5.8			1.209	2.873	0.632
5.9			1.108	2.813	0.641
6.0			1.30	2.34	0.517
6.5			1.10	2.05	0.489
7.0			1.00	1.80	0.448
7.5				1.60	
8.0			0.92	1.40	0.348
8.5			0.92	1.20	0.282
9.0			0.92	1.14	0.262
9.5				1.00	
10.0			0.93	0.86	0.167
20.0				0.237	
22.0				0.179	
24.0				0.144	
26.0				0.110	
28.0				0.0747	
30.0				0.1020	
32.0				0.0999	
34.0				0.0856	
36.0				0.0740	
38.0				0.0651	
40.0				0.0604	

主要参考文献

[1] 彭容秋. 铅锌冶金学. 北京：科学出版社，2003：26－48.
[2] 中国冶金百科全书总编辑委员会《有色金属冶金》卷编辑委员会. 中国冶金百科全书：有色金属冶金. 北京：冶金工业出版社，1999.
[3] Daintith J. The Facts on File Dictionary of Chemistry. 3rd Edition. Checkmark Books, Market House Books Ltd., New York, 1999.
[4] Oxtoby D W, Gillis H P, Campion A, Helal H H, Gaither K P, Principles of Modern Chemistry. 6th Edition. Thomson Learning, Inc. USA, 2008.
[5] Emsley J. The Elements. 3rd Edition. Oxford University Press, 1998.
[6] R·B·海斯洛普. 无机化学中的定量关系. 温元凯译，戴安邦校. 北京：人民教育出版社，1978.
[7] David R Lide. CRC Handbook of Chemistry and Physics. 85th Edition. CRC Press. Boca Raton London New York, Washington D. C., 2004—2005.
[8] 周令治，陈少纯. 稀散金属提取冶金. 北京：冶金工业出版社，2008.
[9] 郭学益，田庆华. 高纯金属材料. 北京：冶金工业出版社，2010.
[10] Layowski J J. Macmillan Encyclopedia of Chemistry. Simon and Schuster Macmillan, New York, 1997, 1－4.
[11] 关维昌，冯洪清. 标准电极电位数据手册. 吴开治编译. 北京：科学出版社，1997，1－4.
[12] 杨熙珍，杨武. 金属腐蚀电化学热力学（电位－pH图及其应用）. 北京：化学工业出版社，1991.
[13] 朱元保，沈予琛，张传福等. 电化学数据手册. 长沙：湖南科学技术出版社，1985.
[14] 傅崇说. 有色冶金应用基础研究. 北京：科学出版社，1993.
[15] 日本金属学会. 金属デ－タプッワ. 第2版. 丸善株式会社，昭和58年（1984）.
[16] E·G·威斯特. 铜和铜合金，陈北盈，涂远军，孙孝华，韩寿民译. 长沙：中南工业大学出版社，1987.
[17] 李松瑞. 铅及铅合金. 长沙：中南工业大学出版社，1996.
[18] 德国钢铁工程师协会. 渣图集. 王俭，彭惰强，毛裕文译，王鉴校. 北京：冶金工业出版社，1989.
[19] [日]近角聪信等. 磁性体手册（中册，中译本）. 杨膺善，韩俊德译. 北京：冶金工业出版社，1984.
[20] 日本金属学会. 有色金属冶金（讲座·现代金属学冶炼篇Ⅱ）. 徐秀芝，单维林等译，杨洪有，梁宁元校. 北京：冶金工业出版社，1988.
[21] [澳]G·H·艾尔沃德，T·J·V·芬德利. Sl化学数据表. 周宁怀译. 北京：高等教育出版社，1985.
[22] 彭容秋. 重金属冶金学. 第二版. 长沙：中南大学出版社，2004.
[23] 任鸿九等. 有色金属清洁冶金. 长沙：中南大学出版社，2006.
[24] O·库巴谢夫斯基，C·B·奥尔考克. 冶金热化学. 邱竹贤，梁英教，李席孟，王介淦译. 北京：冶金工业出版社，1985.
[25] Мечев В В идр. Автогенные процессы в цветной метамургин. Москва：издателвство металлургия, 1991.
[26] 任鸿九等. 有色金属熔池熔炼. 北京：冶金工业出版社，2001.
[27] 沈海军，刘根林. 新型碳纳米材料——碳富勒烯. 北京：国防工业出版社，2008.
[28] [日]横山亨. 合金状态图简明读本. 刘湖译. 北京：冶金工业出版社，1982.
[29] 黄其兴，王立川，朱鼎元. 镍冶金学. 北京：中国科学技术出版社，1990.

[30] Копылов Н И. Диаяраммы состояния систем щелочной свинцовой плавки. Цветные Металлы. 2007: 28 - 31.

[31] 赵天从, 汪健. 有色金属提取冶金手册: 锡锑汞(卷). 北京: 冶金工业出版社, 1999.

[32] 俞安定, 盛芳容. 超导材料. 化工百科全书(第2卷). 北京: 化学工业出版社, 1991: 295 - 324.

[33] 刘云旭. 新型材料及其应用. 武汉: 华中理工大学出版社, 1990.

[34] [白俄]V·E·鲍里生科, [意]S·奥西奇尼. 认知纳米世界——纳米科学技术手册. 原书第二版的中译本, 李斌译. 北京: 科学出版社, 2010.

[35] [意]Mario Pagliaro, Gioranni Palmisano, Rosaria Cirminna. 柔性太阳能电池. 高扬译. 上海: 上海交通大学出版社, 2010.